高职高专"十二五"规划教材
中国石油和化学工业优秀出版物奖（教材奖）一等奖

仪器分析

栾崇林　主　编
刘莉萍　副主编

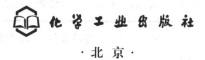

化学工业出版社

·北京·

《仪器分析》一改传统的编写思路，针对职业技术学院学生学习特点进行编写，将仪器的原理及重要概念融入到"仪器组成部分及作用"中介绍，通过"知识链接"的方式，将"理论知识"与仪器紧密结合，让"理论知识"为"仪器"服务，使学生更容易接受和理解抽象难懂的"理论知识"。全书共分10章，包括光谱分析方法、色谱分析方法、色质联用分析方法和电化学分析方法等，在每一章中主要阐述分析仪器的基本结构及作用、分析对象、操作步骤、分析方法、实验技术、方法应用、方法特点等。同时还介绍了最新技术和发展趋势，以及国内外常见仪器类型。

　　本书可作为高职院校工业分析与检验、农产品质量检验、商检技术、药品质量检测技术、食品营养与检测等专业的教材，也可供分析工作者参考使用。

图书在版编目（CIP）数据

仪器分析/栾崇林主编. —北京：化学工业出版社，
2015.8（2022.2重印）
高职高专"十二五"规划教材
ISBN 978-7-122-24534-2

Ⅰ.①仪…　Ⅱ.①栾…　Ⅲ.①仪器分析-高等职业
教育-教材　Ⅳ.①O657

中国版本图书馆 CIP 数据核字（2015）第 151421 号

责任编辑：窦　臻　　　　　　　　　　文字编辑：刘志茹
责任校对：边　涛　　　　　　　　　　装帧设计：王晓宇

出版发行：化学工业出版社（北京市东城区青年湖南街 13 号　邮政编码 100011）
印　　装：北京七彩京通数码快印有限公司
787mm×1092mm　1/16　印张 18¾　字数 491 千字　2022 年 2 月北京第 1 版第 7 次印刷

购书咨询：010-64518888　　　　　　　售后服务：010-64518899
网　　址：http://www.cip.com.cn
凡购买本书，如有缺损质量问题，本社销售中心负责调换。

定　　价：**39.00 元**　　　　　　　　　　　　　　　　版权所有　违者必究

FOREWORD 前言

  "仪器分析"课程在高职教学体系中占有重要地位，是高职工业分析与检验、农产品质量检验、商检技术、药品质量检测技术、食品营养与检测等诸多专业的核心课程。

  仪器分析的教学目标是培养高素质的仪器应用技能人才。要实现这一教学目标，无论从教和学的角度都存在较大难度，这是因为仪器分析涉及的理论知识面广且深。因此，如何将"理论"与"实践"很好地融会贯通，让高职学生更容易接受"理论"知识，是高职仪器分析教学中的一个难点问题。

  编者在总结多年教学经验的基础上，经过思考和探索，试图以一种全新的模式编写适合高职学生的《仪器分析》教材。避免传统的"原理→基本概念→仪器介绍→仪器应用"这种常规的编写方式，而是紧抓高职学生认识问题的特点，即认知对象偏向于可视事物，注重情绪背景的特点。将仪器的原理及重要概念融入到"仪器组成部分及作用"中介绍，通过"知识链接"的方式，用到什么概念就讲什么概念，用到什么原理就讲什么原理，将"理论知识"与仪器紧密结合，让"理论知识"为"仪器"服务，使学生更容易接受和理解抽象的理论知识（包括基本概念、原理、理论等），以期达到更好的教学效果。

  本教材的具体编写思路为：先让学生了解方法的定义等，知道"是什么"，接着让学生了解该方法的用途，知道"干什么"，再接着让学生了解方法要使用的仪器，知道"用什么"，然后通过"分析方法"、"实验技术"、"应用实例"的学习，学会"怎么用"，再对方法进行总结，明确应该"掌握什么"。最后通过"思考与练习"深化知识和能力。

  本书每章的大部分章节按以下几个部分编写：概述；分析对象及应用领域；仪器的基本组成部件及作用；分析流程；仪器类型及特点；仪器操作使用步骤；分析方法；实验技术；应用实例；本章小结；思考及练习题。对于简介的方法，根据需要，会有一些删节。

  本教材由深圳职业技术学院栾崇林主编，刘莉萍副主编。其中绪论、第1、5章由栾崇林编写；第2、8章由刘莉萍编写；第3章由深圳职业技术学院李双保编写；第4章由中山职业技术学院赵文华编写；第6章由深圳职业技术学院丁文捷编写；第7章由顺德职业技术学院陈燕舞编写；第9章由栾崇林、深圳出入境检验检疫局李彬、张建莹共同编写；第10章由深圳职业技术学院蒋晓华编写。全书各章节，由栾崇林统一修改、整理、统稿。

  限于编者的水平和经验，书中难免有疏漏之处，恳请广大同行和读者批评指正，不胜感激。

编者

2015 年 3 月 16 日

CONTENTS 目 录

2 红外光谱法

3　分子荧光光谱法

4　原子吸收分光光度法

5 ▶ 原子发射光谱法

6 ▶ 原子荧光光谱法

7 ▶ 气相色谱分析法

8 ▶ 高效液相色谱法

9　气、液相色谱-质谱联用法

10　电位分析法

绪论 ▷▷▷ ▶▶▶

仪器分析的内容与分类

仪器分析是利用分析仪器对物质进行分析的一门学科，是以物质的物理或物理化学性质为基础，探求这些性质在分析过程中所产生的分析信号与被分析物质组成的内在关系和规律，进而对其进行定性、定量、形态和结构分析的一类分析方法。根据分析的基本原理可将仪器分析分为光学分析法、色谱分析法、电化学分析法和其他分析法。

（1）光学分析法

光学分析法可分为非光谱法和光谱法两大类。非光谱法：检测被测物质的某种物理光学性质，进行定性、定量分析的方法，如折射法、旋光法、浊度法、圆二色散法等。光谱法：基于物质与辐射能作用时，测量由物质内部发生量子化的能级之间的跃迁而产生的发射、吸收或散射辐射的波长和强度进行分析的方法。按物质能级跃迁的方向，可分为吸收光谱法（如紫外-可见光谱法、红外光谱法、原子吸收光谱法、核磁共振波谱法等）和发射光谱法（如原子发射光谱法、荧光分光光度法等）。按能级跃迁的类型，可分为电子光谱、振动光谱及转动光谱等类型。按被测物质粒子的类型，可分为原子光谱、分子光谱及核磁共振波谱。本书主要介绍光谱分析法。

（2）色谱分析法

色谱分析法是一种利用混合物中各组分在固定相和流动相中溶解、解析、吸附、脱附或其他亲和作用性能的差异，而实现互相分离的分离分析法。按流动相的物态，可分为气相色谱法、液相色谱法和超临界流体色谱法，按固定相使用形式，可分为柱色谱法、纸色谱法和薄层色谱法。按分离原理，可分为吸附、分配、空间排阻、离子交换等诸多类型。

（3）电化学分析法

应用电化学原理进行物质性质、成分分析的方法称为电化学分析。根据国际纯粹与应用化学联合会倡义，电化学分析法分为三大类：①既不涉及双电层，也不涉及电极反应，包括电导分析法、高频滴定法等；②涉及双电层，但不涉及电极反应，例如通过测量表面张力或非法拉第阻抗而测定浓度的分析方法；③涉及电极反应，包括电位分析法、电解分析法、库仑分析法、极谱法和伏安法等。

（4）其他分析法

主要包括质谱分析、元素分析、表面分析、热分析等。

仪器分析主要特点

① 灵敏度高：大多数仪器分析法适用于微量、痕量分析。例如，原子吸收分光光度法测定某些元素的绝对灵敏度可达 10^{-14} g。电子光谱甚至可达 10^{-18} g，相对灵敏度可达 10^{-7} ％，乃至更小。

② 取样量少：化学分析法需用 $10^{-4} \sim 10^{-1}$ g；仪器分析试样常在 $10^{-8} \sim 10^{-2}$ g。

③ 在低浓度下的分析准确度较高：含量在 10^{-9} ％ $\sim 10^{-5}$ ％范围内的杂质测定，相对误差低达 1％ $\sim$ 10％。

④ 快速：例如，发射光谱分析法在 1 min 内可同时测定水中 48 个元素。

⑤ 可进行无损分析：有时可在不破坏试样的情况下进行测定，适于考古、文物等特殊领域的分析。有的方法还能进行表面或微区分析，或试样可回收。

⑥ 能进行多信息或特殊功能的分析：有时可同时作定性、定量分析，有时可同时测定材料的组分比和原子的价态。放射性分析法还可作痕量杂质分析。

⑦ 专一性强：例如，用单晶 X 衍射仪可专测晶体结构；用离子选择性电极可测指定离子的浓度等。

⑧ 便于遥测、遥控、自动化：可作即时、在线分析控制生产过程、环境自动监测与控制。

⑨ 操作较简便：省去了繁琐的化学操作过程。随自动化、程序化程度的提高操作将更趋于简化。

⑩ 仪器设备较复杂，价格较昂贵。

仪器分析技术的应用及发展趋势

仪器分析技术近年来发展非常迅速，广泛地应用于科学技术和国民经济的各个领域，有着极为广阔的应用前景。可以毫不夸张地说，它与人类活动的所有方面——制造业、环境、医药和健康、农业、航天航空以及国家安全等都息息相关，并起着至关重要的作用。影响到国民经济、国防建设、资源开发和人们的衣食住行等各个方面。随着科学技术和国民经济的发展，对仪器分析提出了越来越高的要求。未来仪器分析将朝着以下几个方面发展：

① 发展高灵敏度、高精密度、高空间分辨率的高效仪器和测量方法；

② 提高选择性；

③ 扩展时空多维信息，建立包括信息学和数学在内的可解释大量数据流的高通量测量方法；

④ 微型化与微环境的表征与测定；

⑤ 形态分析与表征；

⑥ 生物大分子及生物活性物质的表征与测定；

⑦ 发展非破坏性检测技术；

⑧ 发展有毒物质的非接触分析方法和遥测技术。

紫外-可见光谱法

1.1　概述

1.1.1　方法定义

紫外-可见光谱法又称紫外-可见分光光度法（ultra-violet visible spectrometry，UVS），是基于物质对紫外线（200～400nm）和可见光波段（400～800nm）范围内单色光辐射吸收来进行物质的定性、定量或结构分析的分析方法。分开来讲，紫外分光光度法就是通过测定物质分子在紫外区的吸收光谱而建立的一种分析方法。可见分光光度法是基于物质吸收可见光而建立的一种分析方法。

由于这两种方法使用的仪器及方法的原理都十分相似，所以将这两种方法放在一章中进行介绍。

1.1.2　发展历程

分光光度法的使用始于牛顿（Newton）。早在 1665 年，牛顿做了一个惊人的实验：让太阳光透过暗室窗上的小圆孔，在室内形成很细的太阳光束，这束光经棱镜色散后，在墙上呈现红、橙、黄、绿、蓝、靛、紫的色带。这条色带就称为"光谱"。通过这个实验，牛顿揭示了太阳光是复合光的事实。

1815 年，夫琅和费（J. Fraunhofer）仔细观察了太阳光谱，发现太阳光谱中有 600 多条暗线，并且对主要的 8 条暗线标以 A、B、C、D、E、F、G、H 符号。这就是人们最早认识的吸收光谱线，称为"夫琅和费线"。但当时对这些线还不能做出正确的揭示。

1859 年，本生（R. W. Bunsen）和基尔霍夫（G. R. Kirch hoff）发现由食盐发出的黄色谱线的波长和"夫琅和费线"中的 D 线完全一致，才知道一种物质发射光的波长（或频率），与它所能吸收的波长（或频率）是一致的。

1862 年，密勒（Miller）应用石英摄谱仪测定了 100 多种物质的紫外吸收光谱。他把光谱图表从可见区扩展到了紫外区，并指出吸收光谱不仅与组成物质的基团有关，而且与分子和原子的性质有关。此后，哈托莱（Hartolay）和贝利（Bailey）等人又研究了各种溶液对不同波段的截止波长。并发现与吸收光谱相似的有机物质，它们的结构也相似。并且可以解释用化学方法所不能说明的分子结构问题，初步建立了分光光度法的理论基础，以此推动了分光光度计的发展。

还要特别指出的是，1852 年，比耳（Beer）参考了布给尔（Bouguer）和朗伯（Lamber）所发表的文章，提出了分光光度法的基本定律，即液层厚度相等时，吸光度值与溶液的浓度成正比，从而奠定了分光光度法定量分析的理论基础。1854 年，杜包斯克（Duboscq）和奈斯勒（Nessler）等人将此理论应用于定量分析化学领域，并且设计了第一台比色计。1918 年，美国国家标准局研制成了世界上第一台紫外-可见分光光度计（不是商品仪器，很不成熟）。1945 年美国，Beckman 公司推出了世界上第一台成熟的紫外分光光度计商品仪器。1952 年，日本岛津公司推出第一台光电倍增管紫外分光光度计。1981 年，日本岛津公司又推出了世界上第一台扫描型紫外分光光度计。此后，紫外可-见分光光度计被不断改进，准确度和灵敏度不断提高，很快在各个领域的分析工作中得到了推广使用。

1.1.3　最新技术及发展趋势

从第一台紫外-可见分光光度计的问世至今，紫外-可见分光光度法经历了大约 100 年的发展历程，期间伴随着科学技术的发展，不断有新的技术在紫外-可见分光光度法中得到应用。目前，紫外-可见分光光度法已经成为仪器分析中应用最为广泛的分析方法之一。近年来，为了满足科学研究及实际检测工作的需要，新的技术仍不断涌现。

在光源方面，随着发光二极管（LED）技术的成熟，以 LED 为光源的小型专用光度计应运而生，这种小型的光度计尤其在食品安全检测、医学临床检验、野外环境监测得到快速发展。激光以其高强度、高单色性等优良特性成为分光光度计光源研究的重点。利用激光的高强度产生了光声和热透镜光度分析方法。

在分光元器件方面，商品化的全息闪耀光栅已经越来越多地取代一般刻划光栅；积分球的应用使常规的光度计不能测定的样品得以实现测定，利用积分球收集反射光，可以用来测定不透明、半透明的固体以及悬浮液。除了传统的空间色散的分光方式，声光调制滤波和傅里叶变换光谱也以其各自的特点表现出了在紫外-可见波段的应用潜力。

在检测器方面，二极管阵列检测器、电感耦合器件的使用，大大提高了光谱仪器的分析测试速度，实现了多通道分析，并且其具有体积小、质量轻、抗震性能强、功耗低的优点，有逐渐取代光电倍增管的趋势。

在仪器控制方面，微处理机的出现以及软硬件技术的结合，许多仪器已经可以全部自动控制。除了仪器控制软件和通用数据处理软件外，很多仪器公司针对不同行业应用开发了专用分析软件。另外，为了实现自动分析，将流动注射技术引入，根据分析需要，选用 T 形、L 形、C 形或 U 形等不同类型的流通池，可以实现自动供应样品溶液，自动连续测定。

在仪器构型方面，采用光纤技术，结合模块化设计，使分光光度计完全突破了固定、静态的组成，而变成可以自由搭配、自助式构建的仪器。模块化不但能够实现仪器设计简单化和组装方便化，而且可减少用户不必要的重复投资，使用非常方便。光纤同时也是实现在线测量的重要手段。

在功能方面，高端的紫外-可见-红外分光光度计已投入使用，可实现对固体、液体样品的从紫外到近红外的全光谱分析。

总之，自动化、智能化、小型化、专用化以及高性能、全功能成为紫外-可见光谱法在未来发展的重要方向。

1.2　分析对象及应用领域

1.2.1　分析对象

可见分光光度法主要用于微量、常量有色物质的定量分析。对于无色物质，可通过加入适当的显色剂，生成有色物质，然后检测有色物质，间接测定无色物质。紫外分光光度法主要针对具有紫外吸收的有机物质进行结构鉴定、定性和定量分析。但也有少量无机物质具有紫外吸收能力。

1.2.2　应用领域

紫外-可见分光光度法使用的仪器价格相对较低，操作简单，尤其是采用微机控制以来，该技术得到了突飞猛进的发展，其功能也更加齐全，这使得紫外-可见分光光度法应用范围不断拓宽，在众多的行业领域中得到普遍应用。

在化工、纺织方面的分析中，可判断化妆品中的防紫外线成分、可检测衣服或织物中的甲醛含量等；在农产品和食品分析中，可用于测定蛋白质、赖氨酸、葡萄糖、维生素C、硝酸盐、亚硝酸盐、砷等；在植物生化分析中，可用于检测叶绿素、全氮和酶的活力等；在饲料分析中，可用于检测烟酸、棉酚、磷化氢和甲醛等；在水和废水监测中，可检测水中总磷、总氮、硫酸盐、总酚等。在药品检验中，更是发挥重要作用，如药品纯度检查、颜色检查、溶出度、含量均匀度检查和某些药物成分的含量测定等。其实，紫外-可见分光光度法的应用领域还远远不限于此。

1.3　仪器基本组成部件和作用

用于测定溶液对可见光吸收的分析仪器称为可见分光光度计，常简称为分光光度计。用于测定溶液对紫外线吸收的分析仪器称为紫外分光光度计。但通常紫外分光光度计都带有可见光检测功能，所以也常常把这种既可检测紫外线，又可检测可见光的分光光度计，称为紫外-可见分光光度计。这两种仪器发展到今天，已有不同的类型和很多型号。但它们的基本组成部件相同，都由光源、单色器、吸收池（样品池）、检测器和信号显示系统五大部件组成，其组成结构见图1-1。通常在光源这一部分还会配有透镜等，以使入射光变为平行光再进入单色器。

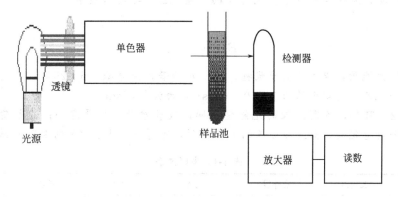

图 1-1　分光光度计的基本组成结构

1.3.1 光源

可见光常用的光源为钨灯（即白炽灯）或卤钨灯（发射波长 350～900nm）；紫外线常用的光源为氘灯或氢灯（发射波长 190～400nm）。

钨灯的价格和使用寿命相对较低，卤钨灯具有较长的发光效率和使用寿命，价格也相对较高。氘灯的光谱分布与氢灯相同，但光强比同功率氢灯大 3～5 倍，寿命也比氢灯长。

近年来，具有高强度、高单色性的激光已被开发用于紫外、可见光源。已商品化的激光光源有氩离子激光器和可调谐染料激光器。

光源的作用是提供分析所需的入射光。紫外、可见分光光度计使用的光源要求在整个紫外区或可见光谱区可以发射连续光谱，且有足够的辐射强度、较好的稳定性和较长的使用寿命。为了保证灯的发光强度稳定，一般需要用稳压电源供电。

知识链接 I: 卤钨灯的工作原理及特点

在普通白炽灯中，灯丝（钨丝）的高温造成钨的蒸发，久而久之造成灯丝断裂，同时蒸发的钨沉淀在玻壳上，产生灯泡玻壳发黑的现象。卤钨灯（halogen lamp）是灯泡壳内填充有部分卤族元素或卤化物的充气白炽灯。卤钨灯的发明，消除了白炽灯的发黑现象，灯的寿命也得到相应延长。卤钨灯的工作原理如下：在适当的温度条件下，从灯丝蒸发出来的钨在泡壁区域内与卤素物质反应，形成挥发性的卤钨化合物。由于泡壁温度足够高（250℃），卤钨化合物呈气态，当卤钨化合物扩散到较热的灯丝周围区域时，又分化为卤素和钨。释放出来的钨部分回到灯丝上，而卤素继续参与循环过程。为了使灯壁处生成的卤化物处于气态，卤钨灯的管壁温度要比普通白炽灯高得多，灯丝工作温度和光效也大为提高。

知识链接 II: 光的波粒二象性

光既能像波浪一样向前传播，又可表现出粒子的特征，因此称光有"波粒二象性"。光的传播，如光的折射、衍射、偏振和干涉等现象明显地表现其波动性。描述波动性的重要参数是波长 λ(cm) 和频率 ν(Hz)，它们与光速 c 的关系是：

$$\lambda\nu=c \tag{1-1}$$

光的吸收、发射及光电效应等，就明显地表现其粒子性，即光是带有一定能量的微粒流。这种微粒称为光子或光量子。光量子的能量（E）与光的频率（ν）有关，它们之间的关系为：

$$E=h\nu=h\frac{c}{\lambda} \tag{1-2}$$

式中，E 为能量，单位为电子伏特，eV；h 为普朗克常数，6.626×10^{-34}J·s；ν 为频率，Hz；c 为光速，真空中约为 3×10^{10}cm/s；λ 为波长，nm。

从式(1-2) 可知，不同波长的光能量不同，波长愈长，能量愈小；波长愈短，能量愈大。光属于一种电磁波，如果按波长的大小排列，可得如表 1-1 所示的电磁波谱。

表 1-1　电磁波谱

光谱名称	X射线	紫外线	可见光	红外线	微波	无线电波
波长范围	0.1～10nm	10～400nm	400～750nm	0.75～2.5μm	0.1～100cm	15～10^6 km

1.3.2　单色器

单色器也叫分光系统，其核心部分是色散元件，常用的色散元件有棱镜和光栅，因此单色器也有棱镜单色器和光栅单色器之分。

单色器的作用是把从光源发出的连续光谱（即复合光）分离出所需要的单色光。通常单色器由入射狭缝、准直镜、色散元件、物镜和出口狭缝构成。入射狭缝用于限制杂散光进入整个单色器，准直镜将入射光束变为平行光束后进入色散元件（棱镜或光栅）。色散元件将复合光分解成单色光，然后通过物镜将出自色散元件的平行光聚焦于出口狭缝。出口狭缝用于限制通带宽度。

1.3.2.1　棱镜单色器

棱镜由玻璃或石英玻璃制成。玻璃棱镜用于可见光区，石英棱镜可用于紫外和可见光区。当复合光通过棱镜时，由于棱镜材料的折射率不同而产生折射。但是，折射率与入射光的波长有关。对一般的棱镜材料，在紫外-可见光区内，折射率与波长之间的关系可用科希经验公式表示

$$n = A + \frac{B}{\lambda^2} + \frac{C}{\lambda^2} \tag{1-3}$$

式中，n 为波长为 λ 的入射光的折射率；A、B、C 均为常数。所以，当复合光通过棱镜的两个界面发生两次折射后，根据折射定律，波长小的偏向角大，波长大的偏向角小（参见图 1-2），故而能将复合光色散成不同波长的单色光。

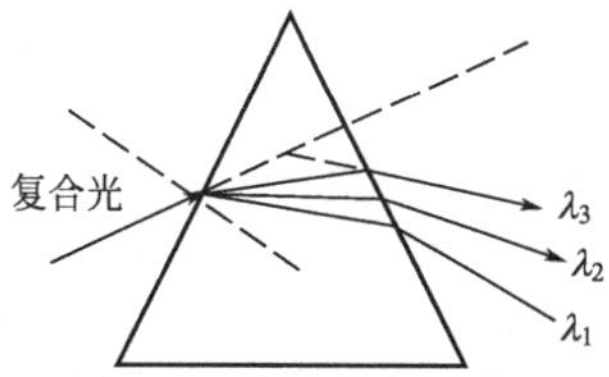

棱镜的缺点是色散不均匀，经色散后短波长的光排列比较疏，长波长的光排列比较密，且色散后光强度的损失较大。

图 1-2　棱镜的色散作用

1.3.2.2　光栅单色器

光栅可定义为一系列等宽、等距离的平行狭缝。光栅是利用光的衍射和干涉作用制成的，光栅作为色散元件具有良好的、均匀的分辨能力，而且比棱镜分辨率高（可达±0.2nm），可用的波长范围也比棱镜单色器宽，现在仪器多使用它作为色散元件。

光栅有多种，紫外-可见分光光度计中多采用平面闪耀光栅。它由高度抛光的表面（如铝）上刻划许多根平行线槽而成。一般为 600 条/mm，1200 条/mm，多的可达 2400 条/mm，甚至更多。光栅的色散原理是利用光的衍射和干涉作用，当复合光照射到光栅上时，光栅的每条刻线都产生衍射作用，而每条刻线所衍射的光又会互相干涉而产生干涉条纹。光栅正是利用不同波长的入射光产生的干涉条纹的衍射角不同，波长长的衍射角大，波长短的衍射角小，从而使复合光色散成按波长顺序排列的单色光。因此色散均匀，可供选择的波长范围较宽。图 1-3 是光栅衍射原理示意图。

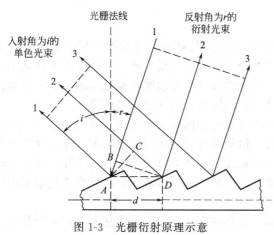

图 1-3　光栅衍射原理示意

但光栅也存在光谱重叠和杂散光的影响较大等缺点。杂散光会影响吸光度的正确测量，其产生的主要原因是光学部件和单色器内外壁的反射和大气或光学部件表面上尘埃的散射

等。为了减少杂散光，单色器用涂有黑色的罩壳封起来，通常不允许随意打开罩壳。另外应注意的是，单色光的强度不仅取决于色散元件，而且与狭缝宽度有关。大多数分光光度计的出射狭缝是可调节的，应根据实际需要调节出射光的强度。

知识链接：光的单色性和互补性

　　具有同一种波长的光称为单色光。含有多种波长的光称为复合光。如果把适当颜色的两种光按一定比例混合成白光，这两种颜色的光就为互补色光。

　　白光是一种复合光。例如日光、白炽灯光都是复合光。凡是能被人的肉眼识别的光称为可见光，其波长范围大致在 400~800nm。低于 400nm 或者高于 800nm 的光是人的眼睛无法"看"到的。在人眼可见的光的范围内，不同波长的光刺激人眼，人眼就会看到不同光的颜色，但由于人眼的视觉分辨能力有限，对光的分辨并不能对应到单一的波长，图 1-4 列出了各种色光的近似波长范围。图中处于对角线关系的两种颜色的光即为互补色光。

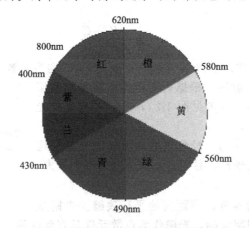

图 1-4　不同颜色的光所对应的波长

1.3.3　吸收池

　　吸收池亦称样品池、比色池、比色皿（杯），用于盛放试液。吸收池一般由无色透明耐腐蚀的硅酸盐玻璃或石英材料制成。由于玻璃本身可吸收紫外线，所以玻璃吸收池只能用于可见光区，而石英池既可用于可见光区，亦可用于紫外区。玻璃吸收池毛玻璃面上常常标记字母 G，石英吸收池毛玻璃面上常常标注字母 Q。使用时，应注意正确选择。

　　每台分光光度计都配有一套吸收池，每个吸收池在不同波长下的透光率都应大于 84%。同种规格（如光程都是 1cm）的吸收池要匹配。包括吸收池内液层厚度匹配，以及吸收池透光面材料的厚度匹配。即两个空吸收池在整个可见光区的透光率之差小于 0.5%，这是比较吸收池本身材料厚度的一致性；同种液层厚度吸收池装上相同溶液后，透光率之差也要小于 0.5%，这是比较所装溶液液层厚度的一致性。

　　由于一般商品吸收池的光程精度不是很高，会存在微小误差。即使是同一厂家出品的同规格的吸收池，往往也不能任意互换使用，要按照厂家出厂前已经配套好的吸收池一起使用。实际工作中，为了消除误差，在测量前还必须对吸收池进行匹配性检验（具体方法见 1.6 节）。吸收池按用途不同，可制成矩形液体吸收池、流通吸收池、气体吸收池。也可根据需要制成不同形状和尺寸，如图 1-5 所示。其中，光程为 1cm 的吸收池最为常用。对于稀溶液可采用光程较长的吸收池，如 2cm、3cm、4cm 或 5cm。对于微量试液的测定，可选用

体积为 $5\mu L$、$10\mu L$、$50\mu L$、$200\mu L$、$500\mu L$ 的微量吸收池。

吸收池在使用时还应特别注意以下几个方面。

① 拿：为保护透光面，使用时用拇指和食指拿毛玻璃面，不要接触两个光学面。

② 洗：比色皿内、外壁可以用蒸馏水清洗，不能用洗液洗。因为比色皿是用胶粘成的，洗液腐蚀性很强，会使比色皿开胶。附着有色物质时，用 1mol/L HCl-乙醇溶液（1:2）清洗，再用蒸馏水洗干净。附着油污时，用 5% NaOH 溶液清洗，再用蒸馏水洗净。

③ 擦：用镜头纸朝一个方向轻轻擦拭。擦过的镜头纸面，不得重复使用。

④ 装：装至容积的 2/3～3/4。

⑤ 放：放置比色皿时，透光面朝向光通过的方向。

(a) 普通吸收池和微量吸收池

(b) 流通型吸收池

图 1-5　吸收池

知识链接 I: 物质对光的吸收

（1）物质颜色的产生

溶液呈现不同的颜色就是由于溶液中吸光物质的质点（离子或分子）对不同波长的光具有选择性吸收而引起的。溶液所呈现的颜色是被吸收光的互补色光的颜色。例如，当一束白光通过高锰酸钾溶液时，该溶液选择性地吸收 500～560nm 的绿色光，而其他的色光两两互补成白光通过，只剩下紫红色光未被互补，所以高锰酸钾溶液呈现紫红色。物质呈现的颜色与其吸收光的波长的关系见表 1-2。

表 1-2　物质的颜色与对光的选择性吸收之间的关系

物质所呈现的颜色	物质所吸收的单色光		物质所呈现的颜色	物质所吸收的单色光	
	颜色	波长范围/nm		颜色	波长范围/nm
黄绿色	紫色	380～435	紫色	黄绿色	560～580
黄色	蓝色	435～480	蓝色	黄色	580～595
橙红色	绿蓝色	480～500	绿蓝色	橙色	595～650
红紫色	绿色	500～560	蓝绿色	红色	650～760

（2）吸收光谱曲线

如果将不同波长单色光依次通过某种溶液，测量此溶液对不同波长单色光的吸收程度，以波长为横坐标，吸光度为纵坐标作图，可得到一条曲线，称为该溶液的光吸收曲线，亦称吸收光谱曲线。它清楚地描述了溶液对不同波长光的吸收情况。图 1-6 是 3 种不同浓度

KMnO$_4$ 溶液的吸收曲线。

由图 1-6 可以看出：KMnO$_4$ 溶液对不同单色光的吸收程度是不同的。在吸收曲线上有一高峰，称为吸收峰。KMnO$_4$ 溶液对 525nm 单色光（绿色光）的吸收程度最大，此波长称为该物质的最大吸收波长，记作 λ_{max}；相反，KMnO$_4$ 溶液对红色和紫色光基本不吸收，所以 KMnO$_4$ 溶液显紫红色。

不同浓度的 KMnO$_4$ 溶液的吸收曲线的形状相似，λ_{max} 不变，其值与 KMnO$_4$ 溶液的浓度无关。吸收曲线的形状取决于物质的结构，不同的吸光物质具有不同特征的吸收曲线。吸光物质的吸收曲线的特征性可作为物质定性分析的依据。

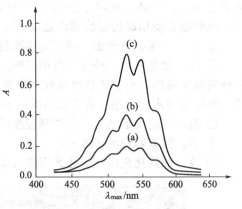

图 1-6　不同浓度高锰酸钾吸收曲线

(a) $c(KMnO_4)=1.4\times10^{-2}mol/L$；
(b) $c(KMnO_4)=2.8\times10^{-2}mol/L$；
(c) $c(KMnO_4)=5.6\times10^{-2}mol/L$

知识链接 II：紫外-可见光谱吸收的机理

（1）分子光谱与能级跃迁

紫外-可见光谱吸收属于分子光谱吸收，是由于分子中价电子跃迁而产生的。分子内部的运动可分为价电子运动、分子内原子在平衡位置附近的振动和分子绕其重心的转动。因此分子具有电子（价电子）能级、振动能级和转动能级。对于双原子分子的电子、振动、转动能级如图 1-7 所示。

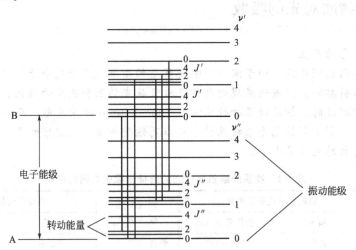

图 1-7　双原子分子的 3 种能级跃迁示意

图中 A 和 B 是电子能级，在同一电子能级 A，分子的能量还因振动能量的不同而分为若干"支级"，称为振动能级，图中 $\nu'=0,1,2,\cdots$ 即为电子能级 A 的各振动能级，而 $\nu''=0,1,2,\cdots$ 为电子能级 B 的各振动能级。分子在同一电子能级和同一振动能级时，它的能量还因转动能量的不同而分为若干"分级"，称为转动能级，图中 $J'=0,1,2,\cdots$ 即为 A 电子能级和 $\nu'=0$ 振动能级的各转动能级。所以分子的能量 E 等于下列 3 项之和。

$$E=E_e+E_\nu+E_r \tag{1-4}$$

式中，E_e、E_v、E_r 分别代表电子能、振动能和转动能。

分子从外界吸收能量后，就能引起分子能级的跃迁，即从基态能级跃迁到激发态能级。分子吸收能量具有量子化的特征，即分子只能吸收等于两个能级之差的能量：

$$\Delta E = E_2 - E_1 = h\nu = \frac{hc}{\lambda} \tag{1-5}$$

由于3种能级跃迁所需能量不同，所以需要不同波长的电磁辐射使它们跃迁，即在不同的光学区出现吸收谱带。由图1-7可知，转动能级间隔 ΔE_r 最小，一般小于0.05eV，因此分子转动能级产生的转动光谱处于远红外和微波区。

由于振动能级的间隔 ΔE_v 比转动能级间隔大得多，一般为 $0.05 \sim 1$ eV，因此分子振动所需能量较大，其能级跃迁产生的振动光谱处于近红外和中红外区。

由于分子中原子价电子的跃迁所需的能量 ΔE_e 比分子振动所需的能量大得多，一般为 $1 \sim 20$ eV，因此分子中电子跃迁产生的电子光谱处于紫外和可见光区。

综上所述，分子的能级跃迁需要满足特定的能级间隔能量 ΔE，因此分子运动产生跃迁时，只能吸收分子运动相对应的特定频率（或波长）的光。所以如果能够测定"单个分子"的吸收光谱，那么它的吸收光谱就应该是"线"光谱。但通常当测定某种物质的紫外或可见吸收时，该物质中有大量的此物质的分子存在，不同的单个分子能级跃迁需要的能量会有些不同，这是因为，不同的单个分子在整个体系中所处的环境不会完全相同，每个分子的振动能量和转动能量会有不同，这种不同导致分子的能量吸收会跨越一定宽度的频率（或波长）范围。因此，我们常常看到的紫外-可见光谱都是带状光谱。

对于不同的物质来说，由于它们分子内部结构不同，分子的能级也就千差万别，各种能级之间的间隔也互不相同，这样就决定了不同物质的吸收光谱不同。

（2）无机化合物的紫外-可见吸收光谱

无机化合物的 UV-Vis 吸收光谱主要有：电荷迁移跃迁及配位场跃迁。

① 电荷迁移光谱　许多无机配合物，如 $FeSCN^{2+}$ 的电荷迁移跃迁可表示为

$$M^{n+}\text{-}L^{b-} \xrightarrow{h\nu} M^{(n+1)}\text{-}L^{(b-1)-}$$

$$[Fe^{3+}\text{-}SCN^-]^{2+} \xrightarrow{h\nu} [Fe^{3+}\text{-}SCN]^{2+}$$

此处，M 为中心离子（例中为 Fe^{3+}），是电子接受体；L 是配体（例中为 SCN^-），为电子给予体。受辐射激发后，使一个电子从给予体外层轨道向接受体跃迁而产生电荷迁移吸收光谱。Fe^{3+} 硫氰酸盐配合物呈血红色，在490nm附近有强吸收峰，就是由于该配合物吸收490nm波长的可见光，使一电子从 SCN^- 的一轨道跃迁到 Fe^{3+} 的某一轨道上。许多水合离子、不少过渡金属离子与含生色团的试剂作用时，如 Cu^{2+} 和 Fe^{2+} 与邻二氮菲的配合物，可产生电荷迁移吸收光谱。电荷迁移吸收光谱的波长范围通常处于紫外区或可见光区，摩尔吸光系数 $\varepsilon_{max} = 10^3 \sim 10^4$ L/(mol·cm)，可用于定量分析。

② 配位场跃迁光谱　配体存在下过渡金属元素5个能量相等的d轨道和镧系、锕系7个能量相等的f轨道裂分能量不等的d轨道或f轨道，吸收光能后，低能态的d电子或f电子可以跃迁到高能态的d或f轨道上去。绝大多数过渡金属离子都具有未充满的d轨道，按照晶体场理论，当它们在溶液中与水或其他配体生成配合物时，受配体配位场的影响，原来能量相同的d轨道发生能级分裂，产生d-d电子跃迁或f-f跃迁。由于必须在配体的配位场作用下才可能产生，所以这种跃迁称为配位场跃迁。配体配位场越强，d轨道分裂能越大，吸收波长越短。吸收系数 ε_{max} 越小，配位场跃迁通常处于可见光区，且具有较小的 ε_{max} 值 $[10 \sim 10^2$ L/(mol·cm)]，因此较少用于定量分析；多用于研究配合物结构及其键合理论。

（3）有机化合物电子跃迁类型及吸收带分类

根据分子轨道理论，在有机化合物分子中有形成单键的 σ 电子、有形成复键的 π 电子、有未成键的孤对 n 电子。当分子吸收一定能量的光辐射能时，这些电子就会跃迁到较高的能级，此时电子所占的轨道称为反键轨道，而这种电子跃迁同内部的结构有密切的关系。

在有机化合物的紫外吸收光谱中，电子的跃迁有 $\sigma \rightarrow \sigma^*$、$n \rightarrow \sigma^*$、$\pi \rightarrow \pi^*$ 和 $n \rightarrow \pi^*$ 4 种类型，各种跃迁类型所需要的能量依下列次序减小：$\sigma \rightarrow \sigma^* > n \rightarrow \sigma^* > \pi \rightarrow \pi^* > n \rightarrow \pi^*$。

由于一般紫外-可见分光光度计只能提供 190～850nm 范围的单色光，因此，只能测量 $n \rightarrow \sigma^*$ 跃迁、$n \rightarrow \pi^*$ 跃迁和部分 $\pi \rightarrow \pi^*$ 跃迁的吸收，而对只能产生 200nm 以下吸收的 $\sigma \rightarrow \sigma^*$ 跃迁则无法测量。紫外吸收光谱是带状光谱，分子中存在一些吸收带已被确认，其中有 K 带、R 带、B 带、E_1 和 E_2 带等。

K 带（取自德文，konjuierte，共轭谱带）是两个或两个以上 π 键共轭时，π 电子向 π^* 反键轨道跃迁的结果，可简单表示为 $\pi \rightarrow \pi^*$。

R 带是与双键相连接的杂原子（例如 C＝O、C＝N、S＝O 等）上未成键电子的孤对电子向 π^* 反键轨道跃迁的结果，可简单表示为 $n \rightarrow \pi^*$。

E_1 带（取自德文 ethylenic band，乙烯型谱带）和 E_2 带是苯环上 3 个双键共轭体系中的 π 电子向 π^* 反键轨道跃迁的结果，可简单表示为 $\pi \rightarrow \pi^*$。

B 带（取自德文，benzenoid band，苯型谱带）也是苯环上 3 个双键共轭体系中的 $\pi \rightarrow \pi^*$ 跃迁和苯环的振动相重叠引起的，但相对来说，该吸收带强度较弱。

以上各吸收带相对的波长位置由大到小的次序为：R＞B＞K、E_2、E_1，一般 K 和 E 带常合并成一个吸收带，电子跃迁类型与吸收带的对应关系详见表 1-3。

表 1-3 电子跃迁类型与吸收带的对应关系

电子跃迁类型	特 征	典型基团	$\varepsilon_{max}/[L/(mol \cdot cm)]$
$\sigma \rightarrow \sigma^*$ 远紫外区	远紫外区测定	C—C、C—H（一般紫外光区观测不到）	
$n \rightarrow \sigma^*$ 端吸收	紫外区短波长端至远紫外区的强吸收	—OH、—NH$_2$、—X、—S	
$\pi \rightarrow \pi^*$ E_1 带	芳香环的双键吸收	—C＝C—C＝C—	＞200
K(E_2)带	共轭多烯	—C＝C—C＝O—等的吸收	＞10000
$n \rightarrow \pi^*$ B 带	苯的多重吸收	苯环，芳香杂环的芳香环（非极性溶剂中）	＞100
$n \rightarrow \pi^*$ R 带	含 CO、NO$_2$ 等 n 电子基团的吸收	C＝O、C＝S、—N＝O、—N＝N—、C＝N	＜100

（4）常见有机化合物的紫外吸收光谱

① 饱和烃 饱和单键碳氢化合物只有 σ 电子，因而只能产生 σ 跃迁。由于 σ 电子最不容易激发，需要吸收很大的能量，才能产生 $\sigma \rightarrow \sigma^*$ 跃迁，因而这类化合物在 200nm 以上无吸收。所以它们在紫外光谱分析中常用作溶剂使用，如己烷、环己烷、庚烷等。当饱和单键化合物中的氢被氧、氮、卤素、硫等原子取代时，这类化合物既有 σ 电子，又有 n 电子，可以实现 $\sigma \rightarrow \sigma^*$ 跃迁和 $n \rightarrow \sigma^*$ 跃迁，其吸收峰可以落在远紫外区和近紫外区，例如甲烷的吸收峰在 125nm，而碘甲烷的 $\sigma \rightarrow \sigma^*$ 为 150～210nm，$n \rightarrow \sigma^*$ 跃迁为 259nm；氯甲烷相应为 154～161nm 及 173nm。可见，烷烃和卤代烃的吸收峰波长很小。饱和醇类化合物如甲醇、乙醇都由于在近紫外区无吸收，常被用作紫外光谱分析的溶剂。表 1-4 列出在紫外吸收检测时常用的溶剂被允许使用的截止波长。

② 不饱和脂肪烃

a. 含孤立不饱和键的烃类化合物 具有孤立双键或叁键的烯类或炔类，它们都产生 $\pi \rightarrow \pi^*$ 跃迁，但多数 200nm 以上无吸收。如乙烯吸收峰在 171nm，丙烯吸收峰在 173nm，丁烯在 178nm。若烯分子中氢被助色团如—OH、—NH$_2$、—Cl 等取代时，吸收峰发生红移，吸收强度也有所增加。

b. 对于含有>C＝O、>C＝S等生色团的不饱和烃类，会产生 π→π* 和 n→π* 跃迁，它们的吸收带处于近紫外区甚至到达可见光区。如丙酮吸收峰在 194nm（π→π*）和 280nm（n→π*），亚硝基丁烷（C_4H_8NO）吸收峰在 300nm（π→π*）和 665nm（呈红色，n→π*）。

③ 含孤立不饱和键的烃类化合物　具有共轭双键的化合物，相同的 π 键相互作用生成大 π 键，由于大 π 键各能级之间的距离较近，电子易被激发，所以产生了 K 吸收带，其吸收峰一般在 217~280nm。如丁二烯（$CH_2＝CH—CH＝CH_2$）吸收峰在 217nm，吸收强度也显著增加 [$\varepsilon=21000L/(mol \cdot cm)$]。K 吸收带的波长及强度与共轭体系的长短、位置、取代基种类等有关，共轭双键越多，波长越长，甚至出现颜色。因此可据此判断共轭体系的存在情况。表 1-4 列出共轭双键增加与吸收波长变化关系。

表 1-4　共轭双键对吸收波长的影响

名　称	波长 λ_{max}/nm	摩尔吸光系数 ε /[L/(mol·cm)]	颜　色
己三烯（C＝C）₃	258	35000	无色
二甲基八碳四烯（C＝C）₄	296	52000	无色
十碳五烯（C＝C）₅	335	1180000	微黄色
二甲基十二碳六烯（C＝C）₆	360	70000	微黄色
双键-β-胡萝卜素（C＝C）₈	415	210000	黄色
双键-α-胡萝卜素（C＝C）₁₀	445	63000	橙色
番茄红素（C＝C）₁₁	470	185000	红色

共轭分子除共轭烯烃外，还有 α-、β-不饱和酮（>$C^\beta＝C^\alpha—C＝O$），α-、β-不饱和酸，芳香核与双键或羰基的共轭等。如乙酰苯由于羰基与苯环双键共轭，因此在它们的紫外吸收光谱（见图 1-8）可以看到很强的 K 吸收带，另外是苯环的特征吸收 B 带，以及由—C＝O 中 n→π* 跃迁而产生的 R 带。

④ 芳香化合物　苯的紫外吸收光谱是由 π→π* 跃迁组成的 3 个谱带（见图 1-9），即 E_1、E_2 和具有精细结构的 B 吸收带。当苯环上引入取代基时，E_2 带和 B 带一般产生红移且强度加强。

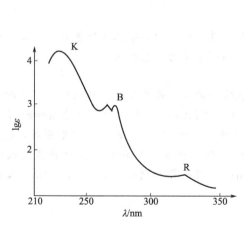

图 1-8　乙酰苯的紫外吸收光谱

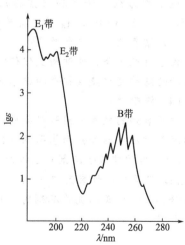

图 1-9　苯的紫外吸收光谱曲线

如果苯环上有两个取代基，则二取代基的吸收光谱与取代基的种类及取代基的位置有关。任何种类的取代基都能使苯的 E_2 带发生红移。当两个取代基在对位时，ε_{max} 和 λ_{max} 都较间位和邻位取代时大。例如对硝基苯酚（317nm）、间硝基苯酚（273.5nm）、邻硝基苯酚（278.5nm）。

当对位二取代苯中一个取代基为斥电子，另一个为吸电子基时，吸收带红移最明显。例如：硝基苯（269nm）、氨基苯（230nm）、对硝基苯胺（381nm）。

稠环芳烃母体吸收带的最大吸收波长大于苯，这是由于它有两个或两个以上共轭的苯环，苯环数目越多，λ_{max}越大。例如苯（225nm）和萘（275nm）均为无色，而并四苯为橙色，吸收峰波长在460nm。并五苯为紫色，吸收峰波长为580nm。

⑤ 杂环化合物　在杂环化合物中，只有不饱和的杂环化合物在近紫外区才有吸收。以O、S或NH取代环戊二烯的CH_2的五元不饱和杂环化合物，如呋喃、噻吩和吡咯等，既有$\pi \to \pi^*$跃迁引起的吸收谱带，又有$n \to \pi^*$跃迁引起的谱带。

吡啶是含有一个杂原子的六元杂环芳香化合物，也是一个共轭体系，也有$\pi \to \pi^*$和$n \to \pi^*$跃迁。

知识链接Ⅲ： 几个基本概念

（1）生色团和助色团

所谓生色团是指在200～1000nm波长范围内产生特征吸收带的具有一个或多个不饱和键和未共用电子对的基团，如>C=C=、>C=O、—N=N—、—C≡N、—C≡C—、—COOH、—N=O等。所谓助色团是一些含有未共用电子对的氧原子、氮原子或卤素原子的基团，如—OH、—OR、—NH_2、—NHR、—SH、—Cl、—Br、—I等。助色团不会使物质具有颜色，但引进这些基团能增加生色团的生色能力，使其吸收波长向长波方向移动，并增加了吸收强度。

（2）红移和蓝移（紫移）

由于取代基或溶剂的影响造成有机化合物结构的变化，使吸收峰向长波方向移动的现象称为吸收峰红移。能使有机化合物的λ_{max}向长波方向移动的基团（如助色团、生色团）称为红移基团。由于取代基或溶液的影响造成有机化合物结构的变化，使吸收峰向短波方向移动的现象称为吸收峰蓝移（紫移）。能使有机化合物的λ_{max}向短波方向移动的基团（如—CH_3、—O—CO—CH_3等）称为向蓝基团。

（3）增色效应和减色效应

由于有机化合物的结构变化使吸收峰摩尔吸光系数增加的现象称为增色效应。由于有机化合物的结构变化使吸收峰的摩尔吸光系数减小的现象称为减色效应。

（4）溶剂效应

由于溶剂的极性不同引起某些化合物的吸收峰的波长、强度及形状产生变化，这种现象称为溶剂效应。例如异丙基丙酮［$H_3C(CH_3)$—C=CHCO—CH_3］分子中有$\pi \to \pi^*$和$n \to \pi^*$跃迁，当用非极性溶剂正己烷时，$\pi \to \pi^*$跃迁的$\lambda_{max}=230nm$，而用水作溶剂时，$\lambda_{max}=243nm$，可见在极性溶剂中$\pi \to \pi^*$跃迁产生的吸收带红移了。而$n \to \pi^*$跃迁产生的吸收峰却恰恰相反，以正己烷作溶剂时，$\lambda_{max}=329nm$；而用水作溶剂时，$\lambda_{max}=305nm$，吸收峰发生蓝移。

知识链接Ⅳ： 吸收定律

（1）朗伯-比耳定律（Lambert-Beer's law）

当一束平行单色光通过任何均匀、非散射的固体、液体或气体介质时，光的一部分被吸收，一部分透过介质，一部分被器皿的表面反射。设入射光强度为 I_0，吸收光强度为 I_a，透过光强度为 I_t，反射光强度为 I_r，

$$则 \quad I_0 = I_a + I_t + I_r \tag{1-6}$$

在分光光度法测试中，通常将试液和空白溶液分别置于同样质料及厚度的吸收池中，让强度为 I_0 的单色光分别通过吸收池，测量透过光强度，此时反射光强度为 I_r 不变化，则 $I_0 = I_a + I_t + I_r$，可以简化为 $I_0 = I_a + I_t$。

透过光强度 I_t 与入射光强度 I_0 之比，表示了入射光透过溶液的程度，称为透光度（或透光率），用 T 表示

$$T = \frac{I_t}{I_0} \tag{1-7}$$

1760 年，朗伯（Lambert）系统阐述了当吸收介质的浓度不变时，入射光被介质吸收的程度与介质厚度的关系为：

$$\lg \frac{I_0}{I_t} = k_1 b \tag{1-8}$$

式中，k_1 为比例常数，它与入射光波长、溶液性质、浓度和温度有关；b 为溶液液层厚度，或称光程长度。

1852 年，比耳（Beer）又指出，当单色光通过液层厚度一定的、均匀的吸收溶液时，该溶液对光的吸收程度与溶液中吸光物质的浓度 c 成正比。数学表达式为

$$\lg \frac{I_0}{I_t} = k_2 c \tag{1-9}$$

式中，k_2 为另一比例常数，它同样与入射光波长、溶液性质、浓度和温度有关。如果同时考虑溶液浓度与液层厚度对光吸收程度的影响，综合以上两式，则可得

$$\lg \frac{I_0}{I_t} = Kbc \tag{1-10}$$

该式则为朗伯-比耳定律的数学表达式。K 为比例常数，与吸光物质的性质、入射光波长及温度等因素相关。上式的物理意义为：当一束平行的单色光通过均匀的某吸收溶液时，溶液对光的吸收程度 $\lg \frac{I_0}{I_t}$ 与吸光物质的浓度和光通过的液层厚度的乘积成正比。

由于式(1-10) 中的 $\lg \frac{I_0}{I_t}$ 项表明了溶液对光的吸收程度，定义为吸光度，并用符号 A 表示；同时，$\frac{I_t}{I_0} = T$，所以式(1-10) 又可表示为

$$A = \lg \frac{I_0}{I_t} = \lg \frac{1}{T} = Kbc \tag{1-11}$$

式(1-11) 是进行定量分析的理论基础。朗伯-比耳定律不仅适合于可见光、紫外线的分光光度法，也适合于应用红外线和原子光谱等进行测量的其他分光光度法。它不仅适用于溶液，也适合于其他均匀的、非散射的吸光物质，包括固体和气体。

（2）吸光系数

式(1-11) 中的比例常数 K 值随 c、b 所用单位不同而不同。如果液层厚度 b 的单位为 cm，浓度 c 的单位为 g/L 时，K 用 a 表示，a 称为质量吸光系数，其单位是 L/(g·cm)，此时式(1-11) 变为

$$A = abc \tag{1-12}$$

如果液层厚度 b 的单位仍为 cm，但浓度 c 的单位为 mol/L，则常数 K 用 ε 表示，ε 称为摩尔吸光系数，其单位是 L/(mol·cm)，此时式(1-11)变为

$$A = \varepsilon bc \tag{1-13}$$

摩尔吸光系数 ε 表示吸光物质对某一波长的单色光的吸收能力，ε 值越大，则吸收能力越强。它是该物质的特性常数，与吸光物质的分子结构有关，而与 c 和 b 的数值无关。ε 的物理意义是当浓度为 1mol/L，液层厚度为 1cm 时有色溶液的吸光度，但在分析实践中不可能直接取浓度为 1mol/L 的有色溶液测定 ε 值（因其吸光度太大，超出分光光度计可测范围），而是根据低浓度时的吸光度，通过计算求得。

【例 1-1】 纯化后的胡萝卜素（$C_{40}H_{56}$，其摩尔质量为 536g/mol），用氯仿配成浓度为 2.50mg/L 的溶液，在 $\lambda_{max} = 465$nm，比色皿厚度为 1.0cm，测得吸光度为 0.550，试计算胡萝卜素的 ε 值？

解
$$c(C_{40}H_{56}) = \frac{m(C_{40}H_{56})}{M(C_{40}H_{56})V(C_{40}H_{56})}$$

$$= \frac{2.50 \times 10^{-3}g}{536g/mol \times 1.00L} = 4.66 \times 10^{-6} mol/L$$

$$\varepsilon = \frac{A}{bc} = \frac{0.550}{1.0cm \times 4.66 \times 10^{-6} mol/L} = 1.2 \times 10^{5} L/(mol \cdot cm)$$

摩尔吸光系数 ε 是吸光物质在一定条件（如波长、温度和溶剂等）下的特征常数。同一种物质与不同的显色剂反应，可生成具有不同 ε 的有色化合物，ε 越大，则显色反应越灵敏；同一化合物在不同波长处的 ε 也不相同。

在吸光物质的吸收曲线上，与最大吸收波长相对应的摩尔吸收系数 ε 常以 ε_{max} 表示。根据不同显色剂与待测物质所形成的有色化合物的 ε_{max} 的大小，可比较它们对测定该组分的灵敏度，ε_{max} 的值越大，则显色剂对待测组分的显色反应和分析测定的灵敏度越高。一般认为 $\varepsilon < 1 \times 10^{4} L/(mol \cdot cm)$ 灵敏度较低；ε 在 $(1 \sim 6) \times 10^{4} L/(mol \cdot cm)$ 之间属中等灵敏度；$\varepsilon > 6 \times 10^{4} L/(mol \cdot cm)$ 属高灵敏度。

应该指出的是，对于不同的待测组分，由于其摩尔质量不同，不能简单地根据 ε_{max} 的大小来判断显色反应的灵敏度，还应结合摩尔质量的大小来综合考虑。

（3）影响吸收定律的主要因素

根据光吸收定律，在理论上，吸光度对溶液浓度作图所得的直线的截距为零，斜率为 εb。实际上吸光度与浓度的关系有时是非线性的，或者不通过零点，这种现象称为偏离光吸收定律。

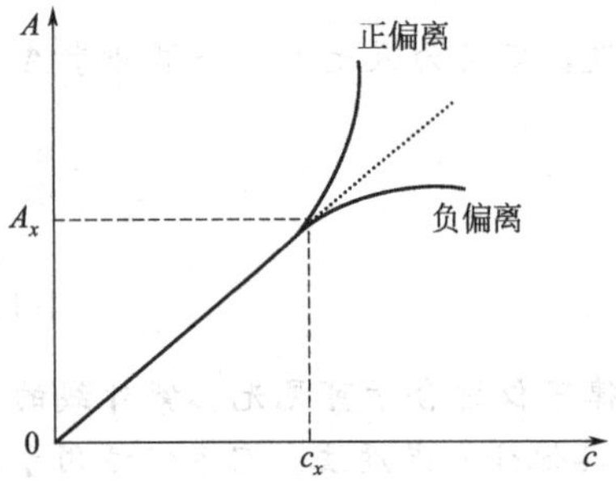

图 1-10 标准曲线偏离示意

如果溶液的实际吸光度比理论值大，则为正偏离吸收定律；吸光度比理论值小，为负偏离吸收定律，参见图 1-10。引起偏离光吸收定律的原因主要有下面几方面。

① 入射光非单色性引起偏离 吸收定律成立的前提是：入射光是单色光。但实际上，一般单色器所提供的入射光并非是纯单色光，而是由波长范围较窄的光带组成的复合光。而物质对不同波长光的吸收程度不同（即吸光系数不同），因而导致了对吸光定律的偏离。入射光中不同波长的摩尔吸光系数差别愈大，偏离光吸收定律就愈严重。实验证明，只要所选的入射光，其所含的波长范围在被测溶液的吸收曲线较平坦的部分，偏离程度就要小。

② 溶液的化学因素引起偏离 溶液中的吸光物质因离解、缔合，形成新的化合物而改变了吸光物质的浓度，导致偏离吸收定律。因此，测量前的化学预处理工作是十分重要的，如控制好显色反应条件，控制溶液的化学平衡等，以防止产生偏离。

③ 比耳定律的局限性引起偏离 严格地说，比耳定律是一个有限定律，它只适用于浓度小于 0.01mol/L 的稀溶液。因为浓度高时，吸光粒子间平均距离减小，以致每个粒子都会影响其邻近粒子的电荷分布。这种相互作用使它们的摩尔吸光系数 ε 发生改变，因而导致偏离比耳定律。为此，在实际工作中，待测溶液的浓度应控制在 0.01mol/L 以下。

④ 吸光度的加和性 在多组分体系中，在某一波长下，如果各种对光有吸收的物质之间没有相互作用，则体系在该波长处的总吸光度等于各组分吸光度的和，即吸光度具有加和性，称为吸光度加和性原理。可表示如下：

$$A_总 = A_1 + A_2 + \cdots + A_n = \sum_{i=1}^{n} A_n \tag{1-14}$$

式中，各吸光度的下标表示组分 $1, 2, \cdots, n$。吸光度的加和性对多组分同时定量测定、校正干扰等都极为有用。

1.3.4 检测器

常用的检测器有光电管、光电倍增管。现在也有一些新型仪器采用二极管阵列检测器。检测器的作用是检测透过吸收池后的光信号，并将光信号转变为电信号。作为检测器，对光电转换的要求是：光电转换有恒定的函数关系，响应灵敏度要高，速度要快，噪声低，稳定性高，产生的电信号易于检测放大等。

1.3.4.1 光电管

光电管在紫外-可见分光光度计中应用广泛。它是一个阳极和一个光敏阴极组成的真空二极管。按阴极上光敏材料的不同，光电管分蓝敏和红敏两种，前者可用波长范围为 210～625nm；后者可用波长范围为 625～1000nm。与光电池比较，它具有灵敏度高、光敏范围广和不易疲劳等优点。

1.3.4.2 光电倍增管

检测弱光的最常用的光电元件，它不仅响应速度快，能检测 $10^{-9} \sim 10^{-8}$ s 的脉冲管，而且灵敏度高，比一般光电管高 200 倍。目前紫外-可见分光光度计广泛使用光电倍增管作检测器。

光电倍增管是利用二次电子发射放大光电流的一种真空光敏器件。它由一个光电发射阴极、一个阳极以及若干倍增极所组成。图 1-11 是光电倍增管的结构和光电倍增原理示意。

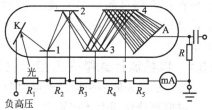

图 1-11 光电倍增管的结构和原理
1～4—倍增极；K—光敏阴极；R，R_1～R_5—电阻；A—阳极

当阴极 K 受到光撞击时，发出光电子，K 释放的一次光电子再撞击倍增极，就可产生增加了若干倍的二次光电子，这些电子再与下一极倍增极撞击，电子数依次倍增，经过 9～16 级倍增，最后一次倍增极上产生的光电子可以比最初阴极放出的光电子多 10^6 倍，最高可达 10^9 倍，最后倍增了的光电子射向阳极 A 形成电流。阳极电流与入射光强度及光电倍增管的增益成正比，改变光电倍增管的工作电压，可改变其增益。光电流通过光电倍增管的负载电阻 R，即可变成电压信号，送入放大器进一步

放大。

1.3.4.3 二极管阵列检测器

二极管阵列检测器即光电二极阵列管检测器或光电二极管矩阵检测器，表示为 PDA（photo-diode array）、PDAD（photo-diode array detector）或（diode array detector, DAD），是 20 世纪 80 年代出现的一种光学多通道检测器。还有的商家称之为多通道快速紫外-可见光检测器（multichannel rapid scanning UV-Vis detector）、三维检测器（three dimensional detector）等。

它的结构是在晶体硅上紧密排列一系列光电二极管，每一个二极管相当于一个单色器的出口狭缝，二极管越多，分辨率越高，一般是一个二极管对应接收光谱上一个纳米谱带宽的单色光。它可以在同一时间检测所有波长的紫外吸收，快速获得全光谱信息，还可以做三维谱图，比较适合于研究工作，但其灵敏度比光电倍增管检测器略低。

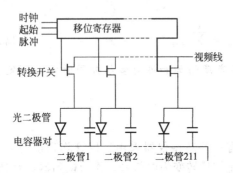

图 1-12 光电二极管阵列工作原理

二极管阵列元件的工作原理，如图 1-12 所示。当光照射到二极管阵列上时，受到光照的光敏二极管便产生光电流，光电流使与光二极管并联的电容器放电。光越强，产生的光电流越大，电容器放电越快，放电后的电压就越低。电容器再充电电流值正比于电容器放电前后的电压差，因此，也正比于光强，所以充电电流可以代表待测的光强值。电容器的充电电流信号由视频线传送，按照移位寄存器所确定的顺序，通过测量电容器的充电电流，可以连续获得照射到光敏二极管上的光强值。为了保证充电电流与光强成正比，电容器的放电电流需有一定限制。根据需要测量的最大光强和电容器的特性参数，可以确定所需要的最大放电电流。使用含 211 个二极管的阵列元件，每个二极管宽 50μm，各自测量一窄段的光谱，全波段扫描，最快时 10ms，每秒可以采集 20000 多个数据。

1.3.5 信号显示器

常用的信号指示装置有直读检流计、电位调节零装置以及数字显示或自动记录装置等。现在很多型号的分光光度计已装配有计算机，可进行数据显示、记录和处理。信号显示器的作用就是把经检测器产生的电信号，经放大处理后，用适当方式指示或记录下来。

1.3.5.1 以检流计或微安为指示仪表

这类指示仪表的表头标尺刻度值分上、下两部分，上半部分是百分投射比 τ（原称透光度 T，目前部分仪器上还在使用"T"表示透射比），均匀刻度；下半部分是与透射比相应的吸光度 A。由于 A 与 τ 是对数关系，所以 A 刻度不均匀，这种指示仪表的信号只能直读，不便自动记录，近年生产的紫外-可见分光光度计已不再使用这类指示仪表了。

1.3.5.2 数字显示及自动记录型

用光电管或光电倍增管作检测器，产生的光电流经放大后由数码管（数码管也称 LED 数码管，是由多个发光二极管封装在一起组成"8"字形的器件，见图 1-13）直接显示出透射比或吸光度，也可以连接数据处理装置

图 1-13 多位数码管

将结果显示在液晶显示屏上，或者与计算机相连，能自动绘制工作曲线，计算分析结果并打印报告，实现分析自动化。这种数据显示装置方便、准确，避免了人为读数错误，节省了人工计算。

1.4　分析流程

由光源发出的光，经单色器获得一定波长的单色光，这束单色光照射到吸收池中的样品溶液上，一部分被样品溶液吸收，剩余部分透过溶液进入检测器，经检测器将光信号转变为电信号，并经信号指示系统调制放大后，显示或打印出吸光度 A （或透光率 T），完成测定。

1.5　仪器类型及生产厂家

紫外-可见分光光度计按使用波长范围，可分为：可见分光光度计和紫外-可见分光光度计两类。按光路，紫外-可见分光光度计可分为单光束式及双光束式两类；按测量时提供的波长数，又可分为单波长分光光度计和双波长分光光度计两类。

国产紫外、可见分光光度计的生产厂家主要有：上海菁华科技仪器有限公司、上海仪电科学仪器股份有限公司、上海光谱仪器有限公司、上海美谱达仪器有限公司、上海元析仪器有限公司、北京北分瑞利分析仪器集团、北京普析通用仪器有限公司、天津港东科技发展股份有限公司等（排名不分先后）；进口仪器主要有：日本岛津公司、日本日立公司、美国PerkinElmer（PE，铂金埃尔默）公司、美国Beckman（贝克曼）公司、美国Agilent（安捷伦）公司等。

1.5.1　单光束分光光度计

单光束是指从光源发出的光，经过单色器等一系列光学元件，通过吸收池，最后照在检测器上时，始终为一束光，参见图1-14。

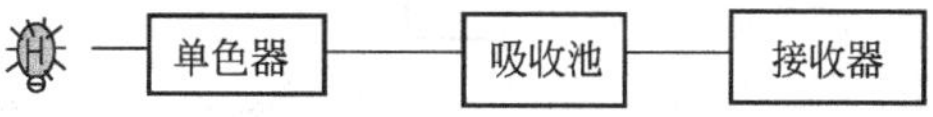

单光束分光光度计的特点是结构简单、价格低，主要适于作定量分析。其不足之处是测定结果受光源强度波动的影响较大，因而给定

图1-14　单光束分光光度计仪器结构示意

量分析结果带来较大误差。常用的单光束可见分光光度计有721型、722型、723型、724型等。常用的单光束紫外-可见分光光度计有751G型、752型、754型、756MC型等。国外的Du70型、Pu8700型也是单光束分光光度计。

722型与721型分光光度计的主要区别有两点：一是721型的光学系统中是通过一个色散棱镜而获得单色光，色散不均匀，而且色散后光强损失较大，而722型的色散元件是一个光栅，光栅将入射的复合光通过衍射作用形成按一定顺序均匀排列的连续单色光谱，光栅作为色散元件具有良好的、均匀的分辨能力，而且比棱镜分辨率高。二是721型的读数是根据指针在微安表上的刻度位置而得到的，结果读数的小数点后第二、第三位是估计出来的，因此在一定程度上存在读数误差。而722型的读数盘是直接显示，可以显示到小数点后三位数，其结果读数更方便、更准确。所以722型分光光度计的整体性能要优于721型。722型以后型号的分光光度计，又增加了波长扫描功能，有的还与PC机相联，自动化程度更高。

1.5.2　双光束分光光度计

双光束分光光度计就是有两束单色光的紫外-可见分光光度计。其光路设计基本上与单

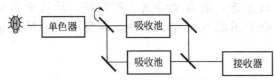

图 1-15　双光束分光光度计结构示意

光束分光光度计相似。区别是在单色器与吸收池之间加了一个切光器，其作用是以一定的频率把一个光束交替地分为强度相等的两束光，使一路通过参比溶液，另一路通过样品溶液。然后由检测器交替接收参比信号和样品信号。接收的光信号转变成电信号后，由前置放大器放大，并进一步解调、放大、补偿等，最后由显示系统显示。其光路系统如图 1-15 所示。

　　常用的双光束紫外-可见分光光度计国产的有 710 型、730 型、760MC 型、760CRT 型，进口的型号有岛津 UV-1750、UV-1800、日立 U-2000、美国热电、美国瓦里安 UV-2700。这类仪器的特点是：能连续改变波长，自动地比较样品及参比溶液的透光强度，自动消除光源强度变化所引起的误差。对于必须在较宽的波长范围内获得复杂的吸收光谱曲线的分析，此类仪器极为合适。

1.5.3　双波长分光光度计

　　双波长分光光度计与单波长分光光度计的主要区别在于采用双单色器（见图 1-16），以同时得到两束波长不同的单色光。光源发出的光分成两束，分别经两个可以自由转动的光栅单色器，得到两束具有不同波长 λ_1 和 λ_2 的单色光。借助切光器，使两束光以一定的时间间隔交替照射到装有试液的吸收池上，由检测器显示出试液在波长 λ_1 和 λ_2 的透射比差值 ΔT 或吸光度差值 ΔA，ΔA 与吸光物质浓度 c 成正比。这就是双波长分光光度进行定量分析的理论根据。

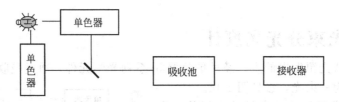

图 1-16　双波长分光光度计结构示意

　　常用的双波长分光光度计国产的有 WFZ-800S，日本岛津 UV-300、UV365 等。双波长分光光度计的特点是：不需参比溶液，只用一个待测溶液。不仅能测量高浓度试样、多组分混合试样，而且测定浑浊样品时比单波长测定更灵敏、更有选择性。双波长测定时，两个波长的光通过同一吸收池，可以消除因吸收池的参数不同、位置不同、污垢以及制备参比溶液等带来的误差，从而可以显著地提高测定的准确度。

1.6　仪器基本操作步骤

　　目前市场上销售的各种分光光度计的型号、种类繁多，不同型号的仪器，其操作使用方法会略有不同，但只要掌握了其基本操作步骤，以后无论遇到什么型号的分光光度计，就可以做到触类旁通。

　　分光光度计基本操作步骤如下。

　　① 打开电源预热 30min，以稳定仪器光电性能，这对于单光束分光光度计来说是必要步骤。

　　② 仪器的校正。透光率 $\tau(T)$ 调零，调 100%。有自检功能的仪器，可开机自检。

③ 比色杯的匹配。在洗净的吸收池毛面外壁编号并标记光路走向。在吸收池中分别装入测定用溶剂，以其中一个为参比，测定其他吸收池的吸光度。若测定的吸光度为零或两个吸收池吸光度相等，即为配对吸收池。若不相等，可以选出吸光度值最小的吸收池为参比吸收池，测定其他吸收池的吸光度，求出修正值。在后面的测定中用修正值校正。

④ 选择测定波长及其他参数。手动调节波长或输入选定的波长及其他参数。

⑤ 在选定波长，进行吸光度值测定。

⑥ 取出比色杯，关闭电源。

1.7　分析方法

1.7.1　定性分析

根据前面讲过的物质对紫外、可见光的吸收特性，不同的化合物具有不同的紫外或者可见光吸收光谱，因此物质的紫外或可见吸收光谱特征：形状、峰的数目、波长位置及 λ_{max} 即化合物特性参数，可作为定性依据。

1.7.1.1　未知物定性鉴定

（1）与标准物及标准图谱对照

将分析样品和标准样品以相同浓度配制在同一溶剂中，在同一条件下分别测定紫外-可见吸收光谱。若两者是同一物质，则两者的光谱图应完全一致。这种方法要求仪器准确，精密度高，且测定条件要相同。如果没有标样，也可以和现成的标准谱图对照进行比较。最常用的图谱资料是 Sadtler（萨特勒）标准图谱及手册，它由美国费城萨特勒研究实验室编辑出版。萨特勒图谱集收集了 46000 种化合物的紫外光谱图，并附有 5 种索引，便于查找。

（2）吸收系数比较

由于紫外-可见吸收光谱一般只含有 1～3 个较宽的吸收带，是分子内的发色团在紫外-可见区产生的吸收，与分子和其他部分关系不大。具有相同发色团的不同分子结构，在较大分子中不影响发色团的紫外吸收光谱，不同的分子结构有可能有相同的紫外吸收光谱，但它们的吸收系数是有差别的。如果分析样品和标准样品的吸收波长相同，吸收系数也相同，则分析样品与标准样品为同一物质的可能性就会大大增加。

1.7.1.2　推测化合物的分子结构

（1）判断异构体

紫外吸收光谱的重要应用在于测定共轭分子。共轭体系越大，吸收强度越大，波长红移。

如：

前者有紫外吸收，后者的 $\lambda_{max}<200nm$。同样，$CH_3COCH_2CH_2COCH_3$ 的 λ_{max} 要短于 $CH_3CH_2COCOCH_2CH_3$。下面两个酮式和烯醇式异构体中，烯醇式结构的摩尔吸光系数 ε 要远大于酮式，也是由于烯醇式结构中有双键共轭之故。

$$CH_2COCH_2COOC_2H_5 \qquad\qquad CH_3C(OH)=CHCOOC_2H_5$$

酮式（$\lambda_{max}=275nm$，$\varepsilon=100$）　　　　烯醇式（$\lambda_{max}=245nm$，$\varepsilon=18000$）

（2）判断共轭状态

可以判断共轭生色团的所有原子是否共平面等，如二苯乙烯（ph-CH=CH-ph）顺式比反式不易共平面，因此反式结构的 λ_{max} 及 ε 要大于顺式。

顺式：$\lambda_{max}=280nm$，$\varepsilon=13500$；反式：$\lambda_{max}=295nm$，$\varepsilon=27000$

（3）判断结构类型及其生色团

有机化合物紫外光谱反映了化合物的结构特征，可以提供化合物多方面的结构信息，如生色团、助色团的种类、数目及其位置；化合物的共轭程度、空间效应、氢键等；可对饱和与不饱和化合物、异构体及构象进行判别。

紫外-可见吸收光谱提供有机物发色体系信息的一般规律如下。

① 若在 200～750nm 波长范围内无吸收峰，则可能是直链烷烃、环烷烃、饱和脂肪族化合物或仅含一个双键的烯烃等。

② 若在 270～350nm 波长范围内有低强度吸收峰 [$\varepsilon = 10 \sim 100 L/(mol \cdot cm)$]（$n \to \pi^*$ 跃迁），则可能含有一个简单非共轭且含有 n 电子的生色团，如羰基。

③ 若某有机物在 250～300nm 波长范围内有中等强度的吸收峰 [$\varepsilon = 10^3 \sim 10^4 L/(mol \cdot cm)$]，则该有机物结构中可能含有一苯环。

④ 若某有机物在 210～250nm 波长范围内有强吸收峰 [$\varepsilon \geqslant 10^4 L/(mol \cdot cm)$]，则该有机物结构中可能含有 2 个共轭双键；若在 260～300nm 波长范围内有强吸收峰，则该有机物结构中可能含有 3 个或 3 个以上共轭双键。

⑤ 若某有机物的吸收峰延伸至可见光区，则该有机物可能是长链共轭或稠环化合物。

如果样品在可见光区有强吸收，则分子结构中含有 5 个以上共轭双键，例如二氢-β-胡萝卜素有 8 个共轭双键，在可见光区有吸收显橙黄色，番茄红素有 11 个共轭双键，显红色。

例如干性油是含有共轭双键，而不干性油是饱和脂肪酸，或虽不饱和但双键不相共轭，非共轭的双键具有典型的烯键紫外吸收，其波长较短；而共轭双键所吸收的谱带波长较长，共轭双键越多，吸收谱带波长越长。因此饱和脂肪酸酯及非共轭双键的吸收光谱多在 210nm 以下，而含两个共轭双键的约在 220nm，三个共轭双键的在 270nm，四个的则在 310nm 左右。所以干性油的吸收谱带一般都有较长的波长。工业上常设法使非共轭双键转变为共轭双键，从而使不干性油变为干性油，应用紫外吸收光谱是观察和判断双键是否由非共轭转移力共轭的有效方法。

根据以上规律，可初步确定有机物的归属范围，但仅凭化合物的紫外-可见光谱进行定性鉴定还不够充分，常需要和红外光谱、核磁共振、质谱等结构鉴定方法配合。

1.7.1.3 化合物纯度的检测

紫外吸收光谱能够检查化合物中是否含有具有紫外吸收的杂质，如果化合物在紫外区没有明显的吸收峰，而它所含的杂质在紫外区有较强的吸收峰，就可以检查出该化合物所含的杂质。例如要检查乙醇中的杂质苯，由于苯在 256nm 处有吸收，而乙醇在此波长下无吸收，因此可利用苯的这一特征峰检查乙醇中是否含有苯。又如要检查四氯化碳中有无 CS_2 杂质，只要观察在 318nm 处有无 CS_2 的吸收峰就可以确定。

另外，还可以用吸光系数来检查物质的纯度。一般认为，当试样测出的摩尔吸光系数比标准样品测出的摩尔吸光系数小时，其纯度不如标样。相差越大，试样纯度越低。

例如菲的氯仿溶液，在 296nm 处有强吸收（$\lg \varepsilon = 4.10$），用某方法精制的菲测得 ε 值比标准菲低 10%，说明实际含量只有 90%，其余很可能是蒽醌等杂质。

1.7.2 定量分析方法

紫外-可见吸收光谱是进行定量分析最广泛使用的、最有效的手段之一，可用于无机及有机体系。一般可检测 $10^{-5} \sim 10^{-4} mol/L$ 的微量组分，通过某些特殊方法（如胶束增溶）可检测 $10^{-7} \sim 10^{-6} mol/L$ 的组分。而且准确度高，一般相对误差 1%～3%，有时可降至百分之零点几。

紫外-可见分光光度法有以下几种定量分析的方法。

1.7.2.1 单组分定量分析

单组分的定量分析如果在一个样品中只要测定一种组分，且在选定的测量波长下，试样中其他组分对该组分不干扰，这种单组分的定量分析较简单。

（1）标准对照法

该法是标准曲线法的简化，即只配制一个浓度为 c_s 的标准溶液，并测量其吸光度，求出吸收系数 k，然后测定 A_x，再由 $A_x = Kc_x$，求出 c_x。该法只有在测量浓度范围内遵守朗伯-比耳定律，且 c_x 与 c_s 大致相当时，才可得到准确结果。

（2）标准曲线法

标准曲线法应用最为广泛。具体的做法为：配制一系列浓度由小到大梯度增加的标准溶液（一般为 5~8 个），在选定的波长下分别测量各标准溶液的吸光度。然后以标准溶液的浓度为横坐标，以相应的吸光度为纵坐标作图，绘制标准曲线（见图 1-17）。在相同条件下测定试样溶液的吸光度后，即可从标准曲线上查得待测组分的浓度。为了保证测定的准确度，待测试液的浓度应在标准曲线范围内，最好在标准曲线中部。标准曲线应定期校准，如果实验条件变动，如更换标准溶液、所用试剂重新配制、仪器经过修理、更换光源等，标准曲线应重新绘制。如果实验条件不变，每次实验只要带一个中间浓度的标样，校验标准曲线，符合要求后，就可使用该标准曲线。

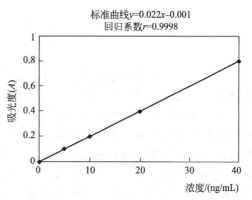

图 1-17 标准工作曲线

工作曲线与标准曲线略有不同，当标准溶液按照样品分析步骤同样处理时（如同样加掩蔽剂、过滤、加热等），得到的标准曲线又叫工作曲线。理论上讲，标准曲线应为一条通过原点的直线。但由于误差的存在，标准曲线往往会有一个较小的截距，而且实验测出的点可能并不完全在一条直线上，这时如果用坐标纸作图，靠手工"画"出的直线随意性较大，相同的实验数据，不同的人"画"出的直线也可能不同。这时，如果采用最小二乘法确定直线回归方程，就可得到唯一的一条直线，方法的准确度也就提高了。

标准曲线法基本消除了偶然误差的影响，因此测定结果比较可靠。该法适合于同一测定对象的大批试样的常规分析。

知识链接：最小二乘法及直线回归方程

最小二乘法（又称最小平方法）是一种数学优化技术。它通过最小化误差的"平方和"寻找数据的最佳函数匹配，可用于曲线（直线是曲线的特例）拟合。对两个变量间的直线关系进行相关分析称为直线相关分析；利用直线相关分析建立的方程，就叫直线回归方程。直线回归方程可以用一元线性方程表示，即

$$y = a + bx \tag{1-15}$$

式中，x 为标准溶液的浓度；y 为相应的吸光度；a、b 为回归系数。a 为直线的截距，可由下式求出：

$$a = \frac{\sum\limits_{i=1}^{n} y_i - b \sum\limits_{i=1}^{n} x_i}{n} = \overline{y} - b\overline{x} \tag{1-16}$$

b 为直线的斜率，可由下式求出：

$$b = \frac{\sum\limits_{i=1}^{n} (x_i - \overline{x})(y_i - \overline{y})}{\sum\limits_{i=1}^{n} (x_i - \overline{x})^2} \tag{1-17}$$

标准曲线线性的好坏可以用回归直线的相关系数来表示，相关系数 γ 可用下式求得：

$$\gamma = b \sqrt{\frac{\sum\limits_{i=1}^{n} (x_i - x)^2}{\sum\limits_{i=1}^{n} (y_i - \overline{y_i})^2}} \tag{1-18}$$

最理想的直线相关系数应该是 1，实际工作中相关系数愈接近 1，说明标准曲线线性关系愈好。一般要求所做工作曲线的相关系数 γ 要大于 0.999。

虽然可以利用上面的公式计算出 a、b 值，求得直线回归方程，但在实际应用中，以上面的公式进行计算较为繁琐。可以利用 Excel 求得直线回归方程。具体做法是：打开 Excel，将浓度值和吸光值分两列输入，选中该两列数值，点击快捷键"图标向导"，"标准类型"下选"xy 散点图"，点击"下一步"，选数据产生在列，点击"下一步"，在标题项下可编辑"图表标题"、"数值 X 轴"、"数值 Y 轴"；点击"完成"。然后，用鼠标右键，点击 X 轴或 Y 轴，可对 X 轴或 Y 轴的"刻度"等进行编辑。用鼠标右键点击其中任意标准点，在下拉菜单中点击"添加趋势线"，在"类型"中选"线性"，在"选项"中勾选"显示公式"、"显示 R 平方值"，再点击"确定"，即可完成曲线的绘制，同时线性回归方程及 R^2 值可显示在图上。

（3）标准加入法

标准加入法，又名标准增量法或直线外推法，是一种被广泛使用的定量分析方法。这种方法尤其适用于样品组成比较复杂、难于配制与样品溶液相似的标准溶液；或样品基体成分很高，而且变化不定；或样品中含有固体物质而对吸收的影响难以保持一定时。

具体做法是：将待测试样分成若干等份，分别加入不同已知量 0，c_1，c_2，$\cdots$，c_n 的待测组分配制溶液。由加入待测试样浓度由低至高依次测定上述溶液的吸收光谱，作一定波长下浓度与吸光度的关系曲线，得到一条直线，如图 1-18 所示。若直线通过原点，则样品中不含待测组分；若不通过原点，将直线在纵轴上的截距延长与横轴相交，交点离开原点的距离为样品中待测组分的浓度即 c_x。

（4）差示分光光度法

紫外-可见分光光度法一般适用于含量为 $10^{-6} \sim 10^{-2}$ mol/L 浓度范围的测定。用普通分光光度法测定浓度过大或浓度过小（吸光度过高或过低）被测组分时，测量误差均较大。为克服这种缺点而改用浓度比样品稍低或稍高的标准溶液代替空白试剂来调节仪器的 100% 透光率（对浓溶液），或 0% 透光率（对稀溶液），以提高分光光度法精密度、准确度和灵敏度的方法，称为差示分光光度法。

常用的高浓度差示分光光度法采用一个比待测溶液浓度稍低的标准溶液作参比溶液，测量待测溶液的吸光度，从测得的吸光度求出它的浓度。

用作参比的标准溶液浓度为 c_s，待测试液浓度为 c_x，且 $c_x > c_s$。

根据朗伯-比耳定律得：

$$A_s = \varepsilon b c_s \qquad A_x = \varepsilon b c_x \tag{1-19}$$

两式相减，得到

$$\Delta A = A_x - A_s = \varepsilon b(c_x - c_s) = \varepsilon b \Delta c \tag{1-20}$$

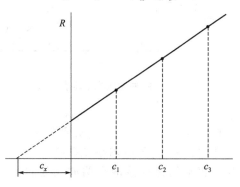

图 1-18　标准加入法工作曲线

上式表明，所得吸光度之差与两种溶液的浓度差成正比。这样便可以采用直接比较法，根据测得的 ΔA 求出 Δc 值，再从 $c_x = c_s + \Delta c$ 求出待测试液的浓度。或采用标准曲线法，即用系列标准溶液浓度 c_1、c_2、c_3、…、c_n 减参比标液浓度 c_s，得到 Δc_1、Δc_2、Δc_3、…、Δc_n，再以参比标液为参比，分别测定每个标液的吸光度值，得 ΔA_1、ΔA_2、ΔA_3、…、ΔA_n，然后作 ΔA-Δc 标准曲线，再根据试样 ΔA，求出 c_x。

例如用试剂空白作参比溶液，测得某试液的透光度 $T_x = 5\%$（差示分光光度法一般适用于分析 $T < 10\%$ 的组分），显然，这时的测量误差是很大的。采用示差分光光度法时，若按试剂空白测得 $T_1 = 10\%$ 的标准溶液作参比溶液，使其透光率调至 $T_2 = 100\%$，如图 1-19 所示。则相当于把标尺扩展到原来的 10 倍（$T_2/T_1 = 100\%/10\% = 10$）。使待测试液透光度读数能够落在测量误差较小的区域，此时试液的透光率 $T_x' = 50\%$，此读数落在了适宜的范围内（紫外-可见吸收测定时，应尽量使溶液透光度在 $T = 15\% \sim 65\%$，相应的吸光度为 $A = 0.20 \sim 0.80$ 之间），从而提高了测定的准确度。高吸光度差示法相对误差可低至 0.2%。

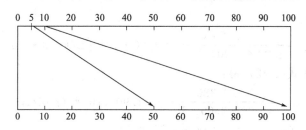

图 1-19　示差分光光度法标尺扩展原理

使用这种方法要求仪器光源强度要足够大，仪器检测器要足够灵敏。要能使标准参比溶液的透光率调到 100%，否则，无法应用差示分光光度法进行检测。

另外，当两种组分的吸收光谱有重叠时，可以根据吸光度的加和性，在多个波长下测定吸光度，并利用解联立方程的方法求解。

如图 1-20 所示。x、y 为两个吸收光谱重叠的情况。可找出两个波长，在该波长下，两组分的吸光度差值 ΔA 较大，在波长为 λ_1 和 λ_2 测定吸光度 A_1 和 A_2，由吸光度的加和性得联立方程：

$$A_1 = \varepsilon_{x,1} b c_x + \varepsilon_{y,1} b c_y \tag{1-21}$$

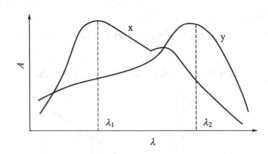

图 1-20   两种物质光谱重叠情况

$$A_2 = \varepsilon_{x,2}bc_x + \varepsilon_{y,2}bc_y \tag{1-22}$$

其中，c_x、c_y 分别为 x 和 y 的浓度；$\varepsilon_{x,1}$、$\varepsilon_{y,1}$ 分别为 x 和 y 在波长 λ_1 时的摩尔吸光系数；$\varepsilon_{x,2}$、$\varepsilon_{y,2}$ 分别为 x 和 y 在波长 λ_2 时的摩尔吸光系数。

摩尔吸光系数值，可用 x 和 y 的标准溶液在两波长处测得，解联立方程可求出 c_x 和 c_y 值。

原则上对任何数目的组分都可以用此方法建立方程求解，在实际应用中通常仅限于两个或三个组分的体系。如能利用计算机解多元联立方程，则不会受到这种限制。但随着测量组分的增多，实验结果的误差也将增大。

【例 1-2】 浓度为 1.00×10^{-3} mol/L 的 $K_2Cr_2O_7$ 溶液和浓度为 1.00×10^{-4} mol/L 的 $KMnO_4$ 溶液在波长 450nm 处的吸光度值分别为 0.200 和 0.000，而在波长 530nm 处的吸光度值分别为 0.050 和 0.420。现测得两者混合溶液在波长 450nm 和 530nm 处的吸光度值分别为 0.380 和 0.710。试计算该混合溶液中 $K_2Cr_2O_7$ 和 $KMnO_4$ 的浓度。

解 设 $K_2Cr_2O_7$ 和 $KMnO_4$ 的浓度分别为 c_x 和 c_y，根据朗伯-比耳定律，二者在 450nm 和 530nm 处的吸光系数分别为：

$$\varepsilon_{450}^x = \frac{0.200}{1.00 \times 1.00 \times 10^{-3}} = 2.00 \times 10^2 \ [\text{L/(mol} \cdot \text{cm)}]$$

$$\varepsilon_{530}^x = \frac{0.050}{1.00 \times 1.00 \times 10^{-3}} = 50.00 \ [\text{L/(mol} \cdot \text{cm)}]$$

$$\varepsilon_{450}^y = 0$$

$$\varepsilon_{530}^y = \frac{0.420}{1.00 \times 1.00 \times 10^{-4}} = 4.20 \times 10^3 \ [\text{L/(mol} \cdot \text{cm)}]$$

根据式(1-21) 和式(1-22) 得：

$$c_x = \frac{0.380}{1.00 \times 2.00 \times 10^{-3}} = 1.90 \times 10^{-3} \ (\text{mol/L})$$

$$c_y = \frac{50.00 \times 0.380 - 2.00 \times 10^2 \times 0.710}{(0 - 4.20 \times 10^3 \times 2.00 \times 10^2) \times 1.00} = 1.46 \times 10^{-4} \ (\text{mol/L})$$

1.7.2.2   双波长分光光度法

对于吸收曲线有重叠的单组分（显色剂与有色配合物的吸收光谱重叠）或多组分（两种性质相近的组分所形成的有色配合物吸收光谱重叠）试样、浑浊试样以及背景吸收较大的试样，由于存在很强的散射和特征吸收，难以找到一个合适的参比溶液来抵消这种影响。用解联立方程的方法测定两组分的含量可能误差较大，这时可以用双波长分光光度法测定。它可以在有其他组分干扰时，测定某组分的含量，也可以同时测定两组分的含量。该法不仅简化了分析手续，还能提高分析方法的灵敏度、选择性及测量的精密度。

双波长分光光度法利用从光源发射出来的光线分成两束，分别经过两个单色器，得到两束波长不同的单色光。借助切光器，使这两道光束以一定的频率交替照到装有试液的吸收池，最后由检测器显示出试液对波长为 λ_1 和 λ_2 的光的吸光度差 ΔA。

设波长为 λ_1 和 λ_2 的两束单色光的强度相等，则有：

$$A_{\lambda 1}=\varepsilon_{\lambda 1}bc \qquad A_{\lambda 2}=\varepsilon_{\lambda 2}bc \tag{1-23}$$

所以

$$\Delta A=A_{\lambda 1}-A_{\lambda 2}=(\varepsilon_{\lambda 1}-\varepsilon_{\lambda 2})bc \tag{1-24}$$

可见 ΔA 与吸光物质浓度成正比。这是用双波长分光光度法进行定量分析的理论依据。由于只用一个吸收池，而且以试液本身对某一波长的光的吸光度为参比，因此消除了因试液与参比液及两个吸收池之间的差异所引起的测量误差，从而提高了测量的准确度。

双波长分光光度法在实践中应用广泛。例如可以进行浑浊试液中组分的测定，也可测定单组分，还可以在两组分共存时进行分别测定。

在一般分光光度法中，浑浊试液中组分的测定必须使用相同浊度的参比溶液，但在实际中很难找到合适的参比溶液。在双波长分光光度法中，作为参比的不是另外的参比溶液，而是试液本身，它只需要用一个比色皿盛装试液，用两束不同波长的光照射试液时，两束光都受到同样的悬浮粒子的散射，当 λ_1 和 λ_2 相距不大时，由同一试样产生的散射可认为大致相等，不影响吸光度差 ΔA 的值。一般选择待测组分的最大吸收波长为测量波长（λ_1），选择与 λ_1 相近而两波长相差在 40～60nm 范围内且又有较大的 ΔA 值的波长为参比波长。

用双波长分光光度法进行单组分的定量测定，是以试液本身对某一波长的光的吸光度作为参比，这不仅避免了因试液与参比溶液或两吸收池之间的差异所引起的误差，而且还可以提高测定的灵敏度和选择性。在进行单组分测定时，以配合物吸收峰作测量波长，参比波长的选择：以等吸收点为参比波长、以有色配合物吸收曲线下端的某一波长作为参比波长或以显色剂的吸收峰为参比波长。

两组分共存时，尤其是当两种组分（或它们与试剂生成的有色物质）的吸收光谱有重叠时，要测定其中一个组分就必须设法消除另一组分的光吸收。对于相互干扰的双组分体系，它们的吸收光谱重叠，选择参比波长和测定波长的条件必须是：待测组分在两波长处的吸光度之差 ΔA 要足够大，干扰组分在两波长处的吸光度应相等；这样用双波长法测得的吸光度差只与待测组分的浓度呈线性关系，而与干扰组分无关，从而消除了干扰。

1.7.2.3　导数分光光度法

导数光谱可用于定量分析。如果将 $A_\lambda=\varepsilon_\lambda bc$ 对波长 λ 进行 n 次求导，可得：

$$\mathrm{d}^n A/\mathrm{d}\lambda^n=(\mathrm{d}^n\varepsilon/\mathrm{d}\lambda^n)bc \tag{1-25}$$

可见，一阶导数值仍然与被测物质的浓度成正比。对一阶导数继续求导，可知，各阶导数值均与被测物质的浓度成正比，经 n 次求导后，吸光度 A 的导数值仍与吸收物的浓度 c 成正比，借此可以用于定量分析。因此可以根据导数值计算物质的含量，这种方法称为导数分光光度法。

以吸光度的导数值 D 为纵坐标，吸收光的波长为横坐标绘制的曲线，称为导数吸收光谱。对吸收光谱曲线进行一阶或高阶求导，即可得到各种导数光谱曲线（见图 1-21）。

导数光谱的特点在于灵敏度高，分辨率得到了很大的提高，这是因为通过求导以后，吸收曲线的形状发生了显著的变化。其中各种微小的变化能更好地显示出来。能够分辨两个或两个以上完全重叠或以很小波长差相重叠的吸收峰。当两个峰的峰高与半

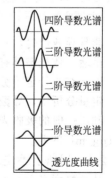

图 1-21　吸收光谱曲线及其 1～4 阶导数曲线示意

宽度的比值不同时，则可以认为它们的尖锐程度不同，如图 1-22 所示，图中两个尖锐程度不同的吸收峰 1 和峰 2 在同一波长处相互重叠，叠加成吸收峰 3。从吸收峰 3 的外形，很难辨别出它是由两个吸收峰叠加而成的。如果将其透光率曲线 4 进行一次求导，就得到如曲线 5 所示的导数光谱曲线。在曲线的正负两个方向上，各出现两个导数光谱峰，从而很容易地辨认出来。

从图 1-22 中可以看出，一阶导数信号与试样浓度呈线性关系，测定灵敏度依赖于摩尔吸光系数对波长的变化率 $d\varepsilon/d\lambda$。吸收曲线的拐点处 $d\varepsilon/d\lambda$ 最大，故其灵敏度最高。随着导数阶数的增加，谱带变得尖锐，分辨率提高，但原吸收光谱的基本特点逐渐消失。

当两个完全相同的吸收峰以极小的波长差重叠时，将它们进行二次求导后，由于各峰的半宽度约为原峰半宽度的一半，因此也有可能将此两峰分开。而且导数光谱能够分辨吸光度随波长急剧上升时所掩盖的弱的吸收峰。还能够确认宽吸收带的最大吸收波长。应用中，常用二阶导数光谱。

导数光谱可减小光谱干扰。因而在分辨多组分混合物的谱带重叠、增强次要光谱（如肩峰）的清晰度以及消除浑浊样品散射的影响时有利。导数分光光度法在多组分同时测定、浑浊样品分析、消除背景干扰、加强光谱的精细结构以及复杂光谱的辨析等方面，显示了很大的优越性。

测量导数光谱峰值的方法，随具体情况而不同（见图 1-23）。

（1）峰-谷法

如果基线平坦，可通过测量两个极值之间的距离 p 来进行定量分析，这是较常用的方法。如果峰、谷之间的波长差较小，即使基线稍有倾斜，仍可采用此法。

（2）基线法

首先作相邻两峰的公切线，然后从两峰之间的谷画一条平行于纵坐标的直线，交公切线于 A 点，然后测量 t 的大小（见图 1-23）。当用此法测量时，不管基线是否倾斜，只要它是直线，都可测得较准确的数值。

（3）峰-零法

此法是测量峰顶最高点与基线间的距离（见图 1-23 中 z）。但它只适用于导数光谱是对称时的情况。

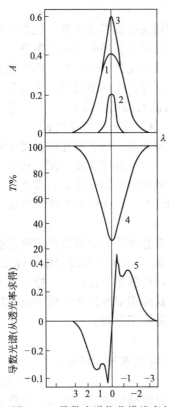

图 1-22　导数光谱能分辨峰高与半宽度的比不同的重叠峰

测量导数值时，一般采取峰-零法或峰-谷法。

虽然导数光谱其有分辨相互重叠的吸收峰的能力，但有时不一定能完全消除干扰物的影响。因此在进行定量分析时，必须注意选择测量波长在干扰成分影响最小处。

定量分析中，导数分光光度法最大的优点是可提高检测的灵敏度。例如测定乙醇中微量苯；利用一般的吸收光谱法，只能检测约 $10\mu g/mL$ 的苯；而用导数分光光度法，可检测低于 $1\mu g/mL$ 的苯。

1.7.2.4　目视比色法

从严格意义上来说，目视比色法不属于分光光度法范畴，因为该法不需使用分光光度计，但它也是利用可见光吸收进行含量分析的一种方法。因此姑且放在这里一并介绍。

用眼睛观察、比较溶液颜色深浅以确定物质含量的分析方法称为目视比色法。常用的目视比色法采用标准系列法，也叫标准色阶法。

取一套质料、大小和形状完全相同的具塞平底玻璃管（称为奈氏比色管），放在下面垫有反射镜的木架上，依次加入不同体积的标准溶液，再分别加入等量的显色剂和其他试剂，并控制其他实验条件相同，最后稀释至同一刻度线，摇匀，即可制成颜色由浅到深的标准色阶，参见图1-24。

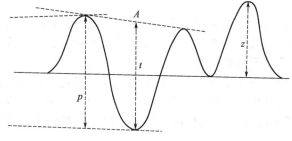

图1-23　导数光谱的图解测定法
p—峰-谷法；t—基线法；z—峰-零法

图1-24　标准色阶

将一定量的试液置于另一支奈氏比色管中，在同样条件下显色后，与标准色阶比较溶液颜色的深浅。若试样溶液与某标准色阶溶液的颜色相同，则两者中吸光物质的浓度相等；若试液的颜色介于标准色阶某两个溶液的颜色之间，则试样中吸光物质的浓度等于这两个色阶溶液浓度的平均值。目视比色法具有仪器简单，操作快速方便，灵敏度比较高的特点；适合于大批试样的分析。而且比色管中溶液的液层较厚，微量的有色物质也可观察到，适合于试液中微量物质的分析。另外，目视比色法可利用日光或普通的白炽灯、日光灯作为光源，不需要分光光度计就可进行。同时因为比色是在完全相同的条件下进行的，使用的入射光为白光，所以许多不符合光吸收定律的溶液（如胶体、乳浊液等），也可用目视比色法进行测定。因此该法广泛用于准确度要求不高的中间控制分析、限界分析（界限分析是指要求确定样品中待测组分含量是否在规定的含量界限以上或以下）中。

目视比色法的主要缺点是准确度不高，如果待测液中存在第二种有色物质，就无法进行测定。另外，由于许多有色溶液颜色不稳定，标准系列不能久存，经常需在测定时配制，比较麻烦。虽然可采用某些稳定的有色物质（如重铬酸钾、硫酸铜和硫酸钴等）配制永久性标准系列，或利用有色塑料、有色玻璃制成永久色阶，但由于它们的颜色与试液的颜色往往有差异，也需要进行校正。

1.7.2.5　其他分析方法

（1）分光光度滴定法

分光光度滴定法是利用被测组分或滴定剂或反应产物在滴定过程中吸光度的变化来确定滴定终点，并由此计算样品溶液中被测组分含量的方法。

（2）动力学分光光度法和胶束分光光度法等

动力学分光光度法是利用反应速率与反应物、产物或催化剂的浓度之间的定量关系，通过测量与反应速率成正比例关系的吸光度，从而计算待测物质的浓度。胶束分光光度法是利用表面活性剂的增强、增敏、增稳、褪色、折向等作用，以提高显色反应的灵敏度、对比度或选择性，改善显色反应条件，并在水相中直接进行光度测量的分光光度法。

1.8　实验技术

利用可见分光光度法进行分析时，要求被分析物能够吸收可见光，而且吸光系数要足够大，否则无法实施。因此对于许多本身无色或者颜色很浅（即吸光系数很小）的物质来说，就需要通过一定的化学反应，使该物质转变为对可见光有较强吸收的化合物，然后再进行光度测定。在可见光度分析中，显色反应的选择以及实验条件的控制是该法实施的重要实验技术。

1.8.1 显色反应和显色剂的选择

1.8.1.1 显色反应

例如，在无机分析中，很少利用金属水合离子本身的颜色直接进行光度分析，就是因为它们的吸光系数值一般都很小，而是选择适当的化学试剂，先将待测离子转化为吸收较为强烈的有色化合物后，再进行测定。这种化学试剂也就是显色剂。

这种将试样中被测组分转变成有色化合物的化学反应，叫做显色反应。显色反应有氧化还原反应和配位反应，而配位反应最为常用和重要。对于显色反应，一般应满足下列标准：

① 选择性好　一种显色剂最好只与被测组分起显色反应。要么干扰少，要么干扰容易消除。

② 灵敏度高　分光光度法一般用于微量组分的测定，故一般选择能生成吸光度高的有色化合物的显色反应。但灵敏度高的反应，不一定选择性好，故应全面加以考虑。对于高含量组分的测定，不一定选用最灵敏的显色反应。

③ 有色化合物的组成要恒定，化学性质要稳定　对于形成不同配位比的配位反应，必须注意控制试验条件，使生成一定组成的配合物，以免引起误差。

④ 有色化合物与显色剂之间的颜色差别要大　在这种情况下，显色时的颜色变化明显，而且试剂空白一般较小。一般要求有色化合物的最大吸收波长与显色剂最大吸收波长之差在60nm 以上。

⑤ 显色条件要易于控制，以保证有较好的再现性。

1.8.1.2 显色剂

常用的显色剂可分为无机显色剂和有机显色剂两大类。许多无机试剂能与金属离子起显色反应，如与氨水反应生成深蓝色的配离子，但多数无机显色剂的灵敏度和选择性都不高。其中性能较好、有实用价值的无机显色剂列于表 1-5。

表 1-5　常用的无机显色剂

显色剂	测定元素	酸度/(mol/L)	配合物组成及颜色	测定波长/nm
硫氰酸盐	铁钼钨铌	HCl:0.1～0.2	$[Fe(SCN)_5]^{2-}$　红色	480
		H_2SO_4:1.5～2.0	$[MoO(SCN)_5]^{2-}$　橙色	460
		H_2SO_4:1.5～2.0	$[Wo(SCN)_4]^-$　黄色	405
		HCl:3～4	$[NbO(SCN)_4]^-$　黄色	420
钼酸铵	硅磷	H_2SO_4:0.15～0.30	$H_4SiO_4 \cdot 10MoO_3 \cdot Mo_2O_3$ 蓝色	670～820
		H_2SO_4:0.5	$H_3PO_4 \cdot 10MoO_4 \cdot Mo_2O_3$ 蓝色	670～820
过氧化氢	钛	H_2SO_4:1～2	$[TiO(H_2O_2)]^{2+}$　黄色	420

大多数有机显色剂可与金属离子生成极其稳定的螯合物，而且具有特征颜色。其选择性和灵敏性都很高，许多生成的有色螯合物易溶于有机溶液，可先萃取，然后进行光度测定，从而进一步提高灵敏度和选择性。前面所介绍的多是一种金属离子（中心离子）与一种配位体配位的显色反应，这种反应生成的配合物是二元配合物。近年来以形成三元配合物为基础的分光光度法已被广泛应用。原因是利用三元配合物往往能够改善分析特性，提高分析的灵

敏度。

1.8.2 显色条件的选择

显色反应是否满足分光光度法的要求，除了与显色剂性质有关以外，显色条件的控制与选择是十分重要的。

1.8.2.1 显色剂用量

设 M 为被测物质，R 为显色剂，MR 为反应生成的有色配合物，则此显色反应可以用下式表示：

$$M+R \longrightarrow MR$$

从反应平衡角度上看，加入过量的显色剂显然有利于 MR 的生成，但过量太多也会带来副作用，例如增加了试剂空白或改变了配合物的组成等。因此显色剂一般应适当过量。在实际工作中，显色剂用量具体是多少需要经实验来确定，即通过作 A-c_R 曲线来获得显色剂的适宜用量。其方法是：固定被测组分浓度和其他条件，然后加入不同量的显色剂，分别测定吸光度 A 值，绘制吸光度（A）-显色剂浓度（c_R）曲线，一般可得如图 1-25 所示的 3 种曲线）。若得到是图 1-25(a) 的曲线，则表明显色剂浓度在 $a\sim b$ 范围内吸光度出现稳定值，因此可以在 $a\sim b$ 之间选择合适的显色剂用量。这类显色反应生成的配合物稳定，对显色剂浓度控制不太严格。若出现的是图 1-25(b) 的曲线，则表明显色剂浓度在 $a'\sim b'$ 这一范围内吸光度值比较稳定，因此在显色时要严格控制显色剂的用量。而图 1-25(c) 曲线表明，随着显色剂浓度增大，吸光度不断增大，这种情况下必须十分严格控制显色剂的加入量或者另换合适的显色剂。

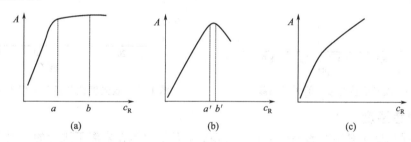

图 1-25　吸光度与显色剂浓度的关系曲线

1.8.2.2 溶液酸度

酸度是显色反应的重要条件，它对显色反应的影响主要有以下几方面。

① 当酸度不同时，同种金属离子与同种显色剂反应，可以生成不同配位数的不同颜色的配合物。例如 Fe^{3+} 可与水杨酸在不同 pH 条件下，生成配位比不同的配合物。

pH<4 　　　 $[Fe(C_7H_4O_3)]^+$ 　　　 紫红色（1：1）

pH≈4~7 　　　 $[Fe(C_7H_4O_3)_2]^-$ 　　　 橙红色（1：2）

pH≈8~10 　　 $[Fe(C_7H_4O_3)_3]^{3-}$ 　　 黄色（1：3）

可见只有控制溶液的 pH 在一定范围内，才能获得组成恒定的有色配合物，得到正确的测定结果。

② 溶液酸度过高会降低配合物的稳定性，特别是对弱酸型有机显色剂和金属离子形成的配合物的影响较大。当溶液酸度增大时，显色剂的有效浓度减少，显色能力被减弱。有色物的稳定性也随之降低。因此显色时，必须将酸度控制在某一适当范围内。

③ 溶液酸度变化，显色剂的颜色可能发生变化。其原因是：多数有机显色剂往往是一种酸碱指示剂，它本身所呈的颜色是随 pH 的变化而变化的。例如 PAR（吡啶偶氮间苯二

酚）是一种二元酸（表示为 H_2R），它所呈现的颜色与 pH 的关系如下：

pH 2.1～4.2　　　黄色（H_2R）

pH 4～7　　　橙色（HR^-）

pH＞10　　　红色（R^{2-}）

PAR 可作多种离子的显色剂，生成的配合物的颜色都是红色，因而这种显色剂不能在碱性溶液中使用。否则，因显色剂本身的颜色与有色配合物颜色相同或相近（对比度小），将无法进行分析。

④ 溶液酸度过低可能引起被测金属离子水解，因而破坏了有色配合物，使溶液颜色发生变化，甚至无法测定。

综上所述，酸度对显色反应的影响是很大的，而且是多方面的。显色反应适宜的酸度必须通过实验来确定。确定方法是：固定待测组分及显色剂浓度，改变溶液 pH，制得数个显色液。在相同测定条件下分别测定其相应的吸光度，作出 A-pH 关系曲线，如图 1-26 所示。选择曲线平坦部分对应的 pH 作为应该控制的 pH 范围。

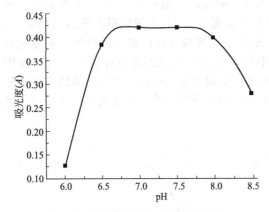

图 1-26　吸光度值与 pH 值关系曲线

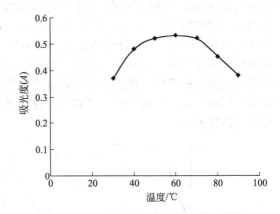

图 1-27　吸光度值与显色温度关系曲线

1.8.2.3　显色温度

不同的显色反应对温度的要求不同。大多数显色反应是在常温下进行的，但有些反应必须在较高温度下才能进行或进行得比较快。例如 Fe^{2+} 和邻二氮菲的显色反应常温下就可完成。而乙酰丙酮法测定甲醛时，甲醛与乙酰丙酮需在 60℃ 水浴中加热显色反应较快，只需 15min，而在常温下则需 1h。也有的有色物质加热时容易分解，例如 $Fe(SCN)_3$，加热时褪色很快。因此对不同的反应，应通过实验找出各自适宜的显色温度范围（见图 1-27）。由于温度对光的吸收及颜色的深浅都有影响，因此在绘制工作曲线和进行样品测定时应该使溶液温度保持一致。

1.8.2.4　显色时间

在显色反应中应该从两个方面来考虑时间的影响：一是显色反应完成所需要的时间，称为"显色（或发色）时间"；二是显色后有色物质色泽保持稳定的时间，称为"稳定时间"。确定适宜时间的方法：配制一份显色溶液，从加入显色剂开始，每隔一定时间测吸光度一次，绘制吸光度-时间关系曲线。曲线平坦部分对应的时间就是测定吸光度的最适宜时间。

1.8.2.5　溶剂选择

有机溶剂常常可以降低有色物质的离解度，增加有色物质的溶解，从而提高了测定的灵敏度，例如 $[Fe(CNS)]^{2+}$ 在水中的 $K_稳$ 为 200。而在 90％乙醇中 $K_稳$ 为 $5×10^4$，可见 $[Fe(CNS)]^{2+}$ 的稳定性大大提高，颜色也明显加深。因此，利用有色化合物在有机溶剂中稳定性好、溶解度大的特点，可以选择合适的有机溶剂，采用萃取分光光度法来提高方法的灵敏度和选择性。

1.8.3 显色反应中的干扰及消除

（1）干扰离子的影响

分光光度法中共存离子的干扰主要有以下几种情况。

① 共存离子本身具有颜色。如 Fe^{3+}、Ni^{2+}、Co^{2+}、Cu^{2+}、Cr^{3+} 等的存在影响被测离子的测定。

② 共存离子与显色剂或被测组分反应，生成更稳定的配合物或发生氧化还原反应，使显色剂或被测组分的浓度降低，妨碍显色反应的完成，导致测量结果偏低。

③ 共存离子与显色剂反应生成有色化合物或沉淀，导致测量结果偏高。若共存离子与显色剂反应后生成无色化合物，但由于消耗了大量的显色剂，致使显色剂与被测离子的显色反应不完全。

（2）干扰的消除方法

干扰离子的存在给分析工作带来不小的影响。为了获得准确的结果，需要采取适当的措施来消除这些影响。消除共存离子干扰的方法很多，此处仅介绍几种常用方法，以便在实际工作中选择使用。

① 控制溶液的酸度。这是消除共存离子干扰的一种简便而重要的方法。控制酸度使待测离子显色，而干扰离子不生成有色化合物。例如：以磺基水杨酸测定 Fe^{3+} 时，若 Cu^{2+} 共存，此时 Cu^{2+} 也能与磺基水杨酸形成黄色配合物而干扰测定。若溶液酸度控制在 $pH = 2.5$，此时铁能与磺基水杨酸形成稳定的配合物，而铜就不能，这样就可以消除 Cu^{2+} 的干扰。

② 加入掩蔽剂，掩蔽干扰离子。采用掩蔽剂来消除干扰的方法是一种有效而且常用方法。该方法要求加入的掩蔽剂不与被测离子反应，掩蔽剂和掩蔽产物的颜色必须不干扰测定。表 1-6 列出分光光度法中常用的掩蔽剂，以便在实际工作中参考使用。

表 1-6　可见分光光度法部分常用的掩蔽剂

掩蔽剂	pH	被掩蔽的离子
KCN	>8	Cu^{2+}、Co^{2+}、Ni^{2+}、Zn^{2+}、Hg^{2+}、Ca^{2+}、Ag^+、Ti^{4+} 及铂族元素
	6	Cu^{2+}、Co^{2+}、Ni^{2+}
NH_4F	4～5	Al^{3+}、Ti^{4+}、Sn^{4+}、Zr^{4+}、Nb^{5+}、Ta^{5+}、W^{6+}、Be^{2+} 等
酒石酸	5.5	Fe^{3+}、Al^{3+}、Sn^{4+}、Sb^{3+}、Ca^{2+}
	5～6	UO_2^{2+}
	6～7.5	Mg^{2+}、Ca^{2+}、Fe^{2+}、Al^{3+}、Mo^{6+}、Nb^{6+}、Sb^{3+}、W^{6+}、UO_2^{2+}
	10	As^{3+}、Sn^{4+}
草酸	2	Sn^{2+}、Cu^{2+} 及稀土元素
	5.5	Zr^{4+}、Th^{4+}、Fe^{3+}、Fe^{2+}、Al^{3+}
柠檬酸	5～6	UO_2^{2+}、Th^{4+}、Sn^{2+}、Zr^{4+}、Sb^{3+}、Ti^{4+}
	7	Nb^{5+}、Ti^{5+}、Mo^{4+}、W^{6+}、Be^{2+}、Fe^{3+}、Cr^{3+}
维生素 C	1～2	Fe^{2+}
	2.5	Cu^{2+}、Hg^{2+}、Fe^{3+}
	5～6	Cu^{2+}、Hg^{2+}

③ 改变干扰离子的价态以消除干扰。利用氧化还原反应改变干扰离子的价态，使干扰离子与显色剂反应，以达到目的。例如：用铬天青 S 显色 Al^{3+} 时，若加入抗坏血酸或盐酸溶液，便可以使 Fe^{3+} 还原为 Fe^{2+}，从而消除了干扰。

④ 选择适当的入射光波长消除干扰　例如用 4-氨基安替吡啉显色测定废水中的酚时，氧化剂铁氰化钾和显色剂都呈黄色，干扰测定，但若选择用 520nm 单色光为入射光，则可以消除干扰，获得满意结果。因为黄色溶液在 420nm 左右有强吸收，但 500nm 后则无吸收。

⑤ 选择合适的参比溶液可以消除显色剂和某些有色共存离子干扰。

⑥ 分离干扰离子。当没有适当掩蔽剂或无合适方法消除干扰时，应采用适当的分离方法，如电解法、沉淀法、溶剂萃取及离子交换法等，将被测组分与干扰离子分离，然后再进行测定。其中萃取分离法使用较多，可以直接在有机相中显色。

⑦ 可以利用双波长法、导数光谱法等新技术来消除干扰。

1.8.4　测量条件的选择

在测量吸光物质的吸光度时，测量准确度往往受多方面因素影响。如仪器波长准确度、吸收池性能、参比溶液、入射光波长、测量的吸光度范围、被测量组分的浓度范围等都会对分析结果的准确度产生影响，必须加以控制。

1.8.4.1　入射光波长的选择

当用分光光度计测定被测溶液的吸光度时，首先需要选择合适的入射光波长。选择入射光波长的依据是该被测物质的吸收曲线。在一般情况下，应选用最大吸收波长作为入射光波长。在 λ_{max} 附近波长的稍许偏移引起的吸光度的变化较小，可得到较好的测量精度，而且以 λ_{max} 为入射光测定灵敏度高。但是，如果最大吸收峰附近有干扰存在（如共存离子或所使用试剂有吸收），则在保证有一定灵敏度的情况下，可以选择吸收曲线中其他波长进行测定（应选曲线较平坦处对应的波长），以消除干扰。

1.8.4.2　参比溶液的选择

在分光光度分析中测定吸光度时，由于入射光的反射，以及溶剂、试剂等对光的吸收会造成透射光通量的减弱。为了使光通量的减弱仅与溶液中待测物质的浓度有关，需要选择合适组分的溶液作参比溶液，先以它来调节透射比 100%（$A=0$），然后再测定待测溶液的吸光度。这实际上是通过参比池的光作为入射光来测定试液的吸光度。这样就可以消除显色溶液中其他有色物质的干扰，抵消吸收池和试剂对入射光的吸收，比较真实地反映了待测物质对光的吸收，因而也就比较真实地反映了待测物质的浓度。

（1）溶剂参比

当试样溶液的组成比较简单，共存的其他组分很少且对测定波长的光几乎没有吸收，仅有待测物质与显色剂的反应产物有吸收时，可采用溶剂作参比溶液，这样可以消除溶剂、吸收池等因素的影响。

（2）试剂参比

如果显色剂或其他试剂在测定波长有吸收，此时应采用试剂参比溶液。即按显色反应相同条件，只是不加入试样，同样加入试剂和溶剂作为参比溶液。这种参比溶液可消除试剂中的组分产生的影响。

（3）试液参比

如果试样中其他共存组分有吸收，但不与显色剂反应，则当显色剂在测定波长无吸收时，可用试样溶液作参比溶液，即将试液与显色溶液作相同处理，只是不加显色剂。这种参比溶液可以消除有色离子的影响。

（4）褪色参比

如果显色剂及样品基体有吸收，这时可以在显色液中加入某种褪色剂。选择性地与被测离子配位（或改变其价态），生成稳定无色的配合物，使已显色的产物褪色，用此溶液作参比溶液，称为褪色参比溶液。例如用铬天青 S 与 Al^{3+} 反应显色后，可以加入 NH_4F 夺取 Al^{3+}，形成无色的 $[AlF_6]^{3-}$。将此褪色后的溶液作参比可以消除显色剂的颜色及样品中微量共存离子的干扰。褪色参比是一种比较理想的参比溶液，但遗憾的是并非任何显色溶液都能找到适当的褪色方法。

总之，选择参比溶液时，应尽可能全部抵消各种共存有色物质的干扰，使试液的吸光度真正反映待测物的浓度。

1.8.4.3 吸光度测量范围的选择

任何类型的分光光度计都有一定的测量误差，但对一个给定的分光光度计来说，透射比读数误差 ΔT 都是一个常数（其值大约在 $\pm 0.2\% \sim 2\%$）。但透射比读数误差不能代表测定结果误差，测定结果误差常用浓度的相对误差 $\Delta c/c$ 表示。由于透射比 T 与浓度之间为负对数关系，故同样透射比读数误差 ΔT 在不同透射比处所造成的 $\Delta c/c$ 是不同的，那么 T 为多少 $\Delta c/c$。

根据吸收定律，

$$\lg \left(\frac{I}{I_0} \right) = -\varepsilon b c$$

$$\mathrm{d} \left(\lg \frac{I}{I_0} \right) = -0.4343 \frac{\mathrm{d} \left(\frac{I}{I_0} \right)}{\frac{I}{I_0}} = -\varepsilon b \, \mathrm{d}c$$

则

$$\frac{\Delta c}{c} = \frac{0.4343 \Delta \left(\frac{I}{I_0} \right)}{\frac{I}{I_0} \lg \left(\frac{I}{I_0} \right)}$$

要使测定浓度的相对误差最小，应满足条件

$$\frac{\mathrm{d} \left[\dfrac{0.4343 \Delta \left(\frac{I}{I_0} \right)}{\frac{I}{I_0} \lg \left(\frac{I}{I_0} \right)} \right]}{\mathrm{d} \left(\frac{I}{I_0} \right)} = \frac{-0.4343 \Delta \left(\frac{I}{I_0} \right) \left[0.4343 + \lg \left(\frac{I}{I_0} \right) \right]}{\left[\frac{I}{I_0} \lg \left(\frac{I}{I_0} \right) \right]^2} = 0$$

即吸光度 $A = 0.4343$ 时，吸光度测量误差最小。将吸光度值控制在 $0.2 \sim 0.8$ 之间，吸光度测量误差较小。

一般选择最大吸收波长以获得高的灵敏度及测定精度。但所选择的测定波长下其他组分不应有吸收，否则需选择其他吸收峰。

单组分定量分析要注意溶剂、测定浓度和测定波长等分析条件的选择。

所选择的溶剂应易溶解样品并不与样品作用，且在测定波长区间内吸收小，不易挥发。表 1-7 为某些常见溶剂可用于测定的最短波长。

表 1-7　常见溶剂可用于测定的最短波长

可用于测定的最短波长/nm	常见溶剂
200	蒸馏水,乙腈,环己烷

可用于测定的最短波长/nm	常见溶剂
220	甲醇,乙醇,异丙醇,醚
250	二氧六环,氯仿,醋酸
270	N,N-二甲基甲酰胺(DMF),乙酸乙酯,四氯化碳(275)
290	苯,甲苯,二甲苯
335	丙酮,甲乙酮,吡啶,二硫化碳(380)

1.9 应用实例

实验 1-1 目视比色法测定水中的铬

【实验目的】

1. 学习目视比色法的测定方法。

2. 学习目视法测定水中铬的原理和方法。

【实验原理】

铬在水中常以铬酸盐（六价铬）形式存在，在酸性溶液中，六价铬与二苯碳酰二肼反应生成紫红色配合物，可以借此进行目视比色，测定微量（或痕量）Cr(Ⅵ)的含量。

【仪器与试剂】

(1) 仪器

50mL 比色管一套，比色管架，250mL 容量瓶一个，5mL 移液管一支，5mL 吸量管2 支。

(2) 试剂

① 铬［Cr(Ⅵ)］标准贮备液（$\rho = 50.0 mg/L$）称取 0.1415g 已在 $105\sim110℃$ 干燥过的分析纯 $K_2Cr_2O_7$ 溶于蒸馏水中，定量转移至 1000mL 容量瓶中，用蒸馏水稀至标线，摇匀。

② 铬［Cr(Ⅵ)］标准操作液（$\rho = 1.00 \mu g/L$）移取 5.00mL 铬标准贮备液于 250mL 容量瓶中，用蒸馏水稀释至刻度。

③ 二苯碳酰二肼 称取 0.1g 二苯碳酰二肼于 50mL 的乙醇（$\varphi = 95\%$）中，搅拌使其全部溶解（约 5min）；另取 20mL 浓 H_2SO_4 稀释至 200mL，待其冷却至室温后，边搅拌边将二苯碳酰二肼的乙醇溶液加入其中（此溶液应为无色溶液，如溶液有色，不宜使用），贮于棕色瓶中，存放在冰箱中，一月内有效。

【实验步骤】

1. 准备工作

选择一套 50mL 比色管，洗净后置比色管架上。

注意：比色管的几何尺寸和材料（玻璃颜色）要相同，否则将影响比色结果。洗涤时，不能使用重铬酸钾洗液洗涤，若必须使用，为防止器壁对铬离子的吸附，应依次使用 H_2SO_4-HNO_3 混合酸、自来水、蒸馏水洗涤为宜。

2. 配制铬系列标准溶液

依次移取铬［Cr(Ⅵ)］标准操作液（$\rho = 1.00 \mu g/L$）0.00、0.50mL、1.00mL、2.00mL、3.00mL、4.00mL 于 50mL 比色管中，加 40mL 水，摇匀。分别加入 2.50mL 二苯碳酰二肼溶液后，再用蒸馏水稀至标线，混匀，放置 10min。

3. 样品测试

移取水试样若干毫升（以试样显色后的色泽介于标准系列中为宜）于另一支干净的比色管，按步骤（2）的方法显色，再用蒸馏水稀释至标线，混匀，放置 10min 后，与标准色阶比较颜色的深浅。

注意：比色时应尽量在阳光充足而又不直接照射的条件下进行。若夜间或光线不足时，尽量采用日光灯。

4. 记录观察结果。

【数据处理】

根据观察结果和试样体积确定废水中 Cr(Ⅵ) 含量（以 $\mu g/L$ 表示）。

【注意事项】

1. 为了提高测定准确度，在与样品颜色相近的标准溶液的浓度变化间隔要小些。

2. 不能在有色灯光下观察溶液的颜色，否则会产生误差。

3. 观察溶液颜色应自上而下垂直观察。

【思考题】

标准色阶浓度间隔应如何确定？

实验 1-2　根据吸收曲线鉴定化合物及纯度检查

【实验目的】

1. 学习紫外吸收光谱曲线的绘制方法。

2. 学习利用吸收光谱曲线进行化合物的鉴定和纯度检查。

【实验原理】

利用紫外吸收光谱定性的方法是：将未知试样和标准样在相同的溶剂中，配制成相同浓度，在相同条件下，分别绘制它们的紫外吸收光谱曲线，比较两者是否一致。或者将试样的吸收光谱与标准谱图（如 Sadtler 紫外光谱图）对比，若两光谱图 λ_{max} 和 ε_{max} 相同，表明是同一物质。

在没有紫外吸收峰的物质中检查有高吸光系数的杂质，也是紫外吸收光谱的重要用途之一。例如，检查乙醇中是否存在苯杂质，只需要测定乙醇试样在 256nm 处有没有苯吸收峰即可。因为乙醇在此波长无吸收。

【仪器与试剂】

（1）仪器　UV-7504 紫外-可见分光光度计（或其他型号仪器），1cm 石英吸收池。

（2）试剂　无水乙醇，未知芳香族化合物，乙醇试样（内含微量杂质苯）。

【实验步骤】

1. 准备工作

① 按仪器说明书检查仪器，开机预热 20min。

② 检查仪器波长的正确性和 1cm 石英吸收池的成套性。

2. 未知芳香族化合物的鉴定

① 配制未知芳香族化合物水溶液　称取未知芳香族化合物 0.1000g，用去离子水溶解后，转移至 100mL 容量瓶，稀至标线，摇匀。从中移取 10.00mL 于 1000mL 容量瓶中，稀至标线，摇匀（合适的试样浓度应通过实验来调整）。

② 用 1cm 石英吸收池，以去离子水作参比溶液，在 200～360nm 范围内测绘吸收光谱曲线。

3. 乙醇中杂质苯的检查

用 1cm 石英吸收池，以纯乙醇作参比溶液，在 220～280nm 波长范围内测定乙醇试样的吸收曲线。

【数据处理】

(1) 绘制并记录未知芳香族化合物的吸收光谱曲线和实验条件；确定峰值波长，计算峰值波长处 $A_{1cm}^{1\%}$ 值（指吸光物质的质量浓度为 10g/L 的溶液，在 1cm 厚的吸收池中测得的吸光度）和摩尔吸光系数，与标准谱图比较，确定化合物的名称。

(2) 绘制乙醇试样的吸收光谱曲线，记录实验条件，根据吸收光谱曲线确定是否有苯吸收峰，峰值波长是多少。

【注意事项】

1. 实验中所用的试剂应经提纯处理。

2. 石英吸收池每换一种溶液或溶剂都必须清洗干净，并用被测溶液或参比液荡洗 3 次。

【思考题】

1. 试样溶液浓度大小对测量有何影响？实验中应如何调整？

2. 如果试样是非水溶性的，则应如何进行鉴定，请设计出简要的实验方案。

实验 1-3 吸收曲线绘制及微量铁含量的测定

【实验目的】

了解分光光度计的构造和使用方法；学习分光光度法测定微量铁的原理及方法；掌握吸收曲线的绘制及用标准曲线法进行定量测定的原理和方法。

【实验原理】

邻二氮菲（phen）与 Fe^{2+} 在 pH3～9 的溶液中，生成一种稳定的橙红色配合物 $[Fe(phen)_3]^{2+}$，其 $\lg K = 21.3$，配合物的摩尔吸光系数 $\varepsilon = 1.1 \times 10^4$ L/(mol·cm)，铁含量在 $0.1 \sim 6\mu g/mL$ 范围内遵守比耳定律。其吸收曲线如图 1-28 所示，显色前需用盐酸羟胺或抗坏血酸将 Fe^{3+} 全部还原为 Fe^{2+}，然后再加入邻二氮菲，并调节溶液酸度至适宜的显色酸度范围。有关反应如下：

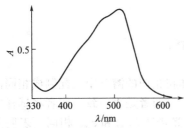

图 1-28 邻二氮菲-铁（Ⅱ）的吸收曲线

$$2Fe^{3+} + 2NH_2OH \cdot HCl \longrightarrow 2Fe^{2+} + 2H_2O + 4H^+ + 2Cl^- + N_2$$

用分光光度法测定物质的含量，一般采用标准曲线法，即配制一系列浓度的标准溶液，在实验条件下依次测量各标准溶液的吸光度（A），以溶液的浓度为横坐标，相应的吸光度为纵坐标，绘制标准曲线，在同样实验条件下，测定待测溶液的吸光度，根据测得吸光度值从标准曲线上查得相应的浓度值，即可计算试样中被测物质的质量浓度。

【仪器和试剂】

(1) 仪器

721 型或 722 型分光光度计。

(2) 试剂

① 0.1g/L 铁标准储备液　准确称取 0.7020g $NH_4Fe(SO_4)_2 \cdot 6H_2O$ 置于烧杯中，加少量水和 20mL（1∶1）H_2SO_4 溶液，溶解后，定量转入 1L 容量瓶中，用水稀释至刻度，摇匀。

② 20mg/L 铁标准使用液：准确移取铁储备液 20.00mL 于 100mL 容量瓶中，用水稀释至刻度，摇匀。

③ 100g/L 盐酸羟胺水溶液：用时现配。

④ 1.5g/L 邻二氮菲水溶液：避光保存，溶液颜色变暗时即不能使用。

⑤ 1.0g/L 乙酸钠溶液。

⑥ 0.1g/L 氢氧化钠溶液。

【实验步骤】

1. 显色标准溶液的配制

准确吸取 0、2.00mL、4.00mL、6.00mL、8.00mL、10.00mL 铁标准溶液（含铁 0.1g/L）于 50mL 容量瓶中，分别加入 1mL100g/L 盐酸羟胺溶液，摇匀后放置 2min，再各加入 2mL1.5g/L 邻二氮菲溶液、5mL1.0mol/L 乙酸钠溶液，用水稀释至刻度，摇匀。

2. 吸收曲线的绘制

选用 1cm 比色皿，以试剂空白为参比，在 440～560nm 之间，每隔 10nm 测定一次待测溶液的吸光度 A，以波长为横坐标，吸光度为纵坐标，绘制吸收曲线，从而选择测定铁的最大吸收波长。

3. 标准曲线的绘制

以试剂空白液为参比，用 1cm 比色皿，选定波长 λ_{max} 处，测定由低浓度至高浓度系列标准溶液的吸光度，以铁的浓度为横坐标，相应的吸光度为纵坐标，绘制标准曲线。

4. 铁含量的测定

于 λ_{max} 处，用 1cm 比色皿，以试剂空白为参比溶液，测定未知试样的吸光度，再利用标准曲线求得试样中铁的含量。

【数据处理】

（1）吸收曲线的绘制

分光光度计型号：　　　　　　吸收池厚度：

波长/nm	440	460	480	500	505	510	515	520	540	560
吸光度值(A)										

将所获数据以波长为横坐标，吸光度为纵坐标，绘制吸收曲线。选择吸收曲线的峰值波长为铁的测量波长。

邻二氮菲亚铁配合物的最大吸收波长 $\lambda_{max} =$ 　　 nm。

（2）铁含量的测定

标准溶液浓度(c)						
吸光度值(A)						
待测液吸光度值(A)						
待测液 Fe 含量/(mg/L)						

原试液ρ(Fe)＝　　　 mg/L。

【思考题】

1. 邻二氮菲分光光度法测定微量铁有什么特点？采用该法测得的为什么是试样中亚铁和高铁的总量？

2. 如何求得 λ_{max}？如果从吸收曲线求得的 λ_{max} 不是 510nm，说明仪器有什么问题？

3. 为什么要用试剂空白作参比溶液？

4. 实验中盐酸羟胺和 NaAc 的作用是什么？若用 NaOH 代替 NaAc，有什么缺点？

5. 从实验测出的吸光度求铁含量的根据是什么？如何求得？

6. 如果试液中含有某种干扰离子，并在测定波长下也有一定的吸光度，如何消除这种干扰。

7. 根据自己的实验结果，计算在最适宜波长下邻二氮菲亚铁配合物的摩尔吸光系数为多少？

实验 1-4   紫外分光光度法测定食品中苯甲酸钠的含量

【实验目的】

熟悉紫外分光光度计的原理和结构，学习其操作方法；掌握紫外分光光度法测定苯甲酸钠的吸收光谱图。掌握标准曲线法测定样品中苯甲酸钠的含量。

【实验原理】

为了防止食品在储存、运输过程中发生腐蚀、变质，常在食品中添加少量防腐剂。防腐剂使用的品种和用量在食品卫生标准中都有严格的规定，苯甲酸及其钠盐、钾盐是食品卫生标准允许使用的主要防腐剂之一，其使用量一般在 0.1% 左右。

苯甲酸具有芳香结构，在波长 225nm 和 272nm 处有 K 吸收带和 B 吸收带。根据苯甲酸（钠）在 225nm 处有最大吸收，测得其吸光度即可用标准曲线法求出样品中苯甲酸的含量。

【仪器和试剂】

(1) 仪器

UV-2550 型紫外-可见分光光度计（日本岛津），1.0cm 石英比色皿，50mL 容量瓶。

(2) 试剂

① NaOH 溶液（0.1mol/L）。

② 苯甲酸标准溶液的配制。

a. 苯甲酸标准贮备液（1.00g/L）：准确称量经过干燥的苯甲酸钠 1.000g（105℃干燥处理 2h）于 1000mL 容量瓶中，用适量的蒸馏水溶解后定容。该贮备液可置于冰箱内保存一段时间。

b. 苯甲酸钠标准溶液（100.0mg/L）：准确移取苯甲酸钠储备液 10.00mL 于 100mL 容量瓶中，加入蒸馏水稀释定容。

c. 系列标准溶液的配制：分别准确移取苯甲酸钠标准溶液 1.00mL、2.00mL、3.00mL、4.00mL 和 5.00mL 于 5 个 50mL 容量瓶中，各加入 0.1mol/L NaOH 溶液 1.00mL 后，用蒸馏水稀释定容。得到浓度分别为 2.0mg/L、4.0mg/L、6.0mg/L、8.0mg/L 和 10.0mg/L 的苯甲酸钠系列标准溶液。

d. 市售饮料的配制：准确移取市售饮料 0.5mL 于 50mL 容量瓶中，用超声脱气 5min 驱赶二氧化碳后，加入 0.1mol/L NaOH 溶液 1.00mL，用蒸馏水稀释定容。

e. 蒸馏水。

【实验步骤】

1. 开机

① 打开计算机、打印机。

② 打开主机开关，双击软件图标 UVProbe，单击 "Connect" 与仪器联机，仪器开始自检，通过后按 "OK"。

2. 吸收光谱的测定

① 选择 "Windows"-"Spectrum"，打开光谱模块。

② 选择 "Edit"-"Method"，设定波长范围（从大到小），扫描速度（Fast），采样间隔 1.0s，扫描方式（single），仪器参数（Absorbance）。

③ 样品池和空白池均放上 2.5mL 缓冲溶液，单击按键条中的"Baseline"，启动基线校正，单击确定。

④ 参比池中加入缓冲溶液，样品池中加入苯甲酸钠标准液，单击按键条中的"Start"，测定紫外-可见吸收光谱。

⑤ 扫描完成后，在弹出的新数据采集对话框中输入样品名，单击确定。

⑥ 图谱保存。选择"File"-"Save as"，在对话框顶部的保存位置中选择适当的路径，输入文件名。保持类型中选择"Spc"，单击"保持"。

⑦ 最大吸收峰：选择"Operations"-"Peak Pick"，找到最大吸收对应的波长。

3. 标准曲线法测定待测样品的浓度

① 选择"Windows"-"Photmetric"，打开测量光度模块。

② 选择"Edit"-"Method"，设置合适的波长"Wavelength"，如 225nm，单击"add"，单击选定的 Wavelength，根据提示，单击"next"方法，设定保存路径，单击"保存"。

③ 样品池和空白池均放上 2.5mL 缓冲溶液，单击光度计按键条中的"Cellblank"进行空白校正。

④ 标准曲线：在"Standard table"框里输入 Sample ID（从 1 开始）、标准溶液的浓度"Concentration"，输入完毕，将光标移至 WL225 下。在样品池中由稀到浓，依次放入系列标准溶液，单击按键条中的"Read std"。依次读出标准系列溶液的吸光度值。

⑤ 单击"Graph"-"Standard Curve Statistics"-"Equation"，"Correlation coefficient"，得到标准曲线的方程和相关系数。

⑥ 同样，样品池中放入待测溶液，在 Sample table 框里输入 Sample ID，单击按键条中的"Read std"，读出待测溶液的浓度和对应的吸光度值。

4. 关机

单击菜单中"Instrument"-"configure"-"maintenance"，进入界面后单击"D2"、"W1"。关闭氘灯和钨灯，再单击按键条中"Disconnect"，然后关仪器软件，最后关电脑和仪器电源。

【数据处理】

（1）苯甲酸钠紫外-可见吸收光谱的测定，并找出最大吸收峰波长。

（2）苯甲酸钠标准曲线的测定，以及曲线方程、相关系数的测定。

（3）样品中苯甲酸钠含量的测定。

【注意事项】

1. 试样和标准工作曲线的实验条件应完全一致。

2. 不同牌号的饮料中苯甲酸钠的含量不同，移取时样品量可酌情增减。

【思考题】

1. 本实验为什么要用石英比色皿，为什么不能用玻璃比色皿？

2. 苯甲酸钠的紫外光谱中有哪些吸收峰，各自对应哪些吸收带？由哪些跃迁引起？

实验 1-5 紫外吸收法测定润滑油中的苯酚含量

【实验目的】

1. 掌握紫外光谱法测定润滑油中苯酚含量的基本原理和分析方法。

2. 熟练紫外-可见分光光度计的使用方法。

【实验原理】

含有苯环和共轭双键的有机化合物在紫外区有特征吸收，物质结构不同对紫外线及可见光的吸收具有选择性,其中最大吸收波长、摩尔吸光系数及吸收曲线的形状不同是进行物质定性分析的依据。

由于在 λ_{max} 处吸光度 A 有最大值,在此波长下 λ 随浓度的变化最为明显,方法的灵敏度最大。故在紫外分光光度计上作苯酚水溶液(试液)的吸收光谱曲线,再由曲线上找出 λ_{max},据此对物质进行定量分析。

用紫外分光光度计进行定量分析时,若被分析物质浓度太低或太高可使透光率的读数扩展 10 倍或缩小 1/10,有利于低浓度或高浓度的分析。其方法原理是依据朗伯-比耳定律。

【仪器与试剂】

(1)仪器

UV-2550 型(或其他型号)紫外-可见分光光度计,1cm 石英比色皿 2 个,25mL 比色管 7 支,5mL 移液管 1 支,100mL、250mL 烧杯各 1 个,洗耳球 1 个。

(2)试剂

苯酚标准溶液(100mg/L),样品溶液(未知浓度)。

【实验步骤】

(1)基线校正

两个比色皿放蒸馏水进行基线校正。

(2)定性分析

分别移取样品溶液 1.0mL、标准溶液 3.0mL 于 2 支 25mL 比色管中,用去离子水稀释至刻度,摇匀。取上述两支比色管中溶液分别在 UV-2550 型紫外-可见分光光度计上,用 1cm 石英比色皿,去离子水作参比液在 200~330mm 波长范围内,1nm 采样间距,进行高速扫描,绘制吸收曲线。根据曲线进行定性分析,并确定最大吸收波长。

(3)定量分析

① 标准曲线的制作 取 5 支 20mL 的比色管,用移液管分别准确加入 1.0mL、2.0mL、3.0mL、4.0mL、5.0mL 浓度为 100mg/L 的苯酚标准溶液,用去离子水稀释至刻度,摇匀,取各浓度的苯酚标准溶液,用 1cm 石英比色皿,去离子水作参比溶液,在选定的最大波长下,按顺序从低至高浓度依次测量各溶液的吸光度,实验数据记录于标准表中。以吸光度对浓度作图,作出标准工作曲线。

② 定量测定样品溶液中苯酚含量 取样品溶液 10mL 于 25mL 比色管中,用去离子水稀释至刻度,摇匀。取样品溶液于 1cm 石英比色皿中,用去离子水作参比溶液,在同样条件下测定其吸光度,根据吸光度在标准工作曲线上查出测定的溶液中苯酚的浓度。

【数据记录与结果计算】

(1)在 200~330nm 波长范围内,1nm 采样间距,进行高速扫描,绘制吸收曲线。根据曲线进行定性分析,并确定最大吸收波长。

(2)苯酚含量的测定

标准溶液浓度(c)					
吸光度值(A)					
待测液吸光度值(A)					
待测液苯酚含量/(mg/L)					

【思考题】

苯酚的紫外吸收光谱中 210nm、270nm 的吸收峰是由哪类价电子跃迁产生的?

1.10　本章小结

1.10.1　方法特点

（1）仪器价格低。与其他光谱分析方法相比，紫外-可见分光光度法使用设备——紫外-可见分光光度计，结构简单，价格低。国产仪器一般在 1 万到几万元不等，进口仪器一般在 10 万元左右，高档精密仪器在 20 万元左右。

（2）使用过程消耗低。紫外-可见分光光度计使用时，只需接 220V 常压电源，除作为光源的灯经过长期使用（一般在几千个小时）需要更换外，无其他资源消耗。

（3）操作简单。紫外-可见分光光度计操作简单，使用方便易学。

（4）分析速度快，物质吸收光过程极快，可以很快地得到检测数据；灵敏度高，理论上可达到的检测限为 $10^{-11} \sim 10^{-10}$ g/L；选择性好，紫外-可见光谱法可利用参比选择、双波长法、双光束法、联立方程法等多种方法，排除干扰，具有较好的选择性；精密度与准确度好，一般相对误差 1%～3%，精密的分光光度计可降至百分之零点几；用途广泛，在工、农、医各个领域均有广泛应用。

1.10.2　重点掌握

1.10.2.1　理论要点

（1）重要概念　紫外线、可见光、复合光、单色光、互补光、吸收曲线、标准曲线、工作曲线、透光率、吸光度、摩尔吸光系数、质量吸光系数、溶剂参比、试剂参比、试液参比、褪色参比、生色团、助色团、蓝移、红移、增色效应、减色效应、溶剂效应。

（2）基本原理　光的波粒二象性、紫外-可见光谱产生机理、朗伯-比耳定律、吸光度加和性。

（3）计算公式　$A = \epsilon bc$、$A = -\lg T$。

1.10.2.2　实操技能

（1）标准溶液的配制。

（2）仪器使用操作。

（3）方法最佳条件实验及选择。

（4）定性和定量分析方法。

（5）数据记录及处理。

1.11　思考及练习题

（1）解释下列名词

a. 吸收曲线和标准曲线；b. 互补色光和单色光；c. 吸光度和透光率

（2）符合朗伯-比耳定律的某一吸光物质溶液，其最大吸收波长和吸光度随吸光物质浓度的增加如何变化？

（3）吸光物质的摩尔吸光系数与哪些因素有关？

（4）在分光光度法中，选择入射光波长的原则是什么？

（5）分光光度计是由哪些部件组成的？各部件的作用是什么？

（6）某试液用 2cm 比色皿测量时，$T = 60\%$，若改用 1cm 或 3cm 比色皿，T 及 A 等于多少？（当 $b = 1$cm 时，$A = 0.111$，$T = 77.4\%$；当 $b = 3$cm 时，$A = 0.333$，$T = 46.5\%$）

(7) 含 Cu^{2+} 为 $25.5\mu g/50mL$ 的溶液，用双环己酮草酰二腙显色后，在 600nm 处用 2cm 比色皿测得 $A=0.300$。求透光率 T、吸光系数 a、摩尔吸光系数 ε？

$[T=50.1\%；a=2.9\times10^2 L/(g\cdot cm)；\varepsilon=1.9\times10^4 L/(mol\cdot cm)]$

(8) 分子吸收光谱是怎样产生的？为什么紫外-可见吸收光谱是连续光谱而不是线状光谱？

(9) 有一浓度为 $2.0\times10^{-4}mol/L$ 金属离子溶液，若比色皿厚度 $b_1=3.0cm$，测得吸光度 $A_1=0.120$，将其稀释一倍后改用 $b_2=5.0cm$ 的比色皿，测得 $A_2=0.200$。问是否符合朗伯-比耳定律。（本题 $\varepsilon_1\neq\varepsilon_2$，故不符合朗伯-比耳定律）

(10) 某吸光物质 X 的标准溶液的吸光度 $A_s=0.699$。含 X 的试液在同一条件下，测得的吸光度 $A_x=1.00$。若标准溶液 $A_s=0.400$ 用作参比，试计算：

① 试液的吸光度（$\Delta A=0.301$）；

② 用两种方法所测两种溶液 $T\%$ 值各为多少？

（用普通分光光度法进行测量 $T=10\%$；用示差分光光度法进行测量 $T=50\%$）

(11) 试比较紫外-可见分光光度法与原子吸收分光光度法的异同。

(12) 用分光光度法测定铁，有下述两种方法：A 法，$a=1.97\times10^2 L/(g\cdot cm)$；B 法，$\varepsilon=4.10\times10^3 L/(mol\cdot cm)$。问：

① 何种方法灵敏度高？

② 若选用其中灵敏度高的方法，欲使测量误差最小，显色液中铁的浓度为多少？此时 $\Delta c/c$ 为多少？已知分光光度计的 $\Delta T=0.003$，$b=1.0cm$，$M_{Fe}=55.85g/mol$。（$c=3.95\times10^{-5}mol/L$；$\Delta c/c=0.82\%$）

(13) 普通分光光度法测得 $4.0\times10^{-4}mol/L$ $KMnO_4$ 溶液的吸光度 $A=0.880$，用该标准液作参比液，在相同条件下测得未知浓度的 $KMnO_4$ 溶液的吸光度 $A=0.301$，计算未知液中 $KMnO_4$ 的浓度。（$5.37\times10^{-4}mol/L$）

(14) 以试剂空白调节分光光度计透光率为 100%，测得某试液的吸光度为 1.301，假定分光光度计透光率读数误差 $\Delta T=0.003$，光度测量的相对误差为多少？（2%）

(15) 钴和镍的配合物有如下数据

λ/nm	510	656
ε_{Co}	3.64×10^4	1.24×10^3
ε_{Ni}	5.52×10^3	1.75×10^4

将 0.376g 土壤样品溶解后定容至 50mL。取 25mL 试液进行处理，以除去干扰元素，显色后定容至 50mL，用 1cm 吸收池在 510nm 处和 656nm 处分别测得吸光度为 0.467 和 0.374，计算土壤样品中钴和镍的质量分数。（$w_{Co}=0.015\%$，$w_{Ni}=0.032\%$）

(16) 试说明分光光度法中标准曲线不通过原点的原因。

(17) 酸度对显色反应的影响主要表现在哪些方面？

(18) 有一溶液，含铁 0.056mg/mL，吸取此试液 2.00mL 于 50mL 容量瓶中显色，用 1cm 吸收池于 508nm 处测得吸光度 $A=0.400$，计算吸光系数 a 和摩尔吸光系数 ε。

(19) 用一般分光光度法测量 0.00100mol/L 锌标准溶液和含锌的试液，分别测得 $A=0.700$ 和 $A=1.000$，两种溶液的透光率相差多少？如用 0.00100mol/L 标准溶液作参比溶液，试液的吸光度是多少？与示差分光光度法相比较，读数标尺放大了多少倍？

(20) 利用邻二氮法测定废水中铁，已知浓度为 0.0200mg/mL，0.0400mg/mL，0.0600mg/mL，0.0800mg/mL，0.1000mg/mL 系列铁标液在 510nm 波长下测得的吸光度值分别为 0.0201，0.0411，0.0586，0.0801，0.1060，有一废水样在同样条件下测得的吸

光度值为 0.0458，请利用标准曲线法求出该废水样中铁的含量。

（21）在 456nm 处，用 1cm 吸收池测定显色的锌配合物标准溶液得到以下数据：

$c(Zn)$, μg/mL	2.00	4.00	6.00	8.00	10.00
A	0.105	0.205	0.310	0.415	0.515

（1）绘制工作曲线。

（2）求摩尔吸光系数。（锌的摩尔质量为 65.38g/mol）

（3）称取含锌试样 0.5000g，经处理后，加入显色剂，定容至 50.00mL，相同条件下测得吸光度为 0.260，计算试样中锌的质量分数（%）是多少？

（22）以示差分光光度法测定高锰酸钾溶液的浓度，以含锰 10.0mg/mL 的标准溶液作参比液，其对水的透光率为 $T=20.0\%$，并以此调节透光率为 100%，此时测得未知浓度高锰酸钾溶液的透光率为 $T_x=40.0\%$，计算高锰酸钾的质量浓度。

（23）用磺基水杨酸分光光度法测铁，称取 0.5000g 铁铵矾 $NH_4Fe(SO_4)_2 \cdot 12H_2O$，溶于 250mL 水中制成铁标准溶液，测得 $A=0.380$。吸取 5.00mL 试样溶液稀释至 250mL，从中吸取 2.00mL 按标准溶液显色条件显色定容至 50mL，测得 $A=0.400$，求试样溶液中的铁的含量（以 g/L 计）。[已知 $A_r(Fe)=55.85$，$M_r[NH_4Fe(SO_4)_2 \cdot 12H_2O]=482.18$]

（24）某有色配合物的 0.0010% 水溶液在 510nm 处，用 2cm 比色皿测得透光率 T 为 0.420，已知其摩尔吸光系数为 2.5×10^3 L/(mol·cm)。试求此有色配合物的摩尔质量。

（25）NO_2^- 在波长 355nm 处 $\varepsilon_{355}=23.3$ L/(mol·cm)，$\varepsilon_{355}/\varepsilon_{302}=2.50$；$NO_3^-$ 在波长 355nm 处的吸收可忽略，在波长 302nm 处，$\varepsilon_{302}=7.24$ L/(mol·cm)。今有一含 NO_2^- 和 NO_3^- 的试液，用 1cm 比色皿测得 $A_{302}=1.010$，$A_{355}=0.730$。计算试液中 NO_2^- 和 NO_3^- 的浓度。

（26）采用双硫腙分光光度法测定含铅试液，于 520nm 处，用 1cm 比色皿，以水作参比，测得透光率为 8.0%。已知 $\varepsilon=1.0 \times 10^4$ L/(mol·cm)。若改用示差法测定上述试液，问需多大浓度的 Pb^{2+} 标准作参比溶液，才能使浓度测量的相对标准偏差最小？

（27）某有色溶液以试剂空白作参比，用 1cm 比色皿，于最大吸收波长处，测得 $A=1.120$，已知有色溶液的 $\varepsilon=2.5 \times 10^4$ L/(mol·cm)。若用示差法测定上述溶液时，使其测量误差最小，则参比溶液的浓度为多少？（示差法使用吸收池亦为 1cm 厚）

（28）以试剂空白调节光度计透光率 100%，测得某试液的吸光度为 1.301，假定光度计透光率读数误差 $\Delta T=0.003$，光度测量的相对误差为多少？

（29）钴和镍的配合物有如下数据

λ/nm	510	656
ε_{Co}/[L/(mol·cm)]	3.64×10^4	1.24×10^3
ε_{Ni}/[L/(mol·cm)]	5.52×10^3	1.75×10^4

将 0.376g 样品溶解后定容至 50mL。取 25mL 试液进行处理，以除去干扰元素，显色后定容至 50mL，用 1cm 比色皿在 510nm 处和 656nm 处分别测得吸光度为 0.467 和 0.374，计算样品中钴和镍的质量分数。[已知 $A_r(Co)=58.93$，$A_r(Ni)=58.69$]

（30）在有机化合物的鉴定和结构分析上，紫外-可见吸收光谱有什么重要作用？

某化合物的 $\lambda_{max}=305nm$，试问：该吸收可能是由何种跃迁引起的？

（31）什么是生色团？什么是助色团？各举实例说明。

（32）有机分子吸收辐射后，能产生哪几类跃迁？其中有哪几类跃迁能够从紫外-可见光谱中反映出来？

（33）说明下列化合物中，在紫外吸收光谱中哪一种化合物吸收波长最长？哪一种化合物吸收波长最短？为什么？

① $CH_3(CH_2)_5CH_3$；

② $(CH_3)_2C{=\!=}CH{-\!-}CH_2{=\!=}(CH_3)_2$；

③ $CH_2{=\!=}CH{-\!-}CH{=\!=}CH{-\!-}CH_3$。

（34）双波长分光光度法的基本原理是什么？

（35）某化合物的摩尔吸光系数为 1.64×10^5 L/(mol·cm)，于 1cm 的比色皿中测得其透光率为 32.4%。求该化合物的浓度。

（36）以测定钼为例，说明为什么利用导数分光光度法可以减少铅的干扰，提高测定钼的准确度。

（37）将下列吸光度换算成透光率：①0.212；②1.025；③0.016；④0.549；⑤0.867。

（38）将下列透光率换算成吸光度：① 32.6%；② 48.9%；③ 23.4%；④ 81.7%；⑤68.5%。

（39）取含 Ge 8μg 的标准溶液于 25mL 的比色管中，显色后稀释至刻度，用 1.00cm 的比色皿于 500nm 波长处测定，测得吸光度为 0.654。试计算该化合物的摩尔吸光系数。

参 考 文 献

[1] James W. Robinson. Undergraduate Instrumental Analysis. Fifth Edition. New York：Marcel Dekker，Inc，1995.

[2] 黄一石，吴朝华，杨小林. 仪器分析. 第 3 版. 北京：化学工业出版社，2013.

[3] 邓勃，王庚辰，汪正范. 分析仪器与仪器分析概论. 北京：化学工业出版社，2005.

[4] 张吉祥，苏文斌. 仪器分析学习指导. 北京：科学出版社，2011.

[5] 史永刚. 仪器分析实验技术. 北京：中国石化出版社，2012.

[6] 魏福祥等. 现代仪器分析技术及应用. 北京：中国石化出版社. 2011.

[7] 朱明华，胡坪. 仪器分析. 第 4 版. 北京：高等教育出版社，2008.

[8] 许柏球. 仪器分析. 北京：中国轻工业出版社，2011.

2 红外光谱法

2.1 概述

2.1.1 方法定义

红外光谱法（infrared spectroscopy）又称红外吸收光谱法（infrared absorption spectroscopy）和红外分光光度法（infrared spectrophotometry），用 IR 表示。它是一种利用物质对红外区的电磁辐射（$2.5\sim25\mu m$）的选择性吸收来进行结构分析、定性和定量分析的方法。

就物质分子与光的作用关系而言，红外光谱法与紫外-可见光谱法都属于分子吸收光谱的范畴，但光谱产生的机理不同，红外吸收光谱为振动-转动光谱，紫外-可见光谱为电子光谱。

2.1.2 发展历程

红外辐射是 18 世纪末 19 世纪初才被发现的。1800 年，英国物理学家赫谢尔（W. Herschel）用棱镜使太阳光色散，研究各部分光的热效应，发现在红色光的外侧具有最大的热效应，说明红色光的外侧还有辐射存在，当时把它称为"红外线"或"热线"。这是红外光谱的萌芽阶段。由于当时没有精密仪器可以检测，所以一直没能得到发展。

1892 年，美国科学家朱利叶斯（Julius）用岩盐棱镜及测热辐射计（电阻温度计），测得了 20 几种有机化合物的红外光谱，这是一个具有开拓意义的研究工作，立即引起了人们的注意。

1905 年，库柏伦茨（Coblentz）制备和应用了用氯化钠晶体为棱镜的红外光谱仪，测得了 128 种有机和无机化合物的红外光谱，引起了光谱界的极大轰动。这是红外光谱开拓及发展的阶段。

20 世纪 30 年代，光的二象性、量子力学及科学技术的发展，为红外光谱的理论及技术的发展提供了重要的基础。不少学者对大多数化合物的红外光谱进行理论上研究和归纳、总结，用振动理论进行一系列键长、键力、能级的计算，使红外光谱理论日臻完善和成熟。尽管当时的检测手段还比较简单，仪器仅是单光束的、手动和非商化的，但红外光谱作为光谱学的一个重要分支已为光谱学家和物理、化学家所公认。这个阶段是红外光谱理论及实践逐步完善和成熟的阶段。

20世纪40年代，开始研究双光束红外光谱议。1947年世界上第一台双光束自动记录红外分光光度计在美国投入使用。这是第一代红外光谱的商品化仪器。

20世纪60年代，采用光栅为单色器，色散型红外光谱仪诞生，但分辨率、灵敏度还不够高，扫描速度也比较慢，这是第二代仪器。

20世纪70年代，干涉型的傅里叶变换红外光谱仪及计算机化色散型仪器的使用，使仪器性能得到极大的提高，这是第三代仪器。

20世纪70年代后期到80年代，用可调激光作为红外光源代替单色器，具有更高的分辨本领、更高灵敏度，也扩大了应用范围，这是第四代仪器。

20世纪80年代后，随着计算机技术的迅速发展，以及化学计量学方法在解决光谱信息提取和消除背景干扰方面取得的良好效果，加之近红外光谱在测试技术上所独有的特点，人们对近红外光谱技术的价值有了进一步的了解，从而进行了广泛的研究。

20世纪90年代初，数字化近红外光谱技术开始商品化，并得到巨大发展。例如美国和加拿大采用近红外法代替凯氏法，作为分析小麦蛋白质的标准方法。

如今，红外光谱技术已发展成为重要的分析工具，并广泛应用于各个领域。

2.1.3 最新技术及发展趋势

近年来，计算机差谱技术在红外光谱分析中得到应用。用差减技术得到的谱图与实际测得的纯样品的谱图可以非常吻合。这就避免了测定混合物的红外光谱时繁琐的混合物分离工作。例如，对复杂混合纤维光谱成功地进行了光谱差减，得到了很好的单一组分红外光谱图。通过图谱检索和解析，确定了混合纤维的构成，提高了混合纤维鉴定的准确性。近红外光谱技术与各种化学计量学算法相结合，其应用研究在定量分析中取得了显著的进展。

利用衰减全反射（ATR）红外光谱技术通过改变内反射晶体材料和光线入射角来改变透射深度，研究不同深度的表面结构。可应用于透射红外光谱很难或不能解决的问题，广泛应用于塑料、纤维、橡胶、涂料、黏合剂等高分子材料制品的表面成分分析和生物工程的过程分析。

漫反射红外光谱可以用来直接分析粉末、浑浊液体和难于制样的纤维、塑料、橡胶、涂料等样品。利用时间分辨傅里叶变换红外光谱（TRS）可以连续监测和跟踪化学反应过程，研究分子的瞬变产物的结构信息，如研究高聚物薄膜在周期性的拉伸下分子的滑动、微晶的再取向。变温傅里叶变换红外光谱可以研究物质的相态变化、晶型转变、高聚物结晶度和非晶带，蛋白质的冷热变性等。

新型红外光谱探头能耐高温灭菌，可承受高压、强酸、强碱环境，实现原位监测，适用面广，体系中存在的气泡、固体颗粒、悬浮物不干扰测定，且不破坏样品，不影响正常培养过程。

当代红外光谱技术的发展已使红外光谱的意义远远超越了对样品进行简单的常规测试，并从而推断化合物的组成的阶段。红外光谱仪与其他多种测试手段联用衍生出许多新的分子光谱领域，例如，色谱技术与红外光谱仪联合为深化认识复杂的混合物体系中各种组分的化学结构创造了机会；把红外光谱仪与显微镜方法结合起来，形成红外成像技术，用于研究非均相体系的形态结构；红外光谱与热重分析仪联用，通过分析物质热变过程中的挥发性物质研究热变机理。由于红外光谱能利用其特征谱带有效地区分不同化合物，这使得该方法具有其他方法难以匹敌的化学反差。

2.2　分析对象及应用领域

2.2.1　分析对象

红外光谱的分析对象非常广泛，既能分析有机物，也能分析无机物，对样品形态没有限制，气体、液体、悬浮液、固体样品都能进行红外光谱分析。红外光谱与分子的结构密切相关，能提供有机化合物丰富的结构信息，是鉴定有机化合物结构最主要的手段之一。

2.2.2　应用领域

目前尚未发现两种不同的化合物具有相同的红外光谱，因此红外光谱是研究分子结构的一种有效手段，与其他方法相比，红外光谱对样品没有任何限制，是公认的一种重要分析工具。

在药品质量检测、研究方面，红外光谱可提供快速准确的方法。如药材天麻、阿胶的品质鉴定；西药红霉素、环磷酰胺的检测；抗肝炎药联苯双酯同质异晶体的研究等。

在农业领域，近红外光谱可通过漫反射方法，将测定探头直接安装在粮食的谷物传送带上，检验种子或作物的质量，如水分、蛋白质含量及小麦硬度的测定。还可用于作物及饲料中油脂、氨基酸、糖分、灰分等含量的测定以及谷物中污染物的测定，并可用于监测可耕土壤中的物理和化学变化。

在食品方面，采用傅里叶变换近红外光谱法可对叶菜类中有机磷残留进行鉴别。食品真伪鉴别通常很难用一般的化学方法鉴别，而根据食品的红外图谱，可快速鉴别。近红外光谱还可用于分析肉、鱼、蛋、奶及奶制品等食品中脂肪酸、蛋白质、氨基酸等的含量，以评定其品质；还可用于水果及蔬菜如苹果、梨中糖的分析；在啤酒生产中，近红外光谱被用于在线监测发酵过程中的酒精及糖分含量。

在环境科学方面，在水体污染监测中，有机污染物是主要物质，化学需氧量（COD）是最常用、最重要的表征有机污染程度的指标之一。传统的 COD 测量方法——重铬酸盐法，操作复杂，测定时间长，产生二次污染，不适合于在线、实时测量。对水样近红外光谱用偏最小二乘法（FLS）回归建模，分别建立标准水样和废水样的 COD 预测模型，即可测量废水的 COD。

红外光谱技术在石油化学中的应用是一个十分广泛的领域，如在重油的组成、性质与加工方面，应用红外光谱表面自硅胶色谱得到的胶质和沥青质。用于鉴别未知油品和标定润滑油的经典物理性质，如黏度、总酸值、总碱值；用于表征在用油液的降解和污染程度油润滑表面摩擦化学过程及产物的原位监测与表征。

总之，红外光谱已广泛地应用于化学、化工、石油、生物、医药、材料、环境、农业等各个领域。

2.3　仪器基本组成部件和作用

红外光谱仪又称红外分光光度计，常用的红外光谱仪主要分为两类：一类是色散（光栅扫描）型红外光谱仪；另一类是傅里叶（Fourier）变换（迈克尔逊干涉仪扫描）红外光谱仪。目前，傅里叶变换型的红外光谱仪使用最为广泛，如图 2-1 所示。

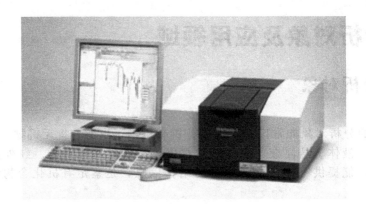

图 2-1　傅里叶变换型红外光谱仪

2.3.1　色散型红外光谱仪

色散型红外光谱仪的组成部件与紫外分光光度计非常相似，只是部件的结构、所用的材料及性能略有差异，它主要由光源、吸收池、单色器、检测器和信号显示系统 5 大部件组成，但红外光谱仪的吸收池是放在光源和单色器之间的。

2.3.1.1　光源

红外光谱仪所用的光源通常是一种惰性固体，用电加热使之达到 1500～2000K，以发射高强度连续红外辐射。常用的红外光源主要有能斯特灯和硅碳棒等。

（1）能斯特灯

由氧化锆（ZrO_2）、氧化钇（Y_2O_3）和氧化钍（ThO_2）烧制而成，是一根直径为 1～3mm，长 20～50mm 的中空棒或实心棒，两端绕有铂丝作为导线。在室温下它是非导体，一旦通电加热至 2000K 就会发射出红外线。这种光源的优点是发出的光强度高，使用寿命可达 1 年，但其机械强度差，稍受压或被扭就会损坏，经常开关也会缩短其寿命。使用中还应注意限流，以防止烧损。

（2）硅碳棒

一般为两端粗、中间细的实心棒，中间为发光部分，其直径约 5mm，长约 50mm。硅碳棒在室温下是导体，其电阻值随温度升高而增大，工作前不需预热。与能斯特灯比较，它的优点是坚固、寿命长、发光面积大、比较安全，缺点是操作时电极接触部分需用水冷却。

> **知识链接 I:** **红外光谱区域的划分**

红外光谱位于可见光区和微波区之间，波长范围为 0.75～1000μm。根据实验技术要求和应用的不同，通常将红外区划分为 3 个区，即近红外区、中红外区和远红外区（见表 2-1）。其中，中红外区是研究和应用最多的区域，一般所说的红外光谱就是指中红外区的红外光谱。

表 2-1　红外光谱区域划分

区域	波长 $\lambda/\mu m$	波数 $\bar{\nu}/cm^{-1}$	能级跃迁类型
近红外区	0.75～2.5	13158～4000	O—H、N—H、C—H 键的倍频吸收
中红外区	2.5～25	4000～400	分子中原子的振动和分子转动
远红外区	25～1000	400～10	分子转动、晶格振动

2.3.1.2 吸收池

由于玻璃、石英等材料不能透过红外线，因此，红外吸收池要用可透过红外线的 NaCl、KBr、CsI、KRS-5（TlI 58%，TlBr 42%）等材料制成窗片。常用吸收池池窗材料的特性见表 2-2。用 NaCl、KBr、CsI 等材料制成的窗片需注意防潮。固体试样常与纯 KBr 混匀压片，然后直接进行测定。

表 2-2　常用吸收池池窗材料的特性

材料	透光波长范围 λ/μm	注意事项
氯化钠	0.2～25	易潮解,低于 40% 湿度下使用
溴化钾	0.25～40	易潮解,低于 35% 湿度下使用
氟化钙	0.13～12	不溶于水,可测水溶液红外光谱
氯化银	0.2～25	不溶于水,可测水溶液红外光谱
KRS-5(TlI58%,TlBr42%)	0.5～40	微溶于水,可测水溶液红外吸光谱

知识链接Ⅱ: 分子的振动形式

红外光谱与分子的振动有关。分子中的原子以平衡点为中心，以非常小的振幅（与原子核之间的距离相比）做周期性的振动。分子的振动可以分解为许多简单的基本振动形式，不同振动形式有不同的峰位置（吸收频率）和峰强度。

一般把分子的振动方式分为两大类：化学键的伸缩振动和弯曲振动。

（1）伸缩振动

指成键原子沿着价键的方向来回地相对运动。在振动过程中，键角并不发生改变，如碳氢单键、碳氧双键、碳氮叁键之间的伸缩振动。伸缩振动又可分为对称伸缩振动和反对称伸缩振动，分别用 ν_s 和 ν_{as} 表示。

（2）弯曲振动

弯曲振动又分为面内弯曲振动和面外弯曲振动，用 δ、γ 表示。如果弯曲振动的方向垂直于分子平面，则称面外弯曲振动；如果弯曲振动完全位于平面上，则称面内弯曲振动。剪式振动（δ'）和平面摇摆振动（ρ）为面内弯曲振动；面外摇摆振动（ω）和扭曲变形振动（τ）为面外弯曲振动。

知识链接Ⅲ: 常见分子振动实例

（1）非直线形分子的振动（水分子）

非直线形分子的振动可以水分子为例来描述，如图 2-2 所示。

对称伸缩振动　　反对称伸缩振动　　弯曲(变形)振动
图 2-2　水分子的振动形式

水分子的振动形式有 3 种：①O—H 键键长改变的伸缩振动，包括对称伸缩振动 ν_s 和反对称伸缩振动 ν_{as}；②键角∠HOH 改变的弯曲振动或变形振动。

（2）直线形分子的振动（CO_2 分子）

直线形分子的振动可以 CO_2 分子为例来描述。CO_2 分子中两个 O 原子以 C 原子为中心，呈直线形对称，正、负电荷中心完全重合，偶极矩为零。其基本振动形式有 4 种，如图2-3 所示（⊗、⊙分别表示垂直纸面向里、向外的运动）。

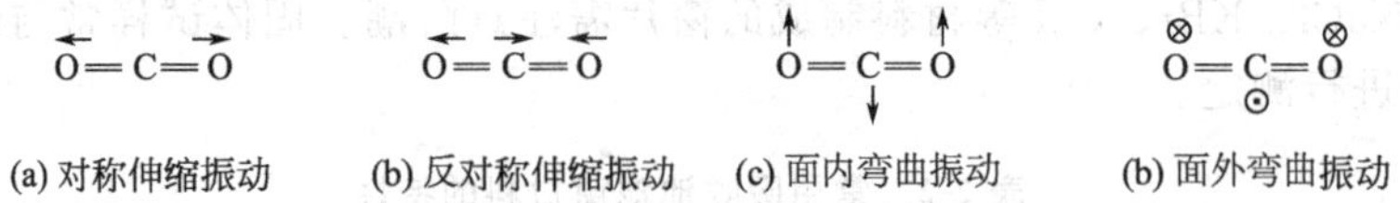

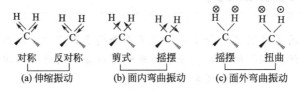

(a) 对称伸缩振动　　(b) 反对称伸缩振动　　(c) 面内弯曲振动　　(b) 面外弯曲振动

图 2-3　CO_2 分子的振动形式

CO_2 的对称伸缩振动是非红外活性的，因为两个 O 原子同时移向或远离对称中心，不发生分子偶极矩的净变化。另外三种振动形式反对称伸缩振动、面内弯曲振动（频率用 δ 表示）、面外弯曲振动（频率用 γ 表示）都引起净的分子偶极矩变化，都具有红外活性。

（3）亚甲基（—CH_2—）的各种振动

亚甲基（—CH_2—）的振动形式有：①伸缩振动（包括对称伸缩振动 ν_s 和非对称伸缩振动 ν_{as}；②面内弯曲振动（包括面内剪式振动 δ' 和面内摇摆振动 ρ）；③面外弯曲振动（包括面外摇摆振动 ω 和面外扭曲振动 τ）。如图2-4 所示。

対称　　反对称　　剪式　　摇摆　　摇摆　　扭曲

(a) 伸缩振动　　　　(b) 面内弯曲振动　　　　(c) 面外弯曲振动

图 2-4　亚甲基的基本振动形式

知识链接Ⅳ：产生红外吸收的条件

红外吸收光谱是由分子振动能级（同时伴随转动能级）跃迁而产生的。物质分子吸收红外线需要满足两个条件。

（1）分子振动时，必须伴随有瞬时偶极矩的变化。分子从整体而言呈电中性，由于构成分子内各原子的电负性不同，因此分子呈现不同的极性，以偶极矩表示。一个分子有多种振动方式，只有能使分子偶极矩发生变化的振动方式才会吸收特定频率的红外辐射。例如，CO_2 是线性分子，其永久偶极矩为零，但它作不对称振动时，仍伴有瞬时偶极矩的变化，产生红外吸收；当它作对称的伸缩振动时，无偶极矩变化，此时 CO_2 不产生红外吸收。

（2）辐射光子具有的能量与产生振动跃迁所需的跃迁能量相等。与其他分光光度法相同，只有当照射分子的红外辐射频率与分子中某些振动方式的频率相同时，分子才能吸收其能量，从基态振动能级跃迁到较高能量的振动能级上，从而在图谱上出现相应的吸收带。

2.3.1.3　单色器

与紫外-可见分光光度计的单色器类似，红外光谱仪中的单色器也是由色散元件、准直镜和狭缝等构成。在红外光谱仪中一般不使用透镜，以避免产生色差。色散元件有棱镜和光栅两种。由于光栅的光学性能相比更优越，所以在这类仪器中常使用光栅作为色散元件。目前最常使用的色散元件是复制的闪耀光栅，它的分辨本领高，且易于维护。

2.3.1.4　检测器

由于红外线本身是一种热辐射，因而不能使用光电池、光电管等作为红外线的检测器。红外光谱仪常用的检测器有高真空热电偶、测热辐射计和气体检测器，此外还有光电导检测器等。

（1）高真空热电偶

它是根据热电偶的两端点由于温度不同产生温差热电位的原理而制成的。当红外线照射热电偶的一端时，两端点间的温度不同，产生电位差，在回路中就有电流通过，而电流的大小随照射的红外线的强弱而改变。因此，测定该电流的大小即可确定红外线的吸收强弱。为了减小热损失提高灵敏度，将热电偶密封在一个高度真空的玻璃容器内。高真空热电偶是红外光谱仪中最常用的一种检测器。

（2）测辐射热计

以一个极薄的热感元件作受光面，并被装置在惠斯登电桥的一个臂上，当红外线照射到受光面上时，由于温度的变化，使得热感元件的电阻也随之变化，从而实现对红外线强度的测量。

（3）气体检测器

常用的气体检测器为高莱池，是一种灵敏度较高的气胀式检测器，其结构如图 2-5 所示。当红外线透过盐窗照射在黑色的金属薄膜 B 上时，B 吸收热能后，使气室 E 内充的气体（氖气）温度升高而体积膨胀。产生的膨胀压力又使封闭气室另一端的软镜膜凸起。同时来自光源射出的光到达软镜膜时，它将光反射到光电池上，于是产生了与软镜膜的凸出度成正比，也是最初进入气室的辐射成正比的光电流。高莱池检测器可用于全部红外线波谱区域的检测。但由于软镜膜采用有机材料制成，易老化、寿命短、时间常数较长，不适于作快速扫描检测器使用。

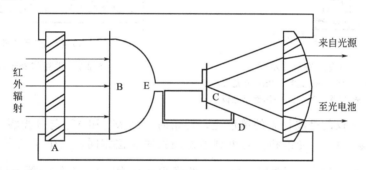

图 2-5　高莱池检测器示意

A—盐窗；B—涂黑金属膜；C—软镜膜；D—泄气支路；E—氖气盒

（4）光电导检测器

光检测器的敏感元件是砷化铟、硒化铅、锑化铟以及掺杂痕量铜或汞的锗半导体小晶片。当它们吸收红外线后，其电导相应地也要发生变化，因此测量电导即可检测红外线的强度。

2.3.1.5　信号显示系统

红外光谱仪必须用信号显示系统记录吸收光谱，目前常用的信号显示系统就是计算机。

2.3.2　傅里叶变换红外光谱仪

傅里叶变换红外光谱仪没有色散元件，主要由光源、干涉仪、检测器、计算机和记录仪组成，核心部件为干涉仪，它将光源发射的信号以干涉图的形式送往计算机，进行傅里叶变换的数学处理，最后将干涉图还原成光谱图。

2.3.2.1　迈克尔逊干涉仪

傅里叶变换红外光谱仪的核心部件是迈克尔逊干涉仪。如图 2-6 所示，干涉仪由定镜、动镜、分光板和检测器等组成。定镜和动镜相互垂直放置，定镜 M_1 固定不动，动镜 M_2 可沿图所示方向平行移动，再放置一呈 45°角的半透膜分光板 BS（由半导体锗和单晶 KBr 组成），即 BS 可让入射的红外线一半透光，另一半被反射。

光源 S 发出的红外线进入干涉仪后被分光板 BS 分成两束光——透射光 I 和反射光 II，其中透射光 I 透过 BS 被动镜 M_2 反射，沿原路回到 BS 并被反射到达检测器 D，反射光 II 则由定镜 M_1 沿原路反射回来通过 BS 到达检测器 D（为便于理解，图中将反射光束移位绘成虚线）。

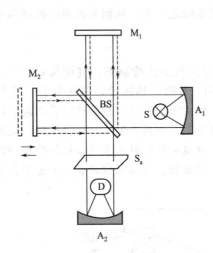

图 2-6　迈克尔逊干涉示意

M_1—定镜；M_2—动镜；S—光源；BS—分光板；
S_a—样品；D—检测器；A_1、A_2—凹面反光镜

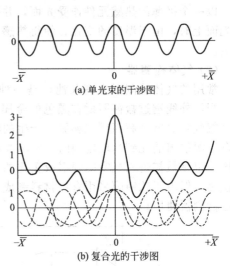

(a) 单光束的干涉图

(b) 复合光的干涉图

图 2-7　迈克尔逊干涉图

如果进入干涉仪的是波长 λ 的单色光，开始时，因 M_1 和 M_2 与分光板 BS 的距离相等（此时 M_2 称为零位），I 光束和 II 光束到达检测器时相位相同，发生相长干涉，亮度最大。当动镜移动到入射光的 $\frac{1}{4}\lambda$ 距离时，则 I 光的光程变化为 $\frac{1}{2}\lambda$，在检测器上两光束的位相差为 180°，发生相消干涉，亮度最小。当动镜 M_2 移动 $\frac{1}{4}\lambda$ 的奇数倍，即 I 和 II 的光程差 X 为 $\pm\frac{1}{2}\lambda$，$\pm\frac{3}{2}\lambda$，$\pm\frac{5}{2}\lambda$，…时（±表示动镜由零位向两边的位移），都会发生相消干涉。同样，当动镜 M_2 移动 $\frac{1}{4}\lambda$ 的偶数倍时，则会发生相长干涉。因此，当动镜 M_2 匀速移动时，即匀速连续地改变 I 光束和 II 光束的光程差，就会得到如图 2-7(a) 所示的干涉图。该干涉图为一余弦曲线，其数学表达式为：

$$I_{(X)} = B_{(\overline{v})} \cos 2\pi \overline{v} X \tag{2-1}$$

式中，$I_{(X)}$ 为干涉图上某点的强度，它是光程差 X 的函数；$B_{(\overline{v})}$ 为样品吸收光谱上某点的强度，它是波数 $\overline{v}$ 的函数。

当入射光为连续波长的复合光时，则所得干涉图为所有单色光干涉图的加和，如图 2-7(b) 所示，显然，其数学表达式为式(2-2) 的积分：

$$I_{(X)} = \int_{-\infty}^{+\infty} B_{(v)} \cos 2\pi \overline{v} X \, d\overline{v} \tag{2-2}$$

由于迈克尔逊干涉仪不能直接获得样品的吸收光谱，只能得到样品吸收光谱的干涉图。

为了获得样品的吸收光谱图，必须对式(2-2)进行傅里叶变换，即

$$B_{(v)} = \int_{-\infty}^{+\infty} I_{(X)} \cos 2\pi X \overline{v} \, \mathrm{d}\overline{v} \qquad (2\text{-}3)$$

式(2-3)是傅里叶变换光谱学的基本方程式，由于变换处理复杂，必须由计算机来完成。

2.3.2.2 检测器

傅里叶变换红外光谱仪常用热释电检测器，如热电型氘化硫酸三苷单晶（DTGS）、光电导型汞镉碲（MCT）检测器等。

2.3.3 傅里叶变换红外光谱法的特点

与经典色散型红外光谱仪相比，FTIR 具有以下优点：

① 扫描速度极快，一般在 1s 内即可完成光谱扫描，扫描速度最快可达 60 次/s；

② 光束全部通过，辐射通量大，检测灵敏度高；

③ 分辨率高且测量范围宽（$10 \sim 10^4 \, \mathrm{cm}^{-1}$）；

④ 扫描过程的每一瞬间测量都包括了分子振动的全部信息，有利于动态过程和瞬间变化的研究；

⑤ 利用计算机储存信号、多次累加可大大提高信噪比。

2.4 分析流程

2.4.1 色散型红外光谱仪分析流程

色散型红外光谱仪工作流程见图 2-8。从光源发出的红外线分为两束，一束通过试样池，一束通过参比池，然后进入单色器，单色器内有一个以一定频率（旋转 13 次/s）转动的扇形镜（斩光器），周期性地切割两束光，使试样光束和参比光束每隔 1/13s 交替进入单色器的棱镜或光栅，经色散分光后最后到达检测器。

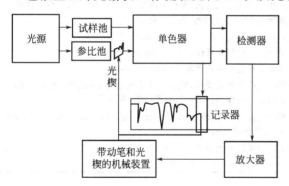

图 2-8　色散型红外光谱仪工作流程

光在单色器内被光栅或棱镜色散成各种波长的单色光。若某波长（频率）的单色光不被样品吸收，则两束光的强度相等，检测器不产生交流信号；改变波长（频率），若该波长下的单色光被样品吸收，则两束光的强度就有差别，在检测器上就产生一定频率的交流信号（其频率取决于扇形镜的转动频率），通过放大器放大，此信号带动可逆电机，移动光楔进行补偿。样品对某一频率的红外线吸收愈多，光楔就愈多地遮住参比光路，即将参比光路同样量减弱，使两束光重新处于平衡。

样品对于各种不同波长的红外线吸收有多少，参比光路上的光楔也相应地按比例移动，以进行补偿。记录笔是和光楔同步的，记录笔就记录下样品光束被样品吸收后的强度——百分透射比（$T\%$），作为纵坐标直接被描绘在记录纸上。

单色器内的光栅或棱镜可以移动，以改变单色光的波长 λ（或波数 $\overline{v}$），而光栅或棱镜的移动与记录纸的移动是同步的，这就是横坐标。这样在记录纸上就描绘出 $T\% \rightarrow λ$（或 $T\% \rightarrow \overline{v}$）的红外吸收光谱图。

2.4.2 傅里叶变换红外光谱仪分析流程

傅里叶变换红外光谱仪的分析流程如图 2-9 所示，光源经干涉仪后，以干涉光照射样品室中的试样，经试样红外吸收后，检测器将得到的干涉信号传送到计算机，计算机对其进行傅里叶变换，就可得到任何波数的光强，即转换成红外光谱。由于这一变换处理工作是非常复杂和麻烦的，必须由计算机来完成。因此傅里叶变换红外光谱仪在计算机出现和发展之后，才真正投入实际应用。

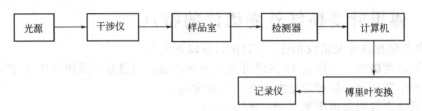

图 2-9　傅里叶变换红外光谱仪分析流程

2.5　常见仪器类型及生产厂家

红外光谱仪器常见类别及型号见表 2-3。

表 2-3　常用红外光谱仪器

仪器型号	品牌/生产厂家	仪器特点
Nicolet 6700	美国热电	傅里叶变换红外光谱仪，光谱范围为 7800~350cm^{-1}
Nicolet 380	Thermo Fisher	傅里叶变换红外光谱仪，波长范围在近红外、中红外、远红外区域
FTIR-850/FTIR-650	天津港东	高灵敏度 DTGS 检测器，7800~375cm^{-1}
WGH-30/30A		双光束红外分光光度计，7800~375cm^{-1}
WQF-510	北京瑞利	傅里叶变换红外光谱仪，7800~400cm^{-1}
WQF-400N		傅里叶变换近红外光谱仪，13000~2500cm^{-1}
Tensor 27	德国布鲁克	傅里叶变换红外光谱仪，波长范围在近红外、中红外、远红外区域，可以实现远程操作、远程控制、远程诊断、资源共享
ALPHA	Bruker	傅里叶变换红外光谱仪，世界上最小的 FTIR，即插即用。7500~370cm^{-1}，分辨率 4cm^{-1}
IR Prestige21	日本	傅里叶变换红外光谱仪，7800~350cm^{-1}
FTIR　8400S	SHIMADZU	可温度调节的 DLTGS 检测器

2.6　仪器操作基本步骤

2.6.1　仪器操作

① 开启空调机与去湿机，调整室内温度 18~25℃，湿度小于 60%，以保证仪器正常开启。

② 打开仪器电源开关，启动计算机及软件系统。

③ 设置实验参数。

④ 将制备好的样品和参比分别放入仪器样品室的固定位置上，采集红外光谱图，并保存。

⑤ 对采集好的图谱进行分析与处理。

⑥ 取出样品，将盐片、研钵、模具等擦干净，放好。

⑦ 退出程序，关闭主机电源，关闭计算机。

2.6.2 样品准备

（1）固体试样

① 压片法：取试样 0.5～2mg 于玛瑙研钵中，再加入 100～200mg KBr 或 KCl 粉末，混合均匀后，在红外烘灯下边烘边研细（一般试样用力研磨 20min 即可，高分子试样则需更长时间），放入磨具中，在压力机中边抽气边加压，制成一定直径及厚度的透明薄片。

② 石蜡糊法：试样（细粉状）与石蜡油混合成糊状，夹在两块盐片之间进行测定。

③ 薄膜法：对于沸点低，在熔融时又不分解、升华、化学惰性的试样，可将它们直接加热熔融后涂制或压制成膜。对于大多数聚合物，可先将试样制成溶液，然后蒸干溶剂形成薄膜。

④ 溶液法：将试样溶于适当的溶剂中，然后注入液体吸收池中。

（2）液体和溶液试样

① 沸点较高的试样，直接滴在两块抛光的盐片之间，形成液膜（薄膜法）。

② 沸点较低、挥发性较大的试样，可注入封闭液体池中，液层厚度一般为 0.01～1mm，用液体池检测试样，比较容易控制试样的厚度，在红外光谱定量分析中经常使用。

2.6.3 数据分析

根据被测化合物的红外吸收光谱进行定性或定量分析。

2.6.4 注意事项

① 仪器要保持清洁干燥，避免光学台及地基晃动。

② 样品室打开后，一定要随时关上，避免水汽及二氧化碳进入。

③ 压片过程要保持干燥，需在红外灯下进行，使用红外灯时要注意安全，不能有水溅上。

④ 实验中不要使用挥发性、腐蚀性较强的液体，以免损坏仪器。

⑤ 采用 ATR 附件时，SiO_2 等无机物及水溶液不能测试。

2.7 分析方法

2.7.1 定性分析

红外光谱的定性分析大致分为官能团定性和结构分析两个方面。官能团定性是根据化合物的特征基团频率来推定待测物质中含有哪些基团，从而确定有关化合物的类别；结构分析（或称结构剖析）是将化合物的红外吸收光谱与纯物质的标准谱图（如谱库）进行对照，如果两张谱图各吸收峰的位置和形状完全相同，峰的相对吸收强度也一致，就可初步判定该样品为该纯物质；相反，如果两谱图各吸收峰的位置和形状不一致，或峰的相对强度不一致，则说明样品与纯物质不是同一物质或样品中含有杂质。

定性分析的一般步骤概括如下。

（1）收集未知样品的有关资料和数据

了解试样的来源和性质（如相对分子质量、熔点、沸点、溶解度等），收集相关资料（如紫外吸收光谱、核磁共振波谱、质谱等），对图谱的解析有很大帮助，可以大大节省谱图的解析时间。

(2) 试样的分离与纯化

用各种分离方式（如分馏、萃取、重结晶、色谱等）提纯未知试样，以得到单一的纯物质。否则，试样不纯不仅会给光谱的解析带来困难，还可能引起"误诊"。

(3) 确定未知物的不饱和度

不饱和度（U）是表示有机分子中碳原子的不饱和程度。计算不饱和度的经验公式为：

$$U = 1 + n_4 + \frac{1}{2}(n_3 - n_1) \tag{2-4}$$

式中，n_1、n_3、n_4 分别为分子中 1 价、3 价和 4 价原子的数目（2 价原子如 O、S 等不参加计算）。通常规定双键和饱和环状结构的不饱和度为 1，叁键的不饱和度为 2，苯环的不饱和度为 4。

例如，$C_6H_5NO_2$ 的不饱和度 $U = 1 + 6 + (1-5)/2 = 5$，即一个苯环和一个 NO 键。

(4) 图谱解析

获得红外光谱图后，即可进行谱图解析。即根据物质的红外吸收光谱确定物质含有哪些基团。

(5) 标准红外光谱图库的应用

最常见的标准红外光谱图库有萨特勒（Sadtler）标准红外光谱图库、Aldrich 红外光谱图库和 Sigma Fourier 红外光谱图库。其中萨特勒标准图库最常用，其突出优点如下。

① 谱图收集丰富，已收录 7 万多张红外光谱图。

② 备有多种索引，包括化合物名称索引、化合物分类索引、分子式索引、官能团字母顺序索引、分子量索引、波长索引等，检索方便。

③ 同时检索紫外、红外、核磁氢谱和核磁碳谱的标准谱图，还备有这些谱的总索引，可以很快地从总索引中查到某一种化合物的这几种谱图。

(6) 红外光谱图解析示例

【例 2-1】 已知某化合物的化学式为 C_4H_8O，其红外光谱图如图 2-10 所示，试解析其结构并说明依据。

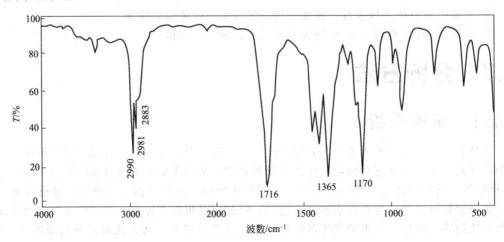

图 2-10 未知化合物 C_4H_8O 的红外吸收光谱图

解 (1) 计算不饱和度：

由式(2-4) 计算得 $\qquad U = 1 + n_4 + \frac{1}{2}(n_3 + n_1) = 1 + 4 + \frac{1}{2} \times (0 - 8) = 1$

分子不饱和度为 1，判断为脂肪族的醛或酮。

（2）主要吸收峰的归属见下表：

波数/cm^{-1}	归 属	结构信息
2990,2981,2883	饱和碳氢(C—H)伸缩振动,$\nu_{(C-H)}$	CH_2,CH_3
1716	C=O 伸缩振动峰,$\nu_{(C=O)}$	C=O
1365	甲基对称变形振动峰,$\delta_{(CH_3)}$	O=C—CH_3
1170	C—C 伸缩振动峰,$\nu_{(C-C)}$	

（3）官能团：CH_2，CH_3，C=O，O=C—CH_3

（4）推断结构式为：

$$H_3C-CH_2-\overset{\overset{\displaystyle O}{\|}}{C}-CH_3$$

知识链接 I：振动自由度计算

分子基本振动的数目称为振动自由度，每个振动自由度相应于一个基本振动。

在中红外区，光子的能量较小，不足以引起分子中的电子能级跃迁，只有分子中的平动、振动和转动这 3 种运动形式的能量变化。分子的平动能量改变，不产生振动-转动光谱；分子的转动能级跃迁产生远红外光谱。因此，在中红外区，应扣除平动与转动两种运动形式，只考虑分子的振动能级跃迁。

设分子由 n 个原子组成，若先不考虑化学键的存在，则在三维空间内，每个原子都能有 x、y、z 3 个坐标方向的独立运动，即有 3 个自由度，因此分子总共应有 $3n$ 个自由度。而这 $3n$ 个自由度包括了分子振动自由度、分子转动自由度和分子平动自由度。所以分子的振动自由度 $f=3n-$ 转动自由度—平动自由度。

对于非直线形分子，除了整个分子在 x、y、z 3 个坐标方向的平动（3 个平动自由度）外，还可以绕 3 个坐标轴转动，有 3 个转动自由度。其振动自由度 $f=3n-6$。例如，H_2O 分子的振动自由度 $=3\times3-6=3$。

对于线性分子，由于绕自身键轴转动的转动惯量为 0，所以线性分子只有 2 个转动自由度。其振动自由度 $f=3n-5$。例如，CO_2 分子的振动自由度 $f=3\times3-5=4$。

知识链接 II：特征峰和相关峰

凡是能用于鉴定基团（或化学键）存在，且具有较高强度的吸收峰称为特征峰，其对应的吸收频率称为特征吸收频率。如—C≡N 的特征吸收峰在 $2247cm^{-1}$。

由于一种基团有多种振动形式，每一种具有红外活性的振动形式都有相应的吸收峰，因而常常不能只由一个特征峰来肯定官能团的存在。例如分子中如有—CH=CH_2 存在，则在红外光谱图上能明显观测到 $\nu_{as(=CH_2)}$、$\nu_{as(C=C)}$、$\gamma_{(=CH)}$、$\gamma_{(=CH_2)}$ 4 个特征峰。这一组峰是因—CH=CH_2 基的存在而出现的相互依存的吸收峰，称为相关峰。

知识链接 III：基团频率及其影响因素

物质的红外光谱是其分子结构的反映，谱图中的吸收峰与分子中各基团的振动形式相对应。实验表明，组成分子的各种基团，如 O—H、N—H、C=C、C≡C、C=O 等，都有自己特定的红外吸收区域，而分子其他部分对其吸收位置影响较小。因此通过分析化合物的红外光谱图可以推测其结构。

按照吸收的特征，红外光谱区可分为 $4000 \sim 1300 cm^{-1}$ 和 $1300 \sim 600 cm^{-1}$ 两个区域，分别称为基团频率区和指纹区。

1. 基团频率区

基团频率区内的吸收峰是由伸缩振动产生的吸收带，比较稀疏，容易辨认，常用于鉴定基团（官能团），所以这一区域又称为官能团区或特征区。

2. 指纹区

在 $600 \sim 1300 cm^{-1}$ 区域中，除单键的伸缩振动外，还有因变形振动产生的谱带。这些振动与整个分子的结构有关。当分子结构稍有不同时，该区的吸收就有微小的差异，并显示出分子的特征。这种情况类似于人类的指纹，因此称为指纹区。该区对于指认结构类似的化合物很有帮助，而且可以作为化合物存在某种基团的旁证。

2.7.2 定量分析

红外光谱的定量分析是通过对特征吸收谱带强度的测量来求出组分的含量。

知识链接 I: 定量分析的理论依据

与紫外-可见分光光度法一样，红外光谱法定量分析的依据也是朗伯-比耳定律，即在单一波长下，吸光度与物质的浓度成正比，$A = \varepsilon b c$。

红外吸收光谱法对测定混合物中各组分的含量有独到之处。这是由于混合物的光谱实际上是每个纯组分的加和，因此可以利用红外吸收光谱各化合物的基团的特征吸收测定混合物中各组分的含量。另外，该法不受样品状态的限制，能定量测定气体、液体和固体样品，因此，红外光谱定量分析应用广泛。

2.7.2.1 吸光度的测量

由于红外光谱直接测得的是入射光强度 I_0 和透射光强度 I，需要根据 $A = -\lg(I/I_0)$ 算出吸收峰的吸光度 A。测量吸光度的方法有峰高法和基线法两种。

（1）峰高法

将测量波长固定在被测组分有明显的最大吸收而溶剂只有很小或没有吸收的波数处，使用同一吸收池，分别测定样品及溶剂的透光率，则待测组分的透光率等于两者之差，由此求出待测组分的吸光度。

（2）基线法

背景吸收较大，不可忽略，并且有其他峰的影响使测量峰不对称时，可用基线法测量吸光度。如图 2-11 所示，在测量峰两边的峰谷作一切线，以两切点连线的中点确定 I_0，以峰的最大吸收处确定 I，从而计算吸光度。

2.7.2.2 定量方法

红外光谱定量方法包括标准曲线法、混合组分联立方程求解法、比例法、内标法和

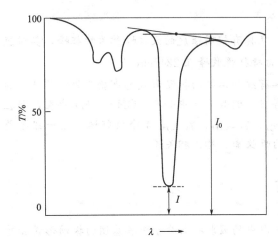

图 2-11 基线法测量吸光度

差谱法等。前两种方法和紫外-可见分光光度法相同，不再赘述。

(1) 比例法

比例法主要用于分析二元混合物中两个组分的相对含量。在两纯组分的红外光谱中各选择一个互不干扰的吸收峰作为测量峰。设两组分的浓度分别为 c_1、c_2，如果 c 用质量分数或摩尔分数表示，则 $c_1 + c_2 = 1$。根据吸收定律，则有

$$A_1 = \varepsilon_1 b c_1 \tag{2-5}$$

$$A_2 = \varepsilon_2 b c_2 \tag{2-6}$$

$$R = \frac{A_1}{A_2} = \frac{\varepsilon_1 b c_1}{\varepsilon_2 b c_2} = K \frac{c_1}{c_2} \tag{2-7}$$

式中，$K = \dfrac{\varepsilon_1}{\varepsilon_2}$ 是两组分摩尔吸光系数的比值，为常数，可通过两组分的纯物质测得。将 R 代入 $c_1 + c_2 = 1$，则

$$c_1 = \frac{R}{K + R} \tag{2-8}$$

$$c_2 = \frac{K}{K + R} \tag{2-9}$$

由此可计算两个组分的浓度。

(2) 内标法

选择一个样品中不含有的内标物，它的特征吸收峰与待测样品的定量峰互不干扰。取一定量的内标物与样品（包括待测样品的标准品和未知样品）混合，制成 KBr 压片或油糊状。测其吸光度（红外吸收光谱），则有

$$A_s = \varepsilon_s b c_s \tag{2-10}$$

$$A_r = \varepsilon_r b c_r \tag{2-11}$$

式中，A_s、A_r 分别为待测样品标准品和内标物的吸光度；ε_s、ε_r 分别为待测样品和内标物的摩尔吸光系数；c_s、c_r 分别为待测样品标准品和内标物的浓度。

将两式相除，因 $\dfrac{\varepsilon_s b}{\varepsilon_r b c_r}$ 为常数（c_r 在各样品中的浓度相同），则

$$\frac{A_s}{A_r} = \frac{\varepsilon_s b c_s}{\varepsilon_r b c_r} = k c_s \tag{2-12}$$

以吸光度比 A_s/A_r 为纵坐标，以 c_s 为横坐标，绘制工作曲线。在相同的条件下测得试样的吸光度，从工作曲线上查出试样的浓度。

(3) 差谱法

该法可用于测量样品中的微量杂质。例如有两组分 A 和 B 的混合物，微量组分 B 的谱带被主要组分 A 的谱带严重干扰或遮蔽，可用差示法测量微量组分 B。很多红外光谱仪中都配有能进行差谱计算的计算机软件，可以得到良好的差谱图，以进行准确定量。

知识链接Ⅱ: 吸收峰强度的表示方法

分子吸收光谱的吸收峰强度都可以用摩尔吸光系数 ε 表示。一般来说，红外吸收光谱中 ε 值较小，而且同一物质的 ε 值随不同仪器而变化，因而 ε 值在定性鉴定中作用不大。所以红外吸收峰的强度通常用表 2-4 中的 5 个级别来粗略地表示。

表 2-4 红外吸收峰的强度表示方法

级　别	ν_s	s	m	w	vw
强　度	极强峰	强峰	中强峰	弱峰	极弱峰
对应 ε 值	ε＞100	ε＝20～100	ε＝10～20	ε＝1～10	ε＜1

知识链接Ⅲ: 影响吸收峰强度的因素

红外吸收峰的强度主要取决于分子振动过程中偶极矩的变化程度和发生相应能级跃迁概率两个因素。瞬间偶极矩的变化越大，吸收峰越强；振动能级跃迁的概率越大，吸收峰越强。一般有以下几个规律可循。

基频峰因为相应的能级跃迁概率最大，通常吸收峰较强。而倍频峰则由于相应的能级跃迁概率很低，因此吸收峰较弱。

化学键两端连接的原子之间的电负性差别越大，伸缩振动引起的吸收峰越强。

相同基团振动方式不同，相应的吸收峰强度也不同。通常，反对称伸缩振动的吸收峰强度大于对称伸缩振动的吸收峰强度，伸缩振动的吸收峰强度大于弯曲振动的吸收峰强度。

分子对称性差，振动偶极矩变化大，相应的吸收峰较强；而对称性较强的分子，相应的吸收峰则较弱。中心对称的分子，没有净的振动偶极矩变化，没有红外吸收峰出现。

分子中氢键的形成、极性基团的共轭效应及诱导效应等因素使吸收峰的强度增加。

2.8　实验技术

2.8.1　红外光谱对试样的要求

① 试样应该是单一组分的纯物质，纯度应大于98%或符合商业标准。多组分样品应在测定前用分馏、萃取、重结晶、离子交换等方法进行分离提纯，否则各组分光谱相互重叠，难以解析。

② 试样中应不含游离水。水本身有红外吸收，会严重干扰样品谱图，还会侵蚀吸收池的盐窗。

③ 试样的浓度和测试厚度应选择适当，以使光谱图中大多数吸收峰的透射比在15%～80%范围内。

2.8.2　试样的制备方法

要获得一张高质量的红外光谱图，除了仪器本身因素外，还必须有合适的试样制备方法。

2.8.2.1　固体试样的制备

(1) 压片法

取1～2mg的样品在玛瑙研钵中研磨成细粉末，与干燥的KBr（光谱纯）粉末（约100mg，200目）混合均匀，装入模具内，在压片机上边抽真空边加压，制成厚约1mm、直径约为10mm的透明薄片，然后直接进行测定。压片法的注意事项如下：

① 为减少光的散射，应尽可能将样品研细（小于2μm）。由于粒度大小影响样品的吸光度，每次研磨中无法准确控制样品的粒度，因而准确度和精确度不如溶液法；

② 由于KBr具有吸湿性，研磨应快速操作，或在干燥箱中进行，压片后还要用红外灯烘烤干燥；

③ 对于不稳定的化合物不宜采用压片法；

④ 压片法测试后的样品可以回收。

（2）糊状法

将干燥的样品（5～10mg）置于玛瑙研钵中充分研细，滴入 1～2 滴重烃油（液体石蜡）混研成糊状，涂于 KBr 或 BaF_2 晶片上测试。糊状法的注意事项如下：

① 该法不适用难以粉碎的试样；

② 液体石蜡用量过多会出现自吸现象，过少又难以制成糊状，因此应准确掌握其用量；

③ 用石蜡油做糊剂不能用来测定饱和碳氢键的吸收情况，此时可改用氯丁二烯做糊剂；

④ 此法特适用于含有羟基的样品的测定。

（3）溶液法

把样品溶解在适当的溶剂中，注入液体池内测试。所选用的溶剂应不腐蚀池窗，在分析波数范围内无吸收，并对溶质不产生溶剂效应，一般使用 0.1mm 的液体池，溶液浓度在 10% 左右为宜。

2.8.2.2　液体试样的制备

（1）液膜法

油状或黏稠状液体，直接涂在 KBr 晶片上测试。流动性大、沸点低（100℃）的液体，可夹在两块 KBr 晶片之间或直接注入厚度适当的液体池内测试。对极性样品的清洗剂一般用 $CHCl_3$，非极性样品的清洗剂用 $CHCl_4$。

（2）水溶性样品

可用有机溶剂萃取水中的有机物，然后将溶剂挥发干，所留下的液体涂在 KBr 晶片上测试。

应特别注意：含水的样品坚决不能直接放入 KBr、NaCl 窗片液体池内进行测试。

2.8.2.3　气体试样的制备

气体试样可直接在气体吸收池中测试。但气体分子彼此相距较远，因此需要光路很长。常用于气体或气体混合物试样测定的吸收池一般都具有氯化钠晶体窗的玻璃筒，它的光程可以从几厘米到几米。

（1）气体槽

为便于更换盐窗，气体槽通常做成可拆卸式。常用光程为 5cm 和 10cm 的气体槽，容积为 50～150mL，如图 2-12 所示。

（2）长光程气体槽

对于痕量组分的气体试样（如污染空气）、吸收较弱的气体试样以及低蒸气压物质试样的测定，应采用长光程的气体槽。为了减小吸收池的体积，通常使用具内表面反射的吸收池，使光束在吸收池内反复多次反射（每次都经过样品），以增加光程长度，如图 2-13 所

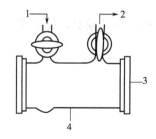

图 2-12　红外气体槽

1—试样进口；2—抽气口（接真空泵）；

3—盐窗；4—玻璃槽体

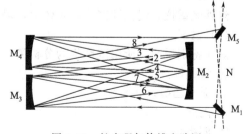

图 2-13　长光程气体槽光路图

M_1、M_5—平面反射镜；M_2、M_3、M_4—球面镜；

N—通常试样的位置

示。使用气体吸收池测定气体试样时，应先将气体吸收池排空，再充入样品气体，密闭后测试。

2.8.2.4 塑料、高聚物样品的制备

（1）溶液涂膜

把样品溶于适当的溶剂中，然后把溶液一滴一滴地滴加在 KBr 晶片上，待溶剂挥发后把留在晶片上的液膜进行测试。

（2）溶液制膜

把样品溶于适当的溶剂中，制成稀溶液，然后倒在玻璃片上待溶剂挥发后，形成一薄膜（厚度最好为 0.01~0.05mm），用刀片剥离。薄膜不易剥离时，可连同玻璃片一起浸在蒸馏水中，待水把薄膜湿润后便可剥离。这种方法溶剂不易除去，可把制好的薄膜放置 1~2d 后再进行测试。或用低沸点的溶剂萃取掉残留的溶剂，这种溶剂不能溶解高聚物，但能和原溶剂混溶。

2.8.2.5 磁性膜材料

直接固定在磁性膜材料的样品架上测定。

2.8.2.6 其他样品

对于一些特殊样品，如金属表面镀膜，无机涂料板的漫反射率和反射率的测试等，则要采用特殊附件，如 ATR、DR、SR 等附件。

2.9 应用实例

实验 2-1 红外光谱法鉴定邻苯二甲酸氢钾和正丁醇

【实验目的】

1. 了解红外光谱仪的基本结构、工作原理及操作技术。
2. 熟悉有机化合物特征基团的红外吸收频率，初步掌握红外定性分析方法。
3. 掌握常规试样的制备方法。

【实验原理】

当一束连续变化的红外线照射样品时，其中一部分光被样品吸收（吸收的光能转变为分子的振动能量和转动能量），另一部分光透过样品。若将透过的光用单色器色散，可以得到一暗条的谱带。以波长 λ 或波数 $\bar{\nu}$ 为横坐标，以百分透过率 $T\%$ 为纵坐标，将谱带记录下来，就得到该样品的红外吸收光谱图。通过解析红外光谱图，可以判定有机化合物的基团（官能团）以及鉴定有机化合物的结构。

【仪器与试剂】

（1）仪器

红外光谱仪，溴化钾窗片，液体池，玛瑙研钵，油压机，压片模具，样品架。

（2）试剂

除非特别说明，所用试剂均为分析纯。

① 溴化钾。

② 无水乙醇。

③ 丙酮。

④ 四氯化碳。

⑤ 邻苯二甲酸氢钾。

⑥ 正丁醇。

2 红外光谱法 65

【实验步骤】

（1）试样制备

① 液膜法　取1～2滴正丁醇样品滴到两个溴化钾窗片之间，形成一层薄的液膜（注意不要有气泡），用夹具轻轻夹住后测定光谱图。如果样品吸收很强，需用四氯化碳配成浓度较低的溶液再滴入液体池中测定。

② 压片法　取1.3mg左右的邻苯二甲酸氢钾与200mg干燥的溴化钾在玛瑙研钵中充分研磨，混匀后压片（参比采用纯溴化钾压片）。

（2）试样检测

① 打开仪器电源开关和计算机电源，运行工作站。

② 插入样品片进行红外光谱测定。

（3）图谱对比

在Sadtler标准图谱库中查得邻苯二甲酸氢钾和正丁醇的标准红外谱图，并将实验结果与标准图谱进行对照。

（4）谱图解析

在测定的谱图中根据吸收带的位置、强度和形状，利用各种基团的特征吸收峰，确定吸收带的归属。红外光谱图上的吸收峰并非要一一解释清楚，一般只要解释较强的峰，同时查看基团的相关峰是否也存在，作为佐证。

【数据记录与处理】

待测样品	理论数据		实验数据	
	特征吸收峰/cm^{-1}	振动类型	特征吸收峰/cm^{-1}	强度
邻苯二甲酸氢钾				
正丁醇				

【注意事项】

1. 溴化钾的浓度和厚度要适当，在样品的研磨和放置过程中要特别注意干燥。

2. 不可用手触摸溴化钾窗片表面，实验完成后用丙酮清洗窗片，用镜头纸或脱脂棉擦拭后放入干燥器中保存。

3. 处理谱图时，平滑参数不要选择过高，否则会影响谱图的分辨率，并使谱图失真。

4. 用压片法时，一定要用镊子从压片模具中取出压好的薄片，切忌用手直接触摸，以免沾污薄片。

5. 在液膜法中固定窗片时，旋转螺帽要采用对角线法，否则易将窗片挤裂。

【思考题】

1. 如何用红外光谱鉴定化合物中存在的基团及其在分子中的相对位置？

2. 特征吸收峰的数目、位置、形状和强度取决于哪些因素？

3. 压片法制样时应注意哪些问题？

实验2-2　阿奇霉素红外光谱的绘制和识别

【实验目的】

1. 熟悉溴化钾压片法。

2. 掌握绘制红外光谱的方法。

3. 熟悉用标准图谱对比法鉴别药物真伪的方法。

【实验原理】

在药品检验中，红外光谱法常与其他理化方法联合使用，作为有机药品的重要的鉴别方法。2010 版《中国药典》明确规定了红外光谱法作为药品检验方法的重要地位。在《药品红外光谱集》中已收载近千幅药品红外光谱图，为药品鉴定提供了重要依据。

绘制待测样品的红外光谱图与药品标准图谱对比，比较其最强吸收峰和较强吸收峰的峰形、峰位、相对强度是否一致，并在图上标识特征峰位置。

【仪器与试剂】

（1）仪器

① 红外光谱仪。

② 玛瑙研钵。

③ 压片机、压片模。

④ 分析天平。

⑤ 红外灯。

⑥ 不锈钢药匙、不锈钢镊子、电吹风、样品夹板、干燥器、擦镜纸、脱脂棉。

（2）试剂

① 溴化钾：光谱纯。

② 丙酮：分析纯。

③ 阿奇霉素供试品。

【实验步骤】

（1）试样制备

取阿奇霉素供试品 1mg，置玛瑙研钵中，加 200 目光谱纯干燥的溴化钾 200mg，充分研磨混匀后，移入直径为 13mm 的压模中。用冲头将样品铺均匀，把模具放入油压机，压模与真空泵相连，抽气约 2min 后，加压至 0.8～1GPa，保持压力 2～5min。除去真空，缓缓减压至常压，取下模具，得厚约 1mm 的透明溴化钾片，目视检查应均匀透明。

（2）试样测定

用镊子将溴化钾样品片置片架上，放入红外光谱仪的测定光路中。再在参比光路中置一按同样方法制成的空白溴化钾片作为补偿。在波数 400～4000cm^{-1} 范围内扫描绘制红外吸收光谱。

【数据记录与处理】

在图上标出特征峰位置。将绘制的图谱与药品标准图谱（红外光谱集 772 图，见图 2-14）对比，其最强吸收峰和较强吸收峰的峰形、峰位、相对强度应一致。

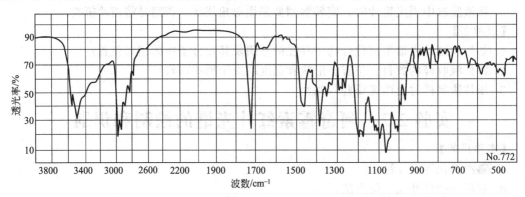

图 2-14　阿奇霉素的红外光谱

【注意事项】

1. 样品的纯度需大于 98%，以便与纯物质光谱对照。

2. 样品应不含水，若含水（结晶水、游离水）则对羟基峰有干扰。

3. 试样研磨应适度，常以粒度 2～5μm 为宜。

4. 压片模具用过后应及时擦拭干净，并保存在干燥器中。

5. 由于各种型号仪器分辨率的差异，不同研磨条件、样品的纯度、吸水情况、晶型变化以及其他外界因素的干扰，会影响光谱形状，比较试样的光谱与对照品光谱，只要求基本一致，不宜要求完全相同。

【思考题】

1. 红外光谱仪和紫外-可见分光光度计在仪器部件和基本构造上有什么不同？

2. 阿奇霉素的红外光谱特征吸收峰有哪些？其位置、形状和相对强度如何？

实验 2-3 棕榈油中反式脂肪酸含量的测定

【实验目的】

1. 掌握标准曲线法定量分析的原理和方法。

2. 了解红外光谱法进行单组分定量分析的全过程。

3. 掌握不同浓度标准溶液的配制方法。

【实验原理】

反式脂肪酸在自然食物中的含量几乎为零，很难被人体接受、消化，容易导致生理功能出现多重障碍（如引发记忆力减退、肥胖、冠心病，甚至影响男性生育能力、青少年生长发育、胎儿健康等），是一种完全由人类制造出来的食品添加剂，实际上，它也是人类健康的"杀手"。

参照标准《SN/T 2326—2009 食品及油脂中反式脂肪酸含量的检测 傅里叶变换红外光谱法》进行棕榈油中反式脂肪酸含量的测定。

【仪器与试剂】

（1）仪器

① 傅里叶变换红外光谱仪，带有氘化三甘氨酸硫酸酯（DTGS）检测器和水平衰减全反射（HATR）附件。

② 分析天平，感量为 0.1mg 及 1mg。

③ 恒温水浴锅。

（2）试剂

除非特别说明，所用试剂均为分析纯。

① 无水硫酸钠。

② 三油酸甘油酯标准品：纯度≥99%。

③ 三反油酸甘油酯标准品：纯度≥99%。

④ 标准溶液：准确称取三反油酸甘油酯 X g 和三油酸甘油酯 $(0.3-X)$g（精确至 0.1mg）于 5mL 烧杯中，其中 X 分别为 0.0150、0.0300、0.0600、0.0900、0.1200、0.1500、0.1800，此混合标准液反式脂肪酸含量为 5.00%、10.00%、20.00%、30.00%、40.00%、50.00%、60.00%。冷冻保存，有效期 6 个月。

【实验步骤】

（1）样品预处理

油脂样品可直接测定。若油脂样品呈现浑浊或絮状，则说明其含有少量水分或杂质，可加入适量无水硫酸钠搅拌并离心，以保证获得澄清油脂。

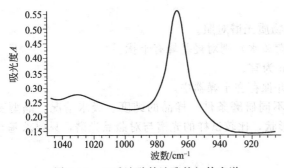

图 2-15 三反油酸甘油酯的红外光谱

(2) 仪器操作条件
波数范围 1050～900cm^{-1}；
分辨率：4cm^{-1}；
扫描次数：32 次或 64 次。

(3) 试样测定
将处理好的试样置于 60℃ 水浴中保温熔融后，立即吸取少量样品直接加到 ZnSe 晶体上，并使其充满整条晶体，即刻采集其红外光谱图，用标准曲线校正，得到反式脂肪酸占脂肪的百分含量。

(4) 标准曲线测定
按试样测定步骤操作，从低浓度到高浓度依次测定标准溶液。

【数据记录与处理】
按表 2-5 记录峰面积。以标准溶液中三反油酸甘油酯的百分含量（%）为横坐标，红外光谱图中 966cm^{-1} 处反式脂肪酸特征峰（见图 2-15）的峰面积为纵坐标，用 Excel 制作标准曲线。

表 2-5 数据记录

标准溶液中反式脂肪酸百分含量/%	5.00	10.00	20.00	30.00	40.00	50.00	60.00	试样
峰面积								

按下式计算试样中反式脂肪酸的含量。

$$X = ck$$

式中　X——试样中反式脂肪酸的质量分数，%；

　　　c——从标准工作曲线中查得的反式脂肪酸占脂肪的质量分数，%；

　　　k——试样中脂肪所占的质量分数（若为纯油脂样品，$k=1$）。

【思考题】
1. 实验中为什么会选用 DTGS 检测器？
2. 使用 HATR 附件，操作中应注意哪些问题？

实验 2-4　红外光谱法测定车用汽油中苯的含量

【实验目的】
1. 掌握红外光谱法定量分析的原理及方法。
2. 掌握液体样品的制备技术。
3. 掌握液体池的使用方法。
4. 了解红外光谱法测定车用汽油中苯含量的方法。

【实验原理】
红外光谱定量分析是通过对特征吸收谱带（特征吸收峰）强度的测量来求出组分含量，其理论依据是朗伯-比耳定律。

在 400～690cm^{-1} 波数范围内，分别测出甲苯标准溶液和苯系列标准溶液的红外光谱图。分别用 460cm^{-1}（甲苯特征吸收峰）和 673cm^{-1}（苯特征吸收峰）分析峰的峰

面积减去基线 $500cm^{-1}$ 的峰面积，得到相应波数的净峰面积，利用 $673cm^{-1}$ 和 $460cm^{-1}$ 的净峰面积之比求出甲苯的校正系数。测定波数 $673cm^{-1}$、$460cm^{-1}$ 和 $500cm^{-1}$ 的峰面积，计算校正后苯的峰面积（$A_{校正}＝A_{673}－A_{460}×$甲苯校正系数）。用苯标准液浓度对校正后的苯峰面积作图绘制标准曲线。测定未知样品的谱图，计算未知样品中苯的浓度。

苯是一种有毒化合物，测定汽油中苯的含量有助于评价汽油使用过程中对人体的伤害。本实验采用美国材料与试验协会标准 ASTMD 4053—98。用红外光谱法测定车用汽油中苯的含量。由于汽油中有甲苯干扰测定，需要对结果进行校正。

【仪器与试剂】

（1）仪器

① 红外光谱仪。

② 溴化钾窗片。

③ 液体池。

④ 样品架。

（2）试剂

除非特别说明，所用试剂均为分析纯。

① 苯。

② 甲苯。

③ 异辛烷或正庚烷。

④ 车用汽油样品。

【实验步骤】

（1）标准溶液的配制

① 苯系列标准溶液：移取一定量的苯于 100mL 容量瓶中，用不含苯的汽油稀释至刻度，摇匀。配成浓度为 1％、2％、3％、4％、5％（体积分数）苯系列标准溶液。

② 甲苯标准溶液：准确移取 2.00mL 甲苯于 10mL 容量瓶中，用正庚烷或异辛烷稀释至刻度，混匀后备用。

（2）标准曲线的绘制

① 测定甲苯的校正系数：用微量注射器准确移取 $100\mu L$ 甲苯标准溶液，在 $400\sim690cm^{-1}$ 波数范围内扫描，获取甲苯标准溶液的红外光谱图，分别用 $460cm^{-1}$（甲苯特征吸收峰）和 $673cm^{-1}$（苯特征吸收）分析峰的峰面积减去基线 $500cm^{-1}$ 的峰面积，得到相应波数的净峰面积。甲苯的校正系数等于 $673cm^{-1}$ 和 $460cm^{-1}$ 的净峰面积之比。测量温度为 25℃，相对湿度为 50％。

② 苯系列标准溶液的测定：用微量注射器准确移取 $100\mu L$ 苯标准溶液，在 $400\sim690cm^{-1}$ 波数范围内扫描获取红外光谱图，并测定波数为 $673cm^{-1}$、$460cm^{-1}$ 和 $500cm^{-1}$ 的峰面积，计算校正后苯的峰面积（$A_{校正}＝A_{673}－A_{460}×$甲苯校正系数）。

③ 用苯标准液浓度对校正后的苯峰面积作图，绘制标准曲线。

（3）样品测定

测定未知样品的谱图，并计算待测样品中苯的浓度。

【数据记录与处理】

（1）甲苯校正系数的数据记录

特征吸收峰/cm^{-1}	673	460	500	校正系数 A_{673}/A_{460}
峰面积				

（2）样品测定数据记录

苯标准溶液浓度/%	峰 面 积			苯校正峰面积
	$673cm^{-1}$	$460cm^{-1}$	$500cm^{-1}$	
1				
2				
3				
4				
5				
待测样品				

【注意事项】

1．样品池需用异辛烷或类似溶剂进行洗涤，并真空干燥。

2．所有测试均在室温条件下进行，装样时要避免形成气泡。

3．由于湿气对本实验有影响，所以测定过程中要避免样品吸湿。

【思考题】

1．如何选取红外光谱定量分析中的分析峰？

2．红外光谱定量分析过程中的关键因素有哪些？

3．使用液体池法测定红外光谱图有哪些优点？

4．峰面积校正的原理是什么？

2.10 本章小结

2.10.1 方法特点

红外光谱法具有以下特点。

（1）具有高度的特征性。除光学异构体外，没有两个化合物的红外吸收光谱完全相同，即每种化合物都有独自特征的红外吸收光谱，这是进行定性鉴定及结构分析的基础。

（2）应用范围广。紫外吸收光谱法不能研究饱和有机化合物，而红外吸收光谱法不仅对所有有机化合物都适用，还能研究配合物、高分子化合物及无机化合物；不受样品相态的限制，无论是固态、液态还是气态都能直接测定。

（3）分析速度快，操作简便，样品用量少，属于非破坏性分析。

（4）红外光谱法灵敏度低，在进行定性鉴定及结构分析时，需要将待测样品纯化；在定量分析中，红外光谱法的准确度低，对微量成分分析能力差，远不如比色法及紫外吸收光谱法。

2.10.2 重点掌握

2.10.2.1 理论要点

（1）重要概念 特征峰、相关峰、官能团区、指纹区。

（2）基本原理 红外光谱产生的原因、基团频率及其影响因素、红外光谱仪的工作原理。

2.10.2.2 实操技能

(1) 能根据基团频率判断官能团的存在；

(2) 能掌握固态及液态试样的制备技术；

(3) 能操作使用红外光谱仪；

(4) 能应用红外光谱法进行定性、定量分析。

2.11 思考及练习题

(1) 解释下列名词术语

特征峰　　相关峰　　官能团区　　指纹区

(2) 在红外光谱分析中，用 KBr 作为吸收池的原因是（　　）。

A. KBr 在 $4000 \sim 400 cm^{-1}$ 范围内不会散射红外光谱

B. KBr 在 $4000 \sim 400 cm^{-1}$ 范围内有良好的红外吸收特性

C. KBr 在 $4000 \sim 400 cm^{-1}$ 范围内无红外吸收

D. KBr 在 $4000 \sim 400 cm^{-1}$ 范围内对红外线无反射

(3) 一种能作为色散型红外光谱仪的色散元件的材料是（　　）。

A. 玻璃　　　　　B. 石英　　　　　C. 有机玻璃　　　　　D. 卤化物晶体

(4) 在下列不同溶剂中，测定羧酸的红外光谱时，C═O 伸缩振动频率出现最高者为（　　）。

A. 气体　　　　　B. 正构烷烃　　　　　C. 乙醚　　　　　D. 乙醇

(5) 以下四种气体不吸收红外线的是（　　）。

A. H_2O　　　　　B. CO_2　　　　　C. HCl　　　　　D. N_2

(6) 红外吸收光谱产生的原因是（　　）。

A. 分子外层电子、振动、转动能级的跃迁

B. 原子外层电子、振动、转动能级的跃迁

C. 分子振动-转动能级的跃迁

D. 分子外层电子的能级跃迁

(7) 红外光谱分析的试样可以是（　　）。

A. 水溶液　　　　　B. 含游离水　　　　　C. 含结晶水　　　　　D. 不含水

(8) 用红外光谱法测定有机物结构时，试样应该是（　　）。

A. 单质　　　　　B. 混合物　　　　　C. 纯净物　　　　　D. 任何物质

(9) 已知近红外区、中红外区、远红外区的波长范围分别为 $0.75 \sim 2.5 \mu m$、$2.5 \sim 25 \mu m$、$25 \sim 200 \mu m$，试求它们的波数和频率范围各为多少？

(10) 红外光谱法与紫外光谱法有什么区别？

(11) 产生红外吸收的条件是什么？是否所有分子的振动都会产生红外吸收光谱？为什么？

(12) 测定样品的 UV 光谱时，甲醇是良好的常用溶剂，而测定红外光谱时，不能用甲醇做溶剂，为什么？

(13) 红外光谱法定性分析的基本依据是什么？它与紫外吸收光谱法有何异同？简述红外光谱定性分析过程。

(14) 红外光谱仪与紫外-可见分光光度计在仪器部件和基本构造上有什么不同？

(15) 某化合物分子式为 C_6H_{14}，红外光谱如下图所示，试推断其结构。

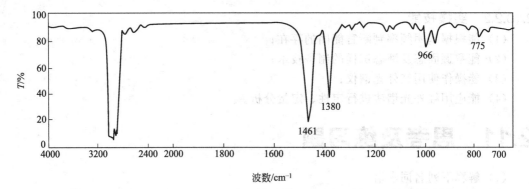

（16）某化合物的化学式为 $C_4H_{10}O$，红外光谱图如下所示，试推测其结构。

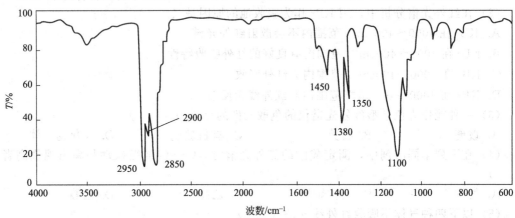

附录 常见官能团的特征吸收频率

化合物	官能团	振动形式	振动频率/cm^{-1}
芳烃	=C—H	伸缩振动	3000～3100
	C=C	苯环骨架振动	1600 附近和 1500 附近
	C—H(苯)	面外变形振动	670 附近
	C—H(单取代)	面外变形振动	770～730 和 715～685
	C—H(邻位双取代)	面外变形振动	770～735
	C—H(间位双取代)	面外变形振动	880 附近和 780～690
	C—H(对位双取代)	面外变形振动	850～800
醇	O—H	伸缩振动	3650 附近;或 3400～3300(含有氢键)
	C—O	伸缩振动	850～802
醚	C—O—C(脂肪烃)	伸缩振动	1300～1000
	C—O—C(芳香烃)	伸缩振动	1250 附近和 1120 附近
醛	O=C—H	伸缩振动	2820 和 2720
	C=O	伸缩振动	1725 附近
酮	C=O	伸缩振动	1715 附近
	C—C	伸缩振动	1300～1100
酸	O—H(游离 OH)	伸缩振动	3580～3500
	O—H(二聚体)	伸缩振动	3200～2500
	C=O	伸缩振动	1760～1710
	C—O—C	伸缩振动	1320～1210
	O—H	面内变形振动	1440～1400
	O—H	面外变形振动	950～900
酯	C=O	伸缩振动	1750～1735

续表

化合物	官能团	振动形式	振动频率/cm^{-1}
	C—O—C(乙酸酯)	伸缩振动	1260~1230
	C—O—C	伸缩振动	1210~1160
酰卤	C=O	伸缩振动	1810~1775
	C—Cl	伸缩振动	730~550
酸酐	C=O	伸缩振动	1830~1800 和 1775~1740
	C—O	伸缩振动	1300~900
胺	N—H	伸缩振动	3500~3300(双峰)
	N—H	变形振动	1600~1500
	C—N(烷基碳)	伸缩振动	1200~1025
	C—N(芳基碳)	伸缩振动	1360~1325
	N—H	变形振动	800
酰胺	N—H	伸缩振动	3500~3180
	C=O	伸缩振动	1680~1630
	N—H(伯酰胺)	变形振动	1640~1550
	N—H(仲酰胺)	变形振动	1570~1515
	N—H	面外变形振动	700

参 考 文 献

[1] 谢晶曦，常俊标，王绪明. 红外光谱在有机化学和药物化学中的应用. 北京：科学出版社，2002.
[2] 丁明洁. 仪器分析. 北京：化学工业出版社，2008.
[3] 郭英凯. 仪器分析. 北京：化学工业出版社，2006.
[4] 俞英. 仪器分析实验. 北京：化学工业出版社，2008.
[5] 夏立娅. 仪器分析. 北京：中国计量出版社，2008.
[6] 曾元儿. 仪器分析. 北京：科学出版社，2010.
[7] 许柏球. 仪器分析. 北京：中国轻工业出版社，2011.

分子荧光光谱法

3.1 概述

3.1.1 方法定义

利用某一波长的光线照射试样，试样的多原子分子吸收光辐射后，发射出相同波长或较长波长的荧光，根据所发射荧光的波长及强度进行定性和定量分析的方法，称为分子荧光光谱法。

知识链接：荧光

分子吸收一定波长的光后成为激发态分子，在返回基态不同振动能级时的发光现象，是光致发光。但是，并不是所有的分子受到激发后都能产生荧光，只有那些具有不饱和共轭键的分子才有可能产生荧光。

3.1.2 发展历程及发展趋势

荧光分析法历史悠久，远在 1575 年门那德（Monades）发现荧光现象以来，进展缓慢，到 1852 年斯托克斯（Stokes）阐明荧光的发射机理；1867 年人们就建立了用铝-桑色素体系测定微量铝的荧光分析法，到 19 世纪末，已经发现包括荧光素、曙红、多环芳烃等 600 多种荧光化合物。1925 年武德（Wood）发现了共振荧光。1926 年格威拉（Gaviola）进行了荧光寿命的直接测定以后，才逐步发展到现代水平。进入 20 世纪 80 年代以来，由于激光、计算机、光导纤维传感技术和电子学新成就等科学新技术的引入，大大推动了荧光分析理论的进步，加速了各式各样新型荧光分析仪器的问世，使之不断朝着高效、痕量、微观和自动化的方向发展，建立了诸如同步、导数、敏化、时间分辨和相分辨荧光、荧光免疫测定、三维荧光光谱技术和荧光光谱等新的荧光分析技术。荧光分析方法的灵敏度、准确度和选择性日益提高，解决了生产和科研中的不少难题。

3.2 分析对象及应用领域

在紫外线照射下能直接发射荧光的化学元素并不很多，所以对一些元素进行荧光分析时大部分采用间接测定法，这就是用有机试剂与被测定的元素组成配合物。这些配合物在紫外线照射下能发射出不同波长的荧光素，然后由荧光强度测定出该元素的含量。由于有机荧光试剂的品种繁多，用荧光分析可测定的元素有 60 多种。

有机化合物的荧光分析应用很广泛，能测定的有机物质有数百种之多，如酶和辅酶的荧光分析，药物、农药和毒药的荧光分析，氨基酸和蛋白质的荧光分析，核酸的荧光分析。这些构成了目前荧光分析技术的主要内容。许多有机化合物在紫外线的照射下，所发荧光并不强或不发荧光，因此必须使用某些有机试剂，以便生成的产物在紫外线照射下能发射强的荧光。例如脂肪族有机化合物就是用间接方法测定的。

3.3　仪器的基本组成部件及作用

用于测量和记录荧光物质的荧光强度（或荧光光谱），并进行分析测定的仪器称为荧光分析仪。通常可分为荧光光度计和荧光分光光度计。荧光分析通常采用荧光分光光度计。

荧光分光光度计与其他光谱分析仪器一样，主要由光源（激发光源）、单色器系统、样品池及检测器四部分组成。不同的是荧光分析仪器需要两个独立的波长选择系统：一个为激发单色器，可对光源进行分光，选择激发波长；另一个用来选择发射波长，或扫描测定各发射波长下的荧光强度，可获得试样的荧光发射光谱。检测器与激发光源成直角。荧光分析仪器的基本结构如图 3-1 所示。

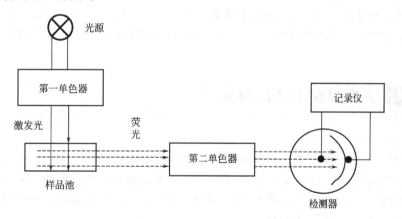

图 3-1　荧光分光光度计基本结构

3.3.1　光源

分子荧光分光光度计常用的光源是高压汞灯和氙弧灯。高压汞灯的平均寿命为 1500～3000h，常用其发射的 365nm、405nm、436nm 等谱线作为激发光，不是连续光谱，氙灯的寿命大约为 2000h，其发射光强度大，能在紫外、可见光区给出比较好的连续光谱，可用于200～700nm 波长范围，在 200～400nm 波段内辐射强度几乎相等。但氙灯需要稳定电源以保证光源的稳定，现常用氙灯作为分子荧光分光光度计的光源。光源的作用就是激发分子中的电子由基态跃迁到激发态。

知识链接 I：分子的激发态

一般对分析上有用的荧光体系几乎都是含有一个或几个苯环的复杂有机化合物。这些化合物中能产生最强荧光的吸收过程通常是跃迁。

物质的基态分子吸收光能后，价电子跃迁到高能级的分子轨道上成为电子激发态。荧光和磷光通常是基于 $\pi^* \to \pi$、$\pi^* \to n$ 式的电子跃迁，这两类电子跃迁都需要有不饱和官能团存在，以便提供 π 轨道。在光致激发和去激发光过程中，分子中的价电子可以处在不同的自旋状态，常用电子自旋状态的多重性来描述。一个所有电子自旋都配对的分子的电子态称为单重态，用"S"表示；分子中电子对的电子自旋平行的电子态，称为三重态，用"T"表示。

基态为单重态的分子具有最低的电子能，该状态用"S_0"表示。如果 S_0 态的一个价电子受激跃迁到与它最近的较高分子轨道上且不改变自旋，即成为第一激发单重态 S_1，当受到能量更高激发且不改变自旋方向，就会形成第二激发单重态 S_2，甚至会形成第三激发单重态 S_3 等。如果电子在跃迁过程中还伴随着自旋方向的改变，这时分子便具有两个自旋不配对的电子，会形成第一激发三重态 T_1 或第二激发三重态 T_2。

对同一物质，处于受激三重态的分子与处于相应单重态的分子性质明显不同，主要区别如下。

① S 态分子在磁场中不会发生能级的分裂，具有抗磁性，而 T 态具有顺磁性。

② 电子在不同多重态间跃迁时需换向，不易发生。所以，单重态与三重态间的跃迁概率总比单重态与单重态间的跃迁概率小，只有少数分子在一定条件下可以发生 S_1 和 T_1 间的转换及 T_1 到 S_0 间的跃迁。

③ S_1 态的能量高于 T_1，S_2 态的能量高于 T_2，$S_2 > T_2 > S_1 > T_1 > S_0$，$T_1$ 是亚稳态。

④ 受激 S 态的平均寿命为 10~8s，T_2 态的寿命也很短，而亚稳态 T_1 的平均寿命可长达数秒。

知识链接Ⅱ: 荧光与分子结构的关系

（1）跃迁类型

实验证明，对于大多数荧光物质分子来说，存在 $\pi^* \to \pi$ 或 $\pi^* \to n$ 跃迁的荧光效率高，系间跨越过程的速率常数小，有利于荧光的产生。在这两种跃迁类型中，$\pi^* \to \pi$ 跃迁常能发出较强的荧光（较大的荧光效率），这主要是由于 $\pi \to \pi^*$ 跃迁具有较大的摩尔吸光系数（光效比 $n \to \pi^*$ 跃迁大 $10^2 \sim 10^3$ 倍）。

（2）共轭效应

提高电子共轭程度的结构，有利于增加荧光效率并产生红移。如对苯基化、间苯基化和乙烯基化的作用会增加光的强度，并使荧光光谱红移，见表 3-1。含有脂肪族和脂环族羰基结构或高共轭双键结构的化合物也可能发生荧光，如含有高共轭双键的脂肪烃维生素也常有荧光，但这一类化合物数目要比芳香类化合物少。

表 3-1　共轭结构对荧光效率（Φ_F）的影响

化合物	Φ_F	λ/nm	化合物	Φ_F	λ/nm
苯	0.07	283	蒽	0.36	402
联苯	0.18	316	9-苯基蒽	0.49	419
1,3,5-三苯基苯	0.27	355	9-乙烯基蒽	0.76	432

（3）刚性平面结构

分子具有刚性的不饱和的平面结构可降低分子振动，减少与溶剂的相互作用，故具有较高的荧光效率。分子刚性及共平面性越大，荧光效率越高，并使荧光波长红移。例如酚酞和荧光素有相似结构，但荧光素中多 1 个氧桥，使其具有了刚性平面结构，因而荧光素有强烈荧光，而酚酞的荧光却很弱，如图 3-2 所示。某些螯合剂本身不发生荧光或荧光较弱，但与金属离子螯合后，平面构型和刚性增强，就可发生或增强荧光。例如 8-羟基喹啉是弱荧光物质，当与 Zn^{2+}、Mg^{2+}、Al^{3+} 螯合后，荧光就增强。相反，如果原来结构中平面性较好，但分子上取代了较大基团后，由于位阻的原因，使分子的共平面性下降，因而荧光减弱。表 3-2 表明，1-二甲氨基萘-8-磺酸盐的荧光效率最低，这是因为磺酸基团与二甲氨基之间的位阻效应，使分子发生扭转，两个环不能共平面，因面使荧光大大减弱。

表 3-2　共平面性对荧光效率（Φ_F）的影响

化合物	Φ_F	化合物	Φ_F
1-二甲氨萘-4-磺酸盐	0.48	1-二甲氨萘-7-磺酸盐	0.75
1-二甲氨萘-5-磺酸盐	0.53	1-二甲氨萘-8-磺酸盐	0.03

同理，对于顺反异构体，顺式分子的两个基团在同一侧，由于位阻原因不能共平面，而没有荧光。例如 1,2-二苯乙烯的反式异构体有强烈荧光，而顺式异构体没有荧光。

（4）取代基效应　芳香环上的不同取代基对该化合物的荧光强度和荧光光谱有很大影响。通常给电子基团使荧光增强，如—OH、—NH₂、—NR₂、—OR；而同 π 电子体系相互作用较小的取代基，如—SO_3H、—NH_3^+ 和烷基对分子荧光影响不明显；吸电子基团，如—COOH、—C≡O、—NO_2、—NO、—N＝N—及卤素会减弱甚至破坏荧光。

了解荧光和物质分子结构的关系，可以帮助我们考虑如何将非荧光物质转

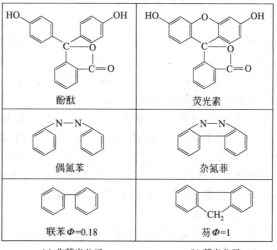

(a) 非荧光分子　(b) 荧光分子

图 3-2　荧光分子与非荧光
分子结构对比

化为荧光物质，或将荧光强度不大或选择性较差的荧光物质转化为荧光强度大及选择性好的荧光物质，以提高分析测定的灵敏度。

3.3.2　单色器

荧光分析仪常用的单色器有两种：滤光片和光栅。

荧光分析仪的单色器有两个：第一单色器用于选择激发光波长，位于光源和样品池之间；第二单色器用于选择荧光发射波长，位于样品池和检测器之间。

荧光计常用滤光片为单色器，由第一滤光片从光源发射的光中分离出所需的激发光，用第二滤光片滤去杂散光和杂质所发射的荧光。荧光计只能用于荧光强度的定量测定，不能给出激发光谱和荧光光谱。

而大多数荧光分光光度计采用光栅作为单色器，它具有较高的灵敏度，较宽的波长范围，能扫描光谱。即能够给出激发光谱和荧光光谱。采用光栅作为单色器的荧光分光光度计既可用于定性分析，也可用于定量分析。

单色器的作用就是获得分析时所需要的波长。采用光栅作为单色器时，需选择光的狭

缝。狭缝越小单色性越好，但光强和灵敏度降低。当入射狭缝和出射狭缝的宽度相等时，单色器射出的单色光有 75% 的能量是辐射在有效的带宽内，此时既有好的分辨率，又保证了光通量。

知识链接：荧光激发光谱和荧光发射光谱

（1）荧光激发光谱

荧光激发光谱是激发光的波长连续变化时，某一固定荧光测定波长下测得的该物质荧光强度变化的图像。测定时，先固定发射单色器的波长，使测定的荧光波长保持不变，然后改变激发单色器的波长 200~700nm 进行扫描，以显示系统测出的固定浓度的该物质的相对荧光强度为纵坐标，以相应的激发光波长为横坐标作图，所绘出的曲线即是该荧光物质前激发光谱。它反映了仪器条件一定时激发光波长与荧光强度之间的关系，为荧光分析选择最佳激发光波长和鉴别荧光物质提供依据。

（2）荧光发射光谱

如果固定激发单色器波长，使激发光波长和强度保持不变，然后改变发射单色器波长依次进行各种不同波长扫描所获得的光谱称该荧光物质的荧光发射光谱，简称荧光光谱。它表示在该物质所发射的荧光中，各种不同波长组分的相对强度，为鉴别荧光物质，进行荧光分析、选择最佳测定波长提供依据。

荧光光谱的形状与激发光波长无关。激发光波长改变，有可能将分子激发到高于 S_1 的电子能级但很快经过内部转换及振动弛豫跃迁至 S_1 态的最低振动能级，然后产生荧光。因此，荧光光谱与荧光物质被激发到哪一个电子态无关，它均由 S_1 态的最低能级跃迁至 S_0 态的各振动能级产生。不同荧光物质的结构不同，S_0 与 S_1 态间的能量差不一样，而基态中各振动能级的分布情况也不一样，所以有着不同形状的荧光光谱，据此可以进行定性分析。

荧光物质的最大激发波长（λ_{ex}）和最大荧光波长（λ_{em}）是鉴定物质的依据，也是定量测定时最灵敏的条件。

通常，$\lambda_{ex}<\lambda_{em}$，即激发光谱的能量大于发射荧光光谱的能量。这是由于荧光物质分子吸收的光能经过无辐射去激的消耗后降至 S_1 态的最低振动能级，因而所发射的荧光的波长比激发光长，能量比激发光小，这种现象称为斯托克斯（Stokes）位移。

斯托克斯（Stokes）位移越大，激发光对荧光的干扰越小，当它们相差大于 20nm 以上时，激发光的干扰很小，可以进行荧光测定。

（3）激发光谱和荧光光谱的形状及其相互关系

比较蒽的荧光光谱和激发光谱（吸收光谱）的形状可见（参见图 3-3），荧光光谱和激发光谱呈现大致的镜像对称关系。蒽的乙醇溶液有两个吸收带：一个峰在 250nm 波长处的吸收带，相应从基态到第二激发态的跃迁；另一个峰在 350nm 波长处的吸收带，相应从基态到第一激发态的跃迁。但由于内转换及振动弛豫的速度远远大于由 S_2 返回基态发射荧光的速度，故在荧光发射时，不论用哪一个波长的光辐射激发，电子都从第一激发态的最低振动能级回至基态的各个振动能级，所以荧光光谱只能出现一个谱带。即无论用 λ_1、λ_2 或 λ_3 波长激发，荧光光谱的形状、位置都相同。荧光光谱是受激分子从 S_1 的最低振动能级回至基态中各振动能级所致，其形状决定于基态的振动能级的分布情况。由于激发态与基态的振动能级分布类似，因此荧光光谱和激发光谱形状相似，呈镜像对称。

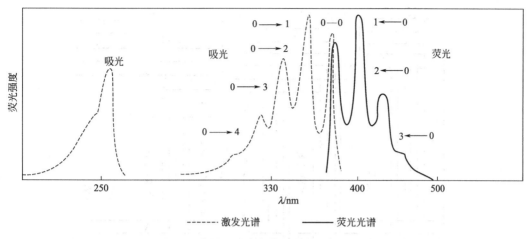

图 3-3　蒽的乙醇溶液激发光谱和荧光光谱

3.3.3　样品池

　　荧光分光光度计中的样品池亦称为液池，通常是石英质料的方形池，四个面都透光。这是因为由光源发出的激发光谱进入样品池激发荧光物质，其激发余光会继续沿直线方向传播，故此方向上荧光不能被检测，所以，荧光检测器只能放在与激发光路成直角的位置上来检测荧光强度。

知识链接： **分子的去活化过程**

　　分子中处于激发态的电子以辐射跃迁方式或无辐射跃迁方式最终回到基态，这一过程中，各种不同的能量传递过程统称为去活化过程。辐射跃迁主要是荧光和磷光的发射；无辐射跃迁是指分子以热的形式失去多余能量，包括振动弛豫、内转换、系间跨越、淬灭等。各种跃迁方式发生的可能性及程度与荧光物质的分子结构和环境等因素有关。

　　当处于基态单重态（S_0）的分子吸收波长为 λ_1 和 λ_2 的辐射后，分别被激发至第一激发单重态（S_1）和第二激发单重态（S_2）的任一振动能级上，而后发生下述失活过程，参见图 3-4。

　　（1）振动弛豫

　　同一电子能级内以热能量交换形式由高振动能级至低振动能级间的跃迁，这一过程属无辐射跃迁，称为振动弛豫。发生振动弛豫的时间为 $10^{-13} \sim 10^{-11}\,\mathrm{s}$。

　　（2）内转换

　　相同多重态电子能级中，等能级间的无辐射能级交换称为内转换。如第二激发单重态的某一较低振动能级，与第一激发单重态的较高振动能级间有重叠时，位能相同，可能发生电子由高电子能级以无辐射跃迁的方式跃迁至低能级上。此过程效率高，速度快，一般只需 $10^{-13} \sim 10^{-11}\,\mathrm{s}$。

　　通过内转换和振动弛豫，较高能级的电子均跃回到第一电子激发态（S_1）的最低振动能级（$\upsilon = 0$）上。

　　（3）系间跨越

　　指激发单重态与激发三重态之间的无辐射跃迁。此时，激发态电子自旋反转，分子的多重性发生变化。如单重态（S_1）的较低振动能级与三重态 T_1 的较高振动能级有重叠，电子

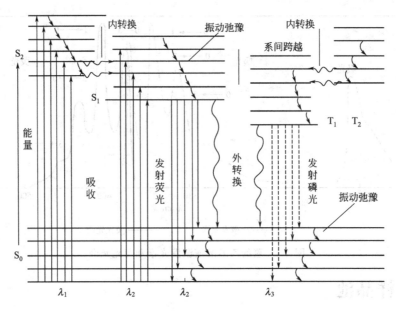

图 3-4 分子荧光与磷光的发生过程

有可能发生自旋状态的改变而发生系间跨越。含有重原子（如碘、溴等）的分子中，系间跨越最为常见，这是由于高原子序数的原子中电子自旋与轨道运动之间相互作用较强，更有利于电子自旋发生改变的缘故。

（4）荧光发射

处于激发单重态的最低振动能级的分子，也存在几种可能的去活化过程。若以 $10^{-9} \sim 10^{-7}$ s 的时间发射光量子回到基态的各振动能级，这一过程就有荧光发生，称为荧光发射。

（5）磷光发射

分子一旦发生系间跨越跃迁后，接着就会发生快速的振动弛豫而达到三重激发态 T_1 的最低振动能级（$v=0$）上，再经辐射跃迁到基态的各振动能级就能发射磷光，这一过程称为磷光发射。磷光的发光速率较慢，为 $10^2 \sim 10^4$ s。这种跃迁，在光照停止后，仍可持续一段时间，因此磷光比荧光的寿命长。通过热激发，可能发生 T_1-S_1 的系间跨越，然后由 S_1 发射荧光，这种荧光称为延迟荧光。

第一电子激发态三重态与单重态之间能量差较小，随振动偶合增加而增加了内转换的概率，从而使磷光减弱或消失。另外，由于激发三重态的寿命较长，增大了与溶剂分子间碰撞而失去激发能的可能性，因此室温下不易观察到磷光现象。

（6）猝灭

激发分子与溶剂分子或其他溶质分子间相互作用，发生能量转移，使荧光或磷光强度减弱甚至消失，这一现象称为"猝灭"。

总之，激发态分子的去活化过程可归纳如图 3-5 所示。

由于不同物质的分子结构及分析时所处的环境不同，因此各个去活化过程的速率也就不同。如果荧光发射过程比其他去活化过程速率更快，就可观察到荧光现象。相反，如果无辐射跃迁过程具有更大的速率常数，荧光将消失或强度将减弱。

3.3.4 检测器

荧光分光光度计多采用光电倍增管（PMT）为检测器，施加于 PMT 光阴极的电压越高，其放大倍数越大，且电压每改变 1V，放大倍数波动 3%。所以，要获得良好的线性响

图 3-5　激发态分子的去活化过程

应，光电倍增管的高压源要很稳定。光电倍增管的功能就是将荧光信号转变为电信号检测出来。光电倍增管的工作原理请参阅紫外-可见分光光度计检测器部分。

3.4　分析流程

从荧光分析基本结构图 3-1 可看出，由光源发出的一定强度的激发光经聚光镜、狭缝进入激发单色器分光，选择最佳波长的光去激发样品池内的荧光物质。该物质发出的荧光可射向四面八方，但通过样品池后的激发余光是沿直线传播的。所以，荧光检测器即光电倍增管（PMT）不能直接对着光源，一般放在样品池的一边，与激发光路成直角关系，否则，强烈的激发余光会透过样品池干扰荧光的测定，导致实验失败，甚至损坏荧光检测器。荧光物质发射的荧光经发射单色器滤去样品池的反射光、溶剂的瑞利散射光、拉曼光以及溶液中杂质所产生的荧光等杂光的干扰，提高了测定的选择性，只让待测物质的特征荧光照射到检测器上进行信号转换，并经信号放大系统进行放大，由数据处理及显示。

3.5　仪器操作使用

分子荧光分光光度计的一般操作步骤（以日立 F-4600 为例）如下：
① 分别打开日立 F-4600 和计算机电源；
② 单击计算机屏幕上图标，进入 F-4600 化学工作站界面；
③ 将待分析样品的样品池放入样品槽中；
④ 单击界面右侧"Method"图标，出现"Analysis Method"界面；在"Analysis Method"界面上选择"Instrumenter"，确定狭缝宽度，在此界面上可分别进行激发光谱（Excitation）和荧光发射光谱（Emission）的扫描，确定其最佳分析波长（EX＼EM）；
⑤ 单击"Analysis Method"界面上方"Spectorphotometer"，继续单击"Set W"，在出现的界面上分别填入激发光谱（Excitation）波长和荧光发射光谱（Emission）波长；
⑥ 分别将待测样品放入样品池槽中，测定其荧光强度；
⑦ 测定完成后，关机。

3.6　分析方法

进行荧光分析必须满足两个必要条件：第一个必要条件是该物质的分子必须具有能吸收激发光的结构，通常是共轭双键结构；第二个条件是该分子必须具有一定程度的荧光效率，即荧光物质吸光后所发射的荧光量子数与吸收的激发光的量子数的比值。

3.6.1 定性分析方法

定性分析时，将待测样品的荧光激发光谱和荧光发射光谱与标准荧光光谱图进行比较来鉴定样品成分。

3.6.2 定量分析方法

分子荧光定量分析时，一般以激发光谱最大峰值波长为激发光波长，以荧光发射光谱最大峰值波长为发射波长，通过测定样品溶液的荧光强度求得待测物质的浓度。分子荧光分析常采用的定量分析方法如下。

（1）标准曲线法

配成一系列不同浓度的标准溶液。然后，测出标准溶液的相对荧光强度和空白溶液的相对荧光强度。以相对荧光强度为纵坐标、标准溶液浓度为横坐标，绘制校正曲线；然后将处理后的试样，配成一定浓度的溶液，在同一条件下测定其荧光强度，从校正曲线上求出试样中荧光物质的含量。

为了使一个实验在不同时间所测的数据前后一致，在测绘校正曲线时或者在每次测定试样前，常用一个稳定的荧光物质（其荧光峰与试样的荧光峰相近）的标准溶液作为基准进行校正。例如，在测定维生素 B_1 时，采用硫酸奎宁作基准。

（2）比较法

取已知量纯荧光物质配成在线性范围内的标准溶液，测出其荧光强度 $I_{F(s)}$。然后在同样条件下测定试样溶液的荧光强度 $I_{F(x)}$。分别扣除空白 $I_{F(0)}$，以标准溶液和试样溶液的荧光强度比，求试样中荧光物质的含量。

$$\frac{I_{F(s)} - I_{F(0)}}{I_{F(x)} - I_{F(0)}} = \frac{c_s}{c_x} \tag{3-1}$$

$$c_x = c_s \frac{I_{F(s)} - I_{F(0)}}{I_{F(x)} - I_{F(0)}} \tag{3-2}$$

（3）多组分混合物的荧光分析

如果混合物中各组分荧光峰相互不重叠，则可分别在不同波长处测量各个组分的荧光强度，从而直接求出各个组分的浓度。Al^{3+} 和 Ga^{3+} 的 8-羟基喹啉配合物的氯仿萃取液荧光峰均为 520nm，但激发峰不同，可分别在 365nm 及 435.8nm 激发，在 520nm 处测定互不干扰。若不同组分的荧光光谱相互重叠，则可利用荧光强度的加和性质，在适宜波长处测量混合物的荧光强度，再根据被测物质各自在适宜荧光波长处的最大荧光强度，列出联立方程式，求算它们各自的含量（可参见紫外-可见分光光度法多组分混合物的定量分析）。

知识链接 I: 荧光量子产率 Φ_F

并不是任何物质都能发射荧光，能产生荧光的分子称为荧光分子。物质的分子结构与荧光的发生及荧光强度的大小紧密相关。

分子产生荧光必须具备两个条件：①具有合适的结构，荧光分子通常为含有苯环或稠环的刚性结构有机分子，如典型的荧光物质荧光素的分子结构；②具有一定的荧光量子产率。由荧光产生过程可知，物质分子在吸收了特征频率的辐射能之后，必须具有较高的荧光效率，用 Φ_F 表示，常称为荧光量子产率。

$$\Phi_F = \frac{\text{发生荧光量子数}}{\text{吸收激发光的量子数}} \tag{3-3}$$

在产生荧光的过程中，涉及许多辐射和无辐射跃迁过程。很明显，荧光效率将与上述每个过程的速率常数有关。若用数学式表示，得到

$$\Phi_F = \frac{k_F}{k_F + \sum k_i} \tag{3-4}$$

式中，k_F 为荧光发射过程的速率常数，主要取决于物质的化学结构；$\sum k_i$ 为其他有关过程的速率常数的总和，主要取决于产生荧光的化学环境，同时也与物质的化学结构有关。显然，凡能使 k_F 值升高并使物质 k_i 值降低的因素，都可增强荧光。强荧光物质如荧光素，其 Φ_F 在某些情况下接近于 1，说明 $\sum k_i$ 很小，可以忽略不计。多数物质的值一般都小于 1，如罗丹明 B 的乙醇溶液 $\Phi_F = 0.97$；蒽的乙醇溶液 $\Phi_F = 0.30$。荧光效率大，在相同浓度下，荧光发射的强度 I_F 也大。当 $\Phi_F = 0$ 时，就意味着不能发射荧光。

荧光量子产率 Φ_F 是一个物质荧光特性的重要参数，它反映了荧光物质发射荧光的能力，其值越大物质，发射的荧光越强。

知识链接Ⅱ: 荧光强度与溶液浓度的关系

当一束强度为 I_0 的紫外线照射一盛有浓度为 c、厚度为 1 的样品液池时，可在液相的各个方向观察到荧光，其强度为 I_F，透射光强度为 I_t，吸收光强度 I_a。由于激发光的一部分能透过液池，因此，一般在激发光源垂直的方向测量荧光强度（I_F），见图 3-6。溶液的荧光强度和该溶液的吸光强度以及荧光物质的荧光效率有关。

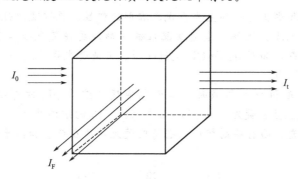

图 3-6　溶液中的荧光

I_0—激发光强度；I_t—透过光强度；I_F—荧光强度

$$I_F = \Phi_F I_a \tag{3-5}$$

根据朗伯-比耳定律

$$I_a = I_0 - I_t$$
$$I_t / I_0 = 10^{-\varepsilon cl}$$
$$I_t = I_0 \times 10^{-\varepsilon cl}$$
$$I_a = I_0 - I_0 \times 10^{-\varepsilon cl} = I_0(1 - e^{-2.303\varepsilon cl}) \tag{3-6}$$

对于很稀的溶液，将上式按 Taylor 展开，并作近似处理后可得：

$$I_F = 2.303 \Phi_F I_0 \varepsilon lc \tag{3-7}$$

当荧光效率（Φ_F）、入射光强度（I_0）、物质的摩尔吸光系数（ε）、液层厚度（l）固定不变时，荧光强度（I_F）与溶液的浓度（c）成正比。可写成

$$I_F = Kc \qquad (3\text{-}8)$$

式（3-8）即为荧光分析的定量基础。但这种关系只有在极稀的溶液中，当 $\varepsilon lc < 0.05$ 时才成立。对于 $\varepsilon lc > 0.05$ 较浓的溶液，由于荧光猝灭现象和自吸收等原因，使荧光强度与浓度不呈线性关系，荧光强度与浓度的关系向浓度轴偏离。

进行荧光定量分析时，应注意：

① 最强荧光的波长 em 作为荧光测定的波长；

② 选择线性范围：当荧光物质溶液的吸光度 $A < 0.05$ 时，荧光强度和浓度才呈线性关系。当高浓度（$A > 0.05$）时，由于自猝灭和自吸收等原因，使荧光强度和浓度不呈线性，发生负偏差。因此分析时应注意在校正曲线的线性范围内进行。

知识链接Ⅲ：影响荧光强度的环境因素

荧光分子所处的外部化学环境，如温度、溶剂、pH 等都会影响荧光效率，因此选择合适的条件不仅可以使荧光加强，提高测定的灵敏度，还可以控制干扰物质的荧光产生，提高分析的选择性。

（1）温度的影响

大多数荧光物质的溶液随着温度降低，荧光效率和荧光强度将增加；相反，温度升高荧光效率将下降。如荧光素的乙醇溶液在 0℃ 以下每降低 10℃，荧光效率增加 3％；冷至 −80℃，荧光效率为 100％。这是由于当温度降低时，溶液中分子的活动性减弱，溶剂黏度降低，溶质分子与溶剂分子间碰撞机会减少，降低了无辐射去活概率，使荧光效率增加。

（2）溶剂的影响

溶剂对荧光强度和形状的影响主要表现在溶剂的极性、氢键及配位键的形成等。溶剂极性增大时，通常使荧光波长红移。氢键及配位键的形成更使荧光强度和形状发生较大的变化。含有重原子的溶剂，如 CBr_4 和 CH_3CH_2I 等也可使荧光强度减弱。

（3）溶液 pH 的影响

当荧光物质本身是弱酸或弱碱时，其荧光强度受溶液 pH 的影响较大。例如苯胺在pH7～12 溶液中会发生蓝色荧光，在 pH<2 或 pH>13 的溶液中都不发生荧光。有些荧光物质在离子状态无荧光，而有些则相反；也有些荧光物质在分子和离子状态时都有荧光，但荧光光谱不同。

（4）溶液荧光的猝灭

荧光物质分子与溶剂分子或其他溶质分子相互作用，引起荧光强度降低、消失或荧光强度与浓度不呈线性关系的现象，称为荧光猝灭。引起荧光猝灭的物质称为猝灭剂，如卤素离子、重金属离子、氧分子以及硝基化合物、重氮化合物、羰基化合物等均为常见的猝灭剂。

引起荧光猝灭的因素很多。碰撞猝灭是荧光猝灭的主要原因，它是指处于单重激发态的荧光分子与猝灭剂碰撞后，使激发态分子以无辐射跃迁回到基态，因而产生猝灭作用。除碰撞猝灭外，还有静态猝灭、转为三重态的猝灭、自吸猝灭等。静态猝灭是指荧光分子与猝灭剂生成不能产生荧光的物质。O_2 是最常见的猝灭剂，荧光分析时需要除去溶液中的氧。荧光分子由激发单重态转入激发三重态后也不能发生荧光。浓度高时，荧光分子发生自吸收现象也是发生荧光猝灭的原因之一。荧光物质的荧光光谱与吸收光谱重叠时，荧光被溶液中处于基态的分子吸收，称为自吸收。

3.7 应用实例

实验 3-1 实验荧光分光光度法测定核黄素

【实验目的】

1. 掌握荧光法测定核黄素的原理和方法。
2. 学习荧光分光光度计的操作和使用。

【实验原理】

核黄素（维生素 B_2）是一种异咯嗪衍生物，它在中性或弱酸性的水溶液中为黄色并且有很强的荧光。这种荧光在强酸和强碱中易被破坏。核黄素可被亚硫酸盐还原成无色的二氢化物，同时失去荧光，因而样品的荧光背景可以被测定。二氢化物在空气中易重新氧化，恢复其荧光，其反应如下：

核黄素   二氢核黄素

核黄素的激发光波长范围为 440～500nm（一般为 440nm），发射光波长范围为 510～550nm（一般为 520nm）。利用在稀溶液中核黄素荧光的强度与核黄素的浓度成正比，由还原前后的荧光差数可进行定量测定。根据核黄素的荧光特性亦可进行定性鉴别。

注意：在所有的操作过程中，要避免核黄素受阳光直接照射。

【仪器及试剂】

（1）仪器：荧光光度计；分析天平；比色管（10mL）；容量瓶（100mL）；移液管（10mL，5mL，1mL）；烧杯（50mL）。

（2）试剂：核黄素标准品；冰醋酸；核黄素药片；连二亚硫酸钠（保险粉）或亚硫酸钠。

【实验步骤】

（1）核黄素标准溶液的配制（4μg/mL）

准确称取核黄素 4mg，加 5mL 冰醋酸和适量蒸馏水，置水浴中避光加热直至溶解。冷却至室温，用蒸馏水定容至 1000mL，转入棕色瓶中。

（2）样品液的制备

为了消除药片之间的差异，可取几片药片一起研磨，然后取部分有代表性的样品进行分析。

将 5 片核黄素药片称量后磨成粉末，然后从中准确称取 1～2mg 有代表性的样品，加 0.5mL 冰醋酸和适量蒸馏水，置水浴中避光加热直至溶解。冷却至室温，用蒸馏水定容至 100mL（如果有沉淀，迅速通过定量滤纸干过滤，用该滤液在与标准溶液同样条件下测量核黄素的荧光强度）。转入棕色瓶中，作样品待测液，备用。

（3）绘制核黄素的激发光谱和荧光光谱

利用核黄素标准溶液测绘激发光谱和荧光光谱。先固定激发波长为 440nm，在 460～600nm 测定荧光强度，获得溶液的发射光谱，在 520nm 附近为最大发射波长 λ_{em}；再固定发射波长 λ_{em}，测定激发波长为 400～500nm 时的荧光强度，获得的激发光谱，在 440nm 附近为最大激发波长 λ_{ex}。

（4）标准曲线的制作及样品测定

取 8 只比色管，按照表 3-3 配制溶液。

表 3-3　溶液配制方法及荧光强度测定

编号	1	2	3	4	5	6	7	8
核黄素标准溶液的体积/mL	0.25	0.50	1.00	1.50	2.00	2.50	—	—
待测样品溶液的体积/mL	—	—	—	—	—	—	10.00	10.00
测定结果								
荧光强度 F_1								
荧光强度 F_2								

将 1～6 号比色管用蒸馏水稀释至 10mL，分别测定 1～8 号各比色管中溶液的荧光强度（F_1）。再向 1～8 号比色管中各加入约 10mL 连二硫酸钠或亚硫酸钠，混合溶解后，立即重新测定荧光强度（F_2）。

注意：在测定中如果待测样品溶液的荧光强度超出 100%，则需要再行稀释，并记录稀释倍数。

【数据记录与处理】

绘制的激发光谱和荧光光谱曲线上，确定它们的最大激发波长和最大发射波长。

由 1～6 号管的数据，以核黄素含量（μg/mL）为横坐标、F 值（F_1-F_2）为纵坐标，绘制标准曲线。

① 求两个样品管 F 的平均值。

② 从标准曲线中求样品管中核黄素的含量（μg/mL）。

③ 计算药片中核黄素的含量（单位用 g/g），并将测定值与说明书上的值比较。

【思考题】

为什么在核黄素的整个测定过程中，需要避光操作？

实验 3-2　荧光分析法测定邻羟基苯甲酸和间羟基苯甲酸混合物中两组分的含量

【实验目的】

1. 学习荧光分析法的基本原理和仪器的操作方法。

2. 掌握用荧光分析法进行多组分含量测定的方法。

【实验原理】

在弱酸性水溶液中，邻羟基苯甲酸（水杨酸）生成分子内氢键，增加分子的刚性而有较强的荧光（见图 3-7）为邻羟基苯甲酸的荧光光谱曲线，而间羟基苯甲酸无荧光。在 pH=12 的碱性溶液中，二者在 310nm 附近的紫外线照射下均会发生荧光，且邻羟基苯甲酸的荧光强度与其在弱酸性时相同。因此，在 pH=5.5 时可测定水杨酸的含量，间羟基苯甲酸不干扰；另取同量试样溶液调 pH 至 12，从测得的荧光强度中扣除水杨酸产生的荧光即可求出间羟基苯甲酸的含量。在 0～8μg/mL 范围内荧光强度与两组分浓度均呈线性关系。对羟基苯甲酸在此条件下无荧光，因而不干扰测定。

【仪器及试剂】

(1) 仪器：荧光光度计；分析天平；比色管（25mL）；刻度移液管（2mL，5mL，1mL）；容量瓶（1000mL）。

(2) 试剂：邻羟基苯甲酸；间羟基苯甲酸；冰醋酸；醋酸；醋酸钠；氢氧化钠。

【实验步骤】

(1) 标准溶液和缓冲溶液

① 120μg/mL 邻羟基苯甲酸标准溶液：称取邻羟基苯甲酸 0.1200g，用水溶解并定容于 1L 容量瓶中，摇匀备用。

② 120μg/mL 间羟基苯甲酸标准溶液：称取间羟基苯甲酸 0.1200g，用水溶解并定容于 1L 容量瓶中，摇匀备用。

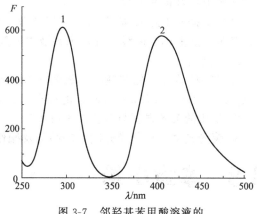

图 3-7 邻羟基苯甲酸溶液的荧光光谱曲线
1—激发光谱；2—发射光谱

③ 醋酸-醋酸钠缓冲溶液：称取 50g NaAc 和 6g 冰醋酸配成 1000mL pH＝5.5 的缓冲溶液。

④ NaOH 溶液：0.10mol/L。

(2) 配制标准系列和未知溶液

① 分别移取邻羟基苯甲酸标准溶液 0.20mL、0.40mL、0.60mL、0.80mL、1.00mL 于 25mL 比色管中，各加入 2.5mL pH5.5 的醋酸盐缓冲溶液，用去离子水稀释至刻度，摇匀。

② 分别移取间羟基苯甲酸标准溶液 0.20mL、0.40mL、0.60mL、0.80mL、1.00mL 于 25mL 比色管中，各加入 3mL 0.10mol/L NaOH，用去离子水稀释至刻度，摇匀。

③ 取 1.00mL 未知液两份分别置于 25mL 比色管中，其一加入 2.5mL pH 为 5.5 的醋酸盐缓冲溶液，另一个加入 3.0mL 0.10mol/L NaOH，分别用去离子水稀释至刻度，摇匀。

(3) 激发光谱和发射光谱的测绘：分别用邻羟基苯中酸和间羟基苯甲酸标准系列中第三份溶液测绘激发光谱和发射光谱。先固定激发波长为 300nm，在 300～450nm 处测定荧光强度，获得溶液的发射光谱，在 400nm 附近为最大发射波长 λ_{em}；再固定发射波长为 λ_{em}，测定激发波长为 200nm～λ_{em} 时的荧光强度，获得溶液的激发光谱，在 300nm 附近为最大激发波长 λ_{ex}。

(4) 根据上述激发光谱和发射光谱扫描结果，得到确定一组测定波长（λ_{ex} 和 λ_{em}），使之对两组分都有较高的灵敏度。在该组波长下测定上述标准系列各溶液和未知溶液的荧光强度（见表 3-4）。

【数据记录与处理】

表 3-4 不同溶液的荧光强度

荧光测定条件：λ_{ex}＝_____ nm，λ_{em}＝_____ nm

溶液种类	溶液编号					
	1	2	3	4	5	6
邻羟基苯甲酸标准溶液						
间羟基苯甲酸标准溶液						
样品溶液			—			—

(1) 以荧光强度为纵坐标，分别以邻羟基苯甲酸（水杨酸）和间羟基苯甲酸的浓度为横坐标，制作标准曲线。

(2) 根据 pH 为 5.5 的未知溶液的荧光强度可在邻羟基苯甲酸（水杨酸）的标准曲线上

确定未知液中水杨酸的浓度。

（3）根据 pH 为 12 的未知液的荧光强度与 pH 为 5.5 的未知液的荧光强度之差，可在间羟基苯甲酸的标准曲线上确定未知液中间羟基苯甲酸的浓度。

【思考题】

1. 在 pH 为 5.5 的溶液中，邻羟基苯甲酸（$pK_{a1}=3.00$，$pK_{a2}=12.38$）和间羟基苯甲酸（$pK_{a1}=4.05$，$pK_{a2}=9.85$）的存在形式如何？为什么两者的荧光性质不同？

2. 物质的荧光强度与哪些因素有关？

3. 荧光光度计与分光光度计的结构及操作有何异同？

3.8　本章小结

3.8.1　方法特点

分子荧光光谱法的特点：

① 灵敏度高；

② 选择性强；

③ 分析时用样量少、操作简便。

④ 其缺点是：由于许多物质不发射荧光，因此它的应用范围受到限制。

3.8.2　重点掌握

3.8.2.1　理论要点

（1）重要概念　荧光（分子荧光）、单重态、三重态、无辐射跃迁、振动弛豫、斯托克斯位移、分子磷光、延迟荧光、荧光激发光谱、荧光发射光谱、瑞利散射光、拉曼散射光、重原子效应、荧光量子产率

（2）基本原理　分子荧光产生机理、荧光猝灭。

（3）计算公式　$I_F=Kc$。

3.8.2.2　实操技能

（1）掌握荧光分析的原理和荧光分光光度计的使用。

（2）掌握荧光物质的分析检测方法。

3.9　思考及练习题

1. 问答题

（1）什么是分子发光分析法？它包括哪些具体方法？

（2）荧光光谱的形状取决于什么因素？为什么与激发光的波长无关？

（3）如何扫描荧光物质的激发光谱和荧光光谱？

（4）写出荧光强度与荧光物质浓度之间的关系式，其应用前提是什么？

（5）一个发光体系中的发光分子数远远小于吸光分子数，为什么荧光分析法的灵敏度比分光光度法的灵敏度还要高 2~3 个数量级呢？

（6）处于单重态和三重态的分子其性质有何不同？为什么会发生系间窜跃？

（7）根据取代基对荧光性质的影响，请解释下列问题：①苯胺和苯酚的荧光量与产率比苯高 50 倍；②硝基苯、苯甲酸和碘苯是非荧光物质；③氟苯、氯苯、溴苯和碘苯的 f 分别为 0.0、0.05、0.01 和 0.00。

(8) 浓度和温度等条件相同时, 萘在 1-氯丙烷、1-溴丙烷、1-碘丙烷溶剂中, 哪种情况下有最大的荧光? 为什么?

(9) 区别下图中某组分的三种光谱: 吸收光谱、荧光光谱和磷光光谱, 并简述判断的依据或原则。

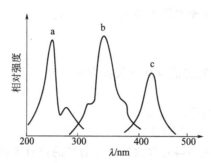

吸收光谱、荧光光谱和磷光光谱图

(10) 什么是荧光猝灭? 动态猝灭和静态猝灭有何异同?

2. 判断题

( )(1) 荧光强度与荧光物质的浓度成正比, 因此荧光物质的浓度越大, 荧光强度就越大。

( )(2) 同一荧光物质的荧光比感光的寿命长而波长短, 这是它们显著区别。

( )(3) 能发射荧光的物质通常必须具有刚性平面和大共轭结构, 因此荧光分析不如紫外-可见光谱法应用广泛。

( )(4) "荧光猝灭" 就是荧光物质与猝灭剂发生碰撞而使其荧光完全消失。

( )(5) 激发时既能发射荧光又能发射磷光的物质, 由于相互产生干扰, 所以这种物质既不能进行荧光分析, 也不能进行磷光分析。

( )(6) 化学发光分析法与分子荧光分析法一样, 也需要外界提供能量使分子处于激发态, 只是为它提供能量的是化学反应, 提供的能量是化学能。

( )(7) 苯环上被给电子基团如—NH_2取代时, 会使荧光减弱。

( )(8) 荧光发射光谱的一个重要特性, 就是改变激发波长, 其荧光发射光谱的形状和位置不会发生改变。

( )(9) 荧光发射是荧光物质光吸收的逆过程。荧光光谱与吸收光谱有类似镜像的关系。

3. 选择题

(1) 分子荧光分析法属于 ( )。

A. 发光分析法　　　B. 吸光分析法　　　C. 散射分析法　　　D. 非光谱分析法

(2) 激发态分子电子三重态比单重态寿命 ( )。

A. 短　　　　　　　B. 长　　　　　　　C. 相同　　　　　　D. 不确定

(3) 具有刚性平面结构的大环共轭化合物, 通常 ( )。

A. 不产生荧光　　　　　　　　　　　B. 易产生荧光

C. 不易产生荧光而产生磷光　　　　　D. 既不产生荧光, 也不产生磷光

(4) 荧光与磷光的一个显著区别是 ( )。

A. 荧光比磷光寿命长

B. 磷光比荧光寿命长

C. 光照停止后, 仍有荧光发出而磷光立即熄灭

D. 同一物质磷光发射波长通常比荧光发射波长短

（5）激发态分子经过无辐射跃迁降至第一激发三重态（T1）的最低振动能级，然后跃迁至基态的各个振动能级所发出的光辐射，称为（   ）。

A. 拉曼散射光　　　　B. X 射线荧光　　　　C. 分子荧光　　　　D. 分子磷光

（6）荧光发射光谱与激发光波长的关系是（   ）。

A. 有关

B. 无关

C. 激发光波长越短，荧光光谱越移向长波方向

D. 不确定

（7）化学发光仪中必备的条件是（   ）。

A. 氙灯　　　　　　B. 空心阴极灯　　　　C. 光栅　　　　　　D. 光电倍增管

（8）荧光分光光度计的检测器通常放置在入射光的垂直方向，这是因为（   ）。

A. 这个方向的荧光强度最强

B. 这个方向有荧光而无感光干扰

C. 只有这个方向才有荧光

D. 这个方向可减少透射光的干扰和影响

（9）由于重原子效应，下列化合物中荧光效率最低的是（   ）。

A. 碘苯　　　　　　B. 溴苯　　　　　　C. 氯苯　　　　　　D. 苯

4. 填空题

（1）荧光分析中最重要的光谱干扰是____和____。

（2）随着荧光物质分子的共轭 π 键的增大，将使荧光强度____，荧光峰向____波方向移动。吸电子基取代将使荧光强度____，给电子基取代将使荧光强度____。

（3）荧光分析中的内转换是相同电子____能级之间的无辐射跃迁，同时在跃迁过程中电子的自旋____。

（4）荧光分析中，激发态分子回到基态或低能激发态时，不伴随发光现象的过程，称为____，这个过程包括____和____。

（5）重原子效应对荧光和磷光影响的差别在于随着相对原子质量的增加，荧光量子产率____，而磷光量子产率____。

（6）温度是影响荧光物质的量子效率和荧光强度的重要因素，通常，随着温度的降低，其量子效率和荧光强度____，并伴随光谱的____。

（7）荧光分析中的系间窜越是不同的____能级之间的无辐射跃迁，在跃迁过程中，电子自旋方向发生____。

（8）化学发光分析仪器通常只有反应池和____，没有光源和单色器。

5. 计算题

（1）NADH 的还原型是一种重要的强荧光性物质，其最大激发波长为 340nm，最大发射波长为 465nm，在一定的条件下，测得 NADH 标准溶液的相对荧光强度如下表所示。根据所测数据绘制标准曲线，并求出相对荧光强度为 42.3 的未知液中 NADH 的浓度。

$c(\text{NADH})/(10^{-8}\text{mol/L})$	相对荧光强度 I_f	$c(\text{NADH})/(10^{-8}\text{mol/L})$	相对荧光强度 I_f
1.00	13.0	5.00	59.7
2.00	24.6	6.00	71.2
3.00	37.9	7.00	83.5
4.00	49.0	8.00	95.0

（2）用流动注射化学发光法测定植物组织中的铬，准确称取 0.1000g 干燥样品，加入 H_2SO_4-HNO_3 混合酸（1+1）4.0mL，用微波压力法按一定程序快速消解完全后定容至 50.00mL，与标准溶液一起在相同的条件下测定，数据如下表（5 次测定平均值）：

Cr^{3+} 标准溶液浓度/(ng/mL)	0.0	2.0	6.0	8.0	10.0	12.0	14.0
相对发光值 I_{CL}	0.6	7.6	21.1	28.4	35.4	41.3	48.8

试液的相对发光值为 24.8，求样品中铬的含量。

参 考 文 献

［1］ 刘约权. 现代仪器分析. 北京：高等教育出版社，2001.
［2］ 张永忠. 仪器分析. 北京：中国农业出版社，2008.
［3］ 柳仁民. 仪器分析实验. 青岛：中国海洋大学出版社，2009.
［4］ 刘约权，李敬慈. 现代仪器分析学习指导与问题解答. 北京：高等教育出版社，2007.
［5］ 方禹之. 分析化学与现代分析技术. 上海：华东师范大学出版社，2002.

4 原子吸收分光光度法

4.1 概述

4.1.1 方法定义

原子吸收分光光度法（atomic absorption spectrophotometry），通常又称原子吸收光谱法（atomic absorption spectroscopy），简称原子吸收（AAS）。该方法的应用对象为金属元素和部分非金属元素，是原子对特征光吸收的一种相对测量方法。基本原理为特殊光源发出具有待测元素特征谱线的光，在通过目标样品的原子化蒸气时，被蒸气中待测元素的基态原子所吸收，特征辐射光会产生一定程度的减弱，其减弱规律遵循朗伯-比耳定律，即检测系统检测到吸光度大小与原子化器中待测元素的原子浓度成正比关系，从而求得待测元素的含量。

4.1.2 发展历程

原子光谱作为一种实用性方法是从 20 世纪 50 年代开始的，1953 年锐线光源的发明开启了原子吸收光谱法应用的大门。1955 年澳大利亚的 A. Walsh 以及荷兰的 C. T. J. Akemade 和 J. M. W. Milatz 奠定了方法基础并开发了最早的火焰原子吸收光谱法，1959 年前苏联学者 Б. В. Львов 发展了石墨炉电热原子化法，A. Walsh 和 Б. В. Львов 也因在原子吸收光谱分析技术的杰出贡献获得了第一届和第二届国际光谱学大会 CSI 奖。

1961 年，美国 Perkin-Elmer 公司推出了世界上首台原子吸收光谱商品仪器，1968 年，Massmann 提出了便于推广的纵向加热石墨炉法，1970 年，PE 公司推出了世界首台 HGA-70 型电热石墨炉原子吸收光谱仪，同年，中国第一台单光束火焰原子吸收分光光度计在北京科学仪器厂问世。随着连续光源、中阶梯光栅、二极管阵列多元素检测器和全面 PC 控制原子吸收光谱仪的产生，原子吸收光谱法的应用越来越广泛，并且逐渐向联用技术发展，使原子吸收分光光度法成为测定痕量和超痕量元素的最有效方法之一，在世界范围内获得了十分广泛的应用。

4.1.3 最新技术及发展趋势

原子吸收光谱仪诞生的 50 多年来，经过几代科技工作者的共同艰苦努力，原子吸收分光光度计从设计到生产技术经过了几次飞跃，其自动化程度和长期工作稳定性都达到了相当先进的水平。目前采用的最新技术主要有以下几个方面。

（1）光学系统最新技术

光学元件采用石英涂层保护，可保护光学元件不受腐蚀；单光束和双光束任意切换技术满足方法的切换；光源灯自动转换并自动准直可降低光源移位带来的不良影响；可同时点亮所有光源，进行多元素顺序乃至同时测定，极大地降低了操作的繁琐性。

（2）原子化最新技术

全自动 PC 控制和调节原子化器参数，自动点火和识别燃烧头类型，为用户带来极大方便；直接固体进样技术为固体样品的测定带来方便，大大简化了前处理程序并降低了引入污染的风险；超声雾化进样技术大大提高了火焰原子化的原子化效率，提高了样品的检测下限；流动注射技术，使微量进样技术进入了一个更高的发展阶段，在载流速度恒定与注样前后保持一致的条件下，可以获得稳定可重复的信号；无辐射温度重校技术通过高温测量商数法监控石墨管内部的温度，保证最佳重现性。稳定温度平台石墨炉（STPF）原子化技术使等温原子化的实现更为高效；

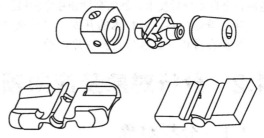

图 4-1 横向加热石墨管原子化器

纵向石墨管横向加热技术，在与石墨管长度相垂直的地方进行加热，这种加热方式有效地实现了"恒温条件原子化"，克服了温度梯度造成的温度不均的情况，使沿光束方向的石墨管的温度保持一致，消除纵向加热石墨管造成的管体两端的温度明显低于管体中间，引起原子蒸气的冷凝，显著地降低了样品可能产生的记忆效应，同时消除了峰"拖尾"，有效避免了原子分析灵敏度的损失，横向加热石墨管原子化器如图 4-1 所示。

（3）检测系统最新技术

偏振调制技术，采用磁场分离方式进行背景校正，大大提高了准确度；三磁场塞曼扣背景技术，在磁场强度可调的基础上实现了磁场方向可调性，直接扩展线性范围一个数量级；高灵敏度 CCD 检测技术，分辨率可达 0.002nm。

（4）连续光源火焰原子吸收技术

耶拿公司开发的 ContrAA 连续光源火焰原子吸收（CSAAS），用一个连续光源覆盖了从紫外到近红外的全部光谱范围，即用一个高压短弧氙灯连续光源（CS）取代多个空心阴极灯（HCL），用高分辨中阶梯光栅双色散分光系统代替普通单色器，用半导体图像检测器件代替光电倍增管，实现了原子吸收分析中不需要多个不同锐线光源却能完成连续多个元素分析的技术，大大简化了多元素分析的过程。

此外，还有氢化物-石墨炉原子吸收技术等其他高端技术相融合的技术，在此不一一赘述。

原子吸收光谱技术的发展趋势主要有几个方面，如进一步改善仪器的性能和提高仪器的可靠性，改进光学系统，使在全波段范围内都能获得最佳的光通量，如何采用精密的温度反馈控制系统，保证原子化器温度良好的重现性和温度场的均匀性，以及如何实现同其他高端技术的融合等，目前的努力方向主要在以下几个方面。

（1）开发光谱宽度更窄、能量更强、可协调的稳定光源

目前激光是研究人员的研究热点，激光能量高、性质稳定的特点非常符合仪器光源的要求，经过协调处理后，有望达到理想光源目标，以实现连续光谱测量技术。

（2）新的原子化方式

难熔化合物的原子化一直是人们采用原子吸收法进行元素分析的难题，因此开发新的原子化技术显得非常有必要。利用激光的高能、纯净、低耗的特点来进行难熔样品的原子化是原子吸收技术发展的一个方向。

（3）联用技术

联用技术的发展已经成为潮流。原子吸收技术可以和色谱、氢化物法以及 X 射线衍射法等其他高端技术进行联用，可以实现分离和测定技术的完美融合，使原子吸收分光光度法迈上一个新的台阶，对元素分析产生重大影响。

（4）自动化技术

微型电子计算机已经应用到了原子吸收分光光度计中，使仪器的整机性和自动化程度都达到了一个比较高的阶段，自动进样、自动稀释技术已经比较成熟。目前的开发方向是操作的简便舒适性和全自动分析技术，例如高性能独立触摸屏系统和操作参数全自动控制优化系统的开发。

伴随着新材料、新技术的开发，原子吸收光谱仪的功能会越来越强大，性能会越来越稳定，从而在分析测试领域占据一席之地。

4.2 分析对象及应用领域

4.2.1 分析对象

原子吸收分光光度法可以分析大部分金属元素、少量非金属元素和过渡态元素，见表 4-1。元素虽均可以分析，但是由于元素的性质不同，存在于样品的状态和环境不同，故每种元素的分析准确度和检出限均存在一定差异，需要根据实际情况确定检测限。

表 4-1 原子吸收分光光度法可分析的元素

（表中包含元素周期表，标注"为火焰原子吸收分光光度法可以测定的元素"及"为火焰原子吸收分光光度法和石墨炉原子吸收分光光度法可以测定的元素"两类。）

4.2.2 应用领域

原子吸收分光光度法在微量和痕量元素的定性、定量分析方面具有明显优势，并且随着样品前处理、微量进样和联用技术的发展，迅速在国民经济各部门得到了广泛应用，其主要应用领域涵盖了药物分析、食品分析、环境分析和化工产品分析等多方面。简单列举如下。

① 在农药和食品领域：近年来食品重金属中毒事件多发并呈上升态势，土壤中重金属元素分析（例如有毒镉大米事件）成为热点；植物、食品中多种重金属国家标准均有限量，重金属在人们日常生活中成为重点监控对象，相关元素的原子吸收分光光度计检测法是国家标准规定方法。

② 在石油化工和轻工领域：原子吸收分光光度法在原油及其加工产品、化工产品、催化剂、添加剂、精细化工、化妆品中微量元素检测等方面都有广泛的应用。

③ 在生物医药和保健品领域：原子吸收分光光度法的检测下限非常低，适用于痕量元素的检测，在生物组织、药材和药品、保健品等样品的元素分析中占据重要地位。

④ 在环境领域：环境中水体、废水、空气、漂尘和固体废弃物等经过适当的预处理程序，采用原子吸收分光光度法均可以获得满意的检测结果。

⑤ 在地质、冶金及材料领域：岩石和矿物、冶金及其材料（包括有色金属、黑色金属）是金属元素分析的重点领域。

4.3 仪器基本组成及作用

原子吸收分光光度计主要由光源、原子化系统、单色器、检测系统 4 个基本部分和背景校正装置以及一些其他配套装置组成，其主要部分见图 4-2。

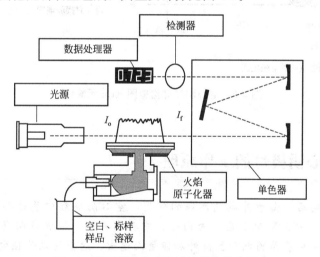

图 4-2 原子吸收分光光度计基本构造示意

4.3.1 光源

光源的作用是发射被测元素的特征共振辐射。它是原子吸收分光光度计极为重要的组成部分，它的性能指标直接影响分析方法的检出限、精密度及稳定性等。原子吸收法对光源的基本要求是发射的共振辐射的半宽度要明显小于吸收线的半宽度，光源的辐射强度要大，辐射光强要稳定，使用寿命要长等。原子吸收分光光度计采用的光源有空心阴极灯、蒸汽放电灯、无机放电灯、火焰光源和可协调连续光源。空心阴极灯是符合上述要求的理想光源，逐渐替代了其他的光源种类，成为目前应用最广的光源。下面对空心阴极灯做具体介绍。

空心阴极灯（hollow cathode lamps，HCL）是一个内部充有低压惰性气体（氩气、氖气等）的玻璃管密封的放电管，内部压力一般为 1/50 个大气压。氖气一般比氩气灵敏，当氖气产生干扰线时，采用氩气。其结构如图 4-3 所示。其内部构件主要是一个阳极和一个空心阴极。阳极为钨棒或镍棒，上面装有钛丝或钽片作为吸气剂。阴极为空心圆柱形，由待测元素的高纯金属或合金直接制成，以贵重金属的箔衬在阴极内壁上。空心阴极灯的圆柱形外壁一般为玻璃制品，灯的光窗材料则根据所发射的共振线波长而定，在可见波段可采用硬质硅硼玻璃，在紫外波段则必须采用石英玻璃，以降低光损失。

国产空心阴极灯价格一般在百元人民币左右，进口品牌则需要上百美元，如果保存和使用不当，是很容易损坏的。除了使用时注意选择电流，空心阴极灯使用前需预热一段时间，以使灯的发光强度达到稳定状态。预热时间一般为 20～30min；使用时轻拿轻放，点亮后盖好灯室，避免测量过程中环境变化带来的不利影响；长期不用时，需要定期将其在工作电流下点燃 3h，检查辉光正常与否。辉光颜色因灯内所充气体不同而有异，充氖气的灯为橙红色，充氩气的灯为淡紫色，汞灯为蓝色，如颜色有异则说明灯内有杂质气体，需要进行处理。

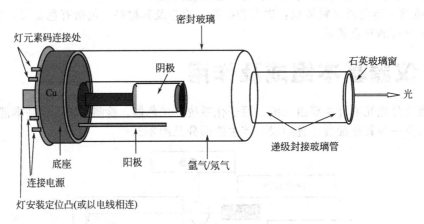

图 4-3　空心阴极灯构造图（Cu 元素灯）

知识链接 I: 空心阴极灯的工作原理

空心阴极灯通电后，由于外界电离源的作用，空心阴极灯中总是存在极少量的带电粒子。当极间加上 150～750V 电压后，管内气体中存在着的、极少量阳离子向阴极运动，并轰击阴极表面，使阴极表面的电子获得外加能量而逸出。逸出的电子在电场的作用下，向阳极作加速运动，在运动过程中与充气原子发生非弹性碰撞，产生能量交换，使惰性气体原子电离产生二次电子和正离子。在电场作用下，这些质量较重、速度较快的正离子向阴极运动并轰击阴极表面，不但使阴极表面的电子被击出，产生阴极的"溅射"现象。"溅射"出来的阴极元素的原子，再与电子、惰性气体原子、离子等相互碰撞，获得能量被激发，当这些激发态的原子返回基态时，便发射出阴极物质的特征线状光谱。这些特征线状光谱是阴极物质元素的共振线，因而也是目标元素的吸收线。其过程如图 4-4 所示。

空极阴极灯发射的光谱，主要是阴极元素的光谱。若阴极物质中只含一种元素，则制成的是单元素灯。单元素灯只能用于一种元素的测定，灯的发射干扰少，光强度大，但测定其他元素时需要换灯，比较麻烦。若阴极物质含多种元素，则可制成多元素灯。多元素灯可以同时发出多种元素的特征谱线，因而可以连续测定多种元素而不必换灯，但多元素灯的发光强度一般都较单元素灯弱，并且容易产生光谱干扰，因此目前一灯最多能测定 6～7 种元素，

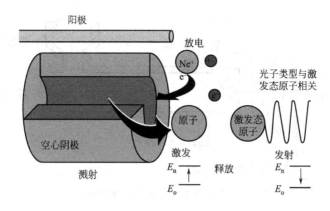

图 4-4　空心阴极灯的工作原理

并且使用前需要检查测定波长附近有无单色器无法分开的干扰谱线。

锐线光源

　　原子蒸气层中的基态原子吸收共振线的全部能量称为积分吸收。在一定的实验条件下，基态原子蒸气的积分吸收与试液中待测元素的浓度成正比。因此，如果能够准确测量出积分吸收就可以求出试液浓度。然而要测出宽度只有 $10^{-2} \sim 10^{-3}$ nm 吸收线的积分吸收，就要采用高分辨率的单色器，在目前技术条件下，还很难做到。

　　但是，在一定的实验条件下，科学家发现峰值吸收 K_0（峰值吸收是指基态原子蒸气对入射光中心频率线的吸收。）与试液中待测元素的浓度成正比。因此，可以通过测定峰值吸收实现对试液中待测元素的测定。要测定峰值吸收，普通的连续光源谱带太宽，峰值吸收占入射光的比例极小，现有的检测器灵敏度达不到要求。1955 年 A. Walsh 以锐线光源为激发光源，成功地解决了峰值吸收的测量问题。所谓锐线光源就是与峰值吸收线中心频率相同，半宽度比峰值吸收线更窄的发射线光源。

4.3.2　原子化系统

　　试样中待测元素吸收能量变成气态的基态原子蒸气的过程称为试样的"原子化"过程。原子化系统的功能就是提供能量，使试样干燥、蒸发和原子化，期间所用的设备又叫做原子化器。此外，入射光在这里被基态原子吸收，因此原子化系统还兼具了吸收池的功能。按原子化能量方式的不同，原子化方法分为火焰原子化法和非火焰原子化法两种。火焰原子化法利用火焰的热能将试样转化为气态原子蒸气，而非火焰原子化法利用电加热或者化学还原等方法来实现试样的原子化过程。电加热原子化过程常采用石墨管加热的方法，因此常称之为石墨炉原子吸收法，低温原子化法主要有汞低温（冷）原子化法和氢化法。

　　原子化系统是原子吸收分光光度计至关重要的部件，其质量直接关系到测定灵敏度和准确度。其基本要求有：①具有足够高的原子化效率；②具有良好的稳定性和重现性；③操作简单；④干扰因素尽量少等。

4.3.2.1　火焰原子化器

　　火焰原子化器的构成包括雾化器、预混合室和燃烧器等部件。其基本结构如图 4-5 所示。

　　（1）雾化器　雾化器的作用是将试样转化成微小的雾滴。原子吸收法中应用最广的是气动同心型喷雾器，它所采用的是一种气压式、将试样转化成气溶胶的装置。典型的雾化器如图 4-6 所示。

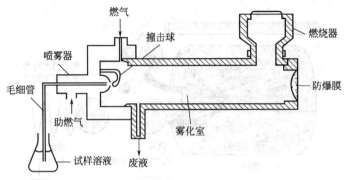

图 4-5　预混合型火焰原子化器结构示意

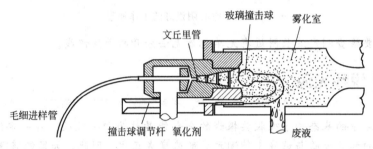

图 4-6　雾化器剖面

当气体从喷雾器喷嘴高速喷出时，在进入文丘里管的喷嘴附近产生负压，使样品溶液被抽吸，经由吸液毛细管流出，并被高速的气流破碎成为小液滴。小液滴在高速前进的过程中冲击到撞击球上，从而破碎成直径更小的气溶胶。气溶胶的直径在微米数量级。直径越小，越容易蒸发，在火焰中就能产生更多的基态自由原子。雾化器的性能对分析结果有着重要影响，其需要达到的基本要求有：喷雾量可调，喷雾稳定，气溶胶粒度细微均匀（一般直径为 $5\sim10\mu m$），雾化效率高。调节毛细管的位置可改变负压强度而调节试样的吸入速度，调节撞击球的位置可影响雾化效果，两种操作都会影响测定的精密度和化学干扰的大小。

采用火焰原子法测定的均为液态样品，一般为强酸溶液，因此喷雾器多采用不锈钢、聚四氟乙烯或玻璃等抗腐蚀能力比较强的材料制成。

（2）雾化室　雾化室又叫预混合室。其作用主要是去除大雾滴，进一步细化雾滴，并使燃气和助燃气充分混合均匀后再进入燃烧头，以便在燃烧时得到稳定的火焰。雾化室一般呈一定角度倾斜，以使大的雾滴从废液管顺利排走，防止其进入火焰，同时也防止前试样对本次测定的记忆效应。为防止回火危险，废液管常采用不同形式的水封方式。一般的喷雾装置的雾化效率为 $10\%\sim20\%$，雾化效率越高，试样的利用度越高。

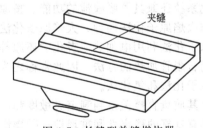

图 4-7　长缝型单缝燃烧器

（3）燃烧器　试液的气溶胶进入燃烧器，燃气在助燃气作用下形成火焰，试样在火焰中经过干燥、熔化、蒸发和离解等过程后，产生大量的基态自由原子及少量的激发态原子、离子和分子。燃烧器需要满足原子化程度高、火焰稳定、吸收光程长、噪声小等要求。燃烧器一般采用不锈钢制造，但全钛燃烧头的性能更加优良，器型以长缝居多（见图 4-7），缝长多在 $50\sim100mm$，缝宽为 $0.5\sim0.7mm$，具体需根据所用燃料确定。燃烧器有单缝和多缝之分，单缝燃烧器应用最广。

燃烧器的高度可上下调节，以便选取适宜的火焰部位测量。为了改变吸收光程，扩大测量浓度范围，燃烧器可旋转一定角度。

知识链接 I：火焰的类型及特点

（1）乙炔-空气火焰　原子吸收测定中最常用的火焰，温度约2300℃。该火焰燃烧稳定，重现性好，噪声低，温度高，对大多数元素有足够高的灵敏度，但它在短波紫外区有较大的吸收，使用时需注意影响。助燃所需空气目前常采用空气压缩机提供，如采用纯氧气做助燃气，火焰温度可达2500～3000℃，其火焰性质和乙炔-空气火焰较类似。

（2）乙炔-氧化亚氮火焰　此火焰也叫笑气-乙炔火焰，其优点是燃烧速度低，火焰温度可达3000℃的高温，是目前应用最广泛的高温火焰，可以测定原子吸收光谱法所能测定的几乎所有元素，尤其适用于难熔、难原子化元素的测定。这种火焰温度很高，能排除许多化学干扰，但噪声大，背景强，电离度高，加入碱金属可减少电离干扰。

氧化亚氮极易爆炸，因此乙炔-氧化亚氮火焰不能直接点燃。火焰点燃和熄灭必须遵循乙炔-空气过渡原则，即首先点燃乙炔-空气火焰，待火焰建立后，再从空气转到氧化亚氮助燃，熄灭时，则按反顺序操作。

（3）煤气（丙烷）-空气火焰　煤气空气火焰的燃烧温度在1700～1900℃，属于低温火焰，背景较低，使用方便、安全。这种火焰对于易电离和易挥发的Rb、Cs、Na、K、Ag、Au、Cu、Cd等元素，具有较高的灵敏度。但是，多数情况下其灵敏度低于乙炔-空气火焰，干扰也较多，另外这种火焰在短波范围内，紫外线吸收比较强，信噪比不佳，因此应用上也受到了一定的限制。

（4）氢气-空气火焰　这种火焰低温无色，火焰温度约2000℃，当用自来水或100～500μg/mL的钠标准溶液喷入时，才能看到此火焰，用这个办法可检查火焰是否点着及火焰的燃烧状态。

氢气-空气火焰燃烧速度比乙炔-空气火焰快，温度较低，能使元素的电离作用显著降低，适宜于碱金属的测定。并且这种火焰对紫外区光的吸收很小，对于共振线在远紫外的元素测量（如As、Se、Pb、Zn、Cd等）非常有利，如适当加大氢气流量，测量效果更佳。但氢气-空气火焰温度不够高，也有一些负面影响，例如样品的原子化效率不高，容易受到化学干扰等，应用已经不十分普遍。这4种火焰的特点对比见表4-2。

表4-2　常用火焰类型及特点

燃气	助燃气	燃烧速度/(cm/s)	温度/℃	特　　点
C_2H_2	空气	158～266	2100～2500	温度较高,最常用(稳定、噪声小、重现性好,可测定30多种元素)
C_2H_2	O_2	1100～2480	2500～3000	高温火焰,可作乙炔-空气火焰的补充,用于其他更难原子化的元素
C_2H_2	N_2O	160～285	2600～3000	高温火焰,具强还原性(可使难分解的氧化物原子化),可用于多达70多种元素的测定
H_2	空气	300～440	1700～1900	较低温氧化性火焰,适于共振线位于短波区的元素(As、Se、Sn、Zn)
H_2	O_2	900～1400	1900～2500	高燃烧速度,高温,但不易控制
H_2	N_2O	约390	约2800	高温,适于难分解氧化物的原子化
丙烷	空气	约82	约2000	低温,适于易解离的元素,如碱金属和碱土金属

在原子吸收分析中，即使是同一类型的火焰，燃气与助燃气比例不同，火焰的温度和性质也会不同。按火焰燃气和助燃气比例的不同，可将火焰分为三类：化学计量火焰、富燃火

焰和贫燃火焰。

① 化学计量火焰　燃气与助燃气之比与化学反应计量关系恰好相等或接近，又称其为中性火焰。此火焰温度高、稳定、干扰小、背景低，是比较常用的助燃比选择。

② 富燃火焰　指燃气与助燃气之比大于化学计量关系的火焰。因为还原性气体（氢气、乙炔等）过量又称还原性火焰。火焰呈黄色，噪声大，温度稍低，火焰的还原性较强，适合于易形成难离解氧化物元素的测定，如 Ca、Sr、Ba、Cr、Mo 等。

③ 贫燃火焰　指燃气与助燃气之比小于化学计量关系的火焰，因氧化性助燃剂过量，又称氧化性火焰。氧化性较强，火焰呈蓝色，温度较低，适于易离解、易电离元素的原子化（如碱金属、碱土金属）以及一些不宜生成氧化物的元素测定（如 Ag、Cu、Fe、Co、Ni、Pb、Cd 等）。

附：气源设备

原子吸收法所用燃气多为高压钢瓶装载，当钢瓶内气体压力小于 0.5MP 就需重新充气。使用时需注意，乙炔气体的管道系统不可采用铜制品，因为铜会和乙炔产生易爆炸的乙炔铜，也不可在乙炔钢瓶中混入丙酮，否则会影响火焰的稳定性。使用过程中需先开助燃气再开燃气并迅速点火，熄火时反顺序操作。所有燃气钢瓶附近不可有明火。高压钢瓶有规定的颜色和标准，表 4-3 给出了部分高压钢瓶的颜色和标识。

表 4-3　部分高压钢瓶的颜色及标识

充装气体名称	化学式	瓶色	字样	字色	色环
乙炔	CH≡CH	白	乙炔不可近火	大红	
氢	H_2	淡绿	氢	大红	$P=20$，淡黄色单环
					$P=30$，淡黄色双环
氧	O_2	淡（酞）蓝	氧	黑	$P=20$，白色单环
氮	N_2	黑	氮	淡黄	$P=30$，白色双环
氨	NH_3	淡黄	液化氨	黑	
氯	Cl_2	深绿	液化氯	白	
一氧化氮	NO	白	一氧化氮	黑	
二氧化氮	NO_2	白	液化二氧化氮	黑	
甲烷	CH_4	棕	甲烷	白	$P=20$，淡黄色单环
					$P=30$，淡黄色双环
天然气		棕	天然气	白	
乙烷	CH_3CH_3	棕	液化乙烷	白	$P=15$，淡黄色单环
					$P=20$，淡黄色双环
液化石油气		工业用　棕	液化石油气	白	
		民用　银灰	液化石油气	大红	
氩	Ar	银灰	氩	深绿	$P=20$，白色单环
					$P=30$，白色双环
一氧化二氮	N_2O	银灰	液化笑气	黑	$P=15$，深绿色单环

注：1. 色环栏内的 P 是气瓶的公称工作压力（MPa）。
2. 摘自中华人民共和国国家标准气瓶颜色标志（GB 7144—1999）。

知识链接Ⅱ: 火焰原子化过程

火焰原子化的过程包含雾化、脱溶剂、蒸发解离等过程，具体如图 4-8 所示。

为保证基态原子的最大浓度，实际工作过程中需要控制火焰类型、温度等诸多条件，以降低基态原子被激发、电离或者生成其他的化合物。

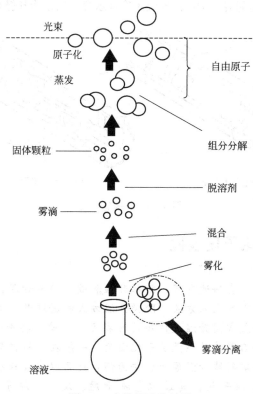

图 4-8　火焰原子化过程

4.3.2.2　电热原子化器

电热原子化技术是利用大电流把各种石墨管、石墨棒、金属丝、金属舟等加热到2000～3000℃的高温，使样品完全蒸发，被测元素转变成基态原子蒸气，产生共振吸收，由峰值法或积分法测量瞬时吸收信号和浓度之间的关系，从而确定元素含量。这种方法所用的原子化器种类很多，例如电热高温管式石墨炉原子化器、电热石墨炉丝、碳棒原子化器、钽舟（钽丝）原子化器、石墨杯原子化器等。在各种电热原子化器中，高温管式石墨炉是最有代表性也是应用最广泛的一种，其结构如图 4-9 所示。

高温管式石墨原子化器的加热电源一般采用低压、大电流的交流电，为保证炉温恒定，要求提供的电流稳定。炉温可在1～2s 内达 3000℃。炉体采用金属外壳，内设石墨管座、水冷却外套、石英窗和内外保护气路。试样的原子化在石墨管内进行。石墨管由致密石墨制成，长为 30～60mm，管上有 3 个小孔用于注入液体样品。目前广泛应用的标准型石墨管长约为28mm，内径 8mm，有的内部有样品平台，管中央开一孔，用于注入试样和使保护气体通过，其结构如图 4-10 所示。石墨炉需

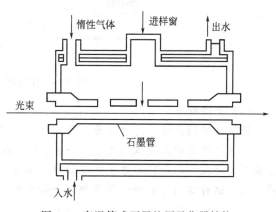

图 4-9　高温管式石墨炉原子化器结构

要不断通入惰性气体，保护样品原子化后的基态原子不被氧化，同时防止石墨管高温氧化，惰性载气还起到了清除反应物、清洗石墨管的作用，以方便下次进样测量。为了使石墨管在

每次分析完样品后可以迅速降温，炉体内安装了冷却水套，内通冷却循环水来保证降温效果。

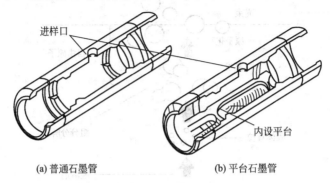

图 4-10　石墨管结构

知识链接Ⅲ：电加热原子化过程

石墨炉原子化升温方式有斜坡升温、阶梯升温和最大功率升温，目前仪器配置的多为斜坡升温程序，采用阶段缓慢升温的方法。阶梯升温方式和斜坡升温类似，仅升温过程采用直跃式瞬间升温，但这种方式常因升温过快导致溶液飞溅。最大功率升温是一种快速升温法，极短时间内用最大功率将石墨管升温至原子化温度，一般在分析样品之前或之后，为净化石墨管而采用。以管式石墨炉斜坡升温原子化法为例：样品以溶液状态直接进样，然后采用程序升温的方式使目标元素原子化，其过程包括干燥、灰化、原子化、净化 4 个阶段，如图 4-11所示。

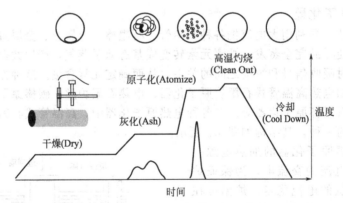

图 4-11　电热原子化升温过程

（1）干燥阶段

从机载视频系统可清晰地看到干燥阶段，样品溶液从水滴状态逐渐蒸发变成月牙状至消失。此过程的目的为较低温度下（一般 200℃以下）除去试样中的水分和可挥发溶剂，避免因溶剂的存在引起灰化和原子化过程中的溶液飞溅。干燥温度一般高于溶剂的沸点，干燥时间取决于试样溶剂类型和进样体积，一般需时 10～30s。

（2）灰化阶段

试样的基体除溶剂外还有很多有机化合物和其他的干扰元素，灰化的目的是尽可能地去除试样中的基体而尽可能地保留目标元素。灰化温度的选择非常重要，过高则目标物会提前原子化被载气带走，导致测定结果偏低；过低则无法有效地去除基体而使后面原子化测定过程受到严重干扰。适宜的灰化温度和时间取决于试样的基体复杂性和被测元素的性质，最高灰化温度以待测元素不挥发为限。一般灰化温度为 $400\sim1000℃$，内载气持续流通，将基体燃烧物带走，待测元素留在管中。灰化时间 $10\sim30s$，具体可以根据条件实验来确定。从图 4-11 可以看出，灰化温度相对较高，如测定此时的吸光度，会发现有一定的吸光度信号，也就是说有少量的待测元素被原子化，如控制在较小的范围内，可在测定过程中进行校正处理，对结果影响不大。

（3）原子化阶段

这个阶段最为重要，直接决定最后检测结果的准确性。在这个阶段，待测元素在瞬间高温下被蒸发解离为基态原子蒸气，吸收对应的特征辐射而产生较大的吸光度。之所以称瞬间是因为石墨管需要在 $1\sim3s$ 内由灰化温度升至 $2000\sim3000℃$ 的高温。此时为信号测定时间，内载气停止不动，样品原子云保持在石墨管中，最佳原子化温度和时间可以通过试验确定，以规定浓度样品吸光度信号最大为最佳。

（4）净化阶段

在一个样品分析结束后，还需要用比原子化温度稍高的温度加热石墨管，使其中残留的物质充分蒸发，消除记忆效应，为下一次进样做好准备。如原子化的温度已经很高或者样品属于易挥发物质，也可采用原子化的温度，经 $3\sim7s$ 即可达到消除记忆的效果。如除残效果不佳，还可以在分析样品前采用石墨管空烧的方式进行净化处理。

知识链接Ⅳ：两种原子化特点的对比

（1）火焰原子化特点

火焰原子化的优点是易操作，分析速度快，一次测定时间 $5\sim10s$；重现性好，RSD 一般可控制在 3% 甚至 1% 以下；有效光程大，对大多数元素都有较高的灵敏度，可分析浓度低至 $\mu g/mL$ 的样品，应用非常广泛；仪器价格相对比较便宜，一般购买原子吸收分光光度计的企业都会优先购置火焰原子化仪器。

火焰原子化的不足是原子化效率低，一般在 $10\%\sim20\%$，样品的利用率很低；灵敏度相对石墨炉法不够高，对于低于 $\mu g/mL$ 的样品分析准确度明显下降；仅能分析液态样品，不能分析固态样品，应用范围受限。

（2）石墨炉原子化的特点

石墨炉原子化的优点是：原子化效率高达 $90\%\sim100\%$，自由原子在石墨管内平均停留时间可达 1s 甚至更长，极大地提高了方法灵敏度；绝对检出限可达 $10^{-14}\sim10^{-12}g$，适用于痕量物质分析；可以直接以溶液、固体和悬浮液进样，用样量小量以 μL 或 mg 计；温度最高可达 $3000℃$，升温速度快，允许在真空紫外区进行原子吸收光谱测定，可分析元素的范围广。

石墨炉原子化的不足是：管壁炉温存在时间和空间的不等温性会引起严重的基体干扰和记忆效应，需要校正背景；校正曲线的线性范围窄，一般小于 2 个数量级；测定的精密度不如火焰原子化法，RSD 一般可控制在为 5% 以下。

4.3.2.3 其他原子化器

其他常用原子化器主要有汞低温（冷）原子化器和氢化物发生器。

汞在室温下有一定的蒸气压，是唯一在常温下可以气化的金属元素，所以汞低温（冷）原子化器只适用于汞元素测定。常采用还原剂 $SnCl_2$ 将试液中的汞还原为汞蒸气，由载气（Ar 或 N_2）将汞蒸气送入吸收池测定。

氢化物发生器适用于 Ge、Sn、Pb、As、Sb、Bi、Se 和 Te 等可生成氢化物的元素的测定。在酸性条件下，将被测元素还原为极易挥发与分解的氢化物，如 AsH_3；SnH_4，BiH_3 等。这些氢化物经载气送入被加热的石英管后，被分解成气态基态原子，测定其吸光度可以确定目标元素的含量。方法采用的还原剂多为硼氢化钠和硼氢化钾，试样的还原效率可达 100%，即被测元素可以完全转化为气体并被载气送入吸收管，所以样品的利用率非常高，方法灵敏度令人满意。

知识链接 V: 共振线和吸收线

任何元素的原子都是由原子核和绕核运动的电子组成的，原子核外电子按其能量的高低分层分布而形成不同的能级，因此一个原子核可以具有多种能级状态。能量最低的能级状态称为基态（$E_0 = 0$），其余能级称为激发态能级，而能量最低的激发态则称为第一激发态。正常情况下，原子处于基态，这个状态的原子称为基态原子，核外电子在各自能量最低的轨道上运动状态最为稳定。当基态原子受到一定外界能量（如光能、热能等）激发时，如这个能量 E 恰好等于该基态原子中基态和某一较高能级之间的能级差 ΔE 时，该原子的外层电子将由基态跃迁到相应的激发态。故吸收能量不同，原子所处的激发态亦不同。如该能量以光的形式提供，基态原子吸收这一特征波长则产生原子吸收光谱。核外电子从基态跃迁至第一激发态所吸收的谱线称为共振吸收线，简称共振线。当核外电子从第一激发态跃迁回基态时所发射的同样频率的谱线称为第一共振发射线，也简称共振线。因此共振线指的是满足基态和第一激发态之间能级能量要求的光能量谱线。

不同元素的原子结构不同，故其共振线也各有特征，可做元素特性参数。由于基态与第一激发态之间的能级差最小，电子跃迁能量要求最容易满足，故共振吸收线最易产生。对大多数元素来讲，共振线是所有吸收线中最灵敏的，原子吸收光谱分析中就常以元素的共振线作为分析线。

知识链接 VI: 谱线轮廓及其变宽

（1）谱线轮廓

理论上，原子吸收光谱应该是一系列不连续的线状光谱。但实际上任何原子吸收的谱线都不是绝对单色的"线"，而是有一定形状，占据着相当宽度的频率或波长范围（我们称之为宽度）的峰。它们不但占有一定的频率宽度，其强度还随频率急剧变化。

描绘发射线辐射强度随频率或波长变化的曲线称为发射线轮廓，描绘吸收率随频率或波长范围变化的曲线称为吸收线轮廓。通常是以 K_0-ν 曲线或 I_ν-ν 曲线表示（见图 4-12）。

原子吸收光谱曲线轮廓反映了原子对不同频率的光具有选择性吸收的性质，其表征参数为中心频率 ν_0 和半宽度 $\Delta\nu$。极大值相对应频率称中心频率，由原子能级决定，相应的吸收系数称中心吸收系数或峰值吸收系数 K_0。半宽度 $\Delta\nu$ 为中心频率极大吸收系数一半（K_0/2）处，吸收光谱线轮廓上两点（AB）之间的频率差，$\Delta\nu$ 的数量级为 $10^{-3} \sim 10^{-2}$ nm（折合成波长），具体情况受多种实验因素影响。

（2）谱线轮廓变宽的因素

原子吸收光谱变宽的原因有两个方面：一是由原子本身性质所决定，如自然宽度；二是由于压力、热等外界因素引起的，如多普勒变宽等。

① 自然宽度　实际的谱线有一个有限的宽度分布，这一宽度在无外界影响的情况下，

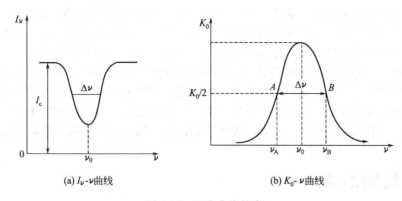

(a) I_ν-ν曲线　　　　　　　(b) K_0-ν曲线

图 4-12　吸收曲线轮廓

是同发生跃迁的能级有限寿命相关的，是必然存在的，这个宽度是吸收线本身的宽度，称之为自然宽度。激发态原子平均寿命越长，吸收线自然宽度越窄，经海森堡测不准原理测算，谱线的自然宽度约为 10^{-5} nm 量级，这个宽度比其他因素引起的变宽小得多，常可以忽略不计。

② 多普勒变宽　光源或原子化器的原子处于无规则热运动状态，从各个不同的方向向检测器运动，即使每个原子发出的光频率相同，当检测器接收到时也产生了一定的频移，从而引起谱线变宽，称为谱线的多普勒变宽。多普勒变宽源于原子的无规则热运动，故又叫热变宽，随温度升高而加剧，并随元素的种类而异，是一种非均匀变宽。在一般火焰温度下，多普勒变宽可以使谱线增宽 10^{-4}～10^{-3} nm，是谱线变宽的主要原因。

③ 碰撞变宽　处于热运动中的原子，彼此之间发生碰撞或与器壁发生碰撞，都会使原子的运动状态发生改变。碰撞的瞬间辐射过程中断，导致激发态原子寿命缩短，从而引起谱线变宽，又称压力变宽。碰撞效应引起的变宽分为洛伦兹变宽和霍尔兹马克变宽两种。洛伦兹变宽是待测元素的原子与其他元素原子或粒子相互碰撞而引起的吸收线变宽，随原子区内蒸气压力的增大和温度升高而增大；霍尔兹马克变宽是同种分析原子相互碰撞引起的变宽，又称共振变宽，元素低浓度下影响较小。碰撞变宽的宽度一般为 10^{-3} nm，火焰原子化器中洛伦兹变宽为主，石墨炉中则二者皆存在。

④ 场致变宽和自吸变宽　外界电场效应和磁场效应引起原子的电子能级的分裂会导致谱线变宽，称之为场致变宽。光源辐射出的共振线由于周围较冷的同种原子吸收掉部分辐射，使谱线轮廓塌陷，继而自吸或自蚀导致的谱线变宽叫做谱线的自吸变宽，在实际应用中应选择合适的灯电流来避免自吸变宽效应。

在原子吸收光谱中，通常是几种变宽效应同时存在。但在特定的条件下，则以某种变宽效应为主，其他的变宽效应作用较小或可忽略不计。在通常的原子吸收分析实验条件下，吸收线轮廓主要受到多普勒变宽和洛伦兹变宽的影响，而其他元素的粒子浓度很小时，则主要受多普勒变宽的影响。

4.3.3　单色器

在原子吸收光谱仪器中，单色器由入射狭缝、准直镜、色散元件（棱镜或光栅）、物镜和出射狭缝组成，其功能是将复合光分解为单色光输出。衡量色散元件的参数有两个：一个是色散率，指的是色散元件将波长相差很小的两条谱线分开所成的角度或者两条谱线投射到聚焦面上距离的大小；另一个是分辨率，指的是色散元件将波长相近的两条谱线分开的能力。

进行原子吸收测定时，为保证谱线强度，需选用适当的光栅色散率和夹缝宽度配合，以形成合适的光谱通带来满足测量的需要。光谱通带指单色器出射狭缝的辐射波长区间宽度，由光栅线色散率的倒数（又称倒数线色散率）和出射夹缝的宽度决定，其计算关系为：

$$\text{光谱通带 } \Delta\lambda = \text{线色散率倒数 } D(\text{nm/mm}) \times \text{出射狭缝宽度 } S(\text{mm})$$

在具体的分析过程中，常根据谱线结构和待测元素测量共振线附近是否有干扰来决定狭缝宽度。狭缝太宽，干扰谱线和被测元素特征谱线同时通过单色器狭缝，测定灵敏度下降。狭缝太窄，光源强度减弱，也可使灵敏度下降。所以在选择狭缝时，应尽量使被测元素的特征谱线通过，而干扰线不通过。有时为方便参数设定，部分仪器直接采用单色器通带来表示缝宽。

4.3.4　检测系统

原子吸收分光光度计的检测系统本质是一个光电转换系统，结构包含光电元件、放大器和显示装置。在原子吸收光谱分析中，检测的一次信号是弱光信号，检测系统需要将其转换成较强的电信号输出。

4.3.4.1　光电元件

在现代原子吸收光谱仪器中，最常用的转换器是光电倍增管。这是一种多极的真空光电管，内部有电子倍增结构，内增益极高，是目前灵敏度最高、响应速度最快的一种光电检测器，广泛应用于各种光谱仪器上。光电倍增管的工作电源应有较高的稳定性。但需注意如工作电压过高、照射的光过强或光照时间过长，会引起光电倍增管的"疲劳"效应，造成光电转换不稳定。

4.3.4.2　放大器

放大器的作用是将光电转换器输出的电压信号放大后送入显示装置。目前广泛采用的是交流选频放大器和相敏放大器。

4.3.4.3　显示装置

放大器放大后的信号经数字转换器换算成数字信号，在数字显示器或者电脑输出端显示出来。一般原子吸收光谱仪都采用电脑控制，配套有开发的仪器软件，可实现参数选择，信号输出界面调整、数据处理等多种功能。

4.3.5　背景校正装置

光谱背景吸收与分析信号的出现在温度、时间和波长等方面常有差异，会导致背景干扰。在火焰原子吸收光谱分析中，背景干扰问题不大，但石墨炉原子吸收光谱分析中，该影响比较严重，必须考虑背景干扰和背景校正。因此，现在的商品仪器，除了少数只用于火焰原子吸收测定的简易型仪器之外，绝大多数都配有背景校正装置。背景校正装置主要有氘灯背景校正装置和塞曼效应背景校正器，也有的仪器还配置了自吸收背景校正装置。

4.3.5.1　氘灯背景校正装置

氘灯校正背景是连续光源校正背景最常用的技术，可以校正较低背景（吸光度 1.0 以下），其装置由一只氘灯、切光器及其相应的电源构成。氘灯安装在侧光路上，需要校正背景时，将它移入测量光路，或者通过一块反射镜将氘灯的光引入测量光路，如图 4-13 所示。旋转切光器将空心阴极灯和氘灯辐射交替地通过原子化器，分时测量总吸收及背景吸收的吸光度，从而进行校正。

氘灯点灯频率达 1000Hz，空心阴极灯调制频率达 500Hz，不受火焰和石墨管发光噪声的影响。氘灯发射较强的波长区是 190～350nm，用来校正紫外光谱区的背景吸收。这种设计的优点是：校正与不校正背景时，不需改变测定条件，光能量利用充分，有利于提高信噪

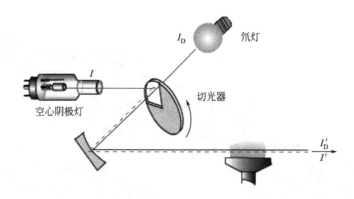

图 4-13　氘灯背景校正装置

比，降低检出限。但在波长大于 350nm 的区域，氘灯辐射强度急剧下降，其背景校正能力很差，故校正可见光区的背景吸收需用钨丝灯、碘钨灯或氙灯。另外因为测量总吸收及背景吸收采用了两种光源，光源结构存在差异，背景校正效果受一定影响。

4.3.5.2　塞曼效应背景校正器

塞曼效应校正背景是基于谱线在磁场中发生分裂和分裂组分偏振特性的一种校正背景的方法，是目前石墨炉原子吸收分光光度计普遍采用的背景校正方法。塞曼效应校正背景分光源调制法和吸收线调制法两大类，光源调制法是将强磁场加在光源上，吸收线调制法是将磁场加在原子化器上，以后者应用为最广。塞曼效应背景校正器由固定或可变磁场和起偏器、检偏器组成。以恒定磁场偏振调制方式为例，它是在原子化器上施加一个垂直于光束方向的恒定磁场，如图 4-14 所示。

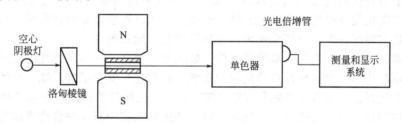

图 4-14　恒定磁场偏振调制结构

其工作原理如图 4-15 所示。在磁场的作用下，吸收线分裂为 π 和 σ± 组分，前者平行于磁场方向，后者垂直于磁场方向。经偏振处理后，磁场平行方向分析线 π 组分和背景均产生吸收，测得原子吸收和背景吸收产生的总吸光度；磁场垂直方向分析线不产生吸收，只有背景产生吸收，测得的是纯背景吸收产生的吸光度。两次测得的吸光度之差，便校正了背景吸收后的净原子吸收的吸光度。

塞曼效应校正背景可以全波段进行，可校正吸光度 1.5～2.0 的背景，准确度比较高，是石墨炉法普遍配置的扣背景装置。

4.3.5.3　吸收背景校正装置

自吸收背景校正器是一种供电方式不同的空心阴极灯，先以宽脉冲、小电流供电，空心阴极灯发射锐线辐射，测得原子吸收与背景吸收的总吸光度，然后以窄脉冲大电流供电，空心阴极灯内积聚的原子浓度非常高，使发射线产生自吸变为宽带光谱，测得分析线附近背景吸收的吸光度，实现背景校正。由于是用同一光源发射的元素正常分析线与自蚀谱线进行背景校正，两束光性质相同，所以校正背景能力强，可校正吸光度为 2.0 的背景吸收，但该法

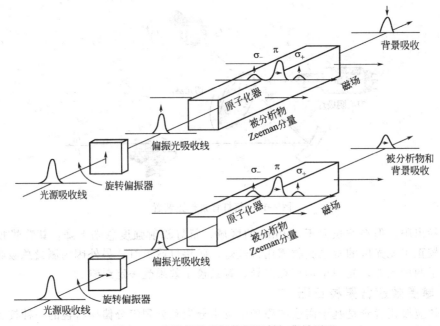

图 4-15　塞曼恒定磁场偏振调制扣背景原理

对灯的损伤较大，灵敏度损失严重，扣除背景准确性差，实际应用不多。

4.3.6　其他配套装置

火焰原子吸收仪需配套燃气和助燃气设备，燃气采用钢瓶装商品气（前面已做介绍），助燃气可采用钢瓶装商品气或空气压缩机。电热原子化仪器也需要配套载气（高纯氮或者氩气）钢瓶，还需要配备循环冷却水系统。这些属于基本配置附件。

随着技术的发展，人们对仪器的可操作性要求越来越高，各种功能性配套装置开始在仪器上发挥其卓越作用。例如全面自动化软件系统、自动监视安全报警系统、在线样品预处理系统、蒸气发生器、开槽管原子捕集（STAT）系统、探针自动进样系统和各种高性能的石墨管等。这些配件给用户提供了巨大便利，以自动进样系统中石墨炉自动进样器为例，一般有 50~100 个样品位，可加入至少 3 种基体改进剂，可自动配置校正曲线，全智能化自动稀释，多次重复进样富集和注射，进样量可调，精度准确重复性佳。图 4-16 给出了 PEAA800 仪器配置的石墨炉自动进样系统。

图 4-16　PEAA800 仪器配置的石墨炉自动进样系统

4.4 分析流程

结合原子吸收分光光度计的结构框图（见图4-17），原子吸收分光光度法的分析流程为：由光源辐射出特征元素的特征光谱，通过样品蒸气时被待测元素的基态原子所吸收，剩余部分进入单色器，将该特征谱线进一步分离，之后特征光谱进入到检测器，经检测器将光信号转变为电信号，并经信号指示系统调制放大后，显示或打印出吸光度 A（或透光率 T），完成测定。

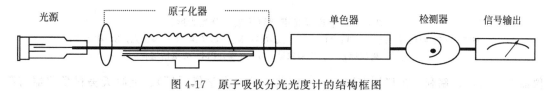

图 4-17 原子吸收分光光度计的结构框图

4.5 仪器类型及特点

原子吸收分光管光度计按光路分为单光束和双光束两种。

4.5.1 单道单光束型原子吸收分光光度计

如图4-18所示，"单道"是指仪器只有一个光源、一个单色器、一个显示系统，每次只能检测一种元素。"单光束"使指从光源中发出的光以单一光束的形式通过原子化器、单色器和检测系统。这类仪器结构简单，造价相对较低，操作方便，体积小，可以满足一般的分析要求，比较适合一般的生产实践需要。缺点是不能消除光源波动造成的影响，基线漂移比较严重。

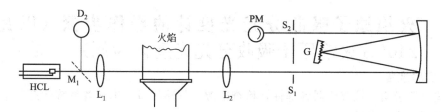

图 4-18 单道单光束型原子吸收分光光度计

HCL—空心阴极灯；D_2—氘灯；M_1—反射镜；L_1，L_2—透镜；

S_1—入射狭缝；S_2—出射狭缝；G—光栅；PM—光电倍增管

4.5.2 单道双光束型原子吸收分光光度计

如图4-19所示，双光束型是目前较常采用的设计，光源发出的光被切光器分成强度相等的两束光，一束为样品光束，通过原子化器后被待测样品基态原子吸收后进入单色器、检测器；另外一束作为参比光束，不通过样品吸收池直接进入单色器、检测器，因而不发生衰减。两束光来源于同一光源，交替进入同一单色器和检测器，光源的漂移通过参比光束得到补偿，可以获得稳定信号。此机型的缺点为参比光束不经过样品吸收池，因此火焰扰动和背景吸收的影响无法消除。

国内市场上常见的原子吸收光谱仪品牌大概有 20 多种。主要生产厂家有北京普析通用

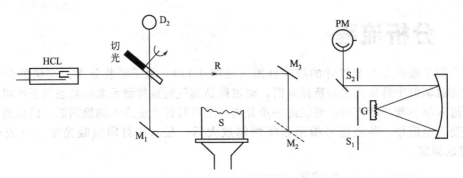

图 4-19　单道双光束型原子吸收分光光度计

HCL—空心阴极灯；D_2—氘灯；M_1，M_3—反射镜；M_2—切光器；R—参比光；S—样品光；

S_1—入射狭缝；S_2—出射狭缝；G—光栅；PM—光电倍增管

仪器有限公司、瑞利分析仪器有限公司（原北京第二光学仪器厂）、上海天美科学仪器有限公司、北京科创海光仪器有限公司下的威格拉斯（Vigorous Instru）、北京东西电子研究所、上海精密科学仪器有限公司、北京瀚时制作所（北京浩天晖科贸有限公司）、北京朝阳华洋分析仪器有限公司、上海光谱仪器有限公司等。国内生产厂家在火焰原子吸收光谱仪上已经取得了较好的成绩，其产品性能接近国际水平，但石墨炉原子吸收光谱仪在技术水平上还有一定的差距。中高端仪器商主要以国外厂家为主，有美国的珀金埃尔默（PerkinElmer）仪器公司、美国瓦里安（Varian）仪器公司（现属安捷伦仪器公司）、美国热电公司、德国的耶拿（Analytik GEna）仪器公司、澳大利亚吉必希（GBC）公司、日本岛津公司、日本日立公司、美国利曼（LEEMAN）公司、美国通用仪器公司以及加拿大奥罗拉（AURORA）仪器公司等。

4.6　仪器操作基本步骤

4.6.1　火焰原子吸收分光光度计的操作步骤（以瓦里安 240FS 火焰原子吸收分光光度计为例）

（1）实验准备

① 按仪器说明书检查仪器各部件，检查电源、气路接口，确保各系统状态正常。

② 安装空心阴极灯。

③ 打开通风系统，确保废气可顺利排出。

④ 打开主机电源，仪器进行自检，打开电脑，启动 AA 软件（见图 4-20）。

（2）编辑分析方法

① 建立数据保存文件。在工作表格界面下新建工作表并命名保存，如图 4-21 所示。

② 进入方法编辑界面添加方法，如图 4-22 所示。

③ 编辑方法。如图 4-23 所示。按照类型、测量、光学参数、标样校正、进样器等设置窗口依次设置方法参数，直至编辑完成。编辑过程如有问题可参考分析手册选项，见图 4-24。

（3）编辑样品信息

点击"标签"，进行样品信息的编辑→点击样品标签处，使变成蓝色后，输入样品名称。如图 4-25 所示。

（4）优化空心阴极灯信号

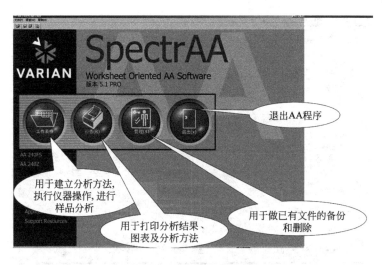

图 4-20　软件工作界面

图 4-21　建立工作表

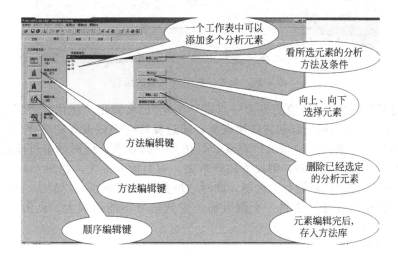

图 4-22　添加方法

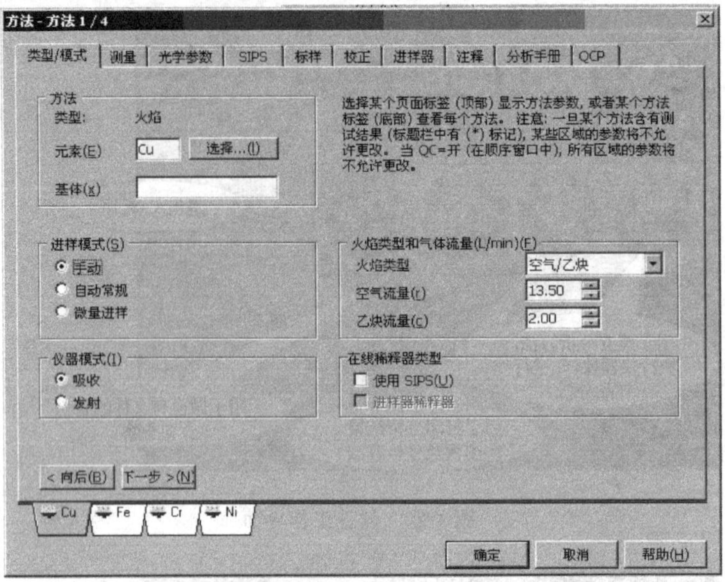

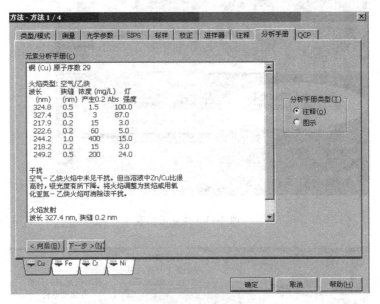

图 4-23　编辑方法参数

图 4-24　参考分析手册提供的信息

　　点击"分析",进入分析检测界面→点击"优化",会弹出"优化"对话框,点击"确定",1~2min后,空心阴极灯和氘灯被点亮,通过旋转空心阴极灯底座背后的两个黑色旋钮,使空心阴极灯的能量达到最大,观察"灯信号"指示条,同时调节灯座后的一个调节钮,使信号增大,如信号下降,则反方向调节之,直至信号最大,如图 4-26 所示(如灯信号超出指示条框,按"自动增益"按钮,此时"增益"数字变小)。如此,直到信号不能再调大。按同样方法调节灯座的另一个调节钮,直到信号不能再调大。点击"确定",回到"优化"对话框,点击"取消"。

　　(5) 选择样品

　　点击"选择",出现一支笔,在样品表中选择要测定的样品,再单击选择框,退出选择功能。

图 4-25 编辑样品列表

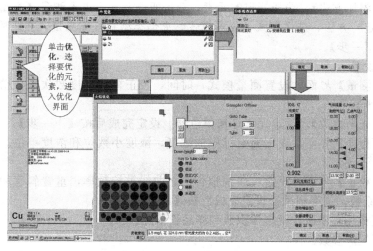

图 4-26 优化光路和光源

（6）火焰准备。打开空气压缩机，气压稳定 5min，打开乙炔钢瓶，点火。

（7）检测标准样品以及样品。

将进样管放到装有标准空白溶液的试剂瓶中，点击"开始"，进入程序的自动运行，根据软件的提示，把进样管放到不同的试剂瓶中吸取对应的溶液（注意：一定要先把进样管放到试剂瓶中确定吸到溶液，再点击测定键，待数据稳定后再记录，每次换溶液中间均需要将毛细管用滤纸擦净，吸喷蒸馏水 30s，清洁管路）。

（8）打印原始数据

点击"选择"，出现一支笔，选择"标记符"，选择需要打印的样品，点击"报告"，打印报告。

（9）测试完毕

分析程序运行完毕后，仪器会自动熄火，点击"火焰实用工具"，进入界面后，点击"关闭元素灯"，按"点火"键重新点火，吸喷去离子水 5min，清洁管路，关闭乙炔钢瓶，把管道中残留的乙炔燃烧完，保存文件后退出主界面，关闭仪器主机电源，关闭空气压缩机（放空压缩机中水分），关闭排气扇。填写记录。

清理仪器试剂等，整理实验台。

注意：方法中涉及的参数需要通过条件实验确定，这些条件包括灯电流、助燃比、火焰高度等。

4.6.2　石墨炉原子吸收分光光度计的操作步骤（以瓦里安 AA240Z 原子吸收分光光度计为例）

Varian AA240Z 原子吸收分光光度计的操作界面和 Varian AA240Fs 基本一致，在此只将其操作步骤简单介绍，不再配图说明。具体操作步骤如下。

（1）仪器准备

① 打开氩气、冷却水及自动进样器电源开关。

② 开机。

③ 安装待测元素的空心阴极灯，开启稳压电源，预热 10min。

④ 打开计算机，点击快捷方式【Spectr AA】，进入【Spectr AA】窗口。

⑤ 点击【工作表格】，按【新建】编辑一个新方法，选择分析方法（石墨炉或者火焰原子吸收法），设定文件名，分析者和注解。

⑥ 点击【添加方法】，选择测定的元素，双击所选元素，进入测量【类型/模式】，按显示内容分别设定：方法，进样模式，仪器模式，火焰类型和气体流量，在线稀释器类型。设定完成后按【下一步】。

（2）参数设置

① 进入【测量】界面，设置测量模式，时间，校正模式，读数次数，精密度。设定完成后按【下一步】。

② 进入【光学参数】，设定元素灯和单色器。设定完成后按【下一步】。

③ 进入【标样】界面，设定测定标样的浓度，浓度小数位和浓度单位。设定完成后按【下一步】。

④ 进入【校正】界面，设定：曲线拟合法，曲线重校频率，重置斜率频率，重置斜率标样点，扩展系数，斜率测试。设定完成后按【确定】。

⑤ 进入【样品】界面，设定体积数和样品管情况。

⑥ 设置石墨炉参数。

（3）测定

① 点击【开始】，喷空白溶液调零，然后依次测定标准曲线及样品。

② 测定完成后，点击【报告】，编辑所需参数，打印报告。

（4）关机

① 测量完毕后关电源，关氩气，冷却水，最后关主机与稳压电源。

② 填写仪器使用情况。

知识链接：仪器维护与安全

有规律的日常维护能够确保仪器处于最佳的运行状态。原子吸收光谱仪的维护主要包括 4 个方面内容：普通的仪器维护、使用的气体的维护、火焰系统的维护、石墨平台系统的维护。

（1）普通的仪器维护

① 可以用蘸有水或中性洗涤剂的软布擦拭仪器表面的灰尘、露水和溅到仪器上的腐蚀性液体。严禁使用有机溶剂。

② 可以使用蘸有甲醇或乙醇水溶液的软的擦镜纸清洗样品舱的光路窗口和空心阴极灯的石英窗的灰尘或指纹污染。否则，该污染将导致元素灯噪声变大，分析结果重现性变差。

③ 仪器的光学部分密封，严禁将其暴露于腐蚀性气体或污染严重的大气中。必须由专业的服务工程师年检维护，确保仪器的光路性能正常。严禁自行维护光路系统。

（2）使用的气体的维护

① 火焰法燃烧所用三种气体：空气、氧化亚氮作为助燃气（氧化剂），乙炔作为燃烧气。铜或铜合金管可以用于氧化性气体的输送，乙炔则不可用含铜金属管。检查钢瓶和仪器之间的连接器以防泄漏，可用肥皂水或专用的泄漏检测器进行检测。检查橡胶软管和仪器之间的连接，以防磨损和开裂。另外每次更换钢瓶之后检查压力表和阀门，以便使用。因涉及潜在危害性气体和燃烧排放出的废气，需要使用安装排放量在 $6m^3/min$ 以上的排风系统。

② 可通过简单烟雾测试判别排风系统是否正常工作。压缩气体钢瓶空气可以通过钢瓶、室内空气系统和小型压缩机来提供。不管使用何种来源的空气，都必须保证气体供应的连续性，传送压力必须在 420kPa（60psi）。空气必须洁净、干燥和无油，故强制安装空气过滤器。每次用完排空空气压缩机中的水分，每周检查一次空气过滤器中水的累积程度。如有必要，拆下空气过滤器，清洗过滤芯、储水槽和排水阀。

③ 乙炔钢瓶压力需要大于 700kPa（100psi），输送压力不能超过 10^5kPa（15psi），还需要防止丙酮进入气路影响分析结果，造成仪器的损坏。

（3）火焰系统的维护

仪器的火焰系统需进行日常维护的有三个部分：雾化器、雾化室和燃烧器。

① 雾化器 火焰系统的雾化器包括毛细管和雾化盒，以保证吸喷溶液的塑料毛细管准确牢固地连接到雾化毛细管上。任何空气的泄漏、过紧弯曲或是管路弯曲将会造成读数不稳定，重复性变差。随着使用次数的增加，塑料毛细管将会慢慢被堵塞，此时需要将堵塞段剪去或者换上新的毛细管（大约 15cm 长）。雾化毛细管发生堵塞，需按说明书拆下超声雾化器或者金属丝疏通，在分析工作结束之后吸喷 50～500mL 的蒸馏水，将有助于防止雾化问题的发生。

② 雾化室 撞击球的效率将会由于表面开裂、斑点腐蚀和沉积固体物质而降低，需定期检查拆开清洗，并确保各部分对接准确。采用废液罐收集废液需确保废液管的出口高于液面，否则，吸光度将会随着废液的排出有规律降低。每天检查废液量并及时清空废液罐。有机废液需采用广口、塑料的容器，以确保安全。

③ 燃烧器 燃烧器积炭和盐分沉积会造成助燃比、火焰剖面形状变化以及发生遮挡光路情况，引起分析信号不稳定和下降。为了减少盐分的沉积：a. 可以在每个样品分析完之后吸喷稀硝酸溶液；b. 如果盐分沉积还在加剧，就需要熄灭火焰，用配套工具（黄铜条）清除盐分。将黄铜条插入燃烧器狭缝中，上下拉动进行清除，严禁使用尖锐的工具比如刀片进行清除，因为这样将会在狭缝上留下刻痕，加速积炭和盐分沉积；c. 将燃烧器拆下倒置于肥皂水中，软毛刷刷洗效果更佳；d. 也可将燃烧器浸于稀酸（0.5% HNO_3）中，超声波清洁（可辅助加入浓度较低的非离子型洗涤剂）。严禁直接在仪器上清洗燃烧器。

安装不正确可能导致可燃性气体泄漏，引起爆炸。每天在做完分析之后，可以洗喷50～100mL 的蒸馏水清洗雾化器、雾化室和燃烧器。高浓度 Cu、Ag 和 Hg 元素易生成乙炔化物，分析完后需要将燃烧器和雾化器拆开并清洗干净。

（4）石墨平台系统的维护

石墨平台系统需要维护的主要有三部分：气体和冷却水传输、石墨平台、自动进样器。

① 气体和冷却水传输 石墨炉原子化器所用的载气一般为氮气和氩气，要求：干净、干燥、高纯。压力一般设定为 100～340kPa（15～50psi）。冷却水一般使用循环冷却水泵，

水温必须低于40℃（一般28℃以上就需警戒），水质必须洁净不含腐蚀性物质，流量一般为1.5～2L/min，最大允许压力为200kPa（30psi）。

② 石墨平台　石墨平台为两侧石英窗完全密闭的装置。每次分析之前，需检查两侧石英窗有无灰尘或指纹。如有污染，可以使用擦镜纸蘸取乙醇溶液擦拭。

定期打开石墨平台内部组件，拆下石墨管检查石墨管保护器的情况，确保其内腔和进样孔区域没有疏松的炭粒子和残留的样品。检查电极附近的载气入口，确保没有炭粒子或残留的样品。如石墨管过度老化，石墨颗粒会掉入保护气输入口，堵塞并影响正常的流量。可以使用空气小心吹扫，将颗粒吹出气路。如有样品沉积在石墨管保护器上，用蘸有乙醇的棉签就能清除排放口内侧和外侧沉积物。也可将钛制的排放口直接浸于稀酸中清洗。

③ 自动进样器　自动进样器中的洗瓶、注射器和毛细管组件都需要进行日常维护。

a. 洗瓶一般是拆下清洗。先用20%的硝酸装满洗瓶，然后用去离子水淋洗。再用0.01%～0.05%的硝酸重新灌满洗瓶。溶液中也可以加入0.005%体积比的Triton（曲拉通X-100R）。

b. 有时炭粒子会沉积在进样毛细管的尖端，可用薄纸将其擦去。如样品基体复杂，可直接操纵毛细管从一含有20%硝酸（有机物可用丙酮）的样品瓶中吸取70μL的溶液，当毛细管吸完液体并仍浸在样品瓶中时，立即关闭自动进样器。过几分钟之后重新启动自动进样器，并排出毛细管中的液体，可将毛细管的内外侧都进行清洗。聚四氟乙烯毛细管需拉直，防止毛细管的弯曲或绞接，如果毛细管尖断损坏，可以使用刀片将损坏处以垂直方向切除。

c. 注射器每天都需要检查毛细管和注射器中是否有气泡。系统中存在的气泡会引起定量不准，导致分析结果错误。如气泡经过排除处理仍然吸附于注射器中，就需清洗注射器。清洗时可以使用中性洗涤剂清洗，然后用去离子水淋洗干净。确认清洗过程中没有污染引入注射器中。清洗过程需小心防止将柱塞弄弯。

4.7　分析方法

原子吸收光谱法是一种相对分析方法，主要用于定量分析。常用的有标准曲线法、标准加入法、内标法，此外还有稀释法和浓度直读法等简易定量方法。其中基本定量方法是标准曲线法。

4.7.1　标准曲线法

标准曲线法适用于组成简单的大批样品分析。具体方法是：先采用待测元素的标准物质配制一组浓度合适的标准溶液，在最佳测定条件下，由低浓度到高浓度依次测定它们的吸光度，然后绘制吸光度A和标准物质浓度c的校正曲线，如图4-27所示。然后采用相同条件测定样品吸光度A_x，利用校正曲线方程求得其含量c_x。标准曲线法成功应用的基础在于：标准系列与被分析样品的基体的精确匹配、标样浓度的准确确定与吸光度值的准确测量，故采用此法需要注意标准曲线浓度范围应涵盖待测样品的浓度，吸光度大小合适（一般在0～1），测量过程需要空白溶液校正零点，另外标准曲线斜率受环境、仪器条件影响较大，每次分析均需重新绘制。

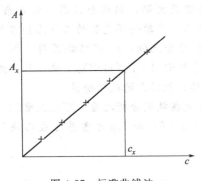

图 4-27　标准曲线法

【例 4-1】　测定某溶液中铜元素含量，称取样品0.5428g，经处理后以5%硝酸定容至

$100.00mL$，采用预混合火焰燃烧法测定元素吸光度，测得 $A_x = 0.325$，标准曲线法吸光度和样品浓度 $\mu g/mL$ 的关系为 $A = 0.136x + 0.008$，求该样品的铜含量。

解
$$c_x = \frac{(A_x - 0.008)}{0.136} = 2.33 \mu g/mL$$

$$w = \frac{2.33 \times 100 \times 10^{-6}}{0.5428} \times 100\% = 0.043\%$$

该样品溶液中铜元素含量为 0.043%。

4.7.2 标准加入法

采用校正曲线分析物质含量，其分析结果的准确性直接依赖于标准样品和被分析样品物理化学性质的相似性。在实际的分析过程中，样品的基体、组成和浓度千变万化，标准溶液和样品的组成完全一致几乎不可能实现。这种不一致性会引起喷雾效率、气溶胶粒子粒径分布、原子化效率、基体效应、背景和干扰情况的改变，从而导致测定误差的增加。标准加入法可以自动进行基体匹配，补偿样品基体的物理和化学干扰，提高测定的准确度。

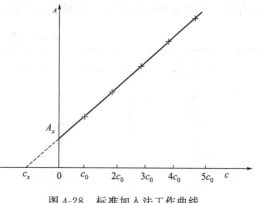

图 4-28 标准加入法工作曲线

标准加入法的操作如下：分别取 4 份以上等量的被分析试样，第一份不加待测元素标准溶液，从第二份开始，依次按比例加入不同量的被测定元素的标准溶液，稀释至同一体积，以空白溶液为参比，在标准条件下按由低到高浓度顺序测定它们的吸光度值，制作吸光度值对标准物质加入量的校正曲线（见图 4-28），若校正曲线不通过原点，说明试样中含有被测元素，将校正曲线外延与横坐标相交，原点至交点的距离即为试样中被测元素的含量 c_x。

标准加入法所依据的原理是吸光度的加和性，因此需要注意：①不能存在相对系统误差，即试样的基体效应不得随被测元素含量对干扰组分含量的比值的改变而改变；②第二份加入的标准溶液浓度与试样的浓度应基本接近，避免曲线斜率过大或过小，影响灵敏度；③为保证外推效果准确性，校正曲线至少采用四个以上点来制作；④标准加入法不能消除背景干扰，所以必须校正背景和"空白"值，才可得到待测元素的真实含量。

【例 4-2】 某实验室采用原子吸收法测定吡啶甲酸铬样品，采用样品 20mL，稀释 10 倍后，取溶液 5mL 共计 4 份，每份加基体改性剂取 5mL，然后再每份样品中一次加入浓度为 $100ng/mL$ 铬标准样品 $0.00mL$、$2.00mL$、$4.00mL$、$6.00mL$，定容到 $10.00mL$，然后上机测定得吸光度为：0.043、0.136、0.215、0.321。求样品中铬含量。

解 样品中加入标准样品后的浓度为：$0.00ng/mL$、$20.0ng/mL$、$40.0ng/mL$、$60.0ng/mL$，做 A-c 校正曲线，得直线方程为：$y = 0.0046x + 0.0434$。反推直线 $y = 0$ 时，$x = 9.43ng/mL$。$c_x = 9.43 \times 10.00/5.00 \times 10 = 188.7ng/mL$。

该吡啶甲酸铬的含量为 $188.7ng/mL$。

4.7.3 内标法

内标法是指在标准溶液 M 和被分析试样 i 中分别加入一定量的内标元素 N，在相同测量条件下测定分析元素和内标元素的吸光度 A_M、A_N，以 A_M/A_N 为纵坐标，以标准溶液

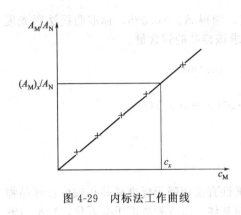

图 4-29　内标法工作曲线

浓度 c_M 为横坐标绘制校正曲线。在同样条件下，测定试样中被测元素和内标元素的吸光度比 A_M/A_N，从校正曲线求得试样中被测元素的含量 c_x。图 4-29 给出了内标法的校正曲线。

内标法可以消除物理干扰并减少实验条件变动而引起的误差，从而提高测定的精密度，但要求内标元素与被测元素具有相同或很相似的物理和化学性质，内标和被测元素的响应信号易于分辨且不影响被测元素的响应信号，内标物质中不得含有被测元素。表 4-4 给出了部分常用的内标元素。因为要同时测定被测元素与内标元素的吸光度值，因此，只有双通道或多通道原子吸收光谱仪才可使用，使这种定量方法的推广受到一定限制。

表 4-4　部分常用内标元素

分析元素	内标元素	分析元素	内标元素
Al	Cr、Mn	Mg	Cd
Au	Mn	Mn	Cd，Zn
Ca	Sr	Mo	Sn
Cd	Mn	Na	Li
Co	Cd	Ni	Cd
Cr	Mn	Pb	Zn
Cu	Sr，Cd，Mn	Si	Cr，V
Fe	Au，Mn	V	Cr
K	Li	Zn	Mo，Cd

4.7.4　简易定量方法

（1）浓度直读法

浓度直读法是建立在标准曲线法基础上的一种定量方法。先将校正曲线预先存于仪器内，只要测定了试样的吸光度，仪器就会自动根据内置的校正曲线算出试样中被测元素的浓度，并显示在仪器上。此法有两个条件：一是校正曲线必须稳定；二是测得的试样吸光度值必须落在校正曲线上。但因为吸光度测量是一种动态测量，实验条件的波动，不可避免地引起吸光度值的变化，因此该方法定量准确度较差。

（2）稀释法

稀释法是建立在标准加入法基础上的一种简易定量方法。设体积为 V_s 的待测元素标准溶液的浓度为 c_s，测得吸光度为 A_s，然后在该溶液中加入浓度为 c_x 的样品溶液 V_x，测得混合液的吸光度为 $A_{(s+x)}$，则 c_x 为

$$c_x = \frac{[A_{(s+x)}(V_s + V_x) - A_s V_s]c_s}{A_s V_x}$$

该方法无需单独测定样品溶液，故所需样品试液的体积比标准加入法少很多，只要两次测量结果均准确，则该定量方法准确度可靠且操作简便，测定时间可大大缩短。

4.7.5　分析方法的评价指标

一个好的分析方法必须具备良好的检测能力，并能获得可靠的测定结果。我们常用一些评价指标作为衡量的标准。其中分析方法的检测能力普遍采用的指标是灵敏度和检出限，方

法可靠性采用的指标是精密度和准确度。

4.7.5.1　检测能力指标

（1）灵敏度（s）

IUPAC规定：方法的灵敏度 s 表示被测组分浓度或含量改变一个单位是所引起的分析信号的变化，即 $s=\mathrm{d}A/\mathrm{d}c$，其中 A 为分析信号，c 为浓度或含量。如被测组分单位浓度或含量变化引起的分析信号变化非常显著，则认为此方法或仪器的灵敏度较高。在分析方法的校正曲线上，s 是 A-c 工作曲线的斜率，斜率越大，说明方法的灵敏度越高。

原子吸收光谱法中，常采用特征浓度或特征质量来衡量方法的灵敏度。特征浓度常用于火焰原子吸收法，指的是产生 1% 吸收或 0.0044 吸光度所需要的被测元素的浓度。不同的仪器，特征浓度不一样。测定方法为配制待测元素的某一浓度标准溶液（通常在校正曲线线性范围内，如 <0.2ABS），测定完毕后按下列公式计算：

$$特征浓度=(标样浓度×0.0044)/标样吸光度$$

特征质量多用于石墨炉分析中，按峰高计算，被分析元素产生 0.0044 吸光度所需质量，计算公式为：

$$特征质量=(标样浓度×0.0044×进样体积)/标样吸光度$$

特征浓度或特征质量越小，方法的灵敏度越高。

（2）检出限（LOD）

检出限是指能产生一个确证在试样中存在被测定组分的分析信号所需要的该组分的最小浓度或最小含量测定值，表征了分析方法的最大检测能力。IUPAC规定遵从正态分布的条件下，能给出 3 倍于空白噪声的吸光度时，所对应的元素的浓度或者质量。所谓"空白"噪声是指测定空白试样（组成与被测试样相同而不含有被测组分的试样）的标准偏差 σ。具体做法是对空白或接近空白的溶液进行多次测量（一般 11 次或以上），3σ 即为检出限，这是元素在溶液中可被检出的最低浓度。如样品给出的信号大于或等于 10σ，则认为可对此元素做有效测定，此浓度或质量称为检测限。检出限计算公式为：

$$D_c=c×3\sigma/A \text{ 或 } D_m=cV×3\sigma/A$$

式中，D_c 为相对检出限，$\mu g/mL$；D_m 为绝对检出限，g。

4.7.5.2　可靠性指标

（1）精密度

精密度：指多次测定结果的重复性。精密度是准确度好的必要条件。常以标准偏差（SD）和相对标准偏差（RSD）衡量，在此不详述。

（2）准确度

准确度：指测定值和真值的差别。准确度好坏常采用回收率实验来评价。回收率的测定可采用下面两种方法。

① 标准样品对照实验　将已知含量的待测元素标准物质在于试样相同条件下进行预处理，在相同仪器和测定条件下，按相同定量方法进行测定，求出标准样品中待测组分的含量，其回收率为测定值和真实值之比，计算公式为

$$回收率\%=\frac{标准样品测定值}{标准样品真实值}×100\%$$

② 标准样品回收实验　在样品的前处理时，先在试样中加入已知量的标准分析元素（其状态也应与试样中待分析的元素相近）。在进行完整分析过程后，复核回收百分数。计算公式为：

$$回收率\%=(加入标样的测定值-未加标样的测定值)/标样加入量×100\%$$

可以根据回收率接近100％的程度，检验方法的可靠性。样品的含量等级不同，回收率的要求不同，含量越低，回收率允许的范围越宽。

在原子吸收分析法进行试样分析后，实验结果的表示应包括：浓度（或质量）数据、精密度和误差范围三项内容。实验结果应表示为：平均值±3s，99％的置信度。

知识链接：原子吸收的测量原理

（1）积分吸收法

原子吸收测定时原子蒸气所吸收的全部能量作积分吸收曲线，在一定条件下，基态原子N_0正比于吸收线下所包括的整个面积。根据经典色散理论，定量关系式为：

$$\int K_\nu \mathrm{d}\nu = \frac{\pi e^2}{mc} N_0 f \tag{4-1}$$

式中，e为电子电荷，m为电子质量；c为光速；N_0为单位体积蒸气中吸收辐射的基态原子数；f为振子强度（代表每个原子中能吸收或发射特定频率光的平均电子数，一定条件下对一定元素，可视为一定值）。

一定实验条件下，基态原子蒸气的积分吸收与单位体积原子蒸气中吸收辐射的原子数呈简单线性关系（见图4-30），如能测定积分值，即可测定待测元素的原子密度，从而实现绝对测量。但吸收线半宽度仅有$10^{-3} \sim 10^{-2}$nm，采用连续光源测定相当困难，后来A. Walsh提出峰值吸收代替积分吸收解决了这个困难。

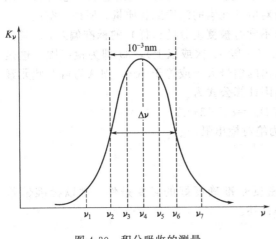

图4-30 积分吸收的测量

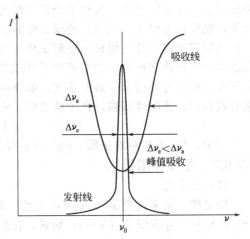

图4-31 峰值吸收测量示意图

（2）峰值吸收法

峰值吸收是指基态原子蒸气对入射光中心频率线的吸收。实现峰值吸收测量的条件是光源发射线半宽度小于吸收线半宽度，且通过原子蒸气发射线的中心频率恰好与吸收线的中心频率ν_0重合，如图4-31所示。空心阴极灯等特制光源产生的锐线光源很好地解决了这个问题。

基态原子对共振线的吸收程度与蒸气中基态原子的数目和原子蒸气厚度的关系在一定条件下遵循朗伯-比耳定律：

$$A = \lg(I_0 / I) = KLN_0 \tag{4-2}$$

式中，A为吸光度；I_0为光源发出待测元素共振线强度；I为光源发出的特征辐射被原子蒸气吸收后透过光的强度；K为原子吸收系数；N_0为样品蒸气中基态原子数目；L为原子蒸气厚度。根据玻耳兹曼分布，激发态原子数和离子数只占基态原子数的 1‰ 以下，因此可认为蒸气中基态原子数目基本接近待测元素总原子数，而总原子数目和溶液中待测元素浓度成正比，故有关系式：$A=Kc$ 成立。此式也是原子吸收光谱法的定量依据。

4.8　实验技术

4.8.1　样品的采集与预处理

原子吸收分析的元素存在于各个领域，因此样品多种多样，每种样品的采集和预处理都有其特殊的要求，在此仅将其中具有共性的部分以及比较常用的方法做介绍。

4.8.1.1　样品的采集

样品采集是样品制备的第一步，其首要原则是取样要有代表性，需要注意记录样品采集的时间、地点和采样位置的选择。取样量要合适，取样过少不足以保证测定的精密度和准确度，取样太多则增加了不必要的工作量，一般来讲，所有样品都要采集双份，每份需要按照被测元素在样品中的含量和方法所要求的精密度来确定，其中一份为分析用，一份封存备查。第二个原则是样品在采集、包装、运输、破碎等过程中不能引入污染。污染多来自于容器、大气、水和分析所用的各种试剂。原子吸收分析以金属元素居多，玻璃容器对于金属元素的吸附不可忽略，因此分析过程如采用玻璃容器，需将其在 5%～10% 硝酸溶液中浸泡 24h，以防止容器本身吸附的金属离子干扰测定，故而也常采用泡酸之后的塑料制品来做容器。同样，样品破碎时不可采用金属制品，需要用玻璃、玛瑙等材质的研钵破碎细化。第三个原则是为了维持样品的化学组成在储存和分析过程中保持和原样的一致，常在其中加入 HCl、HNO_3 等，并对储存的温度、湿度和光照条件有一定的要求。

4.8.1.2　样品预处理

原子吸收分光光度法一般采用毛细管进样，因此要求样品呈溶液状态，这就需要将试样采用各种化学预处理方法将试样分解，其要求是试样应该完全分解，在分解过程中不能引入待测组分，不能使待测组分有所损失，所用试剂及反应产物对后续测定应无干扰。现将几种常用的处理方法做简单介绍。

(1) 样品的溶解

对无机试样首先考虑其能否溶于水，若能溶于水，则直接采用去离子水为溶剂溶解，再配制成适当 pH 的溶液样品。不能溶于水的样品则考虑用酸溶解的方式处理，一般采用的顺序是稀酸、浓酸、混合酸。常用的酸为 HCl、H_2SO_4、H_3PO_4、HNO_3、$HClO_4$。H_2SO_4 和 H_3PO_4 混合可溶解某些合金样品，如处理土壤样品则需加入 HF，方可溶解其中的 SiO_2 成分（容器采用聚四氟乙烯坩埚）。对于那些特别难分解的试样，采用增压溶样法可收到良好效果，消化弹（见图 4-32）就是常用的增压溶样的容器。

不能用酸溶解或者溶解不完全的样品采用熔融法。熔剂的选择原则是：酸性试样采用碱性熔剂，碱性试样采用酸性熔剂。常用的酸性熔剂有 $KHSO_4$、$K_2S_2O_7$、$NaHSO_4$ 和酸性氟化物等，碱性熔剂有 $LiBO_2$、$Li_2B_4O_7$、Na_2CO_3、NaOH、KOH、K_2CO_3、Na_2O_2 等。

(2) 样品的灰化

有机试样的分解主要采用灰化处理，其主要目的是去除有机物基体，将样品转变成可溶解性物质，但对于待测组分可能引起的损失应予注意。常用灰化方法有干法灰化和湿法消化两种。

① 干法灰化　干法灰化是在较高温度下加热，利用氧气或空气的氧化作用，使待测物质分解、灰化，留下的残渣再用适当的溶剂溶解的方法。如采用充满氧气的密闭瓶称为氧瓶

燃烧法，用于有机物中磷、硼等元素的测定；如将试样置于蒸发皿中或坩埚内，在空气中先低温（100～150℃）加热赶去大量有机物，然后于一定温度范围（500～550℃）内加热分解、灰化，再用适当溶剂溶解残渣后进行测定的方式叫定温灰化法，常用于测定食品和生物试样中的无机元素，如锑、铬、铁、钠、锶、锌等，但不能测定 Hg、As、Sn、Sb 等易挥发元素。那些容易形成挥发性化合物的测定组分，采用蒸馏的方法处理可使试样的分解与分离得以同时进行，也可采用低温干法灰化，采用高频磁场通氧的方式在低温下氧化样品。

图 4-32　压力消化弹

② 湿法消化　湿法消化又称湿灰化法或湿氧化法，在适量的样品中加入氧化性强酸，并同时加热消煮，使有机物质分解氧化成 CO_2、水和各种气体，可同时加入各种催化剂加速样品的氧化分解。含有大量有机物的试样通常采用混酸进行湿法消解，包括 HNO_3-H_2O_2、HNO_3-$HClO_4$、HNO_3-$HClO_4$-H_2SO_4（3：1：1）、HNO_3-H_2SO_4 等，其中硝酸＋高氯酸或浓硫酸＋高氯酸的混酸最常用，如样品有机物成分特别多，硝酸或硫酸的比例可适当增加，以防止加热消解过程中爆沸。为了提高效率，目前常采用的是微波消解法，样品和试剂置于聚四氟乙烯焖罐中密封，外部采用固定器固定，于微波环境中施加热量，可同时处理 6～8 个样品，既实现了增压消化的高效率，又因为密封处理而大大降低了损失，是微量痕量元素样品处理的推荐方法。

③ 待测元素的分离与富集　由于样品的基体常有多种无机、有机成分，因此常伴随有严重的干扰出现，为了提高测量的准确度，需要采取一定措施使被测元素尽可能从基体中分离出来。例如 Ca 和 Ba 的吸收光谱几乎完全重叠，若不事先予以分离，难以用光度法测其含量，必须采用分离手段。分离手段常能实现富集的效果，而将分散的待测微量元素集中起来可以大大提高痕量物质测定的灵敏度。常用的分离富集方法包括：萃取、离子交换、沉淀、蒸馏、活性炭吸附、浮选分离、色谱等技术，实际中则需要根据待测元素的含量、性质和测定方法来具体选择，但要在将基体元素或干扰元素尽可能彻底分离的同时，保证待测元素尽可能完全回收。

4.8.2　标准溶液的配制

标准溶液的组成尽可能和未知样品待测溶液的组成相同，才能保证在扣除空白的时候尽量准确。商品化的原子吸收分光光度法的标准溶液都是采用各元素的盐类来配制，浓度为 1.000g/L，使用时需分级稀释到所需浓度作为工作溶液，稀释液一般要加入酸类物质，以防止器皿表面的吸附。储备液多贮存于聚四氟乙烯、聚乙烯和玻璃容器中，因浓度较大，常可低温保存 1～6 个月，但工作溶液浓度一般都非常低（<1μg/mL），所以性质不稳定，使用时间 1～7d（不同元素、温度会有差异）。如果没有合适的商品标准溶液，可直接溶解相应的高纯（99.99%）金属于合适的溶剂中，然后逐级稀释为所需标准溶液。所用金属多为丝、片、棒、粒状，溶解前磨光并酸洗去除表面氧化层，不采用金属粉末或其他表面积较大的金属（氧化物杂质多）。

分光光度法的最佳测量范围为吸光度 0.1～0.8 或透射比 15%～65%，因此配制的标准溶液浓度系列需配制到相应的范围。浓度点均匀分布，测量结果的准确度和精密度相对较好。

4.8.3　测量条件的选择

原子吸收光谱法测定元素需要考虑很多因素，仪器上也有很多参数需要据实选择，恰当的条件和参数的选择可以保证分析结果的准确性和重现性。

4.8.3.1 空心阴极灯及其工作电流的选择

明确待测元素后，首先确定了光源的种类。目前多采用的仍为单元素灯，每一个空心阴极灯都有其身份条码注明所有参数，使用时需要选择的条件只有一个：工作电流。选择的原则是：在保证放电稳定和适当光强输出的情况下，尽量选择低的工作电流。空心阴极灯的灯电流和使用寿命的乘积基本是一个稳定的数值，因此，灯电流越大，使用寿命越短。每个空心阴极灯的灯座都标注有最大工作电流和推荐工作电流（额定工作电流），大多数元素分析时都可采用额定电流的 $40\%\sim60\%$，即可保证锐线光源输出稳定且强度满足分析要求，当空心阴极灯长时间使用能量衰减严重时，则需要调高灯电流，以保证发光强度。另外，对于高熔点的镍、钴、钛等元素灯，工作电流可适当调大，而低熔点的铋、钾、钠、铯等元素灯，工作电流可调小一些。具体选择多大的灯电流，需要通过实验描绘吸光度-灯电流关系曲线，然后选择吸光度最大时的最小灯电流。

4.8.3.2 吸收线的选择

每种元素的基态原子都有若干条吸收线，为了提高测定的灵敏度，通常选择最灵敏线来做分析线。但如果样品中待测元素浓度过高，再选择最灵敏线会导致吸光度远大于1，此时则需要选择其他吸收线来做分析线；有些元素的吸收线非常接近，采用这些吸收线会导致严重的谱线干扰，同样需要选择其他吸收线来避免干扰。故吸收线的选择原则是：在排除临近光谱干扰的前提下，高浓度样品选择次灵敏线做分析线，低含量样品尽可能选择最灵敏线做分析线。此外，由于空气-乙炔火焰在短波区域对光的通透性比较差，若灵敏线位于短波方向，噪声会比较大，故最好考虑波长较长的其他吸收线。表 4-5 给出了常用元素的分析线，这些分析线基本都是元素的最灵敏线，使用时可做参考。如原子吸收分光光度计有系统控制软件，一般会提供 6～10 条吸收线可供选择，用户根据某吸收线下元素浓度配表和吸光度的关系即可做出基本选择。

表 4-5 原子吸收分光光度法常用元素光谱特征线

元素	灵敏线	元素	灵敏线	元素	灵敏线
Ag	328.068	Os	290.906	Ir	263.971
Al	309.271	Pb	216.999	K	766.491
As	188.99	Pd	247.642	La	550.134
Au	242.795	Pr	495.136	Li	670.784
B	249.678	Pt	265.945	Lu	335.956
Ba	553.548	Rb	789.023	Se	196.09
Be	234.861	Re	346.046	Si	251.612
Bi	223.061	Rh	343.489	Sm	429.674
Ca	422.673	Ru	349.894	Sn	224.605
Co	240.7.25	Sb	217.581	Sr	460.733
Cr	357.869	Sc	391.181	Ta	271.467
Cs	852.11	Er	400.797	Tb	432.647
Cu	324.754	Eu	459.403	Te	214.275
Dy	421.172	Fe	248.327	Ti	364.268
Mg	385.213	Ga	287.424	Tl	276.787
Mn	279.482	Gd	368.413	U	351.463
Mo	313.259	Ge	265.158	V	318.398
Na	588.995	Hf	307.288	W	255.135
Nb	334.371	Hg	253.7	Y	407.738
Nd	463.424	Ho	410.384	Zn	213.856
Ni	232.003	In	303.936	Zr	360.119

4.8.3.3 光谱通带宽度的选择

光谱通带是夹缝宽度和单色器倒线色散率的乘积，仪器的单色器不可更改，倒线色散率是固定值，因此能调整的只有夹缝宽度，很多仪器直接标明缝宽度供选择。光谱通带选择的原则有两个：一是保证足够的光谱强度；二是排除附近的干扰线。如光谱通带过小，通过夹缝的光太少，后续进入检测器的光信号非常低，测定的灵敏度会下降；如光谱通带过宽，则会有干扰谱线进入，影响测定准确度。以 Cu 元素和 Fe 元素为例（见图 4-33），Cu 的光谱相对简单，谱线距离较远，夹缝宽度选择 0.5nm 既可以保证共振线全部通过，又将其他干扰线排除在外，不进入检测器；而 Fe 的谱线非常复杂，相互间隔很近，如选择其共振线做分析线，需要将夹缝调整至 0.2nm 才能将附近干扰线排除，同时也尽量使共振线能完全通过夹缝来保证足够的光强度。光谱通带宽度在 0.1~10nm 之间，常用 0.5~4nm，具体需要通过实验方法确定。做法为：逐渐改变单色器夹缝宽度，使检测器输出信号逐渐增强，当信号最强时，吸光度最大，然后根据文献资料确定需要选择的吸收线及附近的干扰线，确定排除干扰后所能采用的最大夹缝宽度。

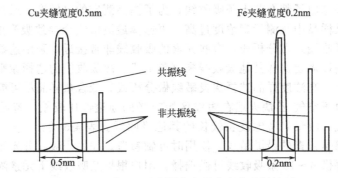

图 4-33 Cu 与 Fe 元素测定夹缝宽度的选择示例

有的仪器根据其单色器的情况结合元素特征谱线已经设计好了配套参数，夹缝宽度是几个固定的数值，用户只要依据待测元素浓度做选择即可。

4.8.3.4 原子化条件的选择

（1）进样方式和进样量

被测元素的原子化是原子吸收光谱分析的关键。原子化过程包括试样进样与试样原子化两个阶段。进样方法直接影响试样的利用效率，原子化方法直接影响原子化效率，从而影响原子吸收光谱分析的检出限、精密度和准确度。一个好的进样方法应该能高效率、可重复地将有代表性的一部分样品引入原子化器，且无严重的干扰效应。通常来讲，溶液和气体样品进样的重复性较好，固体样品进样的重复性相对较差。

火焰原子吸收法仅能测定液体样品，进样采用毛细管吸入方法，溶液必须澄清无固体颗粒，否则会导致毛细管堵塞。火焰法采用的进样方式有气动雾化和超声雾化。气动雾化进样是火焰原子吸收光谱分析最广泛使用的进样方法，如瓦里安的 240FAS。该方法操作简便，可靠性好，但产生气溶胶的粒径分布范围宽，样品利用效率低。超声雾化进样属新式进样方法，能够产生比气动雾化器密度更大、粒径更均匀的气溶胶，样品利用效率高，但价格较高。溶液进样量一般在 3~6mL/min，进样量过大，雾化效率很低；进样量太少，则信号太弱。

电热石墨炉原子吸收光谱分析最广泛使用的进样方法是电热蒸发进样。进液体样采用毛细管探针，将样品置于石墨管、石墨平台、碳棒或钽丝、钨丝电热原子化器上，电热蒸发样品。固体粉末样品可直接放在石墨管壁、石墨杯或石墨平台上蒸发，或者制成悬浮液进样，样品前处理大大简化，但进样的重复性不如溶液样品好。采用毛细管进样到石墨管一般一次进样总量控制在 $15\sim30\mu L$，固体进样则需要据实确定。

低温原子化法普遍采用蒸气发生进样法，专用于测定汞、锗、锡、铅、砷、锑、铋、硒、碲等低熔点元素，先将含有上述元素的化合物转化为汞蒸气和氢化物，然后随载气进入原子化器，氢化物分解产生上述元素的基态中性原子。进样量一般控制在1mL。

（2）试样原子化条件的选择

① 火焰原子化条件的选择　火焰温度直接影响原子化效率，只有足够的温度才可将样品充分解离为原子蒸气，但温度过高基态原子会电离或被激发，因此为实现对火焰温度的控制，需要选择火焰类型、助燃比和燃烧器高度等条件。

a. 火焰类型　前面4.3.2.1已经介绍过火焰的种类，根据样品的性质确定所需要的火焰类型，它基本确定了火焰的大致温度范围。一般来讲，选择火焰时，还应考虑火焰本身对光的吸收。烃类火焰在短波区有较大的吸收，而氢火焰的透射性能则好得多。对于分析线位于短波区的元素的测定，在选择火焰时应考虑火焰透射性能的影响。

b. 助燃比　选定火焰类型后，需要确定合适比例的燃气和助燃气。调节助燃比可以在一定程度上调节火焰的温度和发光特性，还可以调整火焰的氧化还原性。化学计量比火焰稳定、温度高、背景低，最为常用；富燃火焰温度低，噪声大，由于燃烧不充分而具有较强的还原性，适合易于生成氧化物的元素的测定；贫燃火焰是清晰不发亮的蓝色火焰，燃烧高度略低，温度高，还原性差，氧化性强，适用于不宜生成氧化物的元素的测定。常采用的空气-乙炔多采用 $（3：1）\sim（4：1）$ 的助燃比，最佳助燃比可通过试验描绘吸光度-助燃比曲线来确定。

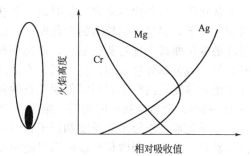

图 4-34　不同元素吸光度随火焰高度的分布曲线

c. 燃烧器高度　不同元素在火焰中形成的基态原子的最佳浓度区域高度不同，因此为保证灵敏度较好，需要选择合适的燃烧器高度，使特征辐射光从原子浓度最大的区域通过。燃烧器夹缝口上方2~5mm附近高度是测量大多数元素时火焰具有最大基态原子密度的区域，灵敏度最高。但是不同元素性质不同，不同种类火焰结构也有差异（见图 4-34），因此最佳燃烧器高度应通过试验确定。具体做法为：固定燃气和助燃气流量，逐渐改变燃烧器高度，调节零点测定吸光度，描绘吸光度-燃烧器高度曲线图，吸光度最大时燃烧器高度为最佳值。

② 电热原子化条件的选择　电热原子化条件的选择除了影响原子化效率外，还会很大程度上的影响背景信号，需要选择的参数有载气、原子化温度和冷却水。

a. 载气的选择　电热原子化需要通惰性气体作为运送样品的载气，同时保护高温下石墨管等样品池不被氧化。惰性气体可选择高纯氮气或者氩气，一般氩气使用居多，虽然它的价格比高纯氮气贵，但是保护性能佳，背景信号低，而氮气则很需要考虑高温原子化所产生的干扰。载气流量会影响灵敏度和石墨管的使用寿命。目前商品机多采用内外单独供气方式（见图 4-35），外部供气不间断，流量在 $1\sim5L/min$，持续保护石墨管等装置；内部气体流量在 $60\sim70mL/min$，测定吸光度时内部气体停滞，其他时间流动，内气流的具体流量和测定元素有关，可通过实验确定。

b. 原子化温度选择　目前仪器上常配置的是斜坡升温程度（知识链接Ⅲ有介绍），需要设定干燥、灰化、原子化和净化四个阶段的参数。

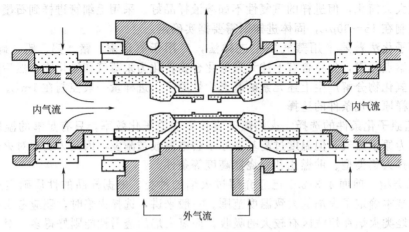

图 4-35　电热原子化供气

内气流　　内气流

外气流

干燥时需优选干燥温度和干燥时间。干燥温度的高低取决于溶剂的性质，通常是在接近于溶剂沸点的温度下干燥，以避免试样"飞溅"与被测元素的"夹带"损失。干燥时间取决于溶剂的性质和量，蒸发易挥发的有机溶剂比水溶液样品所需的干燥时间短，若进样量大，则需要较长的干燥时间，一般干燥时间为 10～30s，具体可采用蒸馏水或空白溶液试验确定。

灰化需优选灰化温度和灰化时间。灰化温度的高低取决于基体的性质，在不损失被测元素的前提下，尽量选用较高的灰化温度，以达到尽量去除基体的目的。可根据吸光度随灰化温度的变化曲线来优选灰化温度，以达到最大吸收信号的最高温度作为灰化温度上限。灰化时间的长短依基体性质和量而不同，水溶液样品所需的灰化时间短，而生物样品、有机样品及其他基体复杂的样品，则需使用较长的灰化时间。基体量大则需较长的灰化时间，一般需时 10～30s，合适的灰化时间需根据吸光度随灰化时间的变化曲线来确定。

原子化需优选原子化温度和原子化时间。原子化温度取决于被测元素的性质，原则是在保证获得最大原子吸收信号或能满足测定要求的前提下，使用较低的原子化温度，过高的原子化温度会缩短石墨炉的使用寿命。原子化时间取决于试样的性质、试样量和原子化温度。最佳原子化温度和原子化时间可通过描绘吸光度随原子化温度或原子化时间的变化曲线来确定。

净化条件设置比较简单，在原子化温度或之上升温 0～300℃，停留 3～7s 即可。最高温度一般不超过 3000℃，否则极易损耗石墨管，有的仪器配置有空烧程序，可直接选择用来清洁石墨管。

一般来讲，干燥和灰化阶段宜用斜坡升温模式，原子化阶段宜用快速升温模式。快速升温能改善峰形，提高灵敏度，使用较低的原子化温度就有较好的测定效果。一些商品仪器还做了新的改进，将原子化过程分为更多的（多至 10 个）阶段分步升温，以实现更加细化的干燥和灰化处理，以便将基体除尽，消除基体干扰，又不造成被测元素的挥发损失，使测定的灵敏度更高。

c. 冷却水　为使石墨管能迅速降至室温，需要保证冷却循环水温度保持在 40℃ 以下（超过此温度，仪器会报警），流量保持在 1～2L/min，一次降温过程需要时间 30～60s。水温不宜过低，水流量不要过大，以防止在石墨管椎体或石英窗口产生冷凝水，影响测定。

4.8.4　干扰及消除技术

原子吸收过程涉及采样、制样、测定和数据处理等很多过程，在这些过程中分析工作会受到各种因素的影响和干扰，不同过程中主要干扰的性质与程度会有所区别，如传质过程，物理干扰是主要的，在原子化过程中则主要是化学干扰。测定某些元素时，电离干扰亦不可忽视，而在信号测量过程，则主要是光谱干扰和背景干扰。一般将存在于这些过程中的干扰分为四类：物理干扰、化学干扰、电离干扰和光谱干扰。

4.8.4.1 物理干扰及消除方法

物理干扰是指在试样转移、气溶胶形成、溶剂蒸发、试样热解、灰化和被测元素原子化过程中，由于试样的任何物理特性（黏度、表面张力、密度和蒸气压等）的变化而引起原子吸收信号强度下降的效应。这是一种非选择性干扰，对试样中各元素的影响基本上相同或相似。物理干扰主要发生在试液的抽吸、雾化和蒸发等过程中。目前很多仪器采用气动雾化进样，吸喷量变化、雾化器和燃烧器结垢都会引起很高的噪声；石墨炉法中采用自动进样器进样，试液黏度影响进样的精度，表面张力影响试液在石墨表面的润湿性和分布，都会有不均匀的问题产生；氢化物发生法通常采用泵输送试液和反应试剂，传质过程相对简单，载气流速是主要的物理影响因素，其他物理干扰相对较少。

消除物理干扰的方法是使用组成相同或尽量相近的标准样品。如模拟基体配制有困难，可使用标准加入法定量。若被测组分浓度较大，分析方法的灵敏度足够时，亦可使用稀释法，将试样适当稀释后再进行测定，以减少物理干扰，同时避免可能造成的燃烧器的燃烧缝堵塞现象。火焰原子吸收采用超声雾化或机械强制进样可减少物理干扰，此外，采用内标法利用被测元素与内标元素的原子吸收强度比制作校正曲线进行定量，也能有效地消除物理干扰。在电热原子吸收光谱法中，使用化学改进剂可以消除共挥发、包藏这一类的物理干扰。

4.8.4.2 化学干扰及消除方法

化学干扰是原子吸收光谱法中的主要干扰，具体是指由于在样品溶液或蒸气中被测元素与其他组分发生化学反应而影响被测元素的原子化过程，包括化合物的形成、解离、离子化等，从而导致被测元素原子化效率降低或挥发损失的不良后果。它是一种选择性干扰，随被测元素和干扰组分的性质而异，与火焰类型和区域、电热原子化器的表面特性、原子化温度等诸多因素有关。

形成化学干扰的几个主要原因如下。

① 被测元素与其他组分形成热力学上更稳定的化合物，如 PO_4^{3-} 与钙形成了比 $CaCl_2$ 更稳定的磷酸钙，使钙更难原子化，导致钙的原子吸收信号下降。

② 生成难熔氧化物和难热解的碳化物，如空气-乙炔火焰中，Si、Al 等元素和稀土元素生成难解离的高稳定性氧化物；石墨炉内 Al、Ga、Cr 等的氧化物先于碳的还原形成碳化物，直接影响待测元素原子化所需温度。

③ 被测元素形成易挥发化合物引起挥发损失。被测元素卤化物较卤化物、氧化物和碳化物更易挥发，因此有较高浓度氯化物存在时，卤化物先以分子形式蒸发，导致被测元素的蒸发损失。

④ 难挥发基体吸留或包裹被测元素。如大量难熔氧化锶或锶的混晶包裹微量铁阻碍了铁的原子化，导致了锶对铁测定的原子吸收干扰。

⑤ 元素价态改变氢化物发生速率与效率。如 As(Ⅲ) 比 As(Ⅴ) 氢化物发生反应速率快，得到的信号强度大。

消除化学干扰的常用方法有如下几种。

① 选择和优化原子化条件 火焰法中选用合适特性的火焰和优化火焰条件有利于消除化学干扰，最常用的是高温火焰法，最有利于难解离化合物的分解。如前面介绍空气-乙炔火焰中测定钙、镁和铝时，磷酸根都会形成难熔化合物干扰测定，换用 3000℃氧化亚氮-乙炔高温火焰则可以消除此干扰。

② 使用化学改进技术 是最简便有效的消除化学干扰的方法。火焰原子吸收法中常用

释放剂、保护剂，电热原子吸收光谱法中广泛使用基体改进剂等。

释放剂的作用是将被测元素从难解离化合物中释放出来。因为镧和锶比钙、镁元素更容易生成含氧酸盐且所生成的磷酸盐更稳定，所以加入镧或锶可以从磷酸钙中释放出钙，从磷酸镁中释放出镁，从而消除磷酸根对测定钙和镁的干扰。释放效果镧优于锶，故 $LaCl_3$ 是常用的释放剂。

保护剂的作用是与被测元素形成稳定的配合物或者可同时与被测元素、干扰元素分别形成各自的配合物，避免被测元素和干扰元素之间形成难离解的化合物，目的是保护被测元素不受干扰。保护剂与被测元素形成的稳定络合物须易分解，不会妨碍甚至能促进被测元素的原子化，故多为有机试剂，如 EDTA、8-羟基喹啉等有机螯合剂。

基体改进剂可使基体转变为较容易挥发的化合物或将待测元素转变为更加稳定的化合物，以提高灰化温度或降低原子化温度，消除基体干扰。如测定海水中的镉，在 1000℃ 以下检测不到原子吸收信号，加入 EDTA 之后，600℃ 即出现镉的原子吸收信号峰值，而海水基体背景吸收在 900℃ 以后才迅速增加，有效地避免了背景干扰。目前在用的基体改进剂有50 多种，包括无机、有机基体改进剂和活性气体（如氧气）等。无机基体改进剂应用广泛，如铵盐、无机酸、金属氧化物和金属盐类等可用于测定铅、镉、锌、铜、锰、金、汞、硒、砷、碲、铋、锑、镓、锗、磷、硅和硼等元素；有机基体改进剂如抗坏血酸、EDTA、硫脲、草酸、蔗糖、酒石酸、柠檬酸、乳酸、组氨酸、丁氨二酸等，可分别用于下述元素的测定：铅、镉、锌、铜、锰、铝、钴、汞、铋、镓、银、铁、铬等。目前应用比较普遍的几种基体改进剂是 EDTA、硝酸铵、柠檬酸、酒石酸、磷酸二氢铵、抗坏血酸和硝酸钯溶液，有的机型配套的软件中会提示目标元素测定所需的基体改进剂，大大方便了操作者。

③ 采用正确的校正方法　如标准加入法，标准加入法使用的"标准样品"组成与试样是相同或相近的，尽管存在化学干扰，但被测元素在各标样与试样中具有非常相似的原子化行为，使用标准加入法对结果进行"校正"相对去除了干扰，也可以获得准确结果。

④ 化学分离法　上述方法均不能有效地消除化学干扰时，可采用此法。化学分离既可以消除化学干扰，又可富集被测元素和提高测定灵敏度，一般采用的手段是离子交换、沉淀分离和溶剂萃取。也可多种方法配合使用，效果更好。

4.8.4.3　电离干扰及消除方法

电离干扰是由于原子化产生的自由中性原子在高温下继续电离而引起基态原子数目减少，导致测定结果偏低的效应。电离干扰在测定低电离电位元素时发生的比较普遍，特别是碱金属和碱土金属元素时尤为明显。电离干扰发生在气相，故火焰原子吸收法较石墨炉法电离干扰相对多一些。被测元素的电离电位越低，火焰温度越高，电离度越大，电离干扰越严重。

消除电离干扰的方法可以使用温度较低的火焰，但是不适合难挥发元素的测定，而较多采用加入电离抑制剂的方法，如铯盐或钾盐。电离抑制剂在火焰中产生大量的自由电子，可以抑制目标元素基态原子的电离。加入元素的电离电位越低，抑制目标元素电离的能力越强，所需的加入量越少，但具体需要通过实验确定加入量。注意避免加入过量较多的电离抑制剂，因为会影响信号吸收，还会导致杂散光。

4.8.4.4　光谱干扰及消除方法

光谱干扰是指来自光源或原子化器的非检测用辐射进入光谱通带内，与分析元素吸收的特征辐射同时被检测到而引起的吸光度增大或减小，从而影响测定的干扰。这些非检测用辐射包括谱线干扰和背景干扰，主要来源于光源和原子化器，同共存元素也有一定关系。

光谱干扰情况多样，有重叠谱线、多重吸收线、非吸收光、分子吸收、光散射和原子化器的直流发射等，目前多采用脉冲供电方式，所以原子化器的直流干扰基本消除，其他光谱干扰基本分为谱线干扰和背景干扰两种类型。

(1) 谱线干扰

① 重叠谱线干扰 共存元素吸收线和待测元素吸收线相隔非常近时会出现谱线重叠的现象，导致测定结果偏高。但这种情况发生的概率并不高，因为原子吸收谱线比原子发射线的数目少得多，而且空心阴极灯能量一般只满足基态向第一激发态跃迁，因此只有部分共振线。但是，谱线相距很近而不为单色器所分开，或共存元素含量高时，谱线展宽，分析线两翼与邻近谱线发生重叠仍是可能的。表 4-6 给出了 13 对吸收线重叠干扰线。

表 4-6 部分吸收线重叠干扰线 (13 对)

分析线	干扰吸收线	分析线	干扰吸收线
Ca 422.673	Ge 422.657	Fe 271.903	Pt 271.904
Cd 228.802	As 228.812	Ga 403.298	Mn 403.307
Cu 324.754	Eu 324.753	Pr 492.495	Nd 492.453
Hg 253.652	Co 253.649	Sb 217.023	Pb 216.999
Zn 213.856	Fe 213.859	Sb 231.147	Ni 231.097
Al 308.215	V 308.211	Si 250.690	V 250.690
Co 252.136	In 252.137		

消除谱线重叠干扰的方法是另选其他无干扰的分析线进行测定或者采用化学分离的手段将干扰元素除去。

② 多重吸收线干扰 当光源有不止一条分析线进入光谱通带，且同时被分析元素或不同元素的原子所吸收时，都将产生多重线吸收干扰，干扰线的吸收程度较低，导致测定所得吸光度降低。

消除这种干扰的常用方法是减小光谱通带宽度，使干扰线不进入光谱通带内，如果减小光谱通带仍不能消除干扰时，则需另选其他的分析线，或选用性能优良的光源（如高强度空心阴极灯）。

③ 非吸收线干扰 光谱通带内出现的非吸收线可能来源于待测元素的其他共振线和非共振线，也可能来源于干扰元素的发射线。这些谱线并非测定用谱线却进入光谱通带被检测器检测，导致吸光度变低，灵敏度下降。

消除非吸收线干扰的方法是减小夹缝宽度，使光谱通带小到可以将该干扰分开，或者减小灯电流，降低灯内干扰元素的发光强度，或者借助化学计量学辅助校正。

(2) 背景干扰

① 分子吸收 分子吸收是原子化过程中未解离的或生成的气体分子、卤化物、氧化物、氢氧化物、盐类无机酸（主要是磷酸和硫酸）等分子或自由基对入射光的吸收干扰。在火焰和石墨炉中都存在，在预混合火焰中，背景主要是由分子吸收产生的，这是由于溶剂中碱金属卤化物、硫酸、磷酸以及燃气中乙炔、丙烷等物质在紫外区均有明显的吸收。

消除分子吸收干扰常用的方法有提高火焰温度来使分子充分解离，采用分子吸收很小的硝酸、盐酸和高氯酸等做溶剂，选择合适的火焰高度进行测量等。在预混合火焰中，背景吸收较小，且易于校正，因此火焰法的重现性相对较好。石墨炉法由于石墨管中高浓度基体挥发出来的气态分子会产生"微粒云"，引起的分子吸收相当严重。

② 光散射 试液在原子化过程中形成高分散度的固体颗粒，当入射光照射在这些固体颗粒上时，会发生散射而不能进入检测器，导致吸光度偏大。入射光波长越短，散射越强，另外试液基体浓度越大，散射干扰越严重。在预混合火焰中，颗粒物引起的光散射背景较小，但在石墨炉原子吸收光谱法中，石墨炉从管中心到管两端存在不同程度的温度梯度，样品由温度较高的管中心向温度较低的管两端扩散，在管两端重新凝聚为颗粒物，产生光散射

的现象比火焰原子吸收光谱法严重很多，不扣除背景甚至无法测量。

石墨炉法扣除背景的要求要严格许多，常用校正背景吸收的方法有非吸收线法、连续光源法、塞曼效应法、自吸收法、谱线轮廓不同波长吸收系数法和时间分辨率法等。

a. 非吸收线法扣除背景　先用分析线测量待测元素吸收和背景吸收的总吸光度，再在待测元素吸收线附近另选一条不被待测元素吸收掉的邻近非吸收线，测量试液吸光度作为背景吸收，将该背景吸收从总吸光度值中减去，就可以达到扣除背景吸收的目的。

b. 而最常用的方法是利用原子吸收光谱仪器上的氘灯、塞曼效应和自吸校正背景装置进行背景校正。详见 4.3.5 背景校正装置。

4.9　应用实例

实验 4-1　生活饮用水中铜离子含量的测定

【实验目的】

1. 能根据分析对象选择对应的国家标准分析方法。

2. 学会火焰原子吸收法分析简单液态样品的前处理方法。

3. 学会使用火焰原子吸收分光光度计并对实际样品进行准确分析测定。

【实验原理】

水中铜离子被原子化后，吸收来自铜元素空心阴极灯发出的共振线（铜 324.7nm），吸收共振线的量与样品中铜元素含量成正比。在其他条件不变的情况下，根据测量被吸收后的谱线强度，与标准系列比较定量。

【仪器与试剂】

(1) 试剂

① 所用纯水均为去离子蒸馏水。

② 金属离子标准储备液：市售铜标准储备溶液（1g/L，$w \geqslant 99.9\%$）。使用时稀释为 $0.20 \sim 5.0$mg/L 工作溶液，定容溶剂为每升含 1.5mL 硝酸（1.3）的纯水。

③ 硝酸（$\rho_{20} = 1.42$g/mL），优级纯。

④ 盐酸（$\rho_{20} = 1.19$g/mL），优级纯。

(2) 仪器

① 所有玻璃器皿，使用前均需用硝酸溶液（1+9）浸泡，并直接用纯水清洗。

② 火焰原子吸收分光光度计及铜元素空心阴极灯。

③ 抽气瓶和玻璃砂芯过滤器。

【操作步骤】

(1) 水样预处理

澄清水样可直接进行测定，悬浮物较多的水样，分析前需酸化并消化有机物。如需测定溶解的金属，则应在采样时将水通过 0.45μm 滤膜过滤，然后每升水加 1.5mL 硝酸（1.3）酸化，使 pH 小于 2。

水样中有机物一般不干扰测定，可在每升酸化水样中加 5mL 硝酸（1.3），混匀后取按水样 100mL 加 5mL HCl（1.4）比例加入盐酸，电热板上加热 15min。冷却至室温后，玻璃砂芯漏斗过滤，纯水定容至一定体积。

(2) 确定最佳实验条件

以 2.0mg/L 铜离子标准溶液测试描绘吸光度和分析线、助燃比、夹缝宽度、燃烧器高度、灯电流的曲线图，确定最佳实验条件。

（3）水样测定

编辑好方法，然后将标准、空白溶液和样品溶液依次喷入火焰，测定吸光度。描绘标准曲线，直接查出水样中铜离子质量浓度（mg/L）。

【数据记录及处理】

$$\rho_{Cu} = (\rho_1 - \rho_0)V_1/V_0$$

式中，ρ_{Cu} 为样品中铜离子的质量浓度，mg/L；ρ_1 为测试溶液中铜离子的质量浓度，mg/L；ρ_0 为空白溶液中铜离子的质量浓度，mg/L；V_1 为样品消化液的总体积，mL；V_0 为样品取样量，mL。

【注意事项】

1. 安装好空心阴极灯后应将灯室门关闭，灯在转动时不得将手放入灯室内。

2. 乙炔为易燃易爆气体，切记在点火前，先开空气，后开乙炔；结束或暂停实验时，应先关乙炔，后关空气。

3. 实验完毕，应吸喷去离子水，将火焰原子化器洗净。

【思考题】

如何检查火焰原子化器废液排出装置是否处于正常状态？

实验 4-2　美白化妆品中铅含量的测定

【实验目的】

1. 能根据分析对象选择对应的国家标准分析方法。

2. 学会火焰原子吸收法分析复杂样品的前处理方法。

3. 学会使用火焰原子吸收分光光度计并对实际样品进行准确分析测定。

【实验原理】

样品经预处理使铅以离子状态存在于样品溶液中，样品溶液中铅离子被原子化后，基态铅原子吸收来自铅空心阴极灯发出的共振线，其吸光度与样品中铅含量呈正比。在其他条件不变的情况下，根据测量被吸收后的谱线强度，与标准系列比较进行定量。方法的检出限为 0.15mg/L，定量下限为 0.50mg/L。若取 1g 样品测定，定容至 10mL，本方法的检出浓度为 1.5μg/g，最低定量浓度为 5μg/g。

【仪器与试剂】

（1）试剂

① 所用纯水均为去离子蒸馏水。

② 硝酸（$\rho_{20} = 1.42$g/mL），优级纯

③ 高氯酸 $[w(HClO_4) = 70\% \sim 72\%]$，优级纯。

④ 过氧化氢 $[w(H_2O_2) = 30]$。

⑤ 硝酸（1+1）：取硝酸（1.2）100mL，加水 100mL 混匀。

⑥ 混合酸：硝酸（1.2）和高氯酸（1.3）按 3+1 混合。

⑦ Pd 一级标准溶液 $[\rho(Pb) = 1$g/L$]$。

⑧ Pd 二级储备标准溶液 $[\rho(Pb) = 100$mg/L$]$，取 Pd 标准溶液（1.7）10.0mL，置于 100mL 容量瓶中，加硝酸溶液（1.5）2mL，用水稀释至刻度。

⑨ Pd 标准溶液 $[\rho(Pb) = 10$mg/L$]$，取 Cd 标准溶液（1.8）10.0mL，置于 100mL 容量瓶中，加硝酸溶液（1.5）2mL，用水稀释至刻度。

（2）仪器

所有玻璃器皿，使用前均需用硝酸溶液（1+9）浸泡，并直接用纯水清洗。

① 原子吸收分光光度计及其配件。

② 离心机。

③ 硬质玻璃消解管或小型定氮消解瓶。

④ 具塞比色管　10mL、25mL、50mL。

⑤ 电热板。

【操作步骤】

(1) 样品预处理——湿式消解法

准确称取混匀试样 1.00～2.00g，置于消解管中，同时做试剂空白。样品如含有乙醇等有机溶剂，先在水浴或电热板上低温挥发。若为膏霜型样品，可预先在水浴中加热，使瓶壁上样品融化流入瓶的底部。加入数粒玻璃珠，然后加入硝酸 10mL，由低温至高温加热消解，当消解液体积减少到 2～3mL，移去热源，冷却。加入高氯酸 2～5mL，继续加热消解，不时缓缓摇动使均匀，消解至冒白烟，消解液呈淡黄色或无色。浓缩消解液至 1mL 左右。冷至室温后定量转移至 10mL，如为粉类样品，则至 25mL 具塞比色管中，以水定容至刻度，备用。如样液浑浊，离心沉淀后可取上清液进行测定。

(2) 确定最佳实验条件

以 1.0mg/L 铅离子标准溶液测试描绘吸光度和分析线、助燃比、夹缝宽度、燃烧器高度、灯电流的曲线图，确定最佳实验条件。

(3) 样品测定

移取铅标准溶液 0mL、0.50mL、1.00mL、2.00mL、4.00mL、6.00mL，分别于 10mL 容量瓶中，加水稀释至刻度。按仪器操作程序，将仪器的分析条件调至最佳状态。在扣除背景吸收下，分别测定校准曲线系列、空白和样品溶液。如样品溶液中铁含量超过铅含量 100 倍，不宜采用氘灯扣除背景法，应采用塞曼效应扣除背景法，或预先除去铁（见注意事项）。绘制浓度-吸光度曲线计算样品含量。

【数据记录及处理】

计算公式：
$$w_{(Pb)} = (\rho_1 - \rho_0)V/m$$

式中，$w_{(Pb)}$ 为样品中铅的质量分数，$\mu g/g$；ρ_1 为测试溶液中铅的质量浓度，mg/L；ρ_0 为空白溶液中铅的质量浓度，mg/L；V 为样品消化液的总体积，mL；m 为样品取样量，g。

【注意事项】

1. 样品中如富含钙离子，前处理需要加 EDTA 掩蔽剂。

2. 高氯酸为爆炸品，使用时需注意先用硝酸破坏易爆炸有机物，并不得烧干及其他安全操作事项。

3. 除铁测定方法为：将标准、空白和样品溶液转移至蒸发皿中，在水浴上蒸发至干。加入盐酸（7mol/L）10mL 溶解残渣，转移至分液漏斗中，用等量的甲基异丁基酮（MIBK）萃取 2 次，保留盐酸溶液。再用盐酸（7mol/L）5mL 洗甲基异丁基酮（MIBK）层，合并盐酸溶液，必要时赶酸，定容。按仪器操作程序进行测定。

【思考题】

本实验如不采用加入 EDTA 掩蔽剂消除干扰，还可以采用何种方法消除干扰？

实验 4-3　食品中镉含量的测定

【实验目的】

1. 能根据分析对象选择对应的国家标准分析方法。

2. 学会石墨炉原子吸收法分析复杂固体样品的前处理方法。

3. 学会使用石墨炉原子吸收分光光度计并对实际样品进行准确分析测定。

【实验原理】

试样经灰化或酸消解后，注入原子吸收分光光度计石墨炉中，电热原子化后吸收 228.8nm 共振线，在一定浓度范围内，其吸收值与镉含量成正比，与标准系列比较定量。

【仪器与试剂】

(1) 试剂

① 硝酸：优级纯。

② 硫酸。

③ 过氧化氢（30%）。

④ 高氯酸：优级纯。

⑤ 硝酸（1+1）：取 50mL 硝酸，慢慢加入 50mL 水中。

⑥ 硝酸（0.5mol/L）：取 3.2mL 硝酸，加入 50mL 水中，稀释至 100mL。

⑦ 盐酸（1+1）：取 50mL 浓盐酸慢慢加入 50mL 水中。

⑧ 磷酸铵溶液（20g/L）：称取 2.0g 磷酸二氢铵，以水溶解稀释至 100mL。

⑨ 混合酸：硝酸+高氯酸（4+1）。取 4 份硝酸与 1 份高氯酸混合。

⑩ 镉标准储备液（1g/L）：市售基准溶液（纯度 99.9% 以上）。

⑪ 镉标准使用液（100ng/mL）：每次吸取铅标准储备液 10.0mL 于 100mL 容量瓶中，加硝酸（0.5mol/L）至刻度。如此经多次稀释成含 10.0ng/mL、20.0ng/mL、40.0ng/mL、60.0ng/mL、80.0ng/mL 镉的标准使用液。

(2) 仪器

① 所有玻璃器皿，使用前均需用硝酸溶液（1+5）浸泡过夜，并直接用纯水反复清洗干净。

② 原子吸收分光光度计（石墨炉及镉元素空心阴极灯）。

③ 马弗炉。

④ 天平：感量为 1mg。

⑤ 干燥恒温箱。

⑥ 瓷坩埚。

⑦ 可调式电热板、可调式电炉。

【操作步骤】

① 样品预处理

a. 在采样和制备过程中，应注意不使试样污染。

b. 粮食、豆类去杂物后，磨碎，过 20 目筛，储于塑料瓶中，保存备用。

c. 蔬菜、水果、鱼类、肉类及蛋类等水分含量高的鲜样，用食品加工机或匀浆机打成匀浆，储于塑料瓶中，保存备用。

② 试样消解　可根据实验室条件选用压力罐、微波消解、干法灰化、湿法消解等任意一种。以干法灰化为例：称取 1～5g 试样（精确至 0.001g，根据镉含量而定）于瓷坩埚中，先小火在可调式电热板上炭化至无烟，移入马弗炉 500℃ 灰化 6～8h，冷却。若个别试样灰化不彻底，则加 1mL 混合酸在可调式电炉上小火加热，反复多次直到消化完全，放冷，用硝酸（0.5mol/L）将灰分溶解，用滴管将试样消化液洗入或过滤入（视消化液有无沉淀而定）10～25mL 容量瓶中，用水少量多次洗涤瓷坩埚，洗液合并于容量瓶中并定容至刻度，混匀备用；同时作试剂空白。

③ 测定

a. 仪器条件　根据各自仪器性能调至最佳状态。参考条件为波长 228.8nm，狭缝0.5～1.0nm，灯电流 8～10mA，干燥温度 120℃，20s；灰化温度 350℃，持续 15～20s，原子化温度：1700～2300℃，持续 4～5s，背景校正为氘灯或塞曼效应。

b. 标准曲线的绘制　吸取上面配制的镉标准使用液 0.0mL、1.0mL、2.0mL、3.0mL、5.0mL、7.0mL、10.0mL 于 100mL 容量瓶中稀释至刻度，相当于 0.0ng/mL、1.0ng/mL、2.0ng/mL、3.0ng/mL、5.0ng/mL、7.0ng/mL、10.0ng/mL，各吸取 10μL 注入石墨炉中，测得其吸光值并求得吸光值与浓度关系的一元线性回归方程。

c. 试样测定　分别吸取样液和试剂空白液各 10μL，注入石墨炉，测得其吸光值，代入标准系列的一元线性回归方程中求得样液中的镉含量。

d. 基体改进剂的使用　对有干扰试样，则注入适量的基体改进剂磷酸二氢铵溶液（一般为＜5μL 或与试样同量）消除干扰。绘制镉标准曲线时也要加入与试样测定时等量的基体改进剂磷酸铵溶液。

【数据结果与处理】

试样中镉含量计算公式为　　　$X = (A_1 - A_0)V/m$

式中，X 为试样中铅含量，μg/kg 或 μg/L；A_1 为测定消化试样中镉含量，ng/mL；A_0 为空白液中镉含量，ng/mL；V 为试样消化液定量总体积，mL；m 为试样质量或体积，g 或 mL。

以重复性条件下获得的两次独立测定结果的算术平均值表示，结果保留两位有效数字。在重复性条件下获得的两次独立测定结果的绝对差值不得超过算术平均值的 20%。

【注意事项】

1. 样品灰化处理时，一定不能让坩埚钳的头部接触坩埚内壁，避免引起污染，造成测量结果偏高。

2. 与火焰法不同，石墨炉法背景干扰严重，必须进行背景校正。

【思考题】

为什么要对石墨管进行"空烧"操作？

4.10　本章小结

4.10.1　方法特点

原子吸收分光光度法有很多优点。

（1）选择性非常好。由于谱线仅发生在主线系，而且谱线很窄，线重叠概率较小，所以原子吸收光谱产生谱线干扰的概率很小。只要实验条件合适，共存元素不会在测量过程中产生有效干扰，所以样品预处理后可以不必分离共存元素而直接测定。

（2）灵敏度高而检出限低。原子吸收光谱分析法是目前最灵敏的方法之一。火焰原子吸收法的检出限可达 10^{-9}g/L，石墨炉原子吸收法的检出限可达到 $10^{-14} \sim 10^{-10}$g/L。如采用预富集方法，其灵敏度可进一步提高。由于该方法的灵敏度高，因此分析时需要的进样量很少，尤其是石墨炉法测定时，这对于试样来源困难的分析是极为有利的。

（3）精密度高。火焰原子吸收法的精密度较好，在一般的微、痕量测定中，精密度为 1%～3%。如果仪器性能好可控制 RSD＜1%。石墨炉原子吸收法较火焰法的精密度稍低，一般 RSD 可控制在 5% 左右，如目标元素含量极低，RSD 的要求可适当放宽。

（4）分析快速，自动化程度高。一次测量仅耗时 0.5～3min，采用自动进样器可实现整个分析过程的自动化。如仪器具备连续测试功能还可实现多种元素的连续测定。

（5）分析范围广。在原子吸收光谱分析中可测定的是元素种类，约 70 多种。不管样品目标元素含量高低、元素是何种性质、何种结构、样品是何种状态，基本都可以采用这种方法进行分析，因此原子吸收光谱法在各个生产领域的应用十分广泛。

原子吸收光谱法的不足如下。

（1）不能实现多元素同时分析，即使采用多元素灯也需要逐一分析，而且为保证测量效果，一般采用单元素灯，故测定不同元素时，常需更换光源灯。

（2）部分元素测定灵敏度较低。原子吸收虽可测 70 多种元素，但难熔元素因原子化条件较高，测量效果并不理想，磷、硫等共振线处于真空紫外区域的元素测量灵敏度也较低。

（3）标准工作曲线的线性范围窄，尤其是石墨炉原子吸收法，线性范围多在一个数量级范围，分析过程常需要反复实验，才能确定最终测定量，工作比较不便。

（4）对于某些基体复杂的样品分析，尚存某些干扰问题需要解决。在高背景低含量样品测定任务中，精密度下降。如何进一步提高灵敏度和降低干扰，仍是当前和今后原子吸收光谱分析工作者研究的重要课题。

4.10.2　重点掌握

4.10.2.1　理论要点

（1）重要概念　锐线光源、共振吸收线、吸收轮廓、中心频率、峰值吸收系数、谱线变宽、光谱通带、基体效应、光谱干扰、化学干扰、物理干扰、背景干扰等。

（2）基本原理　原子吸收的基本原理，谱线变宽理论，扣除背景的原理，定量分析的原理。

（3）计算公式：

灵敏度公式：
$$s = dA/dc$$

特征浓度和特征质量公式：

特征浓度＝（标样浓度×0.0044）/标样吸光度

特征质量＝（标样浓度×0.0044×进样体积）/标样吸光度

检出限计算公式：

$D_c = c \times 3\sigma/A$ 或 $D_m = cV \times 3\sigma/A$（$D_c$ 为相对检出限，$\mu g/mL$；D_m 为绝对检出限，g）

朗伯-比耳定量测定公式：
$$A = Kc$$

空白回收率公式：回收率%＝（标准样品测定值/标准样品真实值）×100%

样品加标回收率公式：

回收率%＝（加入标样测定值－未加标样测定值）/标样加入量×100%

4.10.2.2　实操技能

（1）基本操作技能

仪器的开关机操作；高压气体钢瓶的使用（总阀、减压阀等的调节）；空气压缩机的使用和维护；仪器软件的操作；仪器测试条件的调试；氘灯消除背景操作；废液的处理；样品的多种预处理方法；标准溶液的配制等。

（2）仪器的维护使用

气体钢瓶的检漏和日常维护；空心阴极灯的安装和拆卸；燃烧器的清洁和拆装；雾化室的拆卸清洁和安装；石墨管的清洁和拆装；自动进样器的使用与维护；循环水系统的监控等。

（3）安全及其他

可燃气体的安全操作、高压气瓶的安全操作、废液的正确处理；常见故障的排除；整洁有序的实验环境。

4.11　思考及练习题

1. 名词解释

锐线光源　基体改进剂　富燃火焰　灵敏度　检出限　特征浓度　标准加入法

2. 单项选择题

(1) 火焰原子吸收光谱法的测定工作原理是 （　　）。

A. 比耳定律　　　　　B. 玻耳兹曼方程式　　C. 罗马金公式　　　D. 光的色散原理

(2) 使原子吸收谱线变宽的因素较多，其中（　　）是主要因素。

A. 压力变宽　　　　　B. 洛伦兹变宽　　　　C. 温度变宽　　　　D. 多普勒变宽

(3) 为保证峰值吸收的测量，要求原子吸收分光光度计的光源发射出的线光谱比吸收线宽度（　　）。

A. 窄而强　　　　　　B. 宽而强　　　　　　C. 窄而弱　　　　　D. 宽而弱

(4) 由原子无规则的热运动所产生的谱线变宽称为（　　）。

A. 自然变宽　　　　　B. 赫鲁兹马克变宽　　C. 洛伦兹变宽　　　D. 多普勒变宽

(5) 原子吸收分光光度法中的吸光物质的状态应为（　　）。

A. 激发态原子蒸气　　B. 基态原子蒸气　　　C. 溶液中分子　　　D. 溶液中离子

(6) 原子吸收分析中可以用来表征吸收线轮廓的是（　　）。

A. 发射线的半宽度　　B. 中心频率　　　　　C. 谱线轮廓　　　　D. 吸收线的半宽度

(7) 原子吸收光谱产生的原因是（　　）。

A. 分子中电子能级跃迁　　　　　　　　　B. 转动能级跃迁

C. 振动能级跃迁　　　　　　　　　　　　D. 原子最外层电子跃迁

(8) 原子吸收光谱法是基于从光源辐射出待测元素的特征谱线，通过样品蒸气时，被蒸气中待测元素的（　　）所吸收，由辐射特征谱线减弱的程度，求出样品中待测元素的含量。

A. 分子　　　　　　　B. 离子　　　　　　　C. 激发态原子　　　D. 基态原子

(9) 原子吸收光谱是（　　）。

A. 带状光谱　　　　　B. 线性光谱　　　　　C. 宽带光谱　　　　D. 分子光谱

(10) 在原子吸收分析中，下列火焰组成中温度最高的是（　　）。

A. 空气-煤气　　　　　B. 空气-乙炔　　　　C. 氧气-氢气　　　　D. 笑气-乙炔

(11) 原子吸收光谱法是基于从光源辐射出（　　）的特征谱线，通过样品蒸气时，被蒸气中待测元素的基态原子所吸收，由辐射特征谱线减弱的程度，求出样品中待测元素含量。

A. 待测元素的分子　　　　　　　　　　　B. 待测元素的离子

C. 待测元素的电子　　　　　　　　　　　D. 待测元素的基态原子

(12) 充氖气的空心阴极灯负辉光的正常颜色是（　　）。

A. 橙色　　　　　　　B. 紫色　　　　　　　C. 蓝色　　　　　　D. 粉红色

(13) 双光束原子吸收分光光度计与单光束原子吸收分光光度计相比，前者突出的优点是（　　）。

A. 可以抵消因光源的变化而产生的误差　　B. 便于采用最大的狭缝宽度

C. 可以扩大波长的应用范围　　　　　　　D. 允许采用较小的光谱通带

(14) 下列不属于原子吸收分光光度计组成部分的是（　　）。

A. 光源　　　　　　　B. 单色器　　　　　　C. 吸收池　　　　　D. 检测器

(15) 现代原子吸收光谱仪的分光系统的组成主要是（　　）。

A. 棱镜＋凹面镜＋狭缝　　　　　　　　　B. 棱镜＋透镜＋狭缝

C. 光栅＋凹面镜＋狭缝　　　　　　　　　D. 光栅＋透镜＋狭缝

(16) 欲分析 165～360nm 的波谱区的原子吸收光谱，应选用的光源为（　　）。

A. 钨灯　　　　　　　B. 能斯特灯　　　　　C. 空心阴极灯　　　D. 氘灯

(17) 原子吸收分光光度计的核心部分是（　　）。

A. 光源　　　　　　　　　　　　　B. 原子化器

C. 分光系统　　　　　　　　　　　D. 检测系统

(18) 原子吸收分析对光源进行调制，主要是为了消除（　　）。

A. 光源透射光的干扰　　　　　　　B. 原子化器火焰的干扰

C. 背景干扰　　　　　　　　　　　D. 物理干扰

(19) 原子吸收光谱分析仪中单色器位于（　　）。

A. 空心阴极灯之后　　B. 原子化器之后　　C. 原子化器之前　　D. 空心阴极灯之前

(20) 对大多数元素，日常分析的工作电流建议采用额定电流的（　　）。

A. 30%～40%　　　B. 40%～50%　　　C. 40%～60%　　　D. 50%～60%

(21) 空心阴极灯的主要操作参数是（　　）。

A. 内冲气体压力　　　B. 阴极温度　　　　C. 灯电压　　　　D. 灯电流

(22) 使用空心阴极灯不正确的是（　　）。

A. 预热时间随灯元素的不同而不同，一般 20～30min 以上

B. 低熔点元素灯要等冷却后才能移动

C. 长期不用，应每隔半年在工作电流下 1h 点燃处理

D. 测量过程不要打开灯室盖

(23) 原子吸收光谱法中，当吸收线附近无干扰线存在时，下列说法正确的是（　　）。

A. 应放宽狭缝，以减少光谱通带　　　　B. 应放宽狭缝，以增加光谱通带

C. 应调窄狭缝，以减少光谱通带　　　　D. 应调窄狭缝，以增加光谱通带

(24) As 元素最合适的原子化方法是（　　）。

A. 火焰原子化法　　　B. 氢化物原子化法　　C. 石墨炉原子化法　　D. 等离子原子化法

(25) 火焰原子化法中，试样的进样量一般在（　　）为宜。

A. 1～2mL/min　　　B. 3～6mL/min　　　C. 7～10mL/min　　　D. 9～12mL/min

(26) 选择不同的火焰类型主要是根据（　　）。

A. 分析线波长　　　　B. 灯电流大小　　　C. 狭缝宽度　　　　D. 待测元素性质

(27) 原子吸收的定量方法——标准加入法，消除了下列哪些干扰（　　）。

A. 基体效应　　　　　B. 背景吸收　　　　C. 光散射　　　　D. 电离干扰

(28) 原子吸收检测中消除物理干扰的主要方法是（　　）。

A. 配制与被测试样相似组成的标准溶液　　B. 加入释放剂

C. 使用高温火焰　　　　　　　　　　　　D. 加入保护剂

(29) 下列几种物质对原子吸收分光光度法的光谱干扰最大的是（　　）。

A. 盐酸　　　　　　　B. 硝酸　　　　　　C. 高氯酸　　　　D. 硫酸

(30) 用原子吸收光谱法测定钙时，加入 EDTA 是为了消除（　　）的干扰。

A. 硫酸　　　　　　　B. 钠　　　　　　　C. 磷酸　　　　　D. 镁

(31) 原子吸收分光光度法测定钙时，PO_4^{3-} 有干扰，消除的方法是加入（　　）。

A. $LaCl_3$　　　　　B. NaCl　　　　　　C. CH_3COCH_3　　　D. $CHCl_3$

(32) 用原子吸收光谱法测定钙时，加入（　　）是为了消除磷酸的干扰。

A. EBT　　　　　　　B. 氯化钙　　　　　C. EDTA　　　　　D. 氯化镁

(33) 原子吸收分光光度法的背景干扰，主要表现为（　　）形式。

A. 火焰中被测元素发射的谱线　　　　　B. 火焰中干扰元素发射的谱线

C. 光源产生的非共振线　　　　　　　　D. 火焰中产生的分子吸收

(34) 下列火焰适于 Cr 元素的测定（　　）。

    A. 中性火焰   B. 化学计量火焰   C. 富燃火焰   D. 贫燃火焰

(35) 吸光度由 0.434 增加到 0.514 时，则透光率 T（   ）。

    A. 增加了 6.2%   B. 减少了 6.2%

    C. 减少了 0.080   D. 增加了 0.080

(36) 原子吸收分光光度法中，对于组分复杂，干扰较多而又不清楚组成的样品，可采用以下定量方法（   ）。

    A. 标准加入法   B. 工作曲线法   C. 直接比较法   D. 标准曲线法

(37) 原子吸收光谱定量分析中，适合于高含量组分的分析的方法是（   ）。

    A. 工作曲线法   B. 标准加入法   C. 稀释法   D. 内标法

(38) 在原子吸收光谱分析法中，要求标准溶液和试液的组成尽可能相似，且在整个分析过程中操作条件应保持不变的分析方法是（   ）。

    A. 内标法   B. 标准加入法   C. 归一化法   D. 标准曲线法

(39) 原子吸收仪器中溶液提升喷口与撞击球距离太近，会造成下面（   ）。

    A. 仪器吸收值偏大   B. 火焰中原子去密度增大，吸收值很高

    C. 雾化效果不好、噪声太大且吸收不稳定   D. 溶液用量减少

(40) 在原子吸收分析中，测定元素的灵敏度、准确度及干扰等，在很大程度上取决于（   ）。

    A. 空心阴极灯   B. 火焰   C. 原子化系统   D. 分光系统

(41) 调节燃烧器高度目的是为了得到（   ）。

    A. 吸光度最大   B. 透光率最大   C. 入射光强最大   D. 火焰温度最高

(42) 用原子吸收分光光度法测定高纯 Zn 中的 Fe 含量时，应当采用（   ）的盐酸。

    A. 优级纯   B. 分析纯   C. 工业级   D. 化学纯

(43) 原子吸收分光光度计工作时需用多种气体，下列哪种气体不是 AAS 室使用的气体（   ）。

    A. 空气   B. 乙炔气   C. 氩气   D. 氧气

(44) 原子吸收分光光度计开机预热 30min 后，进行点火试验，但无吸收。导致这一现象的原因中下列哪一个不是（   ）。

    A. 工作电流选择过大，对于空心阴极较小的元素灯，工作电流大时没有吸收

    B. 燃烧缝不平行于光轴，即元素灯发出的光线不通过火焰就没有吸收

    C. 仪器部件不配套或电压不稳定

    D. 标准溶液配制不合适

(45) 原子吸收分光光度计噪声过大，分析其原因可能是（   ）。

    A. 电压不稳定

    B. 空心阴极灯有问题

    C. 灯电流、狭缝、乙炔气和助燃气流量的设置不适当

    D. 燃烧器缝隙被污染

(46) 在使用火焰原子吸收分光光度计做试样测定时，发现火焰骚动很大，这可能的原因是（   ）。

    A. 助燃气与燃气流量比不对   B. 空心阴极灯有漏气现象

    C. 高压电子元件受潮   D. 波长位置选择不准

(47) 在原子吸收分光光度计中，若灯不发光可（   ）。

    A. 将正、负极反接 30min 以上   B. 用较高电压（600V 以上）启辉

    C. 串接 2～10kΩ 电阻   D. 在 50mA 下放电

(48) 在原子吸收分析中，当溶液的提升速度较低时，一般在溶液中混入表面张力小、密度小的有机溶剂，其目的是（　　）。

A. 使火焰容易燃烧　　B. 提高雾化效率　　C. 增加溶液黏度　　D. 增加溶液提升量

(49) 原子吸收分光光度计调节燃烧器高度目的是为了得到（　　）。

A. 吸光度最小　　　B. 透光率最小　　　C. 入射光强最大　　　D. 火焰温度最高

3. 计算题

(1) 火焰法测定某溶液中的铬元素，分析线 357.869nm，用工作曲线法，按下表加入 100μg/mL 铬标液，用（2+100）硝酸稀释至 50mL。测定吸光度为：

加入 100μg/mL 铬标液的体积/mL	1.00	2.00	3.00	4.00	5.00
吸光度	0.089	0.175	0.265	0.351	0.442

另取样品 10mL 加入 50mL 容量瓶中，用（2+100）硝酸定容，测得吸光度为 0.152。试计算样品中铬元素的浓度。

(2) 称取某含镍试样 1.8952g，经前处理步骤形成溶液，移入 100mL 容量瓶中，稀释至刻度。在 5 个 100mL 容量瓶内，分别精确加入试液 10.00mL，再依次加入浓度为 0.10mg/mL 的镍标准溶液 0.00mL、0.50mL、1.00mL、1.50mL、2.00mL，稀释至刻度，摇匀，在原子吸收分光光度计上测得相应吸光度分别为 0.071、0.201、0.343、0.482、0.626，求试样中镍的质量分数。

4. 简答题

(1) 用火焰原子吸收法测定水样中钙含量时，磷酸根的存在会干扰钙含量的准确测定。请说明这是什么形式的干扰？如何消除？

(2) 火焰原子吸收光谱法中应对哪些仪器操作条件进行选择？分析线选择的原则是什么？

(3) 试画出原子吸收分光光度计的结构框图。各部件的作用是什么？

5. 开放性题目

市质量技术监督局从市场抽检了一批儿童毛绒玩具，欲测定其中镉含量，请设计采用原子吸收法测定该样品 Cd 含量的试验方案（包括最佳实验条件的选择，干扰消除，样品处理，定量方法，数据报告）。

参 考 文 献

[1] 黄一石，吴明华，杨小林. 仪器分析。第 2 版. 北京：化学工业出版社，2008.
[2] 邓勃. 原子吸收光谱分析的原理、技术和应用. 北京：清华大学出版社，2004.
[3] 丁敬敏，吴朝华. 仪器分析测试技术. 北京：化学工业出版社，2011.
[4] 邓勃，何华焜. 原子吸收光分析. 北京：化学工业出版社，2004.
[5] 谷雪贤，黎春怡，刘迎春. 仪器分析使用技术. 北京：化学工业出版社，2011.
[6] 穆华荣. 分析仪器维护. 北京：化学工业出版社，2006.
[7] 陈集，朱鹏飞. 仪器分析教程. 北京：化学工业出版社，2009.
[8] 王炳强，高洪潮. 仪器分析-光谱与电化学分析技术. 北京：化学工业出版社，2010.
[9] 中华人民共和国国家标准. 《生活饮用水卫生标准》GB 5749—2006，《生活饮用水标准方法金属指标》GB/T 5750.6—2006.
[10] 中华人民共和国卫生部.《化妆品卫生规范 2007 版》，2007.
[11] 中华人民共和国国家标准.《食品中镉的测定》GB/T 5009.15—2003.

5 原子发射光谱法

5.1 概述

5.1.1 方法定义

原子发射光谱法（atomic emission spectrometry，AES），是利用物质在热激发或电激发下，处于激发态的某种元素的原子或离子发射的特征光谱来判断物质的组成，而进行元素的定性与定量分析的一种分析方法。

直流电弧、交流电弧、电火花等曾经是原子发射光谱的主要光源，但随着科学技术的发展，近年来在光源上有了重要发展。目前广泛应用的原子发射光谱光源是等离子体，包括电感耦合等离子体（inductively coupled plasma，ICP）、直流等离子体及微波等离子体，其中电感耦合等离子体（ICP）具有优越的性能，现已成为最主要的激发光源。因此本章着重介绍电感耦合离子体发射光谱（ICP-AES），并对电感耦合等离子体质谱（ICP-MS）进行简单介绍。

5.1.2 发展历程

原子发射光谱的出现已有一百多年的历史，按其发展过程大致可分为三个阶段，即定性分析阶段、定量分析阶段和等离子体光谱技术时代三个阶段。

（1）定性分析阶段

1859 年，本生（R. W. Bunsen）和基尔霍夫（G. R. Kirchhoff）通过研究食盐发出的黄色谱线，发现了光谱与物质组成之间的关系，并确认不同物质有其特征光谱，建立了光谱定性分析的基础，从而开启了原子发射光谱分析的第一阶段。此后若干年内，利用原子发射光分析技术在发现新元素及填充门捷列夫周期表上做出了巨大贡献。1861 年，在硒渣中发现了铊（Tl），1863 年，在不纯的硫化锌中发现了铟（In），1875 年，从闪锌矿发现镓（Ca），1879 年，发现稀土元素钬（Ho）、钐（Sm）及铥（Tm）。1885 年，发现镨（Pr）和钕（Nd），1907 年发现镥（Lu）。利用发射光谱法还发现了一些稀有气体。

（2）定量分析阶段

进入 20 世纪后，由于工业的发展，迫切需要能快速给出试样成分的分析技术。原子发射光谱发展了一系列的可以完成定量分析测定的新技术。1925 年，Gerlach 提出了定量分析的内标原理。1930～1931 年，罗马金（Lomakin）和赛伯（Scheibe）分别提出定量分析的经验公式，确定了谱线发射强度和浓度的关系。由于仪器制造技术的发展，光谱分析在各个领域得到广泛应用。第二次世界大战中，各国争相发展军事工业也扩宽了光谱分析的应用领域。为了解决核燃料的纯度分析，美国和前苏联分别发展高纯材料的载体蒸馏法光谱分析和蒸发法光谱分析。光栅刻制技术的改进使光栅光谱技术逐渐推广应用。前苏联光谱家 MOH 解释了罗马金-塞伯公式的物理意义，使光谱定量技术更加完善。直流电弧、交流电弧和电火花是这一时期广泛采用的激发光源。

（3）等离子体光谱技术时代

原子发射光谱技术的发展在很大程度上取决于激发光源技术的改进。20 世纪 50 年代广泛使用的电弧光源和火花光源主要缺点是重复性差，测量误差大，采用固体试样使样品处理和标样制备困难，这些原因使得在 20 世纪 60 年代至 70 年代初期，原子发射光谱分析作为一种通用的分析工具经历了一场剧烈的衰退，与此同时原子吸收光谱等其他分析技术却在快速发展。

其实在 20 世纪 50 年初，人们已开始探讨用等离子体代替传统的电弧光源和火花光源。直到 1961～1962 年，美国的材料物理学家 Reed 在控制单晶体研究时设计了切向气流稳定的三重同心矩管，解决了等离子体的稳定问题，才使得 ICP 光谱技术应用有了突破性进展。1971 年，Fessel 在第 19 届国际光谱学会议做了一个长达 74 页的专题报告，介绍各种等离子体光源的发展和技术现状，标志着原子发射光谱进入等离子体光源时代。

随着 ICP 光谱技术的改进和分析应用领域的扩大，1975 年出现了商品 ICP-AES 仪器。它是由 ARL 公司将 ICP 光源配在多通道光谱仪上组成的。多道 ICP 光谱仪由于改换分析线和分析元素比较困难，使 ICP 光源的多元素检测能力受到限制。1978～1979 年 Fassel 研究组又成功地研究出程序控制扫描型 ICP 单色器系统，这种在计算机控制下顺序测定多种元素的 ICP 仪器后来称为顺序扫描 ICP 光谱仪，该仪器具有很好的灵活性和较低的价格，促进 ICP 光谱技术更广泛的应用。虽然顺序等离子体光谱技术具有灵活地选择分析线及扣除光源背景的优点，但显著降低了分析速度，特别在多元素分析时，增加了分析时间，精密度也受到影响。20 世纪 80 年代末和 90 年代初二极管阵列检测器 ICP 光谱仪、电荷耦合检测器 ICP 光谱仪和电荷注入检测器 ICP 光谱仪相继问世并投入实际样品分析。

5.1.3 最新技术及发展趋势

ICP 光谱技术在迅速发展的同时，也还存在着长期不可克服的缺点。例如样品前处理复杂，需萃取、浓缩富集或抑制干扰，仪器的检测限或灵敏度有时达不到指标要求等。

电感耦合等离子体质谱仪（ICP-MS），是 20 世纪 80 年代发展起来的一种新的微量（10^{-6}）、痕量（10^{-9}）和超痕量（10^{-12}）元素分析技术，该技术几乎克服了上述大多数分析法的缺点，并在此基础上发展起来了更加完善的元素分析法，因而被称为当代分析技术的重大发展。与传统无机分析技术相比，ICP-MS 技术提供了最低的检出限、最宽的动态线性范围、干扰最少、分析精密度高、分析速度快、可进行多元素同时测定以及可提供精确的同位素信息等分析特性。

ICP-MS 与其他技术的联用，成为当前研究和应用的热门课题。用 GC-ICP-MS（气相色谱-电感耦合等离子体-质谱）联用技术分离测定二甲基铅、二乙基铅多种有机铅形态，用该技术研究生物对 Hg 的甲基化及富集作用。与环境化学、毒理学等生命科学研究关系最密切的应用当属高效液相色谱（HPLC）与 ICP-MS 联用技术。把 HPLC 具有的高效的分离能力和 ICP-MS 具有的极低的检测限、宽的动态线性范围、干扰少、分析精密度高、速度快和可测定多元素等优点联用，可用于研究中草药、藻类、鱼类、人类等生物体内 Cd、Se、As、Cu、Zn、Pb 等元素与多种氨基酸、多肽和蛋白质结合的机理以及某些元素对酶的位点的作用过程。另外，某些维生素大环化合物和 DNA 片段与金属元素的作用也在 HPLC-ICP-MS 的联用技术发展中得到应用。高效毛细管电泳（CE）技术是当前最强有力的分离技术，

CE 与 ICP-MS 的强检测能力结合起来是将来联用技术最有潜力的应用领域。许多科学家都已在这一领域做了探索工作，并在生物化学领域有了一些具体的应用。

5.2 分析对象及应用领域

5.2.1 分析对象

ICP 发射光谱法，应用仪器有 ICP-AES 和 ICP-MS，两者均可在很短的时间内实现多元素同时分析，主要用于无机元素的定性和定量分析。分析的元素为大多数的金属和硅、磷、硫等少量的非金属，ICP-MS 甚至可以分析放射性元素和同位素。

5.2.2 应用领域

ICP-AES 在一般情况下，用于 1‰ 以下含量的组分测定，检出限可达 10^{-6} 级，甚至 10^{-9} 级，精密度为 $\pm 10\%$ 左右，线性范围 4~6 个数量级。ICP-MS 的检出限一般在 10^{-9} 级，线性范围可达 9 个数量级（$10^{-12} \sim 10^{-3}$）。ICP-AES 可有效地用于测量高、中、低含量的元素，被广泛地应用于稀土分析、贵金属分析、合金材料、电子产品、医药、食品、石油化工、环境等样品分析。近年来，在生命科学领域中也显示了巨大的应用潜力。

5.3 仪器的基本组成部件和作用

ICP-AES 基本结构包括激发光源、分光系统、进样系统和检测器 4 部分，ICP-MS 除上述几部分外，还有接口和真空系统。这两种仪器一般同时配有计算机，用于仪器控制、数据处理、记录。

5.3.1 激发光源

ICP 又称感耦等离子体或高频等离子体，产生它的电源频率一般在 3~10MHz 之间，作为光谱光源的 ICP 目前仅用 27.120MHz 或 40.68MHz，功率在 0.6~1.6kW 之间，视试样特性而异。

通常 ICP 装置由高频发生器、等离子炬管和雾化器三部分组成，如图 5-1 所示。高频发生器的作用是超声高频磁场，以供给等离子体能量，用来产生和维持等离子体放电。等离子炬管由三层同心石英管组成。外管通冷却气 Ar 的目的是使等离子体离开外层石英管内壁，以避免烧毁石英管。采用切向进气，其目的是利用离心作用在炬管中心产生低气压通道，以利于进样。中层石英管通入 Ar 气维持等离子体的作用（有时也可不通入 Ar 气），为等离子体提供底部的正压力环境，并防止等离子体的高温影响中层管及最内层的样品注入管，起着托高炬焰和隔离电及热的作用。内层管内径为 1~2mm，载气载带试样气溶胶由内管注入等离子体内。试样气溶胶由气动雾化器或超声雾化器产生。用 Ar 气做工作气的优点是：Ar 是单原子惰性气体，不与试样组分形成难解离的稳定的化合物，也不会像分子那样因解离而消耗能量，有良好的激发性能，本身的光谱简单。

知识链接 I: 等离子体

等离子体是具有高位能、高动能的气体团，由离子、电子以及未电离的中性粒子（原子和分子）的集合组成，整体呈电中性。

与一般气体不同，等离子体能导电。目前制造和使用的作为发射光源的等离子体是在氩气或氦气等稀有气体中发生的火焰状放电，如电感耦合等离子体。和普通气体性质不同，普通气体由分子构成，分子之间相互作用力是短程力，仅当分子碰撞时，分子之间的相互作用力才有明显效果，理论上用分子运动论描述，在等离子体中，电子已不再被束缚于原子核，而成为高位能、高动能的自由电子。带电粒子之间的库仑力是长程力，库仑力的作用效果远远超过带电粒子可能发生的局部短程碰撞效果，等离子体中的带电粒子

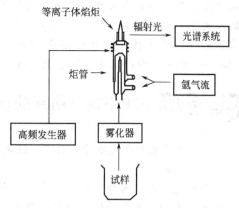

图 5-1 ICP 等离子体光源示意图

运动时，能引起正电荷或负电荷局部集中，产生电场；电荷定向运动引起电流，产生磁场。电场和磁场要影响其他带电粒子的运动，并伴随着极强的热辐射和热传导；等离子体能被磁场约束做回旋运动等。等离子体的这些特性使它区别于普通气体，被称为物质的第四态。

等离子体按温度可分为高温等离子体和低温等离子体两大类。当温度高达 $10^5 \sim 10^8\,\mathrm{K}$ 时，所有气体原子全部电离，称为高温等离子体。当温度低于 $10^5\,\mathrm{K}$ 时，气体仅部分电离，称为低温等离子体。作为光谱分析光源的 ICP 放电所产生的等离子体属于低温等离子体，最高温度不超过 $10^4\,\mathrm{K}$，其电离度约为 0.1%。

知识链接Ⅱ: ICP的形成过程

参见图 5-2，当高频电源与围绕在等离子炬管外的负载感应线圈接通时，高频感应电流流过线圈，产生轴向高频磁场。此时向炬管的外管内切线方向通入冷却气 Ar，中层管内轴向（或切向）通入辅助气体 Ar，并用高频点火装置引燃，使气体触发产生载流子（离子和电子）。当载流子多至足以使气体有足够的电导率时，在垂直于磁场方向的截面上产生环形

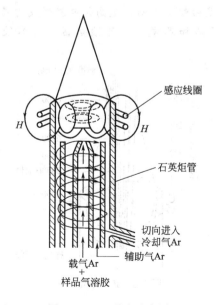

图 5-2 ICP 形成示意图

涡电流。几百安的强大感应电流瞬间将气体加热至 10000K，在管口形成一个火炬状的稳定的等离子焰炬。等离子焰炬形成后，从内管通入载气，在等离子炬的轴向形成一个通道。由雾化器供给的试样气溶胶经通道由载气带入等离子焰炬中，试样被等离子体间接加热至 6000~7000K，进行蒸发、原子化和激发。

知识链接Ⅲ: ICP中氩气所起的作用

ICP 主要在氩气气氛中工作，3 股氩气所起的作用各不相同，分别如下。

（1）冷却气

沿切线方向引入外管，它主要起冷却作用，保护石英炬管免被高温所熔化，使等离子体的外表面冷却并与管壁保持一定的距离。其流量一般为 10~20L/min，有的新型仪器已经下降到 8L/min，其流量视功率的大小以及炬管的大小、质量与冷却效果而定，冷却气也称等离子气。

（2）辅助气

通入中心管与中层管之间，其流量为 0~1.5L/min，其作用是"点燃"等离子体，并使高温的 ICP 底部与中心管、中层管保持一定的距离，保护中心管和中层管的顶端，尤其是中心管口不被烧熔或过热，减少气溶胶所带的盐分过多地沉积在中心管口上。另外，它又起到抬升 ICP，改变等离子体观察高度的作用。

（3）雾化气

也称载气或样品气，作用之一是作为动力在雾化器内将样品的溶液转化为粒径只有 1~10μm 的气溶胶，作用之二是作为载气将样品的气溶胶引入 ICP，作用之三是对雾化器、雾化室、中心管起清洗作用。雾化器的流量一般为 0.4~1.0L/min。

知识链接Ⅳ: ICP焰炬区域

ICP 焰炬分为焰心区、内焰区和尾焰区三部分，如图 5-3 所示。各区域温度不同，其功能也不相同。等离子体焰心呈白炽不透明，是高频电流形成的涡电流区，温度高达 10000K。试液气溶胶通过该区时被预热和蒸发，又称预热区。气溶胶在该区停留时间较长，约为 2ms。

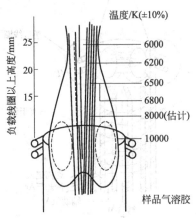

图 5-3　ICP 焰炬区域

等离子内焰区在焰心上方，在感应线圈以上 10~20mm，呈淡蓝色半透明，温度6000~

8000K，试液中原子主要在感区域被激发、电离，并产生辐射，故又称测光区。试样在内焰处停留 1ms。

等离子尾焰区在内焰的上方，呈无色透明，温度约 6000K，仅激发低能态的试样。

知识链接V: 原子发射光谱的产生

各种物质在常温下多是以固态、液态或气体这三种状态存在的，并且一般都是处于分子状态而不是原子状态。所以要获得原子发射光谱必须首先将固体或液体样品引入激发光源中使其获得能量后，经过蒸发过程转变为气态，并使气态分子进一步解离成原子状态。在一般情况下，原子是处于能量最低的基态，而基态原子不发射光谱。但当原子受到外界能量（如热能、电能等）作用时，原子中外层电子从基态跃迁到更高的能级上，处于这种状态的原子称为激发态。处于激发态的原子是不稳定的，它的寿命约为 10^{-8}s，当它从激发态返回基态或较低的能级时，多余的能量就会以光辐射的形式释放出来，产生原子发射光谱。

知识链接VI: 元素的特征谱线

在正常状态下，原子外层的价电子处于基态，原子在收到热能或电能等激发时，由基态跃迁到激发态，返回到基态时，可发射出由一系列谱线组成的线状光谱，周期表中的每一个元素都能显示出一系列的光谱线，这些线光谱对元素具有特征性和专一性，称为元素的特征光谱。如铝原子在一次电离能下，有 46 个能级，在 176～1000nm 范围内相应有 118 条光谱线。

5.3.2 分光系统

目前 ICP-AES 中采用的分光系统主要有三种类型：平面光栅、凹面光栅和中阶梯光栅。ICP 光源具有很高的温度和电子密度，对各种元素有很强的激发能力，可以激发产生原子谱线和离子谱线。由于等离子体各部分的温度不同，还可以发射出分子光谱。

分光系统的作用就是将光源发射的复合光及试样发射的光分解为按波长排列的光谱。

（1）平面光栅

平面衍射光栅是在基板上加工出密集的沟槽，在光的照射下每条刻线都产生衍射，各条刻线所衍射的光又会互相干涉，这些按波长排列的干涉条纹就构成了光栅光谱。

（2）凹面光栅

凹面衍射光栅是一种反射式衍射光栅，呈曲面状（球面或非球面），上面刻有等距离的沟槽。由凹面光栅构成的分光装置如图 5-4 所示。凹面光栅的特点是它既作为色散元件，同时又起到准直系统和成像系统的作用，显著地简化了系统结构，而且使探测波长小于 195nm 的远紫外区成为可能。因为在远紫外光谱区，特别是小于 195nm 以下时，反

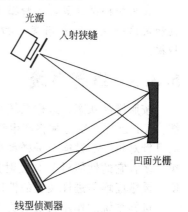

图 5-4 由凹面光栅构成
的分光装置

射膜的反射率很低，而凹面光栅可起聚光作用，省去几个光学元件，也减少了光能损失。

（3）中阶梯光栅

中阶梯光栅的工作原理较为复杂，这里只简单了解一下这种光栅的优点：与一般平面光

栅做分光元件的光谱仪相比，中阶梯光栅光谱仪光学系统的体积减小，相对孔径变大，因此光强得到提高。全波长闪耀、分辨率和衍射效率都比平面光栅好，再辅以巧妙的光路设计和先进的探测系统，使用方便灵活，响应速度快，峰值检测精度高，不存在误读问题，因此中阶梯光栅光谱仪在光谱分析领域将占有重要的地位。

知识链接：ICP光源对分光系统的要求

（1）要求分光系统具有很宽的工作波段

因为 ICP 光源具有多元素激发能力，可以测定多种元素。考虑到铝的灵敏线是167.081nm，铯的灵敏线是821nm，则分光系统的波长范围应为 165～850nm，但最常用的波长范围是 190～780nm。

（2）较高的色散能力和实际分辨能力

因为 ICP 具有很高的激发温度，其发射光谱具有丰富的谱线，Wholers 的 ICP 谱线表中记录了 185～850nm 内的约 15000 条谱线，各元素间很容易产生谱线重叠和干扰。提高分光系统的分辨光学系统可降低光谱背景，改善检出能力。

（3）良好的波长定位精度

在 ICP 光源中，谱线的物理宽度在 2～5pm 之间，要获得谱线峰值强度测量的准确值，定位精度至少在 ±0.005nm 以内，实际上对分光单色器的波长定位精度要求为 ±0.001nm以内。

（4）低的杂散光

低的杂散光可以测定痕量元素并获得可靠的结果。高浓度的 Ca 溶液可以产生强的杂散光。好的分光系统应在进样 1mg/mL Ca 溶液时，分析线波长处产生的增加值小于 0.01～0.1μg/L。用全息光栅分光装置可以降低杂散光。

（5）分光系统应具有良好的热稳定性和力学稳定性

提高其对环境的适应能力。

（6）要求具有快速检测能力

在用扫描型仪器时，扫描速度对多元素的测定的工作效率是限制因素。为了兼顾扫描速度和定位精度，可采用变速扫描，即在无光谱区采用快速扫描，在谱线窗口区采用慢速扫描。

5.3.3　进样系统

按照样品状态，进样系统可分为三大类：液体进样系统、固体进样系统和气体进样系统。ICP 进样系统通常将产生等离子焰炬的炬管及其冷却和气体控制系统列入进样系统中。而且针对每一类试样，进样系统又有许多结构、方式、方法不同的装置。总之，进样装置种类繁多，它的性能对 ICP 发射光谱分析仪分析性能有很大的影响。仪器的检出限、测量精度、灵敏度均与进样装置的性能有直接关系。

进样系统的作用就是负责合理地把待测试样品引入到 ICP 焰炬中。

5.3.3.1 进样装置

（1）液体进样装置

液体进样装置由炬管、雾化器和雾室组成。它将液体雾化以气溶胶的形式送进等离子体焰炬中。有气动雾化器（包括不同类型的同心雾化器、垂直交叉雾化器、高盐量的Blbington 式雾化器）、超声波雾化器、高压雾化器（能承受较高的气体压力）微量雾化器

（它包括进样量少的微量雾化器和循环雾化器）、耐氢氟酸的雾化器（这种雾化器是由特殊材料制作，如铂、铑或聚四氟乙烯等，可抵抗氢氟酸的腐蚀）。

（2）固体进样装置

将固体试样直接气化，以固体微粒的形式送进等离子体焰炬中。有火花烧蚀进样器（采用放电火花将样品直接烧蚀产生的气溶胶引入 ICP 焰炬中）；激光烧蚀进样器（采用激光直接照射到试样上，使之产生的气溶胶引入 ICP 焰炬中，包括激光微区烧蚀进样）；电加热进样器（类似 AA 石墨炉进样装置、钽片电加热进样装置），插入式石墨杯（Horlick 式）进样装置；悬浮液进样器（可对具有悬浮液的液体试样，引入 ICP 火焰）。

（3）气体进样装置

将气态样品直接送进等离子体焰炬中。除了气体直接进样装置外，通过氢化物发生装置，将生成气态氢化物送进等离子体焰炬中，也属气体进样方式。

5.3.3.2　ICP 炬管

根据应用的需求不同，ICP 炬管有不同的设计类型。

（1）Fassel 型炬管

Fassel 型炬管是一种常规炬管，参见图 5-5。商品化的 ICP 仪器多数采用 Fassel 型炬管。其外管外径为 20mm，壁厚 1mm；中间管外径 16mm、壁厚 1mm；内管外径为 2mm，其中心出口处内径为 1.0～1.5mm。总长度为 100～120mm。

（2）其他类型炬管

有有机物分析专用炬管、耐氢氟酸的炬管、组合式炬管等。

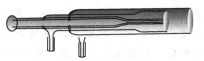

图 5-5　Fassel 型炬管

5.3.3.3　冷却和气体控制系统

冷却系统包括排风系统和循环水系统，其功能主要是有效地排出仪器内部的热量。循环水温度和排风口温度应控制在仪器要求的范围内。气体控制系统需稳定正常地运行，氩气的纯度应不小于 99.99%。

5.3.4　检测器

5.3.4.1　固体检测器

目前，在 ICP 光谱仪中广泛采用的是固体检测器。固体检测器包括电荷耦合器件（CCD）和电荷注入器件（CID）。CCD 和 CID 在紫外-可见光谱中已有介绍，这里不再赘述。

（1）电荷耦合器件

CCD（charge coupled device）是电荷耦合器件的简称。CCD 是以电荷作为信号，而不同其他大多数检测器是以电流或者电压作为信号。CCD 的基本功能是电荷存储和电荷转移。一个完整的 CCD 器件是由光敏单元、转移栅、移位寄存器及一些辅助输入、输出电路组成。CCD 在工作时，在设定的积分时间内由光敏单元对光信号进行取样，将光的强弱转换为各光敏单元的电荷多少，取样结束后各光敏单电荷由转移栅转移到移位寄存器的相应单元中。移位寄存器在驱动时钟的作用下，将信号电荷顺次转移到输出，将输出端信号接到图像显示器或其他信号存储、处理设备中，就可对信号再现或进行存储处理。

（2）电荷注入器件

CID（charge injected device）是电荷注入器件的简称。其基本结构与 CCD 相似，CID 与 CCD 的主要区别在于读出过程，在 CCD 中，信号电荷必须经过转移才能读出，信号一经读取即刻消失。而在 CID 中信号电荷不用转移，是直接注入体内形成电流来读出的。即每当积分结束时，去掉栅极上的电压，存储在势阱中的电荷少数载流子（电子）被注入到体内，从而在外电路中引起信号电流，这种读出方式称为非破坏性读取。

5.3.4.2　质谱检测器

　　质谱仪（mass spectrum）可作为 ICP 的检测器，形成一种新型仪器即 ICP-MS，可进行定性和定量分析。在 ICP-MS 中，ICP 作为质谱的高温离子源（7000K），样品在通道中进行蒸发、解离、原子化、电离等过程。离子通过样品锥接口和离子传输系统进入高真空的 MS 部分，MS 部分为四极杆扫描质谱仪（四极杆作为一种质量分析器，将在质谱一章中介绍,）通过高速顺序扫描分离测定所有离子，扫描元素质量数范围从 6 到 260，几乎能检测到地球上所有的元素，并对通过高速双通道分离后的离子进行检测，浓度线性动态范围达 9 个数量级，即从 10^{-12} 到 10^{-3} 直接测定。因此与传统无机分析技术相比，ICP-MS 技术提供了最低的检出限，最宽的动态线性范围、干扰最少、分析精密度高、分析速度快、可进行多元素同时测定以及同位素、元素形态分析。

知识链接：接口及真空系统

　　这里所说的"接口"是 ICP 离子源与质谱仪的连接装置，它的功能是将大气压下的高温氩等离子体产生的离子连续地引出，并均一地转移到真空状态的质谱仪中进行质量分离及测量。

　　ICP-MS 的接口装置如图 5-6 所示，它是由两个或三个同轴放置的圆锥体所组成（一般常用金属镍或铂制造）。图中，采样锥（或提取锥）的顶端有个直径约 1mm 的圆孔，采样锥被放置在 4000K 以上的高温等离子体中，工作时用水循环系统进行冷却。在采样锥后几毫米处，同轴放置截取锥，它的顶端有一个比采样锥小的圆孔（一般直径约 0.5mm），两锥孔相距 6～7mm。截取锥通常比采样锥的角度更锐一些，加工成一个尖嘴，以便在尖口边缘形成的冲击波最小。采样锥和截取锥之间的密闭室用一台机械真空泵保持低真空状态（约 3×10^2Pa）。在截取锥后面是离子透镜室，由另一台涡轮分子泵抽真空，使该室压力更低，一般在 3×10^{-2}Pa 以下。这样形成的大气压-低真空-高真空三个区域间的逐级压差，将使大气压下的等离子体气流先被采样锥小孔提取吸入低真空室，然后再被截取锥小孔吸进高真空的离子透镜室，最后进入真空度更高的质谱仪。

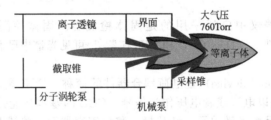

图 5-6　ICP-MS 接口（1Torr＝133.322Pa）

5.4　分析流程

　　ICP-AES 分析流程主要分为 3 步，即激发、分光和检测，参见图 5-7。由高频发生器对引入的 Ar 气产生等离子体，试样经雾化器形成气溶胶，通过载气氩气流带入到中心石英管内。等离子体光源使试样蒸发气化，离解或分解为原子状态，原子可能进一步电离成离子状态，原子及离子在光源中激发发光。利用光谱仪分光系统将光源发射的光分解为按波长排列的光谱。利用单色器将复合光分解成单色光或有一定宽度的谱带。利用光电转换器检测光谱，按测定得到的光谱波长对试样进行定性分析，按发射光强度进行定量分析。

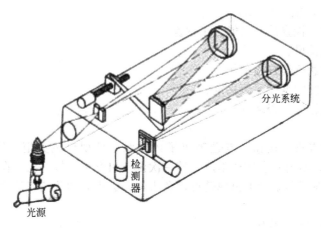

图 5-7　ICP 发射光谱分析流程

5.5　仪器类型及生产厂家

目前 ICP-AES 主要分为多道型、单道扫描型以及全谱直读型，其中多道型和单道扫描型代表的是 20 世纪 80 年代的技术水平，它们以光电倍增管为检测器，技术上较落后。其中多道型已几乎退出历史舞台，单道扫描型以其合适的价格和灵活方便仍占有一定的市场份额。全谱直读型代表了当今 ICP 的最新技术水平，已成为 ICP 发射光谱仪的主流。

这类仪器采用 CCD 或 CID 检测器，可同时检测 165～800nm 的波长范围内出现的全部谱线，具有同时检测几千条谱线的能力，且中阶梯光栅加棱镜分光系统，使得仪器结构紧凑，体积大大缩小，兼具多道型和扫描型特点。该仪器特点显著，测定每个元素可同时选用多条谱线，能在 1min 内完成 70 个元素的定性、定量测定，试样用量少，1mL 的样品即可检测所有可分析的元素，全自动操作，线性范围达 4～6 个数量级，可测不同含量的试样，分析精密度高，变异系数为 0.5%，绝对检出限通常在 0.1～50ng/mL 之间。

但由于等离子体温度太高，易造成碱金属元素电离，限制全谱直读型仪器对其检测。同时高温引起的光谱干扰也是限制 ICP 应用的一个问题，特别是在 U、Fe 和 Co 存在时，光谱干扰更明显。对非金属元素不能检测或灵敏度低则是发射光谱法普遍存在的问题。

目前中国市场上，ICP-AES 及 ICP-MS 的进口仪器厂家主要有 PE 公司、热电公司、安捷伦公司、岛津公司等。国产 ICP 主要以单道扫描型为主，生产厂家有华科易通、华科天成、海光仪器、江苏天瑞仪器有限公司等。

5.6　仪器操作基本步骤

5.6.1　仪器准备

（1）等离子炬点火前的调整

① 检查该装置上的门是否都关闭。

② 开主机前先进氩气 40min，以排除炬管内的空气。接通 Ar 气（雾化样品及保护石英管）。

③ 启动动力开关，合上高频发生器上的开关，接通电源（停电后必须 10min 后才能够

再开），开稳压电源，预热 2min。

④ 启动工作站，检查计算机能否正常操作。

⑤ 打开抽风机排风。

⑥ 开主机，注意仪器自检动作。

⑦ 检查光学系统的温度是否稳定。

⑧ 检查各个接触点是否漏气。

（2）点火

① 迅速按下"点火"按钮，点燃等离子体光源。呈现绿色火炬，稳定 15min（注意：按下后要立刻松开，不要一直按住不放，若一次没有引燃可再按一次。在引燃的同时要注意观察火焰形状，若在石英炬管上出现畸形橙色火焰，必须立即按按钮熄灭火焰，否则石英炬管将融化）。

② 检查光室温度是否稳定。

③ 开启蠕动泵，使去离子水进入炬管。

5.6.2 准备标准溶液、样品溶液、空白溶液

详细操作略。

5.6.3 人机对话操作

（1）点击目录，建立新的分析方法。于元素周期表选择元素、谱线。

（2）输入待测溶液，进行全谱图的拍摄，选择光源（紫外线或可见光），并且校正波长（选择干扰元素最低的波长）。

（3）编辑方法。

（4）确定标准溶液的元素及其浓度。

（5）开打印机开关。

5.6.4 输入高、低标准溶液

（1）将高标溶液（多元素混合液）用蠕动泵送入炬管后，按下计算机上的相应按钮。

（2）将低标溶液用蠕动泵送入炬管后，按下相应按钮。此时计算机已根据高、低标液浓度作出标准曲线。

5.6.5 输入待测样品

用蠕动泵把样品送入炬管后，在计算机上按下相应按钮。数秒后就可打印出样品中各元素的浓度。若有多个待测样品，则可重复这步。

5.6.6 关机

（1）将进样管浸入去离子水中，至少 10min，冲洗进样系统。

（2）关闭高频发生器开关。

（3）关蠕动泵。

（4）继续通入氩气 40~60min。

（5）进行数据处理，打印。

（6）关计算机电源。

（7）关总电闸。

（8）关闭氩气、冷却水。

（9）检查水、电、气开关是否全部关好。

5.7　分析方法

5.7.1　定性分析

由于各种元素的原子结构不同，所以每一种元素的原子被激发后，总能得到与其他元素不同的一些灵敏线或特征谱线组，光谱中各谱线的波长是由其所属的原子性质所决定的。因此，可以根据试样光谱中有没有这些元素的灵敏谱线或特征谱线组判断试样中是否有这些元素。每种元素发射的特征谱线的多少不同，多的可达几千条。当定性分析时，不需要把所有的谱线全部检出，只需检出几条适合的谱线即可。常用的定性方法有铁光谱比较法和标准试样光谱比较法、质谱联用法。

知识链接：灵敏线、最后线、分析线、自吸与自蚀

（1）灵敏线

指一些激发电位低，跃迁概率大的谱线，多是共振线。各元素的灵敏线的波长可由光谱波长表中查到。

（2）最后线

指某元素含量逐渐减少，当降至很低（接近于零）时，还能最后保留的那一条谱线，就称为最后线或持久线。它往往就是最灵敏线。

（3）分析线

分析时所使用的谱线就是分析线。灵敏线和最后线常常被用来做分析线。

（4）自吸与自蚀

等离子体内温度和原子浓度的分布不均匀，中间温度高，激发态原子浓度也高，边缘反之。因此，位于中心的激发态原子发出的辐射被边缘的同种基态原子吸

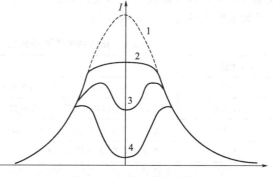

图 5-8　自吸与自蚀现象
1—无自吸；2—有自吸；3—自蚀；4—严重自蚀

收，导致谱线中心强度降低的现象，称为自吸。元素浓度低时，一般不出现自吸；随浓度增加，自吸现象增强；当达到一定值时，谱线中心完全吸收，如同出现两条线，这种现象称为自蚀。如图 5-8 所示。

5.7.1.1　铁光谱比较法

这是目前最通用的方法。它采用铁的光谱作为波长的标尺，来判断其他元素的谱线。铁光谱做标尺有如下特点：谱线多，在 210～660nm 范围内有几千条谱线。谱线间相距都很近。在上述波长范围内均匀分布。每条谱线的波长都已被精确地测量。可用标准光谱图对照进行分析。标准光谱图是在相同条件下，在铁光谱上方准确地绘出 68 种元素的逐条谱线并放大 20 倍的图片，如图 5-9 所示，上面是元素线，中间是铁光谱，下面是波长标尺。铁光谱比较法实际上就是标准图谱比较法。在进行分析工作时，若试样光谱上某些谱线和图谱上某些元素谱线重合，就可以确定谱线的波长及所代表的元素。

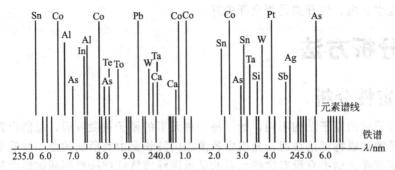

图 5-9   标准光谱图与试样光谱图的比较

5.7.1.2   标准试样光谱比较法

将要检出元素的纯物质或纯化合物与试样并列摄谱于同一张感光板上，检查试样光谱与纯物质光谱。若两者谱线出现在同一波长位置上，即可说明某一元素的某条谱线存在。此法常用于不经常遇到的元素分析。

质谱法的定性分析，参见 5.3.4.2。

5.7.2   半定量分析方法

5.7.2.1   谱线呈现法

谱线强度与元素的含量有关。当元素含量降低时，其谱线强度逐渐减弱，强度较弱的谱线渐次消失，即光谱线的数目逐渐减少。因此，可以根据谱线出现的条数及其明亮的程度判断该元素的大致含量（见表 5-1）。

表 5-1   元素的含量与谱线出现的条数与明亮程度的关系

Pb 含量/%	谱线 λ/nm
0.001	283.3069 清晰可见,261.4178 和 280.200 很弱
0.003	283.3069、261.4178 增强,280.200 清晰
0.01	上述谱线增强,另增 266.317 和 278.332
0.1	上述谱线增强,无新谱线出现
1.0	上述谱线增强,214.095、244.383、244.62 出现,241.77 模糊
3	上述谱线增强,322.05、233.242 模糊可见
10	上述谱线增强,242.664 和 239.960 模糊可见
30	上述谱线增强,311.890 和 269.750 出现

5.7.2.2   谱线黑度比较法

将试样与已知不同含量的标准样品在一定条件下摄谱于同一光感光板上，然后在映谱仪上用目视法直接比较被测试样与标准样品光谱中分析线的黑度，若黑度相等，则表明被测试样中欲测元素的含量近似等于该标准样品中欲测元素的含量。该法的准确度取决于被测试样与标准样品组成的相似程度及标准样品中欲测元素含量的间隔大小。

5.7.3   定量分析方法

发射光谱定量分析的基本关系式就是罗马金公式：

$$I = ac^b$$
$$\lg I = b \lg c + \lg a$$

式中，常数 a 与试样的蒸发、激发过程和试样组成等因素有关；b 为谱线的自吸系数，只有严格控制实验条件，且待测元素在一定的浓度范围内，a 和 b 才是常数，$\lg I$ 与 $\lg c$ 之间才具有线性关系。

　　由于试样的蒸发、激发条件及试样组成、形态等的任何变化均会使参数 a 发生变化而直接影响谱线强度。这种变化，特别是激发温度的变化是很难控制的。因此，通常不采用测量谱线绝对强度的方法来进行光谱定量分析，而是采用测量谱线相对强度的方法。

　　（1）内标法

　　内标法是通过测量谱线的相对强度来进行定量分析的方法。其具体做法是：在被测元素的谱线中选一根谱线作为分析线，再在试样中选出另一种含量固定的基本元素或者加入一定量的样品中不含的另一种其他元素，这种元素称为内标元素。选出内标元素的一条谱线，称为内标线。用分析线和内标线组成分析线对，然后根据分析线对的相对强度来进行定量分析。由于分析线对具有相同的光源过程，所以其相对强度受光源的影响不大。

　　设待测元素的含量为 c，它的分析线强度为 I，内标元素的含量为 c_0，它的内标线强度为 I_0，则有：

$$I_0 = a_0 c_0^{b_0}$$
$$I = ac^b$$

　　上两式中，a、a_0 均为常数。分析线与内标线强度之比 R 称为相对强度：

$$R = I/I_0 = ac^b/a_0 c_0^{b_0}$$

　　式中，内标元素含量 c_0 为常数，实验条件一定，则 $A = a/a_0 c_0^{b_0}$ 为一常数，故有：

$$R = I/I_0 = Ac^b$$

对上式取对数得：

$$\lg R = b\lg c + \lg A$$

以 $\lg R$ 对应 $\lg c$ 作图，绘制标准曲线，在相同条件下，测定试样中待测元素的 $\lg R$，在标准曲线上求得未知试样的 $\lg c$，进而求得 c。

知识链接 I：谱线强度与试样浓度的关系

　　原子发射谱线强度与试样浓度遵循罗马金-赛伯（Lomakin-Scheibe）公式，即

$$I = Ac^b \tag{5-1}$$

　　式中，A 为与试样在光源中的蒸发、原子化及激发过程有关的常数；b 为与自吸和自蚀现象有关的常数项。而在电感耦合等离子体焰炬光源中，中心温度低，激发态原子浓度也低，因此可有效消除自吸现象。公式变为：

$$I = Ac \tag{5-2}$$

　　这是电感耦合等离子体发射光谱定量的基础。

知识链接 II：内标元素与分析线对的选择

　　（1）内标元素与待测元素在光源下有相近的蒸发性质。

　　（2）内标元素如是外加的，试样中应不含有该元素或含量极少可以忽略。

　　（3）分析线对选择要匹配，两条都是原子线，或两条都是离子线，尽量避免一条是原子线，一条是离子线。

　　（4）分析线对两条谱线的激发电位相近，若内标元素与被测元素的电离电位相近，分析线对的激发电位也相近，这样的分析线对称为"匀称线对"。

（5）分析线对波长应尽量相近，分析线对两条谱线应没有自吸或自吸很小，并且不受其他谱线的干扰。

（2）标准曲线法与标准加入法

原子发射光谱定量分析中的标准曲线法和标准加入法与原子吸收光谱法中的这两种方法类似，实验方法相同，只是原子发射检测的是待测元素的发射光强。因此这部分内容不再重复叙述，可参见第4章原子吸收光谱法中相关内容。

知识链接Ⅲ: ICP发射光谱分析中的干扰

ICP发射光谱法测定中通常存在的干扰大致可分为两类：一类是光谱干扰，主要包括连续背景和谱线重叠干扰；另一类是非光谱干扰，主要包括化学干扰、电离干扰、物理干扰及去溶剂干扰等。

除选择适宜的分析谱线外，干扰的消除和校正可采用空白校正、稀释校正、内标校正、背景扣除校正、干扰系数校正、标准加入校正等方法。

5.8 实验技术

5.8.1 RF功率

RF功率大小直接影响等离子体的温度及离子化程度，从而改变灵敏度。一般来说，碱金属和碱土金属由于易电离、易激发，选用RF功率范围为800～1000W，水溶液样品中常规元素分析，选用的RF功率范围为1100～1300W，测定较难激发的As、Sb、Bi、Pb、Sn等元素时，选用的RF功率高于1300W，有机试剂或有机溶剂样品，为了便于有机溶质的充分分解，选用的RF功率范围为1300～1600W。

在具体分析时，可通过实验选择RF功率。具体步骤为：点燃等离子体，稳定约15min后，建立分析方法，导入待测元素的标准溶液。通过分析方法的设置，将RF功率从750W到1550W逐级增大，每次功率变化量为50W，以信背比最大的为最佳功率。

5.8.2 观测高度

在ICP分析中，在选择观测高度时，易电离、易激发的元素其观测高度应选择较低，如碱金属、碱土金属；对于难电离的元素观测高度应选择较高，如As、Sb、Se等。对于全元素分析，一次性要测试所有待测元素，将采用折中的观测高度。一般情况下，如果是全元素分析，其观测高度通常选择为15mm。如果需要更精确地测试，可以分别进行。当调试仪器时，可采用1mg/L的Cd元素来确定最佳的观测高度。

5.8.3 工作气流量

工作气流量由载气、冷却气和辅助气3路独立气体进行控制。其中，载气（雾化气）流量是影响ICP光谱分析的重要参数之一，而冷却气和辅助气的波动对谱线强度影响不大。一般来说，对较难激发的元素测定，如As、Sb、Se、Cd等，可选用较小的载气流量，使气溶胶在通道中停留时间较长，以更利于激发；对于K、Na等易激发又易电离的元素测定，可选用较高的载气流量，使气溶胶在通道中停留时间较短，且雾化得更好，以获得更低的检出限。虽然增大载气流量可以增加进入的有效气溶胶的量，使谱线强度增强。但如果载气量过大，会导致通道中的样品过分稀释，通道中心温度下降等现象发生，从而造成谱线强度下降的后果。另外，载气对基体效应也有显著影响。载气流量增大时，多数元素及分析线的基体效应增加；载气对数据测试精密度也有影响，过小的载气流量将导致雾化稳定性降低。

5.8.4 积分时间

积分时间就是曝光时间。其设置与 ICP 光谱仪的检测器有关。不同类型的检测器，其积分时间设置的长短也不相同。积分时间设置得越长，说明曝光时间长，检测器读出信号就越好，精密度就越高，检出限就越低。对于痕量元素和灵敏度不高的谱线，可采取增加积分时间的办法来保证测试数据的准确性；对于高含量元素和灵敏度高的谱线，可采用缩短积分时间的办法。

5.8.5 溶液提升量

溶液提升量是由蠕动泵的转速决定的。其影响因素有蠕动泵的转速大小、蠕动泵泵夹的松紧程度。

5.9 应用实例

实验 ICP-AES 法测定食用盐中碘和多种元素含量

【实验目的】

1. 了解 ICP-AES 仪器的基本结构。
2. 掌握 ICP-AES 的基本操作。

【实验原理】

在等离子体光源的激发下，试样中的各元素被激发，发射其特征谱线。经检测器检测识别，可确定待检测的砷、铅、钡和碘元素的分析线，并可测得其强度。由于分析线强度与试样中待测元素的浓度呈正比，采用标准工作曲线法，可对待测试样中的 4 个元素进行定量。

【仪器与试剂】

(1) 仪器

Thermo Scientific iCAP 7000 系列 ICP 等离子体发射光谱仪；超纯水机（Fisher Scientific）；$20\sim100\mu L$、$200\sim1000\mu L$ 微量移液器；50mL HDPE 容量瓶。

(2) 试剂

硝酸（65%），优级纯；标准溶液（I、As、Pb、Ba，$1000\mu g/mL$，国家钢铁材料测试中心，钢铁研究总院）；食盐样品。

【操作步骤】

(1) 样品前处理

准确称取 5.000g 食用盐样品（平行称取 4 份），置于 50mL HDPE 容量瓶中，分别加入 30mL 高纯水、1mL 硝酸后，旋紧瓶盖放置于涡旋振荡器上充分溶解样品；样品完全溶解后，依次加入标准溶液或直接稀释定容，并按同法制备试剂空白。

(2) 配制工作曲线（标准加入法）

分别移取经计算体积后的 I、As、Pb、Ba 标准溶液，依次加入到上述平行称取的 4 份样品溶液容量瓶中，各元素加标完成后，以超纯水将所有样品溶液稀释定容至 50mL，摇匀后即为待测溶液。加标后样品溶液中各元素线浓度如表 5-2 所示。

对于标准雾化器，样品溶液中固溶物含量要求≤1.0%。

(3) 开机预热。

① 确认有足够的氩气，用于连续工作（储量≥1 瓶）。

表 5-2 加标浓度配制

标准溶液	待测元素/(mg/L)			
	I	As	Pb	Ba
加标 0	0.00	0.00	0.00	0.00
加标 1	1.00	0.02	0.06	0.50
加标 2	2.00	0.04	0.10	1.00
加标 3	3.00	0.06	0.20	1.50

② 确认废液收集桶有足够的空间,用于收集废液。

③ 打开稳压电源开关,检查电源是否稳定,观察约 1min。

④ 打开氩气并调节分压在 0.60~0.70MPa 之间。

⑤ 打开主机电源(左侧下方黑色刀闸),注意仪器自检动作。此时光室开始预热。

⑥ 打开计算机,待仪器自检完成后,双击"iTEVA"图标,进入操作软件主界面,仪器开始初始化。

⑦ 打开气瓶,让氩气吹扫光室,一般 2h 之后可点火;如果增大吹气流量,可缩短至 0.5h。

(4) 编辑分析方法

操作软件(iTEVA)主窗口包括两个应用程序:分析和报告生成。

① 单击【分析】进入分析模块,单击【方法】→【新建】→…,选择 4 个元素及其谱线(见图 5-10)。

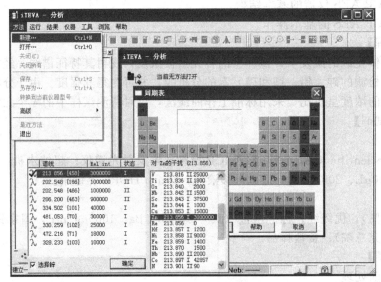

图 5-10 分析和报告生成

② 单击【方法】→【分析参数】,设置重复次数,样品清洗时间 40s,积分时间 10s,类型选择 MSA(标准加入法),见图 5-11。

③【自动输出】→忽略,【报告参数】→忽略,【检查】→忽略,【自动进样顺序】→忽略。

④ 单击【等离子源设置】,设置清洗泵速和分析泵速、RF 功率、雾化器压力和辅助气流量。清洗泵速和分析泵速一般设定 55r/min,RF 功率设为 1150W,辅助气流量一般设定为 1L/min。见图 5-12。

⑤【内标】→忽略。

⑥ 单击【标准】,可添加和删除标准,选择标准中所含有的元素及其所需的谱线,设置和修改元素含量(见图 5-13)。

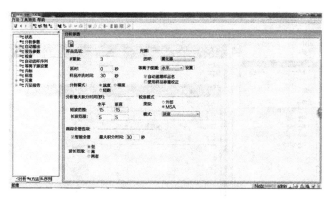

图 5-11　参数设置

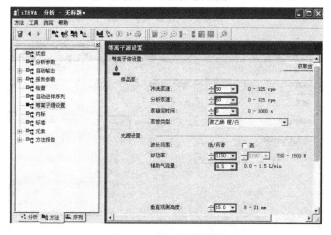

图 5-12　等离子源设置

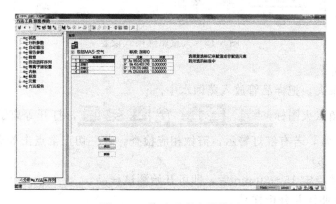

图 5-13　修改元素含量设置

⑦ 单击【方法】→【保存】，输入方法名，点击确定，方法编辑完成。见图 5-14。

（5）点火操作

确认光室温度稳定在 $38\,℃\pm0.1\,℃$。再次确认氩气储量和压力（$0.60\sim0.70$ MPa），并确保在 Boost 模式（大量驱气模式见图 5-15）下驱气 30min，以防止 CID 检测器结霜，造成 CID 检测器损坏。

① 检查并确认进样系统（矩管、雾化室、雾化器、泵管等）是否正确安装。

② 开启排风。

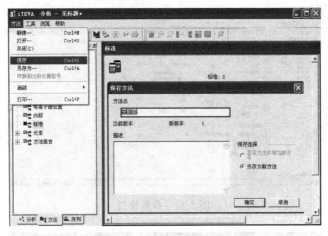

图 5-14　方法编辑完成

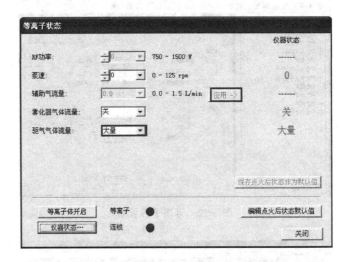

图 5-15　大量驱气模式设置

③ 打开水循环。

④ 上好蠕动泵夹，把样品管放入蒸馏水中。

⑤ 单击右下角点火图标 admin ，打开等离子状态对话框，查看联锁保护是否正常，若有红灯警示，需做相应检查，若一切正常点击等离子体开启，进行点火操作（见图 5-16）。

⑥ 待等离子体稳定 15～30min 后，即可开始测试样品。

（6）建立标准曲线并分析样品

① 选择分析方法，单击仪器选择执行【自动寻峰】，见图 5-17。

注：执行自动寻峰时，标准溶液浓度不能太低，亦不能太高，最好控制在 $1\sim10\mu g/mL$，否则有可能出现寻峰失败。遇到此种情况，可采用单标，对寻峰失败的谱线重新进行寻峰。寻峰结束后，需要重新保存方法，才可以继续标准化。若谱线没有漂移或漂移很小，可忽略此步骤。若谱线漂移很远，可能需要重新做波长校准。

② 单击标准化图标 ，打开标准化对话框如图 5-18 所示，依次运行标准溶液，单击【完成】。

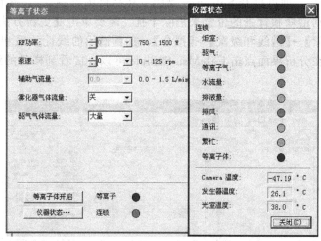

图 5-16　等离子体开启设置

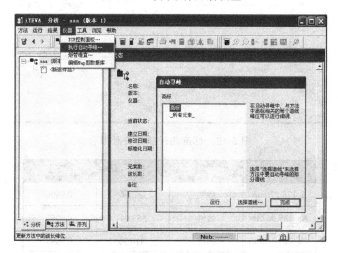

图 5-17　自动寻峰设置

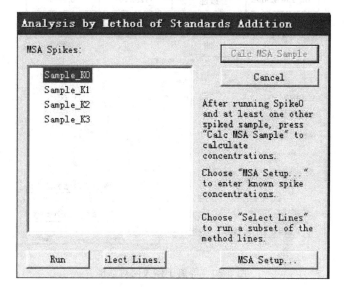

图 5-18　标准化对话框

③ 双击样品名称，即可打开 Subarray 谱图（样品谱图可叠加），察看谱峰是否有干扰，某些干扰可通过移动谱峰和背景的位置来消除干扰。需要单击【更新方法】。通过【方法】→【元素】→【谱线和级次】→【拟合】，察看谱线的线性关系和相关系数，以确定该谱线是否可用。在分析界面点击 CalcMsa Sample 可以直接看到样品的结果，见图 5-19 和图 5-20。

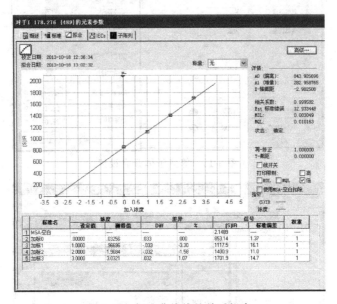

图 5-19　标准曲线线性关系拟合

元素	拟合方式	斜率	相关系数
I_178.276nm	线性	282.96	0.9996
As_189.042nm	线性	553.99	0.9997
Pb_220.353nm	线性	910.39	0.9997
Ba_230.424nm	线性	11252.02	0.9999

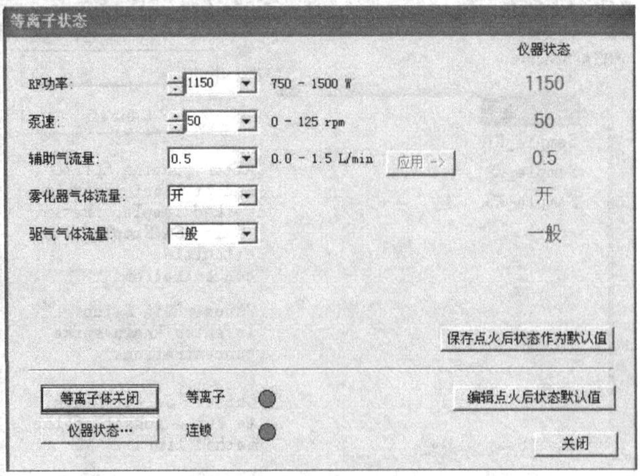

图 5-20　等离子体关闭对话框

（7）熄火并返回待机状态

① 分析完样品后，用蒸馏水冲洗 5～10min，单击【等离子体关闭】，等几分钟，待水循环压力上升后，关闭水循环（见图 5-20）。

② 通过单击仪器状态来查看 Camera 的温度，当温度回升到温室时，即可关闭氩气。

③ 松开泵夹。

（8）完全关机

当仪器长期停用时，可关闭仪器主开关。

【注意事项】

1. 玻璃器皿清洗注意事项：绝对不能用超声波清洗器清洗玻璃器具，应浸泡在稀王水溶液中。分析有机类试样时，应预先用弱碱性洗涤剂洗涤。雾化器前端堵塞时，从雾化器前端通气或水予以清洗。使用干燥器等使炬管干燥，炬管潮湿时，等离子体不能点火。

2. 玻璃器具的安装注意事项。

3. 进样系统的拆卸注意事项。

【思考题】

ICP-AES 进行全元素分析时，炬管高度应如何选择？分析线又该如何选择？

5.10 本章小结

5.10.1 方法特点

ICP 原子发射光谱分析技术具有以下特点：

① 可以快速同时进行多元素分析，周期表中多达 70 多种元素皆可测定；

② 测定灵敏度较高，包括易形成难溶氧化物的元素在内，检出限可达 ng/mL 级；

③ 基体效应较低，较易建立分析方法；

④ 标准曲线具有较宽的线性范围；

⑤ 具有良好的精密度和重复性；

⑥ 工作气体氩气消耗量较大；

⑦ 通用雾化器的雾化效率很低。检出限对某些元素分析仍嫌不足，灵敏度远低于 ICP-MS 及石墨炉原子吸收光谱法。

5.10.2 重点掌握

5.10.2.1 理论要点

（1）基本术语　等离子体；电感耦合等离子体；灵敏线；最后线；分析线；自吸与自蚀。

（2）基本理论　原子发射光谱的产生；ICP 的形成。

（3）基本公式　罗马金-赛伯（Lomakin-Scheibe）公式 $I = Ac^b$；定量公式 $I = Ac$。

5.10.2.2 实操技能

试样的制备；仪器的操作；数据处理软件的使用。

5.11 思考及练习题

（1）什么叫元素的共振线、灵敏线、最后线、分析线？它们之间有什么联系？

（2）什么是自吸与自蚀现象？为什么在电感耦合等离子体光源中可有效消除自吸现象？

（3）发射光谱定性、定量的依据是什么？

（4）原子发射光谱主要采用哪些检测器？有何特点？

参 考 文 献

[1] 张寒琦等. 仪器分析. 第2版. 北京：高等教育出版社, 2013.
[2] 刘虎生, 邵宏翔. 电感耦合等离子体质谱技术与应用. 北京：化学工业出版社, 2005.
[3] 周西林, 李启华, 胡德声. 实用等离子体发射光谱分析技术. 北京：国防工业出版社, 2012.
[4] 辛仁轩. 等离子体发射光谱分析. 北京：化学工业出版社, 2005.
[5] 魏福祥. 现代仪器分析技术及应用. 北京：中国石化出版社, 2011.
[6] 许柏球, 丁兴华, 彭珊珊. 仪器分析. 北京：中国轻工业出版社, 2011.

6 原子荧光光谱法

6.1 概述

6.1.1 方法定义

原子荧光光谱法（atomic fluorescence spectrometry，AFS）是通过测量待测元素的原子蒸气在特定频率辐射能激发下所产生的荧光强度来测定元素含量的一种仪器分析方法，是介于原子发射光谱和原子吸收光谱法之间的一种光谱分析技术。

6.1.2 发展历程

1859 年，Kirchhoof 研究太阳光谱时就开始了原子荧光理论的研究，1902 年 Wood 等首先观测到了钠的原子荧光。到 20 世纪 20 年代，研究原子荧光的人日益增多，陆续发现了许多元素的原子荧光。从 1956 年开始，Alkemade 用原子荧光研究了火焰中的物理和化学过程，并于 1962 年在第 10 次国际光谱学会议上，介绍了原子荧光量子效率的测量方法，建议将原子荧光用于化学分析。1964 年 Winefordner 和 Vickers 提出并论证原子荧光火焰光谱法可作为一种新的分析方法，并且导出了原子荧光的基本方程式，进行了汞、锌和镉的原子荧光分析。

1964 年后，美国佛罗里达州立大学 Winefodner 教授研究组和英国伦敦帝国学院 West 教授研究小组致力于原子荧光光谱理论和实验研究，完成了许多重要工作。

氢化物发生与 AFS 结合是一种具有很大实用价值的分析技术，采用简单的仪器装置即可得到很好的检出限，在 20 世纪 70 年代末期，英国的 Kirkbright、Thompison 等人就已开展了这方面的研究。我国一批专家学者也致力于原子荧光的理论和应用研究。西北大学杜文虎、上海冶金研究所、西北有色地质研究院郭小伟等均作出了贡献。尤其郭小伟致力于氢化物发生（HG）与原子荧光（AFS）的联用技术研究，取得了杰出成就，成为我国原子荧光商品仪器的奠基人，为原子荧光光谱法首先在我国的普及和推广打下了基础。

6.1.3 最新技术及发展趋势

原子荧光分析仪器今后的发展或研究方向，主要有以下几点。

（1）研制便携或车载式原子荧光光谱仪

原子光谱中只有原子荧光有可能做到便携，目前我国已在研发现场汞分析仪。车载分析仪器可以实现"移动实验室"功能，虽然其对环境温度、风沙、震动条件、供电等要求比实验室仪器更高，但车载式原子荧光光谱仪将是原子荧光的一个发展方向。

（2）原子荧光与色谱联用用于元素形态分析

原子荧光与液相色谱联用是目前的研究热点，虽可以满足应用，但是短期市场不大，而且目前对于形态分析并没有明确的国家标准要求，因此 LC-AFS 联用仪多数是卖给科研单位研究使用，除非相关国家标准出台，此项技术才可能被大规模使用。气相色谱、离子色谱等与原子荧光联用技术和仪器目前也正在研发之中。

（3）新型光源和原子化器的研发

新型的连续光源、激光光源或强短脉冲供电光源，电热汽化 Ar/H_2 火焰原子化器、介质阻挡放电（低温等离子体）原子化器，以及与之匹配的新型检测器及新的检测技术的研发，是原子荧光光谱仪今后的发展或研究方向。

6.2 分析对象及应用领域

原子荧光光谱法是 20 世纪 60 年代中期以后发展起来的一种新的痕量分析技术。自 20 世纪 80 年代以来，经过广大科技工作者的不懈努力，该法已具备灵敏度高、谱线简单、校准曲线线性范围宽等优点。随着 40 多项有关原子荧光的国家标准、部门、地方及行业标准的建立，该法已经成为各个领域不可缺少的检测手段，目前已在食品、环境科学、冶金、地质、石油、农业、生物制品和医学分析等各个领域获得了广泛的应用，常用于食品、化工、电子等产品中 As、Hg、Cd、In、Ge、Pb、Sb、Se、Te、Tl、Zn 等元素的测定。

知识链接 I：原子荧光光谱的产生

气态自由原子吸收光源的特征辐射后，原子的外层电子跃迁到较高能级，接着又以辐射形式去活化，跃迁返回基态或较低能级，同时发射出与原激发辐射波长相同或不同的辐射，即为原子荧光。

知识链接 II：原子荧光的类型

原子荧光可分为共振荧光、非共振荧光与敏化荧光三种类型。

（1）共振荧光

气态自由原子吸收共振线被激发后，再发射出与激发辐射波长相同的辐射，即为共振荧光。

（2）非共振荧光

当荧光与激发光的波长不相同时，产生非共振荧光。非共振荧光包括直跃线荧光、阶跃线荧光和反斯托克斯荧光。

（3）敏化荧光

受光激发的原子与另一种原子碰撞时，将激发能传递给另一个原子使其激发，后者再以辐射形式去激发而发射荧光，即为敏化荧光。在火焰原子化器中敏化荧光很难观察到。

在上述原子荧光中，大多数分析涉及共振荧光，因为其跃迁概率最大且用普通光源就可以获得相当高的辐射密度。敏化荧光很少用于分析，因为产生的荧光辐射密度低。

量子效率与荧光猝灭

　　受激发的原子和其他粒子碰撞，把一部分能量变成热运动与其他形式的能量，因而产生非荧光去激发过程，使荧光减弱或完全不发生的现象，这种现象称为荧光猝灭。

　　荧光猝灭会使荧光的量子效率降低，荧光强度减弱。

6.3　仪器主要组成部分及作用

　　原子荧光光谱仪由激发光源、原子化器、分光系统、检测器、信号放大器和数据处理器等部分组成，其大部分组件的工作原理与原子吸收光谱仪相同（详见本教材第 4 章）。

6.3.1　激发光源

　　激发光源是原子荧光光谱仪的主要组成部分，其作用是提供激发待测元素原子的辐射能。一种理想的光源必须具备以下条件：强度大、无自吸、稳定性好、噪声小、辐射光谱重现性好、操作简单、价格低廉、使用寿命长。原子荧光光谱仪的激发光源可以是锐线光源，也可以是连续光源。常用的光源有：高强度空心阴极灯、无极放电灯、电感耦合等离子焰、氙弧灯或激光等。其中应用最广泛的是空心阴极灯。

6.3.2　原子化器

　　原子化器的作用是提供待测自由原子蒸气的装置。原子荧光分析对原子化器的主要要求有：原子化效率高、猝灭性低、背景辐射弱、稳定性好和操作简便等。与原子吸收光谱相类似，原子荧光分析中采用的原子化器主要分为火焰原子化器和电热原子化器两大类，如火焰原子化器、高频电感耦合等离子焰（ICP）、石墨炉、汞及可形成氢化物元素用原子化器等。

6.3.3　分光系统

　　在原子荧光中，为了避免激发光源对荧光信号测量的影响，要求激发光源、原子化器和检测器三者处于直角状态。这与原子吸收光谱仪中三者处于同一条直线上不同。常用的分光器为光栅和棱镜。

6.3.4　检测与显示系统

　　检测与显示系统与原子吸收光谱仪相同。

6.4　分析流程

　　几乎所有的原子荧光光谱仪为氢化物（蒸气）发生-原子荧光光谱仪，其分析流程为：固态、液态样品在消化液中经过高温加热，发生氧化还原、分解等反应后样品转化为清亮试液，将含分析元素的酸性溶液在预还原剂的作用下，转化成特定价态，还原剂 KBH_4 反应产生氢化物和氢气，在载气（氩气）的推动下氢化物和氢气被引入原子化器（石英炉）中并原子化。特定的基态原子（一般为蒸气状态）吸收光源发出的特定频率的辐射，其中部分受激发态原子在去激发过程中以光辐射的形式发射出特征波长的荧光，荧光进入到检测器，经检测器将光信号转变为电信号，并经信号指示系统调制放大后，显示或打印出荧光强度，完成测定。

6.5 仪器类型及主要生产厂家

按照有无色散系统，可将原子荧光光谱仪分为非色散型和色散型两类，它们的结构基本相似，只是单色器不同，如图 6-1 所示。AFS 仪器目前大多采用非色散光学系统，此类仪器结构简单，便于操作。

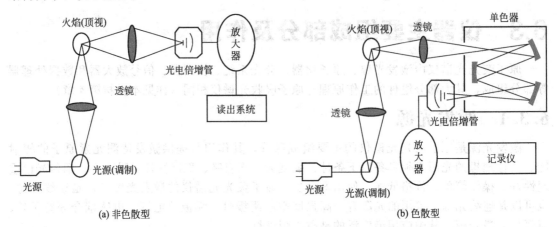

图 6-1 原子荧光光谱仪结构示意

目前，我国生产的原子荧光光谱仪堪称世界一流，其中北京海光仪器公司、北京吉天有限公司生产的原子荧光光谱仪在国内市场占有较大份额。如北京吉天采用双光束双检测器技术、废气净化专利技术和顺序注射进样技术生产的 AFS-9230 原子荧光光谱仪（见图 6-2），克服了光源的漂移和波动，提高了仪器的稳定性和可靠性，消除环境污染，精确进样，自动化程度高，能彻底消除氢化物反应产生的大量气泡，降低干扰，读数稳定。北京海光仪器公司生产的 AFS-9760 型原子荧光光谱仪，采用注射泵与蠕动泵联用的内置式断续流动进样装置，既保证进样量准确，提高了分析速度，又克服了注射泵腐蚀和漏液的现象，同时样品和空白交替引入，在线清洗，机械动力排除废液，杜绝交叉污染，节约样品和试剂用量，适用于样品中砷、汞、硒、铅、锗、锡、锑、铋、镉、碲、锌及金 12 种元素的痕量分析。

20 世纪 80 年代末期，英国 PS Analytical 公司开始重视并生产 HG-AFS。自 1988 年推出第一台原子荧光光谱仪以来，在测量及分析汞 Hg、砷 As、硒 Se、锑 Sb、碲 Te 及铋 Bi 方面积累了丰富的生产、设计、制造及研究经验，被认为是英国和世界汞 Hg 分析的权威专家并被用作参比分析，为欧洲和国际标准委员会提供服务。21 世纪初加拿大 Aurora 公司开始生产 HG-AFS。该仪器内置高强度电源供给，无色散光学设计，高量子效率日盲光电倍增管，降低了杂散光的干扰，信噪比更高，AI3300AFS 独特设计实现了 Hg 及可形成氢化物的元素的次级痕量分析。它可以与 XYZ 通用型自动进样器配合使用，实现全自动化操作，在诸多领域有着广泛的应用。

6.6 仪器操作基本步骤（以 AFS-9130 原子荧光分光光度计为例）

AFS-9130 原子荧光分光光度计采用特制高强度空心阴极灯，可单元素测定，也可双元素同时测定，采用无色散光学系统、屏蔽式石英原子化器、光电检测系统以及内置式顺序注射泵进样系统，采用无形变、抗腐蚀进口石英针管并通过计算机控制进样量（见图 6-2）。其基本操作步骤如下。

图 6-2　AFS-9130 原子荧光分光光度计

① 打开氩气瓶，次级压力调到 0.2～0.5MPa。

② 依次打开微机电源开关，待进入 Windows98/Me/2000/XP 桌面后再开仪器电源开关。

③ 打开仪器上盖，检查元素灯是否被点亮，并调整好光斑位置（若汞灯不亮，用点火器激发）。

④ 双击软件图标，进入仪器操作软件。

⑤ 进入软件后，出现自检窗口。单击【全部检测】按钮，显示正常后单击【返回】。

⑥ 单击【元素表】，出现元素表窗口，确定仪器自动识别元素灯正确；若单道检测，关闭不使用的元素灯，单击【确定】。

⑦ 出现文件名输入窗口，输入文件名，单击【打开】。

⑧ 单击【仪器条件】，若不需要改变仪器条件，单击确定。

⑨ 单击【标准系列】，按从低往高依次输入标准系列各点浓度值，标准样位置与样盘上号码一致，双道同测要保持两道标准液比例关系一样，并勾上自动配置。单击【确定】。

⑩ 单击【样品参数】，分别输入样品名称、样品形态、质量体积比，选择样品结果单位、位置号，单击【确定】。

⑪ 单击【测量窗口】，进入测量窗口并点火（注意炉丝是否点亮）。测量之前仪器预热30min。注意预热时，仪器应空启动。

⑫ 将样品码放好，将泵压块压上。依次测量标准空白、标准系列和未知样品。在【报告】窗口中查看或打印结果。

⑬ 用蒸馏水清洗进样系统并排空，将泵的压块放松。

⑭ 退出软件，关闭电源，关闭氩气瓶。

6.7　分析方法

原子荧光光谱法主要用于定量分析，常采用工作曲线法来定量，即配制一系列含待测元素的标准溶液并测量其相对荧光强度，然后以待测元素浓度为横坐标，以相对荧光强度为纵坐标绘制工作曲线。在相同条件下测定试液的相对荧光强度，由工作曲线可求出试液中待测元素的浓度。工作曲线的绘制方法参见本教材第 1 章。

知识链接：荧光强度与原子浓度的关系

荧光强度正比于基态原子对某一频率激发光的吸收强度。若激发光源是稳定的，入射光是平行而均匀的光束，自吸可忽略不计。当仪器与操作条件一定时，单位体积基态原子的数目与试样中被测元素的浓度成正比，即荧光强度正比于被测元素的浓度，这是原子荧光定量分析的基础。

6.8 实验技术

6.8.1 样品预处理

样品预处理的方法有许多种，但没有一种方法是万能的。不同的样品或同一样品中不同的被测组分，也需要采用不同的方法处理；在不同的环境条件下也要采用不同的方法。

预处理方法选择的主要依据是要保证待测组分的回收率符合要求。在此基础上，兼顾快速、操作简便、成本低、污染小的方法。

目前常用的主要有干灰化法和湿消化法。干灰化法包括高温灰化和低温灰化（适用于样品中有机物含量高的样品，不适用于易挥发性的元素测定）；湿消化法是利用适当的酸、碱与氧化剂、催化剂一道与样品煮沸，将其中的有机物分解，使被测组分转化为离子态。常用的酸为盐酸、硫酸、硝酸、高氯酸、氢氟酸等；常用的氧化剂为过氧化氢、高锰酸钾等。

具体内容参见本教材第4章。

6.8.2 氢化物反应干扰

氢化物反应干扰主要来自于氢化反应过程中的液相干扰（化学干扰）、传输过程中的气相干扰（物理干扰）以及检测过程中的散射干扰。通过配位掩蔽、分离（沉淀、萃取）、加入抗干扰元素、改变酸度、改变还原剂的浓度等措施可消除液相干扰；通过分离、选择最佳原子化环境等措施可消除气相干扰。

6.8.3 仪器条件设置

（1）灯电流、光电倍增管负高压的选择

空心阴极灯灯电流和光电倍增管负高压与荧光强度有关，灯电流越大，荧光强度越大，但影响灯的使用寿命。光电倍增管负高压随电压的增加荧光强度增大，增加光电倍增管负高压有利于提高灵敏度，降低检出限，但工作曲线的线性范围降低。

（2）载气流速、原子化器高度的选择

载气流速、原子化器高度与荧光强度有关，载气流量太小，不能把砷的氢化物稳定地带到原子化器，载气流量太大，会稀释火焰中的原子浓度，降低荧光信号。原子化器高度低，荧光强度大，同时空白噪声也大，过小的高度将导致气相干扰，同时由于光源射到炉口所引起的反射光过强而降低检出限，原子化器高度高，空白噪声低，荧光强度低且不稳定。一般载气选用 $300 \sim 700 \text{mL/min}$，原子化器高度为 $6 \sim 8 \text{mm}$。

6.9 应用实例

实验 6-1 原子荧光光谱法测定水产品中汞的含量

【实验目的】

1. 了解原子荧光光谱法测定水产品中汞含量的原理和方法。

2. 掌握原子荧光光谱仪的使用操作技术。

【实验原理】

试样经酸加热消解后，在酸性介质中，试样中汞被硼氢化钾（KBH₄）或硼氢化钠（NaBH₄）还原成原子态汞，由载气（Ar）带入原子化器中，在汞高强度空心阴极灯的照射下，基态汞原子被激发至高能态，在去活化回到基态时，发射出特征波长的荧光，其荧光强度与汞含量成正比，与标准系列比较定量。

【仪器和试剂】

（1）仪器

① 双道原子荧光光谱仪。

② 汞高强度空心阴极灯。

③ 微波消解装置。

④ 高压消解罐（容量 100mL）。

⑤ 干燥恒温箱。

（2）试剂

① 硝酸：优级纯。

② 30％过氧化氢：分析纯。

③ 硫酸：优级纯。

④ 硫酸＋硝酸＋水（1＋1＋8）：量取 10mL 硫酸和 10mL 硝酸，缓缓倒入 80mL 水中，冷却后小心混匀。

⑤ 硝酸溶液（1＋9）：量取 50mL 硝酸，缓缓倒入 450mL 水中，混匀。

⑥ 氢氧化钾溶液（5g/L）：称取 5.0g 氢氧化钾，溶于水并稀释至 1000mL，混匀。

⑦ 硼氢化钾溶液（5g/L）：称取 5.0g 硼氢化钾（KBH₄），溶于 5g/L 的氢氧化钾溶液中，并稀释至 1000mL，混匀，现用现配。

⑧ 汞标准储备液（1mg/mL）：精密称取 0.1354g 于硅胶干燥器中充分干燥的氯化汞（HgCl₂），用硫酸＋硝酸＋水（1＋1＋8）溶解后转移至 100mL 容量瓶中，并稀释至刻度，混匀。

⑨ 汞标准中间液（10μg/mL）：准确移取汞标准储备液（1mg/mL）1mL 于 100mL 容量瓶中，用硝酸溶液（1＋9）稀释至刻度，混匀。

⑩ 汞标准使用液（500ng/mL）：准确移取 5mL 汞标准中间液（10μg/mL）于 100mL 容量瓶中，用硝酸溶液（1＋9）稀释至刻度，混匀。

【实验步骤】

（1）样品预处理

将水产品（鱼类）用捣碎机打成匀浆，贮存于干燥、洁净的广口瓶中，备用。

（2）样品消解（可根据实验室条件选择下列两种方法中的一种方法消解）

① 高压消解法：称取匀浆 1.00～5.00g，置于聚四氟乙烯塑料内罐中，加盖留缝放入 65℃鼓风干燥箱中烘至近干，取出，加 5mL 硝酸，再加 7mL 过氧化氢，盖上内盖放入不锈钢外套中，旋紧密封，然后将消解罐放入干燥箱中加热，升温至 120℃后保持恒温 2～3h，至消解完全。自然冷至室温后，将消解液用硝酸溶液（1＋9）定量转移至 25mL 容量瓶中，并定容至刻度，混匀。同时做试剂空白试验。

② 微波消解法：称取 0.10～0.50g 匀浆于消解罐中，加入 7mL 硝酸、1mL 过氧化氢，盖好安全阀后，将消解罐放入微波炉消解系统中，按表 6-1 设置的样品消解程序消解。消解结束，待罐体冷却至室温（45℃以下）后打开，用硝酸溶液（1＋9）将消化液定量转移至 25mL 容量瓶中，并定容至刻度，混匀备用。同时做试剂空白。

表 6-1　水产品微波消解程序

步数	时间/min	功率/W	T1 温度/℃
1	5	1000	160
2	3	1000	210
3	10	1000	210
风冷	10		

（3）标准系列溶液的配制

分别准确吸取 500ng/mL 汞标准溶液 0.25mL、0.50mL、1.00mL、1.50mL、2.00mL 于 25mL 容量瓶中，用硝酸溶液（1+9）稀释至刻度，混匀。配成浓度分别为 5.00ng/mL、10.00ng/mL、20.00ng/mL、30.00ng/mL、40.00ng/mL 汞系列标准溶液。

（4）仪器工作条件（仪器型号不同，参数设置不同，以下条件供参考）

① 光电倍增管负高压 240V；

② 汞空心阴极灯电流 30mA；

③ 原子化器温度 300℃，高度 8.0mm；

④ 氩气流速：载气 500mL/min，屏蔽气：1000mL/min；

⑤ 测量方式：荧光强度或浓度直读；

⑥ 读数方式：峰面积，读数延迟时间 1.0s，读数时间 10.0s；

⑦ 硼氢化钾加液时间：8.0s；

⑧ 标液或样液加液体积：2mL。

（5）测定

设置好仪器的最佳工作条件，逐步将炉温升至所需温度，稳定 10～20min 后开始测量。先连续用硝酸溶液（1+9）进样，待读数稳定之后，转入汞标准系列溶液测量，绘制标准工作曲线（标准工作曲线相关系数应大于 0.9990，否则应查明原因，重新测定标准曲线）。再转入试样测量，先用硝酸溶液（1+9）进样，使读数回零，再分别测量试样空白和试样消化液。注意：每测不同的试样前，都用硝酸溶液（1+9）进样，使读数回零。

【结果计算】

试样中汞的含量按下式计算：

$$X = \frac{(c-c_0)V \times 1000}{m \times 1000 \times 1000}$$

式中，X 为试样中汞的含量，mg/kg；c 为从标准曲线查得试样消化液中汞的含量，ng/mL；c_0 为从标准曲线查得试剂空白液中汞的含量，ng/mL；V 为试样消化液的总体积，mL；m 为试样质量，g。

实验 6-2　原子荧光光谱法测定食品中砷的含量

【实验目的】

1. 了解原子荧光光谱法测定食品中砷含量的原理和方法。

2. 掌握原子荧光光谱仪的使用操作技术。

【实验原理】

试样经湿法消解或干法灰化后，加入硫脲使五价砷预还原为三价砷，再加入硼氢化钾（KBH_4）或硼氢化钠（$NaBH_4$），使还原生成砷化氢，由载气（Ar）带入石英原子化器中分解为原子态砷，在砷空心阴极灯照射下，基态砷原子被激发至高能态，在去活化回到基态时，发射出特征波长的荧光，其荧光强度与砷含量成正比，与标准系列比较定量。

【仪器和试剂】

（1）仪器

① 双道原子荧光光谱仪。

② 砷空心阴极灯。

③ 湿法消解装置或干法灰化装置。

（2）试剂

① 氢氧化钠溶液（2g/L）：称取 2.0g 氢氧化钠，溶于水并稀释至 1000mL，混匀。

② 硼氢化钠溶液（10g/L）：称取 10.0g 硼氢化钠（$NaBH_4$），溶于 1000mL2g/L 的氢氧化钠溶液中，混匀，此溶液于冰箱中可保存 10 天，取出后应当日使用。

③ 硫脲溶液：50g/L。

④ 硫酸溶液（1+9）：量取 50mL 硝酸，缓缓倒入 450mL 水中，混匀。

⑤ 硫酸+硝酸+水（1+1+8）：量取 10mL 硫酸和 10mL 硝酸，缓缓倒入 80mL 水中，冷却后小心混匀。

⑥ 氢氧化钠溶液（100g/L）：此溶液少量即可，供配制砷标准溶液使用。

⑦ 砷标准储备液（100μg/mL）：精密称取 0.1320g 于 100℃干燥 2h 以上的三氧化二砷（As_2O_3），加氢氧化钠（10g/L）10mL 溶解后，用适量水转移至 1000mL 容量瓶中，加硫酸溶液（1+9）25mL，用水稀释至刻度，混匀。

⑧ 砷标准使用液（1000ng/mL）：准确移取 1mL 砷标准储备液（100μg/mL）于 100mL 容量瓶中，用水稀释至刻度，混匀，此液应当日配制使用。

⑨ 湿法消解试剂：硫酸、硝酸、高氯酸（优级纯）。

⑩ 干法灰化试剂：六水硝酸镁（150g/L）、氯化镁、盐酸（1+1）。

【实验步骤】

（1）试样消解（可根据试样选择下列消解方法）

① 湿法消解　固体试样称样 1~2.5g，液体试样称样 5~10g（或 mL）（精确至小数点后第二位），置入 50~100mL 锥形瓶中，同时做两份试剂空白。加硝酸 20~40mL，硫酸 1.25mL，摇匀后放置过夜，置于电热板上加热消解。若消解液处理至 10mL 左右时仍有未分解物质或色泽变深，取下放冷，补加硝酸 5~10mL，再消解至 10mL 左右观察，如此反复两三次，注意避免炭化。如仍不能消解完全，则加入高氯酸 1~2mL，继续加热至消解完全后，再持续蒸发至高氯酸的白烟散尽，硫酸的白烟开始冒出。冷却，加水 25mL，再蒸发至冒硫酸白烟。冷却，用水将内容物转入 25mL 容量瓶或比色管中，加入 50g/L 硫脲 2.5mL，补水至刻度并混匀，备测。

② 干法灰化　一般应用于固体试样。称取 1~2.5g（精确至小数点后第二位）于 50~100mL 坩埚中，同时做两份试剂空白。加 150g/L 硝酸镁 10mL 混匀，低热蒸干，将氯化镁 1g 仔细覆盖在干渣上，于电炉上炭化至无黑烟，移入 550℃高温炉中灰化 4h。取出放冷，小心加入（1+1）盐酸 10mL 以中和氧化镁并溶解灰分，转入 25mL 容量瓶或比色管中，向容量瓶或比色管加入 50g/L 硫脲 2.5mL，另用硫酸溶液（1+9）分次刷洗坩埚后转出合并，直至 25mL 刻度，混匀备测。

（2）标准系列溶液的配制

分别准确吸取 500ng/mL 汞标准溶液 0、0.05mL、0.20mL、0.50mL、2.00mL、5.00mL 于 25mL 容量瓶中，用硝酸溶液（1+9）稀释至刻度，混匀。配成浓度分别为 5.00ng/mL、10.00ng/mL、20.00ng/mL、30.00ng/mL、40.00ng/mL 汞系列标准溶液。

取 25mL 容量瓶或比色管 6 支，依次准确加入 1000ng/mL 砷使用标准液 0、0.05mL、0.20mL、0.50mL、2.00mL、5.00mL（各相当于砷浓度 0、2.0ng/mL、8.0ng/mL、20.0ng/mL、80.0ng/mL、200ng/mL），各加（1+9）硫酸 12.5mL，50g/L 硫脲 2.5mL，

补加水至刻度，混匀备测。

(3) 仪器工作条件（仪器型号不同，参数设置不同，以下条件供参考）

① 光电倍增管负高压：400V。

② 砷空心阴极灯电流：35mA。

③ 原子化器温度：820～850℃，高度 7.0mm。

④ 氩气流速：载气 600mL/min，屏蔽气 1000mL/min。

⑤ 测量方式：荧光强度或浓度直读。

⑥ 读数方式：峰面积，读数延迟时间 1.0s，读数时间 15.0s。

⑦ 硼氢化钠加液时间：5.0s。

⑧ 标液或样液加液体积：2mL。

(4) 测定

设置好仪器的最佳工作条件，逐步将炉温升至所需温度。

如直接测荧光强度，则在开机并设定好仪器条件后，预热稳定约 20min。进入空白值测量状态，连续用标准系列的"0"管进样，待读数稳定后，让仪器自动清零即可开始测量。先依次测标准系列，标准系列测完后应仔细清洗进样器（或更换一支），并再用"0"管测试，使读数基本回零后，才能测试剂空白和试样，每测不同的试样前都应清洗进样管，记录（或打印）测量数据。

如采用仪器提供的软件功能进行浓度直读测定，则在开机、设定条件和预热稳定 10～20min 后开始测量。先连续用标准系列的"0"管进样，待读数稳定之后，转入砷标准系列溶液测量，绘制标准工作曲线。再转入试样测量，先用标准系列的"0"管进样，使读数回零，再分别测量试样空白和试样消化液。注意：每测不同的试样前，都用标准系列的"0"管进样使读数回零。测定完毕后"打印报告"，即可将测定结果打出。

【结果计算】

如果采用荧光强度测量方式，则先对标准系列的结果进行回归运算（由于测量时"0"管强制为 0，故零点值应该输入以占据一个点位），然后根据回归方程求出试剂空白液和试样消化液中砷的浓度，再按下式计算试样中的砷含量：

$$X = \frac{(c - c_0)V \times 1000}{m \times 1000 \times 1000}$$

式中，X 为试样中砷的含量，mg/kg；c 为从标准曲线查得试样消化液中砷的含量，ng/mL；c_0 为从标准曲线查得试剂空白液中砷的含量，ng/mL；V 为试样消化液总体积，mL；m 为试样质量，g。

6.10　本章小结

6.10.1　方法特点

(1) 有较低的检出限，灵敏度高。特别对 Cd、Zn 等元素有相当低的检出限，Cd 可达 0.001ng/mL、Zn 为 0.04ng/mL。现已有 20 多种元素低于原子吸收光谱法的检出限。由于原子荧光的辐射强度与激发光源成比例，采用新的高强度光源可进一步降低其检出限。

(2) 干扰较少，谱线比较简单，采用一些装置，可以制成非色散原子荧光分析仪。这种仪器结构简单，价格便宜。

(3) 分析校准曲线线性范围宽，可达 3～5 个数量级。

(4) 由于原子荧光是向空间各个方向发射的，比较容易制作多道仪器，因而能实现多元素同时测定。

6.10.2 重点掌握

6.10.2.1 理论要点
（1）重要概念　原子荧光；共振荧光；非共振荧光；敏化荧光；荧光猝灭。
（2）基本原理　原子荧光光谱法的基本原理。
（3）计算公式　原子荧光定量分析的基本关系式。

6.10.2.2 实操技能
（1）标准储备液和中间液、使用液的配制。
（2）还原剂硼氢化钾、硼氢化钠的配制与使用。
（3）试样的制备；仪器的操作；数据处理软件的使用。
（4）高压气瓶的安全操作；实验废液的安全处理。

6.11 思考及练习题

（1）什么是原子荧光光谱法？它有什么特点？
（2）原子荧光分光光度计主要组成部分及各部分的作用是什么？
（3）简述空心阴极灯的工作原理。
（4）简述氢化物发生-原子荧光光谱法的基本原理。
（5）硼氢化物-酸还原体系常采用哪些还原剂？
（6）原子荧光常分为哪三种类型？
（7）什么是共振荧光和非共振荧光？

参 考 文 献

[1] 黄一石.仪器分析.北京：化学工业出版社，2005.
[2] 许柏球.仪器分析.北京：中国轻工业出版社，2011.
[3] 中华人民共和国国家标准 GB/T 5009.11—2003.食品中总砷和无机砷的测定.

气相色谱分析法

7.1 概述

7.1.1 方法定义

色谱法是一种物理化学分析方法，它利用不同溶质（样品）与固定相和流动相之间的作用力（分配、吸附、离子交换等）的差别，当两相做相对移动时，各溶质在两相间进行多次平衡，使各溶质达到相互分离。

气相色谱法是一种以气体为流动相的柱色谱分离分析方法，混合的物质在固定相中移动时，由于性质的差别而得到分离。

知识链接：固定相和流动相

固定相（stationary phase）：在色谱分离中固定不动、对样品产生保留的一相。

流动相（mobile phase）：与固定相处于平衡状态、带动样品向前移动的另一相。

7.1.2 发展历程

1906 年，俄国植物学家茨维特（Tswett）发表了他的实验结果，他为了分离植物色素，将植物绿叶的石油醚提取液倒入装有碳酸钙粉末的玻璃管中，并用石油醚自上而下淋洗，由于不同的色素在碳酸钙颗粒表面的吸附力不同，随着淋洗的进行，不同色素向下移动的速度不同，形成一圈圈不同颜色的色带（见图 7-1），使各色素成分得到了分离。1908 年茨维特应用柱色谱法分离了植物色素，并且提出了色谱这一概念，他将这种分离方法命名为色谱法（chromatography）。

在茨维特提出色谱概念后的 20 多年无人关注这一"伟大的发明"。直到 1931 年德国的 Kuhn 和 Lederer 才重复了茨维特的某些实验，用同样的方法成功地分离了胡萝卜素和叶黄素，用氧化铝和碳酸钙分离了 α-胡萝卜素、β-胡萝卜素、γ-胡萝卜素，此后用这种方法分离了 60 多种这类色素。从此，色谱法开始为人们所重视，此后，相继出现了各种色谱方法。

Martin 和 Synge 在 1940 年提出液-液分配色谱法（liquid-liquid partion chromatography），即固定相是吸附在硅胶上的水，流动相为某种液体。1941 年他们发表了用气体作流动相的可能性。

十一年之后，1950 年 Martin 及 Synge 提出了气相色谱法，James 和 Matin 发表了从理论到实践比较完整的气-液色谱方法（gas-liquid chromatography），因此获得了 1952 年诺贝尔化学奖。在此基础上 1957 年 Golay 开创了开管柱气相色谱法（open-tubular column chromatography），习惯上称为毛细管柱气相色谱法（capillary column chromatography）。1956 年 VanDeemter 等在前人的基础上发展了描述色谱过程的速率理论。1965 年 Giddings 总结和扩展了前人的色谱理论，为色谱的发展奠定了理论基础。

图 7-1　茨维特实验

另一方面，早在 1944 年 Consden 等就发展了纸色谱，1949 年 Macllear 等制作了薄层色谱（TLC），在氧化铝中加入淀粉黏合剂制作薄层板，使薄层色谱法（TLC）得以实际应用，而在 1956 年 Stahl 开发出薄层色谱板涂布器，开发了 TLC 的涂布法之后，才使得 TLC 得到广泛的应用。得益于高压液体泵质量的提高，在 20 世纪 60 年代末把高压泵和化学键合固定相用于液相色谱，1968 年出现了出现了高效液相色谱（HPLC）。

80 年代初毛细管超临界流体色谱（SFL）得到发展，1980 年出现了超临界色谱，但发展缓慢，在 90 年代后未得到较广泛的应用。1979 年开始有毛细管电泳（CZE）的报道，它具有惊人的高柱效，因此在生化领域，如蛋白质分离、糖分析、DNA 测序、手性分离、单细胞分析等方面得以大量应用；在 80 年代初由 Jorgenson 等集前人经验而发展起来的毛细管电泳（CZE），在 90 年代得到广泛的发展和应用。同时集 HPLC 和 CZE 优点的毛细管电色谱在 90 年代后期也受到重视。1990 年人们开始注意电色谱（CE）的应用。100 年来色谱技术的发展史是按照 S 曲线在不断发展的，也就是说每一次发展都经过缓慢萌动期、快速发展期和饱和期，只有当一种新技术被采用后才进入第二个发展期（第二个 S 曲线），因此当某一技术进入饱和期以后，应尽量针对需求寻找新技术。突破已有的阻力是任何技术创新的途径。

仪器生产商对色谱技术的发展起到了不可忽视的作用。同时色谱仪的生产销售形成了一个庞大的企业，20 世纪后期其市场份额已超过 10 亿美元，且仍以每年 5% 左右的速度增长。

7.1.3　最新技术及发展趋势

近几年 GC 的发展主要领域包括新的具有特殊分离能力的 GC 固定相、全二维气相色谱（GC×GC）、快速、便携、微型气相色谱方法和仪器等。

（1）色谱柱与固定相

细内径毛细管色谱柱应用越来越广泛，主要是快速分析，大大提高分析速度。耐高温毛细管色谱柱扩展了气相色谱的应用范围，管材使用合金或镀铝石英毛细管，用于高温模拟蒸馏分析到 C_{120}；用于聚合物添加剂的分析，抗氧剂 1010 在 20min 内流出，得到了较好的峰形。新的 PLOT 柱的出现，得到了一些新的应用。

新的高选择性固定液不断得到应用，如手性固定液等。近几年固定相的研究热点是室温离子液体以及金属有机框架化合物等，如南开大学颜秀平教授把金属有机框架化合物 MIL-101 用作 GC 固定相，涂渍在毛细管柱上分离了很难分离的邻二甲苯、间二甲苯、对二甲苯，还把两个对苯二甲酸锌-金属-有机框架化合物（MOF-5 和 MOF-单晶）用作 GC 固定相分离二甲苯和二乙苯的位置异构体，把金属-有机框架化合物 MOF-5 用作高效吸附剂（比 TenaxTA 吸附能力高 53 倍）用于现场分析甲醛；陈邦林利用功能性微孔金属-有机框架材料 MOF-508a 作气相色谱固定相分离烃类混合物。

（2）GC×GC（全二维气相色谱）

一维色谱是目前最常用的分离分析方法，如现代毛细管气相色谱（GC）是一种高效分离技术，但对于非常复杂的混合物（如石油样品），仅用一根色谱柱往往达不到完全分离的目的，对于复杂体系如蛋白质组，采用一维分离模式其分离度远远不能满足要求。于是有人提出多根色谱柱联用来实现完全分离。Giddings 阐述了传统二维色谱的基本理论，对于分离机理相互正交的二维分离系统（如色谱），峰的容量应该为两个色谱柱峰容量的乘积。因此，多维分离系统是解决复杂分离体系的一个最佳选择。

在多维色谱中二维气相色谱发展较快，GC×GC 技术是近两年出现并飞速发展的气相色谱新技术，样品在第一根色谱柱上按沸点进行分离，通过一个调制聚焦器，每一时间段的色谱流出物经聚焦后进入第二根细内径快速色谱柱上按极性进行二次分离，得到的色谱图经处理后应为三维图。目前全二维气相色谱仪业已商品化，其峰的容量达到 10^4 以上。

全二维气相色谱（GC×GC）提供了一个真正的正交分离系统，在复杂样品分析中非常有用，它把分离机理不同而又互相独立的两支色谱柱以串联方式结合组成二维气相色谱。在这两支色谱柱之间装有的一个调制器起捕集再传送的作用。全二维色谱的峰容量为组成它的两支色谱柱各自峰容量的乘积。但是由于其第二维的分析速度特别快，从而对检测器的采集速度提出了更高的要求。

近几年国外研究全二维气相色谱仪的调制器和 GC×GC 应用的文章很多，但是国内对 GC×GC 的研究不是很踊跃，只在烟草、石油和重要分析中有一些应用研究。

（3）快速气相色谱技术

最近几年国内不断有文献报道有关快速和便携式气相色谱技术和应用，说明气相色谱的快速化和小型化已经受到人们的重视。我国科技部在"九五"期间曾组织分析仪器开发研究课题，北京分析仪器厂等单位已经研制"高压快速气相色谱"，分析时间可缩短到常规毛细管色谱的 1/5～1/3。北京石油勘探研究院的武杰曾对高压快速气相色谱的理论与在石油方面的应用有过很深入的研究。

要实现快速气相色谱就要使用内径要细、长度要短的色谱柱，目前许多研究者都是使用细内径短毛细管柱进行快速气相色谱分析。因为使用细内径色谱柱可减少分析时间，另外还可提高柱效，但是使用短柱，色谱柱的总柱效就降低，而柱效是样品分离的首要因素，所以必须提高色谱柱单位柱长的柱效，这样既满足快速气相色谱要求的细内径短柱，又满足分离所需的高柱效。

（4）便携式色谱仪

进入 21 世纪，分析仪器出现一个以微型化为主要特点的、带有革命特征的转折。美国科学家基于在航天发射工作中气体监测方面的需要，Stanford 大学的研究人员用半导体芯片生产工艺研制出两个关键元件——进样器和检测器，率先推出了基于芯片技术的气相色谱仪。微全分析系统（L-TAS）在 20 世纪 90 年代初开始，开发了最早的芯片上的气相色谱仪（L-GC），近几年国内也有这类研究，如中科院电子所的孙建海研究组开始研究芯片上的色谱柱，用微电子机械系统制备长 6m，0.1mm×0.1mm 的色谱柱，用于分离苯和甲苯的混合物。

与常规色谱仪一样，微型便携式色谱仪由进样口、色谱柱和检测器组成，所不同的是后者采用微加工技术，把进样口和检测器微刻在硅片上，其尺寸与一个集成电路相当，色谱柱可固定在一个加热板上。这种微型便携式色谱仪体积小、质量轻，便于携带，分析速度快，保留时间以秒计，适合于有毒有害气体的监测和工艺过程的质量控制，既可以作为实验气相色谱仪，也可以作为在线工业色谱仪，同时有较高的灵敏度。

（5）气相色谱和质谱联用技术

在色谱联用仪中，气相色谱和质谱联用仪（GC-MS）是开发最早的色谱联用仪器。自

1957 年霍姆斯（Holmes J C）和莫雷尔（Morrell F A）首次实现气相色谱和质谱联用以后，这一技术得到长足的发展。由于从气相色谱柱分离后的样品呈气态，流动相也是气体，与质谱的进样要求相匹配，最容易将这两种仪器联用，而且气-质联用法综合了气相色谱和质谱的优点，弥补了各自的缺陷，因而具有灵敏度高、分析速度快和鉴别能力强的特点，可同时完成待测组分的分离和鉴定，特别适用于多组分混合物中未知组分的定性和定量分析，判断化合物的分子结构，准确地测定化合物的分子量，是目前能够为 pg 级试样提供结构信息的工具。

随着社会不断进步，人们对环境保护、生命健康、食品质量与安全的要求越来越高，相关的标准日益严格，这就要求气相色谱与其他分析方法一样朝更高灵敏度、更高选择性、更方便快捷的方向发展，不断推出新的方法来解决遇到的新的分析问题。网络经济飞速发展也为气相色谱的发展提供了更加广阔的发展空间。其发展主要体现在以下几个方面。

① 满足各种应用需求的专用色谱柱的开发。高选择性和寿命长、低应用成本及齐全规格尺寸是对这类色谱柱的基本要求。

② 针对各类具体需求开发的与标准分析方法相配套的专用分析系统的普遍应用。小型（芯片化、模块化）、快速、可靠和自动化、网络化将是这类专用系统的主要技术特征。

③ 基于各类应用系统或分析方法开发的专用分析软件也是一个值得关注的方向。专业化、网络化和远程技术支持性能将是对这类应用软件的基本要求。

④ 基于网络的广义并行多维色谱分析系统有望进入实用阶段。广义并行多维色谱分析系统是指以普通单一气相色谱作为一个基本分析单元，通过网络将多台具有这类单一分析功能的气相色谱组合成一个分析系统，共同完成特定分析任务的组合系统。

7.2 分析对象及应用领域

7.2.1 分析对象

在仪器允许的汽化条件下，凡是能够汽化且热稳定、不具有腐蚀性的液体或气体，都可用气相色谱法分析。有的化合物因沸点过高难以汽化或热不稳定而分解，则可以通过化学衍生化的方法，使其转变成易汽化或热稳定的物质后再进样分析。

7.2.2 应用领域

气相色谱技术由于其独特、高效、快速的分离特性，已成为物理、化学分析中不可缺少的重要工具。目前，气相色谱技术已在食品、石油、化工、环保、药物等方面有广泛应用。

（1）食品行业

粮油公司、香烟厂、酒厂、啤酒厂、酿酒公司、食品厂、饮料厂、蜂蜜厂等需要用气相色谱仪分析不同食品中指定组成的含量；食品发酵中微生物饮料中微量组分的分析研究；农药残留分析、香精香料分析、添加剂分析、脂肪酸甲酯分析、食品包装材料分析，如农药残留物分析主要包括有机氯农药残留分析、有机磷农药残留分析、杀虫剂残留分析、除草剂残留分析等。

（2）环境检测行业

主要用于大气、水源等污染地的痕量毒物分析、监测和研究，如大气污染物分析、水分析、土壤分析、固体废弃物分析。此外，包装厂、涂料厂、建材产品质量检测中心、室内空气检测公司、建筑工程质量检验测试站、环境检测站等需要气相色谱仪分析空气质量、材料质量等。

（3）石油化工行业

石油化工，石油地质，油质组成等分析控制和控矿研究，如油气田勘探中的化学分析、原油分析、炼厂气分析、模拟蒸馏、油料分析、单质烃分析、含硫/含氮/含氧化合物分析、汽油添加剂分析、脂肪烃分析、芳烃分析；有机合成领域中的成分研究和生产控制，如方法研究、质量监控、过程分析；农药厂，制药厂、农化公司，精细化工，生物化工，石油化工，液化器厂、燃气厂，气体厂，煤炭工业，日用化工等用气相色谱仪分析检测，如，精细化工分析主要有添加剂分析、催化剂分析、原材料分析、产品质量控制；聚合物分析主要有单体分析、添加剂分析、共聚物组成分析、聚合物结构表征/聚合物中的杂质分析、热稳定性研究。

（4）医药卫生行业

司法鉴定中心、制药厂、医院、疾病控制中心等也需要用到气相色谱仪。主要是测定中西药物的原料中间体及成品，生物化学方面主要是用于临床应用、病理和毒理研究，如雌三醇分析、儿茶酚胺代谢产物分析、尿中孕二醇和孕三醇分析、血浆中睾丸激素分析、血液中乙醇/麻醉剂及氨基酸衍生物分析；卫生检查中劳动保护公害检测的分析和研究。

（5）科研及事业单位

产品质量监督检验所，研究所，设计院，技术学院，大学化学系，农业质量监测中心，白蚁防治研究所，燃气公司，有机化学所，自来水厂，公安系统等，同样需要气相色谱仪分析、检测、研究；军事检测控制和研究。

气相色谱除了用于一个样品的定性及定量分析之外，还可用于物理化学研究中多种参数的测量。例如测量一种固体的比表面积；利用溶质（被分析组分）与溶剂（固定液）的相互作用，可以研究溶液热力学研究；通过测量吸附热，可以研究吸附剂与被吸附物质之间的作用；通过分析在不同时间间隔内的反应混合物成分的变化来研究化学反应动力学过程等。

7.3 气相色谱仪的基本组成部件及作用

气相色谱仪一般都是由气路系统、进样系统、分离系统、温度控制系统、检测器和数据处理系统等部分组成（见图7-2）。

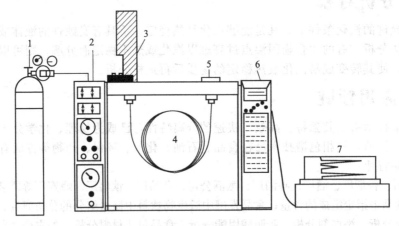

图 7-2 GC 仪器基本结构示意

1—载气钢瓶；2—气路系统；3—进样系统，4—分离系统；
5—检测系统；6—温度控制系统；7—数据处理系统

7.3.1 气路系统

气相色谱仪的气路是一个载气连续运行的密闭系统，常见的气路系统有单柱单气路和双柱双气路。单柱单气路适用于恒温分析；双柱双气路适用于程序升温分析，它可以补偿由于固定液流失和载气流量不稳等因素引起的检测器噪声和基线漂移。

气路的气密性、载气流量的稳定性和流量测量的准确性，对气相色谱的测定结果起着重要的作用。气路系统主要由以下部件构成。

（1）气体钢瓶和减压阀

气相色谱使用的载气一般由高压气体钢瓶或者气体发生器提供，高压气体钢瓶或者气体发生器的气体出口压力较大，而气相色谱使用的气体压力为 0.2～0.4MPa，故需要减压阀使钢瓶气源的输出压力下降到规定值。

（2）净化管

气体钢瓶供给的气体经减压阀后，必须经净化管净化处理，以除去水分和杂质。

（3）稳压阀

气相色谱仪中所用气体流量较小（一般低于 100mL/min），通常在减压阀输出气体的管线中串联稳压阀。稳压阀有两个作用，一是通过改变输出气压来调节气体流量的大小，二是稳定输出气压。常用的有波纹管双腔式稳压阀。恒温色谱中，整个系统阻力不变，用稳压阀便可使色谱柱入口压力稳定。

（4）稳流阀

使用程序升温法进行色谱分析时，由于色谱柱温度不断升高，色谱柱阻力也随之增加，使载气流量发生变化。为了维持稳定的载气流速，常常需要在气路中安装稳流阀。载气流量由稳压阀或稳流阀调节控制。

（5）针形阀

用来调节载气流量，也可用来控制燃气和空气的流量。但针形阀结构简单，流量调节精度不高。针形阀常安装在空气的气路中，以调节空气的流量。

（6）管路连接

气相色谱仪的管路多数采用内径为 3mm 的不锈钢管，依靠螺母、压环和"O"形密封圈进行连接。也有采用成本较低的尼龙管或者聚四氟乙烯管，但效果不如金属管好。

以上主要部件共同构成一个让气体连续运行的密闭管路系统，为色谱分析提供干燥纯净、压力稳定、流量精确的载气和辅助气体。

7.3.2 进样系统

气相色谱仪的气路系统是要求载气按照指定管线和方向流动的连续系统，在操作过程中要求严格密封，为了把样品送入色谱系统且分析中不致造成系统漏气，需要设计一种特殊装置，这样的装置称为进样系统，由进样器和汽化室构成。

7.3.2.1 进样器

不同类型的样品，需选择不同的进样器。气体样品可以用平面六通阀（又称旋转六通阀，见图 7-3）进样。取样时，气体进入定量管，而载气直接由图中 A 到 B。进样时，将阀旋转 60°，此时载气由 A 进入，通过定量管，将管中气体样品带入色谱柱中。定量管有 0.5mL、1mL、3mL、5mL 等规格，实际工作时，可以根据需要选择合适体积的定量管。这类定量管阀是目前气体定量阀中比较理想的阀件，使用温度较高、寿命长、耐腐蚀、死体积小、气密性好，可以在低压下使用。

常压气体样品也可以用 0.25～5mL 注射器直接量取进样。这种方法虽然简单、灵活，但是误差大、重现性差。

液体样品可以采用微量注射器直接进样，如图 7-4 所示。常用的微量注射器有 1μL、5μL、10μL、50μL、100μL 等规格。实际工作中可根据需要选择合适规格的微量注射器。

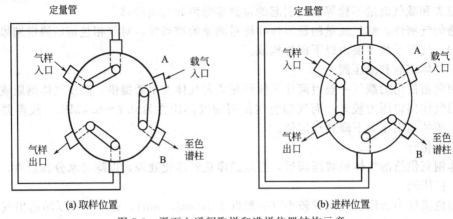

图 7-3　平面六通阀取样和进样位置结构示意

图 7-4　微量注射器

固体样品通常用溶剂溶解后，用微量注射器进样，方法同液体试样。对高分子化合物进行裂解色谱分析时，通常先将少量高聚物放入专用的裂解炉中，经过电加热，高聚物分解、汽化，然后再由载气将分解的产物带入色谱仪进行分析。

除上述几种常用的进样器外，现在许多高档的气相色谱仪还配置了自动进样器，它使得气相色谱分析实现了完全的自动化，其具体结构可参阅相关专著。

7.3.2.2　汽化室

进样系统从结构特点和适用范围来讲，一般可以分为填充柱进样系统和毛细管柱进样系统两大类。汽化室由绕有加热丝的金属块制成，温控范围在 50～500℃。汽化室要求热容量大，使样品能够瞬间汽化，并要求体积尽量小，无死角，防止样品扩散，减小死体积，提高柱效。对易受金属表面影响而发生催化、分解或异构化现象的样品，可在汽化室通道内置一玻璃插管（衬管），避免样品直接与金属接触。

① 填充柱进样系统　图 7-5 为一种常用的填充柱进样口，它的作用就是提供一个样品

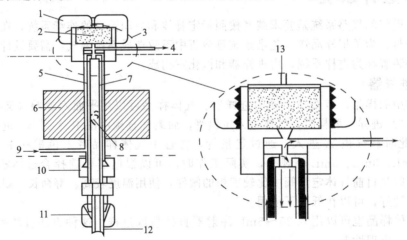

图 7-5　填充柱进样口结构示意

1—固定隔垫的螺母；2—隔垫；3—隔垫吹扫装置；4—隔垫吹扫气出口；5—汽化室；
6—加热块；7—玻璃衬管；8—石英玻璃毛；9—载气入口；10—柱连接件固定螺母；
11—色谱柱固定螺母；12—色谱柱；13—3 的放大图

汽化室，所有汽化的样品都被载气带入色谱柱进行分离。汽化室内不锈钢套管中插入石英玻璃衬管，能起到保护色谱柱的作用。实际工作中应保持衬管干净，及时清洗。进样口的隔垫一般为硅橡胶，其作用是防止漏气。硅橡胶在使用多次后会失去作用，应经常更换。一个隔垫的连续使用时间不能超过一周。

② 玻璃衬管　玻璃衬管一般由石英玻璃制成，表面经过惰性处理。其作用是：提供一个温度均匀的汽化室，防止局部过热；玻璃的惰性比不锈钢好，减少了在汽化期间样品催化分解的可能性；易于拆换清洗，以保持清洁的汽化室表面。一些痕量非挥发性组分会逐渐积累残存于汽化室，高温下会慢慢分解，使基流增加，噪声增大，通过清洗玻璃衬管可以消除这种影响；可根据需要选择管壁厚度及内径合适的玻璃衬管，以改变汽化室的体积，而不用更换整个进样加热块。

③ 毛细管柱进样系统　图 7-6 为分流/不分流进样示意。使用毛细管柱时，由于柱内固定相的量少，柱对样品的容量要比填充柱低，为防止柱超载，要使用分流进样器。样品注入分流进样器汽化后，只有一小部分样品进入毛细管柱，而大部分样品都随载气由分流气体出口放空。在分流进样时，进入毛细管柱内的载气流量与放空的载气流量的比称为分流比。分析时使用的分流比范围一般为 (1∶100)~(1∶10)。

除分流进样外，还有冷柱上进样、程序升温汽化进样、大体积进样、顶空进样等进样方式，具体内容可参阅相关专著。

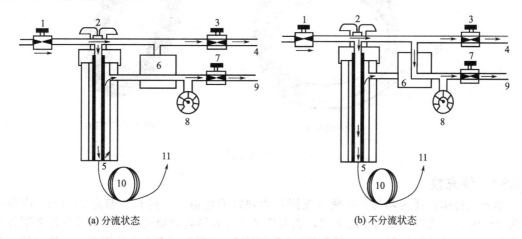

(a) 分流状态　　　　　　　　　　　　　　(b) 不分流状态

图 7-6　分流/不分流进样示意

1—总流量控制阀；2—进样口；3—隔垫吹扫调节阀；4—隔垫吹扫气出口；

5—分流器；6—分流/不分流调节阀；7—柱前压调节阀；8—柱前压力表；

9—分流出口；10—色谱柱；11—接检测器

进样系统作用：进样器和汽化室共同组成进样系统。进样器的主要作用是将样品定量引入色谱系统，然后通过汽化室将样品有效汽化，然后通过载气将样品"运输"到色谱柱。

④ 进样隔垫和隔垫吹扫　样品导入色谱柱的关键元件之一是进样口隔垫。隔垫将样品流路与外部隔开，起阻挡作用。进样针插入时，能保持系统内压，防止泄漏，避免外部空气渗入，污染系统。进样针穿刺进样隔垫后将样品注入汽化室。由于进样口类型不同，分析需求有差异，因此隔垫种类繁多，且由不同材料制成，一般由硅橡胶制成。隔垫通常在按照厂家规定的最高使用温度下使用。低温隔垫较软，密封性好。与高温隔垫相比，耐穿刺性好（进样次数多）。然而，超过最高温度限使用，会发生漏气或分解。这会导致样品流失，柱载气流量下降，柱寿命降低，出鬼峰。隔垫需经常更换，防止漏气。

隔垫吹扫是在衬管的上方，有一股气流在进样口隔垫下横向吹扫，流量设置为 1~

5mL/min，一般为 1～3mL/min。其目的就是把高温下隔垫的挥发物尽可能地吹出，从隔垫吹扫出口放空，吹走进样针穿刺进样垫时可能产生的碎屑，以避免这些物质进入色谱柱。隔垫吹扫功能，大大减少了隔垫上的吸附物和隔垫流失物所产生的干扰。

色谱分析中，样品的状态不同，性能各异，进样量相差悬殊，色谱柱差异较大，进样技术多样化，所以进样系统的结构、使用材料、进样时的温度、进样时间、进样量大小、进样工具、进样的准确性和重复性等都对气相色谱的定性、定量结果产生直接影响，因此进样是气相色谱分析中误差的主要来源之一。

7.3.3 分离系统

分离系统主要由柱箱（包括后开门、风扇）和色谱柱组成。色谱柱是色谱仪的核心。

气相色谱柱有多种类型。从不同的角度出发，可按色谱柱的材料、形状、柱内径的大小和长度、固定液的化学性能等进行分类。最常见的是按照色谱柱内径的大小和长度来分类，可分为填充柱和毛细管柱，如图 7-7 所示。

(a) 填充柱　　　　　　　(b) 毛细管色谱柱

图 7-7　典型色谱柱

7.3.3.1 填充柱

填充柱是指在柱内均匀、紧密填充固定相颗粒的色谱柱。柱长一般为 1～5m，内径一般为 2～4mm。依据内径大小的不同，填充柱又可分为经典型填充柱、微型填充柱和制备型填充柱。填充柱的柱材料多为不锈钢和玻璃，根据分析要求填充合适的固定相。填充柱制备简单，对于气液色谱填充柱，制备方法如下：根据固定液与载体的合适配比（通常为 5%～20%）。称取一定量固定液，并溶解于合适的有机溶剂中，然后加入定量载体混合均匀，在红外灯下烘烤，让溶剂慢慢挥发殆尽。最后，将此已涂布有固定液的载体填充至色谱柱内。对气固色谱柱，只需将合适的吸附剂直接填充进柱。填充固定相时要求均匀紧密，以保证良好的柱效。其形状有 U 形和螺旋形，使用 U 形柱时柱效较高。

7.3.3.2 毛细管柱

毛细管柱又称空心柱。它比填充柱在分离效率有很大的提高，可解决复杂的、填充柱难以解决的分析问题。常用的毛细管柱为涂壁空心柱（WCOT），其内壁直接涂渍固定液，柱材料大多用熔融石英，即所谓弹性石英柱。柱长一般为 25～100m，内径一般为 0.1～0.5mm。按柱内径的不同，WCOT 可进一步分为微径柱、常规柱和大口径柱。涂壁空心柱的缺点是柱内固定液的涂渍量相应较小，且固定液容易流失。为了尽可能地增加柱的内表面积，以增加固定液的涂渍量，人们又发明了涂载体空心柱（SCOT，即内壁上沉积载体后再涂渍固定液的空心柱）和属于气固色谱柱的多孔性空心柱［PLOT，即内壁上有多孔层（吸附剂）的空心柱]。其中 SCOT 柱由于制备技术比较复杂，应用不太普遍，而 PLOT 柱则主要用于永久性气体和低分子量有机化合物的分离分析。

色谱柱的作用：色谱柱安装在温控的柱箱内，是色谱仪的心脏。试样组分通过色谱柱时与固定相之间发生相互作用，这种相互作用大小的差异，使各组分互相分离而按先后顺序从色谱柱后流出，从而将多组分样品分离为单一组分的样品，再流动到检测器被分别检测。

知识链接 I： 分配系数与分配比

分配系数：是指在一定的温度和压力下，组分在两相（固定相和流动相）分配到达平衡时的浓度比，即

$$K = c_s / c_m \tag{7-1}$$

式中，c_s 为组分在固定相中的浓度，mg/L；c_m 为组分在流动相中的浓度，mg/L。分配系数与组分、流动相和固定相的热力学性质有关，也与温度、压力有关。在不同的色谱分离机制中，K 有不同的概念：吸附色谱法为吸附系数，离子交换色谱法为选择性系数（或称交换系数），凝胶色谱法为渗透参数。但一般情况可用分配系数来表示。

在条件（流动相、固定相、温度和压力等）一定，样品浓度很低时（c_s、c_m 很小）时，K 只取决于组分的性质，而与浓度无关。这只是理想状态下的色谱条件，在这种条件下，得到的色谱峰为正常峰；在许多情况下，随着浓度的增大，K 减小，这时色谱峰为拖尾峰；而有时随着溶质浓度增大，K 也增大，这时色谱峰为前延峰。因此，只有尽可能减少进样量，使组分在柱内浓度降低，K 恒定时，才能获得正常峰。

在同一色谱条件下，样品中 K 值大的组分在固定相中滞留时间长，后流出色谱柱；K 值小的组分则滞留时间短，先流出色谱柱。混合物中各组分的分配系数相差越大，越容易分离，因此混合物中各组分的分配系数不同是色谱分离的前提。

分配比：又称容量因子或容量比，是指在一定温度与压力下，组分在两相达到分配平衡时，组分在固定相中的质量与在流动相中的质量之比，用 k 表示。

$$k = p / q \tag{7-2}$$

知识链接 II： 色谱分析的基本理论

色谱分析的基本前提是混合物中各待测组分之间或待测组分与非待测组分之间实现完全分离。相邻两组分要实现完全分离，应满足两个条件：其一，相邻两色谱峰间的距离即峰间距必须足够远。峰间距由组分在两相间的分配系数决定，即与色谱过程的热力学性质有关。其二，峰的宽度应尽量窄。峰的宽或窄由组分在色谱柱中的传质和扩散行为所决定，即与色谱过程的动力学性质有关。因此，必须从热力学和动力学两方面来研究色谱过程。色谱热力学理论是从相平衡观点来研究分离过程，从而构成塔板理论；动力学理论是从动力学观点来研究各种动力学因素对色谱峰展宽的影响，从而构成速率理论。

（1）塔板理论

塔板理论是 1941 年由马丁（Martin）和詹姆斯（James）提出的半经验理论。该理论假定色谱柱由许多假想的塔板组成，即把色谱柱分成许多个小段，每一段相当于一块塔板，分离的组分随着流动相进入色谱柱后，在两相间进行分配，并随着流动相的不断移动，组分就沿着假想的塔板在两相间不断地进行着分配平衡。由于色谱柱的塔板数相当多，因此，组分的分配系数只要有微小差异，就可以得到很好的分离效果。

在塔板理论中，描述色谱柱效能的参数为理论塔板高度和理论塔板数。把组分在分离柱内达成一次分配平衡所需要的柱长称为理论塔板高度（H），色谱柱的总长（L）除以理论塔板高度即得理论塔板数（n）：

$$n = \frac{L}{H} \tag{7-3}$$

但理论塔板高度不易从理论上获得，因此无法由上式计算理论塔板数。计算理论塔板数的经验公式为：

$$n = 5.54 \left(\frac{t_R}{W_{1/2}}\right)^2 = 16 \left(\frac{t_R}{W_b}\right)^2 \tag{7-4}$$

式中，$W_{1/2}$ 为以时间为单位的半峰宽；W_b 为以时间为单位的峰底宽。由上面的公式可见，组分的保留时间越长，峰形越窄，则理论塔板数越高。在实际应用中，用上式计算的理论塔板数常偏高，这是因为保留时间中包括了死时间，若用调整保留时间代替保留时间，可求得有效理论塔板数（n'）

$$n' = 5.54 \left(\frac{t'_R}{W_{1/2}}\right)^2 = 16 \left(\frac{t'_R}{W_b}\right)^2 \tag{7-5}$$

因为在相同色谱条件下，对不同物质计算所得的塔板数不一样，因此，在说明柱效时，除注明色谱条件外，还应该指出是对什么物质而言的。

塔板理论在解释色谱流出曲线的形状（呈正态分布）、浓度极大值的位置及其影响因素以及计算和评价柱效等方面取得了成功。但是它的某些基本假设并不完全符合柱内实际发生的分离过程。因此，它不能解释塔板高度是受哪些因素影响的，也不能解释为什么在不同流速下可以得到不同的塔板数。尽管如此，由于以 n 或 H 作为柱效能指标很直观，因而迄今仍为色谱工作者所接受。

（2）速率理论

1956 年，荷兰学者范第姆特（Van Deemter）等提出了色谱过程动力学理论——速率理论。他们吸收了塔板理论中板高的概念，并把影响塔板高度 H 的动力学因素结合进去，导出了塔板高度 H 与载气流速度 u 的关系，即 Van Deemter 方程：

$$H = A + \frac{B}{u} + Cu \tag{7-6}$$

式中，A、B、C 为三个常数，其中 A 为涡流扩散项；B 为分子扩散系数；C 为传质阻力系数。由此可见，影响板高的三因素是涡流扩散项、分子扩散项和传质阻力项。

① 涡流扩散项（A）　在填充色谱柱中，当组分随载气向柱出口迁移时，载气由于受到填充物颗粒障碍，不断改变流动方向，使组分分子在前进中形成紊乱的类似"涡流"的流动，故称涡流扩散，如图 7-8 所示。

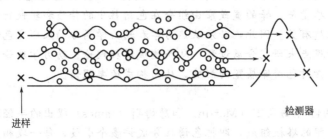

进样

检测器

图 7-8　色谱柱中的涡流扩散示意

由于填充物颗粒大小的不同及填充物的不均匀性，使组分在色谱柱中路径长短不一，因而相同组分到达柱出口的时间并不一致，引起了色谱峰的展宽。

② 分子扩散项（B/u） 又称纵向分子扩散，是由柱内存在着浓度梯度造成的。组分从柱入口进入，其在柱内浓度分布的构型呈"塞子"状。它随着流动相向前推进，由于存在浓度梯度，"塞子"必然自发地向前和向后扩散，造成谱带展宽。

③ 传质阻力项（Cu） 两相间的传质阻力使柱横断面上的浓度分配不均匀，引起峰扩张，改善两相间传质，可削弱传质阻力的影响。

以上三种因素的影响不是孤立的。如流速加大，分子扩散项影响减小，但传质阻力项的影响增大；温度升高，有利于传质却又加剧了分子扩散项的影响。在实际应用中，通过色谱分离条件的选择来平衡这些矛盾，提高柱效。

速率理论是在继承塔板理论的基础上发展起来的。它阐明了影响色谱峰变宽的物理化学因素，并指明了提高和改进色谱柱效能的方向，对色谱的发展起到指导性的作用。

知识链接Ⅲ: 色谱柱的总分离效能指标——分离度

根据塔板理论，有效理论塔板数 $n_{有效}$ 是衡量柱效能的指标，表示组分在柱内进行分配的次数，但样品中各组分，特别是难分离物质对（即物理常数相近，结构类似的相邻组分）在一根柱内能否得到分离，取决于各组分在固定相中分配系数的差异，也就是取决于固定相的选择性，而不是由分配次数的多少来确定。因而柱效能不能说明难分离物质对的实际分离效果，而选择性却无法说明柱效率的高低。因此，必须引入一个既能反映柱效能，又能反映柱选择性的指标，作为色谱柱的总分离效能指标，来判断难分离物质对在柱中的实际分离情况。这一指标就是分离度 R。

分离度又称分辨率，其定义为：相邻两组分色谱峰的保留时间之差与两峰底宽度之和一半的比值，即：

$$R = \frac{t_{R_2} - t_{R_1}}{(W_{b_1} + W_{b_2})/2} \tag{7-7}$$

或

$$R = \frac{2(t_{R_2} - t_{R_1})}{1.699(W_{1/2(1)} + W_{1/2(2)})} \tag{7-8}$$

式中，t_{R_1}、t_{R_2} 分别为组分1、2的保留时间；W_{b_1}、W_{b_2} 分别为1、2两组分的色谱峰峰底宽度；$W_{1/2(1)}$、$W_{1/2(2)}$ 分别为1、2两组分色谱峰的半峰宽。

显然，分子项中两保留时间差愈大，即两峰相距愈远，分母项愈小，即两峰愈窄，R 值就愈大。R 值愈大，两组分分离得就愈完全。一般来说，当 $R=1.5$ 时，分离程度可达 99.7%；当 $R=1$ 时，分离程度可达 98%；当 $R<1$ 时，两峰有明显的重叠。所以，通常用 $R \geqslant 1.5$ 作为相邻两峰得到完全分离的指标。

由于分离度总括了实现组分分离的热力学和动力学（即峰间距和峰宽）两方面因素，定量地描述了混合物中相邻两组分实际分离的程度，因而用它作色谱柱的总分离效能指标。分离度、柱效能（$n_{有效}$）和选择性因子三者的关系可用数学式表示为：

$$n_{有效} = 16R^2 \left(\frac{\alpha_{2,1}}{\alpha_{2,1}-1}\right)^2 \tag{7-9}$$

式中，$\alpha_{2,1}$ 为相邻两组分的分配系数比，又称分离因子或选择性因子。

知识链接Ⅳ: 固定相

气相色谱法能否将某一试样中的组分分离，主要取决于色谱柱的选择性和效能。但在很大程度上取决于固定相的选择是否适当。气相色谱固定相分为两类：液体固定相和固体固定相。

（1）液体固定相

液体固定相是由载体和附着在载体上的固定液构成。根据固定液的化学性能，色谱柱可分为非极性、极性与手性色谱分离柱等。固定液的种类繁多，极性各不相同。色谱柱对混合样品的分离能力，往往取决于固定液的极性。常用的固定液有烃类、聚硅氧烷类、醇类、醚类、酯类以及腈和腈醚类等。新近发展的手性色谱柱使用的是手性固定液，主要有手性氨基酸衍生物、手性金属配合物、冠醚、杯芳烃和环糊精衍生物等。其中以环糊精及其衍生物为色谱固定液的手性色谱柱，用于分离各种对映体十分有效，是近年来发展极为迅速且应用前景相当广阔的一种手性色谱柱。表7-1为常用毛细管色谱柱极性对应表。

表7-1 常用毛细管色谱柱极性对应表

固定相	化学组成	极性	适用范围	对照牌号
SE-30 OV-1	100％甲基聚硅氧烷（胶体）	非极性	烃类化合物、农药、酚、胺	DB-1、BP-1、007-1、SPB-1、RSL-150、CPSRL-5、HP-1
OV-101	100％甲基聚硅氧烷（流体）	非极性	氨基酸、烃类化合物、药物胺	HP-100、SP-2100
SE-52 SE-54	5％苯基聚硅氧烷、1％乙烯基 5％苯基甲基聚硅氧烷	弱极性	多核芳烃、酚、酯、碳氢化合物、药物胺	DB-5、BP-5、SPB-5、007-2、OV-73、CPSIL-8、RSL-120、HP-5
OV-1701	7％氰丙基、7％苯基甲基聚硅氧烷	中极性	药物、醇、酯、硝基苯类、除莠剂	BP-10、RSL-1701、DB-1701、HP-1701、CPISL-19
OV-17	50％苯基、50％甲基聚硅氧烷	中极性	药物、农药	DB-17、HP-17、007-17、SP-2250、RSL-300
OV35	35％苯基、65％二甲基聚硅氧烷	中极性		
OV-225	25％氰丙基、25％苯基、甲基聚硅氧烷	中极性		DB-225、HP-225、BP-225、CPSIL-43、RSL-500
OV-275	100％氰丙基聚硅氧烷	强极性		
XE-60	25％氰乙基、75％二甲基聚硅氧烷	中极性	酯、硝基化合物	DB-225、HP-225、CPSIL-43、RSL-500
FFAP	聚乙二醇硝基苯改性	极性	酸、醇、醛、酯、酮、腈	SP-1000、OV-351、BP-21、HP-FFAP
PEG-20M	聚乙二醇-20M	极性	酸、醇、醛、酯、甘醇	HP-20M、DB-WAX、007-20M、BP-20
LZP-930	LZP	极性	白酒	
Al_2O_3	γ-Al_2O_3	极性	$C_1 \sim C_6$低碳烃	Alumina
5A	5A分子筛	极性	惰性气体及同位素	
C-2000	碳分子筛	极性	$He,H_2,O_2,CO,CO_2,C_1 \sim C_2$	CarbPLOT P7
13X	13X分子筛	极性	石脑油 $C_3 \sim C_{12}$环烷烃、链烷烃	

① 对固定液的要求如下。

a. 对被测组分化学惰性。

b. 热稳定性好，在操作温度下固定液的蒸气压很低，不应超过13.3Pa，超过此限度，固定液易流失。

c. 对不同的物质具有较高的选择性，即对沸点相同或相近的不同物质有尽可能高的分离能力。

d. 黏度小、凝固点低，使其对载体表面具有良好的浸润性，易涂布均匀。

e. 对样品中各组分有适当的溶解能力。

② 固定液的选择。一般按"相似相溶"原则来选择固定液，这样分子间的作用力强，选择性高，分离效果好。具体可从以下几个方面进行考虑。

a. 分离非极性物质，则宜选用非极性固定液。此时样品中各组分按沸点次序流出，沸点低的先流出，沸点高的后流出。如果非极性混合物中含有极性组分，当沸点相近时，极性组分先流出。

b. 分离极性物质，则宜选用极性固定液。样品中各组分按极性由小到大的次序流出。

c. 对于非极性和极性的混合物的分离，一般选用极性固定液。此时非极性组分先流出，极性组分后流出。

d. 能形成氢键的样品，如醇、酚、胺和水等，则应选用氢键型固定液，如腈、醚和多元醇固定液等，此时各组分将按与固定液形成氢键能力的大小顺序流出。

e. 对于复杂组分，一般首先在不同极性的固定液上进行实验，观察未知物色谱图的分离情况，然后再选择合适极性的固定液。

（2）固体固定相

用气相色谱分析永久性气体（如 CO、CH_4）时，常用固体吸附剂做固定相，因为气体在一般固定液里的溶解度很小，目前还没有一种满意的固定液能用于它们的分离。然而在固体吸附剂上，它们的吸附热差别较大，故可得到满意的分离。表 7-2 为几种常见的吸附剂及其用途。固体吸附剂的种类较少，且不同批号的吸附剂其性能常有差别，故分析数据不易重复。固体吸附剂的柱效较低，活性中心易中毒，因而柱寿命也较短。

表 7-2　气固色谱常用的几种吸附剂及其用途

吸附剂	主要化学成分	最高使用温度/℃	性质	用途
活性炭	C	<300	非极性	永久性气体、低沸点烃类
石墨化炭黑	C	>500	非极性	主要分离气体及烃类
硅胶	$SiO_2 \cdot xH_2O$	<400	氢键型	永久性气体及低级烃
氧化铝	Al_2O_3	<400	弱极性	烃类及有机异构物
分子筛	$x(MO) \cdot y(Al_2O_3) \cdot z(SiO_2) \cdot nH_2O$	<400	极性	特别适宜分离永久气体

（3）合成固定相

合成固定相又称聚合物固定相，包括高分子多孔微球和键合固定相。其中键合固定相多用于液相色谱。高分子多孔微球是一种合成的有机固定相，可分为极性和非极性两种。非极性聚合固定相由苯乙烯和二乙烯苯共聚而成，如我国的 GDX-1 型和 GDX-2 型以及国外的 Chromosorb 系列等。极性聚合固定相是在苯二烯和二乙烯苯聚合时引入不同极性的基团，即可得到不同极性的聚合物，如我国的 GDX-3 型和 GDX-4 型和国外的 Porapak N 等。

聚合物固定相既是载体，又起固定液的作用，可活化后直接用于分离，也可作为载体在其表面涂渍固定液后再用，由于聚合物固定相是人工合成，所以能控制其孔径大小及表面性质，一般这类固定相的颗粒为均匀的圆球状，易于填充色谱柱，分析的数据重现性好。由于无液膜存在，不存在流失问题，有利于程序升温，用于沸点范围宽的样品分离。这类高分子多孔微球的比表面和机械强度较大且耐腐蚀，其最高使用温度为 250℃，特别适用于有机物中痕量水的分析，也可于多元醇、脂肪酸、腈类和胺类的分析。

知识链接Ⅴ: 载体

载体是固定液的支持骨架，是一种多孔性的、化学惰性的固体颗粒，固定液可在其表面形成一层薄而均匀的液膜，以加大与流动相接触的表面积。载体应具有如下特点：

① 具有多孔性，即比表面积大；

② 化学惰性，即不与样品组分发生化学反应；表面没有活性，但有较好的浸润性；

③ 热稳定性好；

④ 有一定的机械强度,使固定相在制备和填充过程中不易破碎。

知识链接Ⅵ: 载体种类及性能

载体大致可分为两类,即硅藻土类和非硅藻土类。硅藻土类载体是天然硅藻土经煅烧等处理后而获得的具有一定粒度的多孔性颗粒。非硅藻土类载体品种不一,多在特殊情况下使用,如氟载体、玻璃珠等。硅藻土类是目前气相色谱中广泛使用的一种载体,按其制造方法不同,又可分为红色和白色载体两种。

红色载体因含少量氧化铁颗粒呈红色而得名,如 201、202、6201, C-22 火砖和 Chromosorb P 型载体等。红色载体的机械强度大,孔穴密集、孔径小(约 $2\mu m$),比表面积大(约 $4m^2/g$),但表面存在吸附中心,对极性化合物有较强的吸附性和催化活性,如烃类、醇、胺、酸等极性物质会因吸附而产生严重拖尾。因此,红色载体适用于涂渍非极性固定液,分离非极性和弱极性化合物。

白色载体是天然硅藻土在煅烧时加入少量碳酸钠之类的助熔剂,使氧化铁变为白色的铁硅酸钠而得名,如 101、102、Chromosorb W 等型号的载体。白色载体的比表面积小($1m^2/g$),孔径较大($8\sim9\mu m$),催化活性小,所以适于涂渍极性固定液,分离极性化合物。

硅藻土载体的预处理:普通硅藻土载体的表面并非惰性,而是具有硅醇基(—Si—OH),并有少量金属氧化物,如氧化铝、氧化铁等。因此,在它的表面既有吸附活性,又有催化活性,会造成色谱峰的拖尾。因此,使用前要对硅藻土载体表面进行化学处理,以改进孔隙结构,屏蔽活性中心。处置方法有:酸洗(除去碱性作用基团)、碱洗(除去酸性作用基团)、硅烷化(除去氢键结合力)、釉化(表面玻璃化,堵住微孔)等方法。

7.3.4 温度控制系统

温度控制系统包括汽化室温度控制、色谱柱箱温度控制、检测器温度控制等。汽化室温度应使试样瞬间汽化但又不分解,通常选在试样的沸点或稍高于沸点。对热不稳定性样品,可采用高灵敏度检测器,则大大减少进样量,使汽化温度降低。

检测器温度的波动影响检测器(火焰离子化检测器除外)的灵敏度或稳定性,为保证柱后流出组分不至于冷凝在检测器上,检测室温度必须比柱温高数十度,检测器的温度控制精度要求在 $\pm0.1℃$ 以内。

色谱柱箱温度的变动会引起柱温的变化,从而影响柱的选择性和柱效,因此柱箱的温度控制要求精确。温控方法根据需要可以恒温,也可以程序升温。

当被测样品复杂,其中的组分的 k' 范围过宽,而分离在恒温下进行,这往往会带来两个麻烦。首先是高沸点样品保留时间过长,而使色谱峰既宽又矮,使分离变坏,且难以准确定量。更严重的是某些高沸点组分迟迟不流出。若对未知样品,则会误认为组分已全部洗脱出柱,但到了以后的分析中,它又被洗脱出来,造成组分的漏检和误检。其次对沸点过低的组分,峰会相互紧挨,而不能很好分离。解决此麻烦的办法是采用程序升温气相色谱法。程序升温法在色谱分析中约占 70%。

知识链接: 程序升温

程序升温即根据样品组成的性质使柱温按照人为优化的升温速率改变,从而使各组分能在各自获得良好分离的温度下洗脱。程序升温方式应根据样品中组分的沸点分布范围来选择,可以是线性或多阶线性等。程序升温的优点有分离改进、峰窄、检测限下降以及省时等。

该方法适用于沸点范围宽的多组分混合物的分析。在一个分析周期内，柱温随时间不断升高，在程序开始时，柱温较低，低沸点的组分得到分离，中等沸点的组分移动很慢，高沸点的组分还停留在柱口附近；随着柱温的不断升高，组分由低沸点到高沸点依次得到分离。如图 7-9 所示，为恒温法和程序升温法的比较。

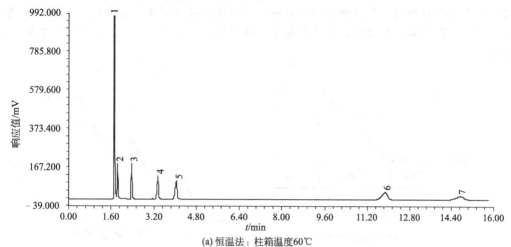

(a) 恒温法：柱箱温度60℃

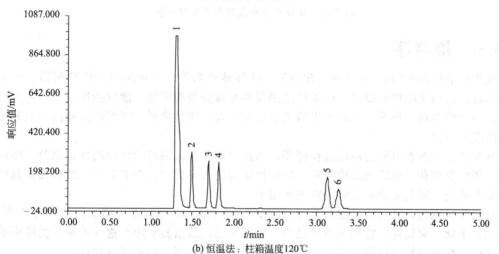

(b) 恒温法：柱箱温度120℃

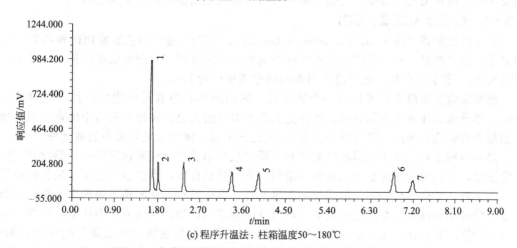

(c) 程序升温法：柱箱温度50~180℃

图 7-9 宽沸程试样在恒温与程序升温时分离结果的比较

由图 7-9 可知，该混合物中有 7 个组分，沸程较宽，且前面几个组分沸点相距较近。用 60℃恒温法时，所有组分都能分开，但是 1、2 号组分分离度较小，而 6、7 号组分由于柱温不够高，峰形较差，整个分析时间长。如图 7-9（a）所示。用 120℃恒温法时，分析时间大大缩短，6、7 号峰峰形也较好，但是 1、2 号组分已经完全重合，分离不开。如图 7-9（b）所示。用程序升温法时，所有组分都能出峰，峰形好，分离度大，分析时间合理。如图 7-9（c）所示。升温方式：升温方式有单阶程序升温（恒温—线性—恒温）和多阶程序升温。如图 7-10 所示。

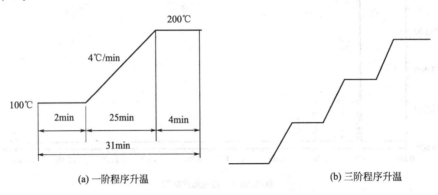

(a) 一阶程序升温 (b) 三阶程序升温

图 7-10　单阶程序升温和多阶程序升温

7.3.5　检测器

气相色谱检测器约有 10 多种，常用的是热导池检测器、氢火焰离子化检测器、电子捕获检测器、火焰光度检测器等。这 4 种检测器都是微分型检测器。微分型检测器的特点是被测组分不在检测器中积累，色谱流出曲线呈正态分布，即呈峰形。峰面积或峰高与组分的质量或浓度成比例。

气相色谱检测器可分为通用性检测器，如热导池和氢火焰离子化检测器，以及选择性检测器，如电子捕获、火焰光度检测器。通用性指对绝大多数物质都有响应，选择性指只对某些物质有响应，对其他物质无响应或响应很小。

根据检测原理，又可将检测器分为浓度型和质量型。热导和电子捕获检测器属浓度型；氢火焰离子化、火焰光度检测器属质量型。浓度型检测器指其响应与进入检测器的浓度的变化成比例；质量型检测器指其响应与单位时间内进入检测器的物质量成比例。

7.3.5.1　热导池检测器(TCD)

热导池检测器（thermal conductivity detector，TCD）是气相色谱常用的检测器。其结构简单，稳定性好，对有机物或无机物都有响应，适用范围广，但灵敏度较低，一般适宜作常量或 10^{-6} 数量级分析。热导池检测器的线性范围约为 10^4。

热导池检测器的主要部件是一个热导池，它由池体和热敏元件构成，其结构如图 7-11 所示。热导池池体由不锈钢制成。池体上有四个对称的孔道。在每个孔道中固定一根长短和阻值相等的螺旋形热丝（钨或铼钨合金），与池体绝缘。该金属热丝称为热敏元件。

热导池检测器是基于不同的物质具有不同的热导率。当电流通过钨丝时，钨丝被加热到一定温度，钨丝的电阻值也就增加到一定值。在未进试样时，通过热导池两个池孔的都是载气。由于载气的热传导作用，使钨丝的温度下降，电阻减小，此时热导池的两个池孔中钨丝温度下降和电阻减小的数值是相同的。在试样组分进入以后，载气流经参比池，而载气带着试样组分流经测量池，出于被测组分与载气组成的混合气体的热导率和载气的热导率不同。因而测量池中钨丝的散热情况就发生变化，使两个池孔间的两根钨丝的电阻值之间有差异，此差异可以利用电桥测量出来。热导池检测器对所有物质都有响应，因此是应用最广、最成熟的一种检测器。

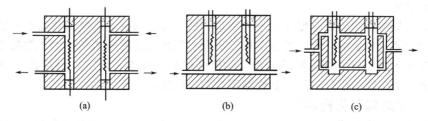

图 7-11　热导池结构

　　由四根热线组成的四臂热导池，其中二臂为参比臂，二臂为测量臂。将参比臂和测量臂接入惠斯顿电桥，通入恒定的电流，组成热导池测量线路，如图 7-12 所示。R_2、R_3 为参比臂，R_1、R_4 为测量臂，$R_1=R_2$，$R_3=R_4$。

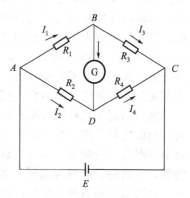

　　热导池检测器是根据不同物质与载气具有不同的热导率 λ 这一原理而设计的。热导率 λ 反映了物质的传热本领，热导率大的组分，传热的本领大；反之，传热的本领小。某些气体的热导率见表 7-3。

　　当无样品，仅有纯载气通过时，电流流过热丝产生的热量与载气带走的热量建立热动平衡，这时参比臂和测量臂热丝的温度相同，$R_1R_4=R_2R_3$，电桥处于平衡状态，无信号输出，此时记录仪上记录的是一条直线。

图 7-12　热导池惠斯顿电桥测量线路

表 7-3　某些气体的热导率

气体	$\lambda \times 10^3 /[J/(cm \cdot s \cdot ℃)]$		相对分子质量
	0℃	100℃	
氢	174.1	223.4	2
氦	145.6	174.9	4
甲烷	30.1	45.6	16
氮	24.3	31.4	28
氩	16.7	21.6	40
戊烷	13.0	22.2	72
己烷	12.6	20.9	86

　　当样品组分随载气通过测量臂时，组分与载气组成的二元体系的热导率与纯载气的热导率不同，由于热传导带走测量臂的热量，引起热丝温度变化，使电阻值改变。而参比臂电阻值保持不变，这时，$R_1R_4 \neq R_2R_3$，电桥失去平衡，A、B 两点间的电位不等，于是输出信号。信号大小与组分含量成比例。

　　影响灵敏度的因素主要如下。

　　桥电流：电桥通过的电流称为桥电流，桥电流是热导池检测器的一个重要操作参数。热导池的灵敏度与桥电流三次方成正比。但桥电流过大，热丝温度迅速增加，影响其寿命，同时由于与池体壁温差过大，使噪声增大。桥电流的选择要根据池体温度和载气性质。若池体温度较低，桥电流可适当大些。用氢气或氦气作载气时，桥电流可选在 180～200mA，用氮气或氩气作载气时，应选在 80～120mA。

　　载气：载气与组分的热导率差别越大，相应的输出信号也越大。所以一般采用热导率大的载气如氢气或氦气，而不采用热导率小的氮气或氩气。如果组分的热导率比载气的热导率大，就会得到负信号，而且线性差，灵敏度也低。使用氢气作载气比氮气作载气的最小检测限低一个数量级。

温度：热导池检测器对温度变化十分敏感，柱箱温度的波动会使热丝温度发生变化，而检测室温度的波动将影响热传导的稳定性，所以必须严格控制柱箱和检测室的温度，否则灵敏度和稳定性下降。检测室温度较低为宜，但必须高于柱温，以防止组分蒸汽检测室中冷凝，热导池若被冷凝的组分沾污，基线漂移增加，稳定性下降。

7.3.5.2　氢火焰离子化检测器

氢火焰离子化检测器（flame ionization detector，FID）是一种高灵敏度通用性检测器。氢火焰离子化检测器是利用高温的氢火焰将部分待测物质离子化，在电场的作用下形成电流，电流信号经放大器放大并被记录仪记录。它几乎对所有的有机物都有响应，而对无机物、惰性气体或火焰中不解离的物质等无响应或响应很小。它的灵敏度比热导池检测器高 $10^2 \sim 10^4$ 倍，检测限达 10^{-13} g/s，对温度不敏感，响应快，适合连接开管柱进行复杂样品的分离。氢火焰离子化检测器对含碳有机化合物有很高的灵敏度。一般比热导池检测器的灵敏度高几个数量级，故适宜于痕量有机物的分析。

氢火焰离子化检测器是根据有机物在氢氧焰中燃烧产生离子而设计的，主要部件是用不锈钢制成的离子室，结构见图 7-13。离子室由收集极、发射极（或称极化极）、气体入口和火焰喷嘴等部分组成。氢气与载气预先混合，从离子室下部进入喷嘴，空气从喷嘴周围引入助燃，生成的氢氧焰为离子化能源。喷嘴本身作为发射极，火焰上方的圆筒状电极为收集极，在两电极间施加极化电压产生电场。无组分进入火焰时，两极间不应有电流流过，但实际上仍有微弱电流产生，这是由于杂质在火焰中解离的结果，此微弱电流称为基始电流。

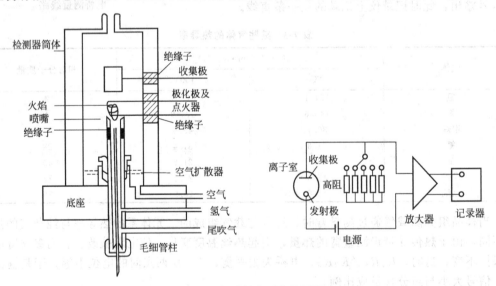

图 7-13　氢火焰离子化检测器

当有机物随载气进入火焰时，发生离子化反应，$C_n H_m$ 在火焰中发生裂解，生成自由基 CH·。

$$C_n H_m \longrightarrow CH \cdot$$

CH·与空气中氧作用，生成 CHO^+ 和 e^-：

$$2CH \cdot + O_2 \longrightarrow 2CHO^+ + e^-$$

生成的离子被发射极捕获而产生电流，经高阻（$10^7 \sim 10^{10} \Omega$）放大后由记录系统记录。

产生的离子数与单位时间内进入火焰的碳原子数量有关，所以氢火焰离子化检测器是质量型检测器。它对绝大多数有机化合物有很高的灵敏度，有利于分析痕量有机物。对氢火焰中不电离的 CO、CO_2、SO_2、H_2S、NH_3、空气、水和惰性气体等不能检测。由于对空气和水无响应，因此特别适合于大气和水污染物质的分析。

氢火焰离子化检测器的喷嘴内径、电极形状及间距、极化电压的高低均影响其检测灵敏度。但这些参数都已有厂家经过优化选择，唯独气体流量之比应仔细选择。氢气流量有一最佳值，在最佳值时可得到最大的响应。氢气与载气的流量比一般为 1:1 左右。氢气与空气的流量比约为 1:10，因为导入的空气中的一部分需通过扩散进入火焰，为了保证有足够的氧气与组分分子接触，必须提供充足的空气。空气的最低流量为 400mL/min，低于此流量时，响应值随空气流量的增加而增加，到达 400mL/min 后，响应值趋于稳定。

7.3.5.3 电子捕获检测器

电子捕获检测器（electron capture detector，ECD）只对电负性物质有响应，物质的电负性越强，检测灵敏度越高，其最小检测浓度可达 10^{-14}g/mL，线性范围为 10^3 左右。电子捕获检测器是应用广泛的一种具有选择性、高灵敏度的浓度型检测器。它的选择性是指它只对具有电负性的物质（如含有卤素、硫、磷、氮、氧的物质）有响应，电负性越强，灵敏度越高。高灵敏度表现在能测出 10^{-14}g/mL 的电负性物质。

电子捕获检测器是一种放射性离子化检测器，结构见图 7-14。与氢火焰离子化检测器相似，同样需要能源和电场。在检测器内装有一个圆筒状 β 放射源如 ^{63}Ni 为负极，另一电极为正极，两极之间用聚四氟乙烯绝缘，极间施加直流或脉冲电压，极间距离根据放射源和供电形式精确确定。

当载气（氮气或氩气）进入检测室，受 β 放射源发射出的 β 粒子（初级电子）的不断轰击而电离，生成正离子和次级电子。

$$N_2 \xrightarrow{\beta} N_2^+ + e^-$$

当外加电场存在时，初级电子和次级电子向正极迁移并被收集，形成一恒定的微电流（$10^{-9} \sim 10^{-8}$ A），即检测器的基始电流，简称基流。

当电负性物质（AB）随载气进入检测器后，立即捕获这些自由电子而生成稳定的负离子，负离子再与载气正离子复合成中性化合物：

$$AB^- + N_2^+ \Longleftrightarrow AB + N_2$$

其结果使基流下降，产生负信号而形成负峰。电负性组分的浓度越大，负峰越大；组分中电负性元素的电负性越强，捕获电子的能力越大，倒峰也越大。

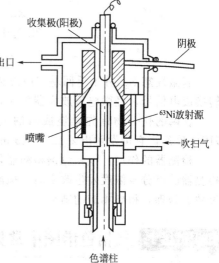

图 7-14 电子捕获检测器

7.3.5.4 火焰光度检测器

火焰光度检测器（flame photometry detector，FPD）是一种对硫、磷化合物有高响应值的选择性检测器，又称"硫磷检测器"。它对硫、磷的响应比烃类高 1 万倍，适合于分析含硫、磷的有机化合物和气体硫化物，在大气污染和农药残留分析中应用很广，检测限可达 10^{-13}g/s（P）、10^{-11}g/s（S）。火焰光度检测器对硫和磷的线性范围分别为 10^3 和 10^4。火焰光度检测器是对含磷、含硫的化合物有高选择性和高灵敏度的一种色谱检测器。当含有硫（或磷）的试样进入氢火焰离子室，在富氢-空气焰中燃烧时，有下述反应：

$$RS + 空气 + O_2 \longrightarrow SO_2 + CO_2$$
$$2SO_2 + 8H \longrightarrow 2S + 4H_2O$$

亦即有机硫化物首先被氧化成 SO_2，然后被氢还原成 S 原子，S 原子在适当温度下生成激发态的 S_2^* 分子，当其跃迁回基态时，发射出 $350 \sim 430nm$ 的特征分子光谱。含磷试样主要以 HPO 碎片的形式发射出 526nm 波长的特征光。这些发射光通过滤光片而照射到光电倍增管上，将光转变为光电流，经放大后在记录器上记录下化合物的色谱图。

火焰光度检测器是根据硫、磷化合物在富氢火焰中燃烧时能发射出特征波长的光而设计的。它由燃烧系统和光学系统组成，其结构如图 7-15 所示。

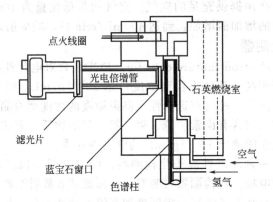

图 7-15 火焰光度检测器

当含硫的化合物随载气进入富氢火焰中燃烧时，其机理一般认为：

$$RS + 2O_2 \longrightarrow CO_2 + SO_2$$
$$2SO_2 + 4H_2 \longrightarrow 4H_2O + 2S$$
$$S + S \xrightarrow{390℃} S_2^* (化学发光物质)$$

当激发态 S_2^* 分子返回基态时发射出特征波长的光（λ_{max} 为 394nm），并由光电倍增管转换成电信号，经微电流放大器放大，最后送至记录系统。

含磷的化合物首先燃烧成磷的氧化物，然后在富氢火焰中被氢还原形成化学发光的 HPO 碎片，它可发射出 λ_{max} 为 526nm 的特征光。

检测器的作用：气相色谱检测器是利用样品组分与载气的物化性能之间的差异，当流经检测器的组分及浓度发生改变时，检测器立即产生相应的信号。输入到数据记录系统后，通过数据处理，得到相应的结果。

知识链接 I: 气相色谱图中常见术语

(1) 色谱图 色谱图是指色谱柱流出物通过检测器系统时所产生的响应信号对时间或流动相流出体积的曲线图（见图 7-16）。色谱流出曲线是指色谱图中随时间或载气流出体积变化的响应信号曲线，也就是以组分流出色谱柱的时间（t）或载气流出体积（V）为横坐标，以检测器对各组分的电信号响应值（mV）为纵坐标的一条曲线。

(2) 色谱峰 物质通过色谱柱进到检测器后，其输出信号随进入检测器组分浓度（或质量）的变化而变化，直至组分全部离开检测器，此时绘出的曲线（即色谱柱流出组分通过检测系统时所产生的响应信号的微分曲线），称为色谱峰。色谱图上有一组色谱峰，每个峰代表样品中的至少一个组分。

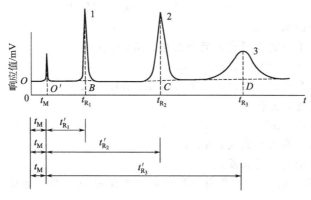

图 7-16 色谱图

（3）前延峰及拖尾峰 前沿平缓、后部陡起的不对称色谱峰，称为前延峰；后部平缓、前沿陡起的不对称峰，称为拖尾峰。

（4）基线 在色谱操作条件下，没有被测组分通过检测器时，记录器所记录的检测器噪声随时间变化图线称为基线。

（5）峰高、峰宽与半峰宽 由色谱峰的浓度极大点向时间坐标引垂线与基线相交点间的高度称为峰高，一般以 h 表示。在峰两侧拐点处做切线与基线相交两点间的距离为峰宽，以 W 表示。色谱峰高一半处的宽为半峰宽，一般以 $W_{1/2}$ 表示。

（6）峰面积 流出曲线（色谱峰）与基线构成的面积称峰面积，用 A 表示。

（7）死时间、保留时间及校正保留时间 从进样到惰性气体峰出现极大值的时间称为死时间，以 t_M 表示。从进样到出现色谱峰最高值所需的时间称保留时间，以 t_R 表示。保留时间与死时间之差称校正保留时间。以 t_R' 表示。

$$t_R' = t_R - t_M \tag{7-10}$$

（8）死体积，保留体积与校正保留体积 死时间与载气平均流速的乘积称为死体积，以 V_M 表示，载气平均流速以 F_C 表示，保留时间与载气平均流速的乘积称保留体积，以 V_R 表示，校正保留体积以 V_R' 表示。

死体积 $\qquad\qquad\qquad V_M = t_M F_C \tag{7-11}$

保留体积 $\qquad\qquad\qquad V_R = t_R F_C \tag{7-12}$

校正保留体积 $\qquad\qquad V_R' = t_R' F_C \tag{7-13}$

（9）保留值与相对保留值 保留值是表示试样中各组分在色谱柱中的停留时间的数值，通常用时间或用将组分带出色谱柱所需载气的体积来表示。相对保留值也叫选择因子，定义为组分 2 与组分 1 的调整保留值之比。

$$\text{相对保留值 } r = t_{R_2}' / t_{R_1}' = V_{R_2}' / V_{R_1}' \tag{7-14}$$

其值只与柱温和固定相性质有关，与其他色谱操作条件无关，它表示了固定相对这两种组分的选择性。

（10）仪器噪声 基线的不稳定程度称噪声。

知识链接Ⅱ: 检测器性能的相关定义

（1）灵敏度（S） 灵敏度（sensitivity）系指单位量的物质通过检测器时所产生信号的大小，亦称检测器对该物质的响应值。

① 浓度型检测器灵敏度计算式

$$S_c = AC_1C_2U_e/W = hY_{1/2}U_e/W \tag{7-15}$$

式中 A——色谱峰面积，cm^2；

C_1——记录纸单位宽度所代表的响应值，mV/cm；

C_2——记录纸速度的倒数，min/cm；

U_e——在室温和常压下柱出口处载气流速，mL/min；

W——样品质量，mg；

h——色谱峰高，mV；

$Y_{1/2}$——色谱峰半高处的宽度，min；

S_c——浓度型检测器灵敏度。

S_c 的单位为 mV·mL/mg，即每 mL 流动相中含有 1mg 样品通过检测器时，记录设备所记录的响应值（以 mV 计）。

②质量型检测器灵敏度计算式

$$S_m = 60C_1C_2A/W = 60hY_{1/2}/W \tag{7-16}$$

式中 S_m——质量型检测器灵敏度；

其余符号含义同前。

S_m 的单位为 mV·s/g，即每 s 有 1g 样品通过检测器时，记录设备所记录的响应值（以 mV 计）。

须知，对于同一检测器，其灵敏度值与测定条件和样品对象有关。因此，在校验仪器的灵敏度时，需按仪器所附说明书中规定的条件进行。

（2）噪声（R_n） 噪声（noise）系指无给定样品通过检测器而由仪器本身和工作条件所造成的基线起伏信号，常以 mV 来表示。如图 7-17 所示的基线噪声为 0.15mV。

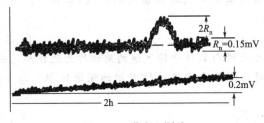

图 7-17 噪声和漂移

（3）漂移（R_d） 漂移（drift）系指在单位时间内，无给定样品通过检测器而由仪器本身和工作条件所造成的记录笔单方向偏离原点的值，常以 mV/h 来表示；图 7-17 所示的基线漂移为 0.1mV/h。

（4）检测限（D） 检测限（detectability）又称敏感度，其计算式为：

$$D = 2R_n/S \tag{7-17}$$

式中 $2R_n$——总机噪声（mV），S 含义同前。

通常认为，产生色谱峰高 2 倍噪声时的量为检测限量。

（5）最小检出量（Q_{min}） 最小检出量（minimum detectable quantity）又称最小检测量，其计算式为：

$$Q_{min} = 1.065Y_{1/2}D \tag{7-18}$$

式中，符号含义同前。

（6）最小检出浓度（c_{min}） 最小检出浓度（minimum detectable concentration）又称最小检测浓度，为最小检出量与进样量（体积或质量）的比值，其计算式为：

$$c_{min} = Q_{min}/Q \tag{7-19}$$

式中 Q——进样量，Q_{min} 含义同前。

（7）线性范围 检测器的线性范围（liner range of detector），系指其响应信号与被测物质浓度之间的关系成线性的范围，以呈线性响应的样品浓度上、下限的比值来表示。

【例 7-1】 注 $0.5\mu L$ 苯于某色谱仪中，用热导池检测器测定，峰高值为 2.5mV，半峰宽为 2.5mm，记录纸速度为 5mm/min，柱出口处载气流速为 30mL/min，求此热导池检测器的灵敏度。

解　$S_0 = \dfrac{2.5 \times (2.5/5) \times 30}{0.5 \times 0.88} = 85 \ (\mathrm{mV \cdot mL/mg})$

【例 7-2】　测氢火焰离子化检测器灵敏度：以 0.05% 苯（溶剂为二硫化碳）为样品，进 0.5μL，苯峰高为 2.5mV，半峰宽为 2.5mm，记录纸速度为 5mm/min，总机噪声为 0.02mV，求其检测限。

解　$D = \dfrac{2R_n}{S_m} = \dfrac{0.02}{2.5} = \dfrac{0.0005 \times 0.88 \times 0.0005}{(2.5 \div 5) \times 60} = 0.587 \times 10^{-10} \ (\mathrm{g/s})$

7.3.6　数据处理系统

数据处理系统的基本功能是将检测器输出的模拟信号随时间的变化曲线（色谱图）绘制出来，随着计算机的普及，过去常用的电子电位差计、积分仪等数据处理装置已很少使用，取而代之的是色谱工作站。

色谱工作站是由一台微型计算机来实时控制色谱仪器，并进行数据采集和处理的一个系统。它是由硬件和软件两部分组成。其中硬件包括普通计算机的配置、色谱数据采集卡和色谱仪器控制卡。软件包括色谱仪实时控制程序，峰识别和峰面积积分程序，定量计算程序，报告打印程序等。

7.4　分析流程

气相色谱法是采用气体作为流动相的一种色谱方法，载气载着欲分离试样通过色谱柱中的固定相，使试样中各组分分离，然后分别检测，其流程如图 7-18 所示。

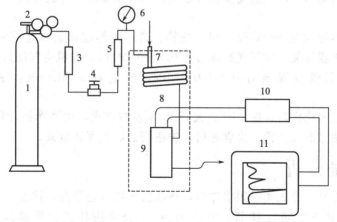

图 7-18　气相色谱仪流程示意

1—载气钢瓶；2—减压阀；3—净化干燥管；4—针形阀；5—流量计；6—压力表；
7—进样器和汽化室；8—色谱柱；9—检测器；10—放大器；11—记录仪

载气由高压钢瓶 1 提供，经减压阀 2 进入载气净化干燥管 3，由针形阀控制载气的压力和流量，流量计 5 和压力表指示载气的柱前压力和流量。试样由进样器 7 进入并汽化，然后进入色谱柱 8，各组分分离后依次进入检测器 9 检测，然后经信号放大器 10 放大后，由记录仪 11 记录。

7.5　仪器类型及生产厂家

按固定相聚集态分类，可分为气固色谱（固定相是固体吸附剂）和气液色谱（固定相是涂在载体表面的液体）。按过程物理化学原理分类，可分为吸附色谱（利用固体吸附表面对不同组分物理吸附性能的差异达到分离的色谱）和分配色谱（利用不同的组分在两相中有不同的分配系数以达到分离的色谱）。

目前，国产气相色谱生产厂家多而杂，且没有龙头企业，下面是部分国产气相色谱厂家。有北京北分瑞利分析仪器（集团）有限责任公司、南京科捷分析仪器有限公司、上海华爱色谱分析技术有限公司、上海天美（控股）有限公司、山东鲁南瑞虹化工仪器有限公司、北京普析通用仪器有限公司、上海科创色谱仪器有限公司、上海精密科学仪器有限公司等。

进口的气相色谱仪主要有安捷伦（Agilent，美国）、铂舍埃尔默（PE，美国）、瓦里安（Varian，美国）、赛默飞世尔（美国）、岛津（日本）、日立（日本）公司的产品。

7.6　仪器操作基本步骤

气相色谱仪的一般操作步骤如下（以 FID 检测器为例）。

7.6.1　开机

（1）根据样品情况，选择合适的色谱柱。

（2）打开氮气瓶总阀门（逆时针），调节分压阀（顺时针为开）至氮气压力为 0.4MPa，主机载气压力 0.3MPa。调节柱前压力到适当位置。用载气吹 15min 以上。同时用肥皂水检漏。

（3）打开主机电源，设定温度参数（根据样品检测要求设定进样器、色谱柱箱、检测器温度）。

（4）待检测器温度达 100℃ 以上时，柱箱、进样器温度接近设定值时，打开氢气发生器，打开空气发生器开关。空气气源压力为 0.3～0.4MPa，主机空气压力为 0.2MPa，调空气流量到适当。氢气气源压力 0.2～0.4MPa，流量为 30mL/min，主机氢压 A0.05～0.06MPa。

（5）空气、氢气稳定后，按 FID 点火开关 5s 左右点火，用洁净铁片检查是否点着，或观察软件上电平信号有无变化。火点着后，选适当的灵敏度和衰减。

7.6.2　样品分析

（1）打开工作站，进入实时采集界面，待基线平稳，处于准备状态。

（2）用微量进样器吸取样品，打入分流/不分流进样器，进样同时按"运行"键开始程序升温（若用恒温，则此步省去），迅速打开仪器主机左侧 FID 遥控键开始采集。

（3）样品分析完成后，按结束键进入主界面。

（4）选择分析方法，设置分析参数，进行数据处理，保存结果。

7.6.3　关机

（1）降温：按照温度设定方法将各部分温度设置到室温。

（2）待柱温降到近室温，进样器、检测器 100℃ 以下时方可关闭主机电源。关闭氢气、空气发生器，并按住"排水开关"排气。

（3）关闭主机电源后继续通入载气 15min 左右，方可关闭氮气总阀门和分压阀。

7.7 分析方法

7.7.1 定性分析

气相色谱法定性主要采用未知组分的保留值与相同条件下的标准物质的保留值进行比较，必要时还需应用其他化学方法或仪器分析方法联合鉴定，才能准确判断存在的组分。

7.7.1.1 利用保留值定性

利用保留值定性是最常用的也是最简单的方法。在相同条件下，如果标准物质的保留值与被测物中某色谱峰的保留值一致，可初步判断二者可能是同一物质。也可以在样品中加入一已知的标准物质，若某一峰明显增高，则可认为此峰代表该物质。在无纯的标准物质时，可将得到的相对保留值 $r_{i,s}$ 与文献报道的 $r_{i,s}$ 值比较，但必须在相同条件下进行。在定性分析时，相对保留值 α 往往用 $r_{i,s}$ 表示。i 代表需定性的某一组分；s 代表标准的物质。

利用保留值定性必须注意：在同一柱上，不同的物质常常会有相同的保留值，所以单柱定性是不可靠的，解决的办法是选择极性不同的两根或两根以上柱子再进行比较，若在两根极性不同的柱上，标准物质与被测组分的保留值相同，则可确定该被测组分的存在。

Kovats 保留指数是广泛采用的定性指标，在无纯的标准物质对照时，可利用文献中的保留指数定性。在与文献相同的条件下，根据测定被测物的保留指数，然后与文献值比较定性。该方法的误差小于 1%。

也可利用比保留体积定性。保留体积 V_R、V_R' 不受载气流量变化的影响，但受柱温、固定液含量、柱长、柱内径等影响。而比保留体积 V_g 仅是温度的函数。V_g 定义为 0℃时，单位质量固定液所具有的净保留体积（mL/g）：

$$V_g = \frac{V_N}{W_s} \times \frac{273}{T_c} \tag{7-20}$$

式中，V_N 为净保留体积；W_s 为固定液质量。

净保留体积指经过校正后的调整保留体积：

$$V_N = t_R' \overline{F_c} \tag{7-21}$$

$\overline{F_c}$ 为经过校正后的柱内载气平均流量：

$$\overline{F_c} = Fj \left(\frac{T_c}{T_r} \right) \left(\frac{P_o - P_w}{P_o} \right) \tag{7-22}$$

式中，F 为在室温下，用皂膜流量计测得的柱后体积流量；T_c 和 T_r 分别为柱温和室温，K；P_o 为柱出口压力；P_w 为饱和水蒸气压力；j 为压力校正因子，可由柱的入口压力 P_i 和出口压力 P_o 计算：

$$j = \frac{3}{2} \left[\frac{\left(\frac{P_i}{P_o} \right)^2 - 1}{\left(\frac{P_i}{P_o} \right)^3 - 1} \right] \tag{7-23}$$

$$V_R' = KV_s \tag{7-24}$$

在气相色谱中，经过三项校正的 V_R' 即为 V_N，所以

$$V_N = KV_s \tag{7-25}$$

则

$$V_g = \frac{KV_s}{W_s} \times \frac{273}{T_c} \tag{7-26}$$

或

$$V_g = \frac{K}{\rho} \times \frac{273}{T_c} \qquad (7\text{-}27)$$

式中，ρ 为固定液密度；K 为分配系数。

7.7.1.2 色谱-质谱联用定性

色谱-质谱联用是分离、鉴定未知物最有效的手段。利用气相色谱的高分离能力和质谱的高鉴别能力，将多组分混合物先通过气相色谱仪分离成单个组分，然后逐个送至质谱仪中，获得质谱图。根据质谱图上碎片离子的特征信息和分子裂解规律可推测其分子结构。也可以与标准图谱对照，查找出结构。更方便的是对计算机储存的质谱图进行检索。也可以由色谱与傅里叶变换红外光谱联用，即可确定每个峰的归属。

7.7.2 定量分析

色谱定量分析的依据是组分的量（m_i）与检测器的响应信号（峰面积 A_i 或峰高 h_i）成比例：

$$m_i = f_i A_i \quad \text{或} \quad m_i = f_i h_i \qquad (7\text{-}28)$$

式中　m_i——组分 i 的质量；
　　　f_i——峰面积或者峰高的定量校正因子。

知识链接 I: 定量校正因子

由于同一检测器对不同物质的响应值不同，所以当相同质量的不同物质通过检测器时，产生的峰面积（或峰高）不一定相等。为使峰面积能够准确地反映待测组分的含量，就必须对响应值进行校正，因此引入定量校正因子。

（1）绝对校正因子

绝对校正因子是指单位峰面积或单位峰高所代表的组分的量，即

$$f_i = m_i / A_i \quad \text{或} \quad f_i = m_i / h_i \qquad (7\text{-}29)$$

式中　f_i——组分 i 的绝对校正因子；
　　　A_i——组分 i 的峰面积；
　　　h_i——组分 i 的峰高；
　　　m_i——组分 i 通过检测器的量，g 或 mol 或%。

绝对校正因子主要由仪器的灵敏度决定，不易准确测定，也无法直接应用，因此定量分析都是应用相对校正因子。

（2）相对校正因子

相对校正因子是某待测组分 i 与标准物质 s 的绝对校正因子之比，即

$$f'_{i,s} = f_i / f_s = A_s m_i / A_i m_s = h_s m_i / h_i m_s \qquad (7\text{-}30)$$

式中　$f'_{i,s}$——待测组分的相对校正因子；
　　f_i、f_s——组分 i 和标准物质 s 的绝对校正因子；
　　A_i、A_s——组分 i 和标准物质 s 的峰面积；
　　h_i、h_s——组分 i 和标准物质 s 的峰高；
　　m_i、m_s——组分 i 和标准物质 s 通过检测器的量。

相对校正因子只与检测器的类型有关，而与色谱操作条件（如柱温、流速、固定相性质等）无关，可以查表得到。测定相对校正因子时应注意：组分和标准物的纯度应符合色谱分

析要求，一般不小于98%。在某一浓度范围内，响应值与浓度呈线性关系，组分的浓度应在线性范围内。

【**例 7-3**】 苯、甲苯、乙基苯相对校正因子的测定。

解 分别准确称取一定量的苯、甲苯、乙基苯，于一个干燥、洁净的 25mL 容量瓶中，用丙酮稀释定容，混匀。取一定量注入色谱仪，获得色谱图，测量其峰面积，以苯为基准物，按式(7-30) 计算各组分的相对校正因子 f'_i，测定结果如表 7-4 所示。

表 7-4 苯、甲苯、乙基苯相对校正因子测定

组分	质量/g	峰面积/mm²				相对校正因子
		1	2	3	平均	
苯(标准物)	2.22	442	440	438	440	1.00
甲苯	2.22	429	431	430	430	1.02
乙基苯	2.22	418	422	420	420	1.05

7.7.2.1 归一化法

归一化法简便、准确，且操作条件的波动对结果的影响较小。当样品中所有组分经色谱分离后均能产生可以测量的色谱峰时才能使用。样品中组分的质量分数 P_i 可按下式计算：

$$P_i = \frac{m_i}{m} = \frac{m_i}{m_1 + m_2 + \cdots + m_n} = \frac{A_i f'_i}{A_1 f'_1 + A_2 f'_2 + \cdots + A_n f'_n} \tag{7-31}$$

式中，A_1、$\cdots$、A_n 和 f'_1、$\cdots$、f'_n 分别为样品中各组分的峰面积和相对校正因子。

如果样品中各组分的相对校正因子相近，如同分异构体，上式可简化为：

$$P_i = \frac{A_i}{A_1 + A_2 + \cdots + A_n} \tag{7-32}$$

也可采用峰高归一化法：

$$P_i = \frac{h_i f'_{h,i}}{h_1 f'_{h,1} + h_2 f'_{h,2} + \cdots + h_n f'_{h,n}} \tag{7-33}$$

式中，$f'_{h,i}$ 为峰高相对校正因子，测定 $f'_{h,i}$ 的方法与 f'_i 相同。由于峰高相对校正因子易受操作条件影响，因此必须严格控制实验条件。

7.7.2.2 内标法

选择一种与样品性质相近的物质为内标物，加入到已知质量的样品中，进行色谱分离，测量样品中被测组分和内标物的峰面积，被测组分的质量分数可按下式计算：

$$P_i = \frac{m_i}{m} = \frac{m_i}{m_s} \times \frac{m_s}{m} = \frac{A_i f_i}{A_s f_s} \times \frac{m_s}{m} = \frac{A_i f'_i}{A_s f'_s} \times \frac{m_s}{m} \tag{7-34}$$

在测定相对校正因子时，常以内标物本身作为标准物，则 $f'_s = 1$。式中，A_i 和 A_s 分别为样品中被测组分和内标物峰面积；f'_i 为相对校正因子；m 和 m_s 分别为样品和内标物的质量。

内标物色谱峰位置尽量靠近被测组分，但不与其重叠，且其含量应与组分含量接近。

内标法定量准确，对进样量和操作条件控制的要求不很严格，但必须准确称量样品和内标物。此法适用于只需对样品中某几个组分进行定量分析的情况。

7.7.2.3 外标法(校准曲线法)

用被测组分的纯物质配制一系列不同含量的标准溶液，在一定色谱条件下分别进样分离，测得相对应的响应值（峰高或峰面积），绘制含量-响应曲线，通过原点的直线部分为校准曲线的线性范围。在同样条件下测得被测组分的响应值，再从曲线上查得相应的含量。

在已知样品校准曲线呈线性的前提下，配制一个与被测组分含量相近的标准物，在同一

条件下先后对被测组分和标准物进行测定，被测组分的质量分数可按下式计算：

$$p_i = \frac{A_i}{A_s} P_s \tag{7-35}$$

式中，A_i 和 A_s 分别为被测组分和标准物的数次峰面积的平均值；P_s 为标准物的质量分数。也可用峰高代替峰面积进行计算。

校准曲线法要求操作条件稳定，进样体积一致。此法适用于样品的色谱图中无内标峰可插入，或找不到合适的内标物的情况。

知识链接Ⅱ：峰面积的测量

一个色谱峰的面积，在理想状态下视作一个等腰三角形，利用几何学方法即可求得，但此面积与相应高斯曲线的积分面积相比，只有 0.94，因此准确的面积可按下式计算。

$$A_i = 1.065 h W_{1/2} \tag{7-36}$$

若峰拖尾或前伸，或峰太窄、太矮都会带来测量误差。

目前的色谱仪都配有电子积分仪或微处理机，甚至计算机工作站。电子积分仪的原理是将色谱信号直接输入电压频率转换器，转换器将色谱信号以脉冲方式输出并累加（脉冲总数正比于峰面积），然后以积分形式打印出峰面积。电子积分仪测量峰面积的准确性超过其他任何方法，而且快速。由于动态线性范围广，因此对痕量和常量组分的测定都合适。许多积分仪都具有校正数据的能力，并可打印出峰面积或峰高、保留时间，并根据选择的定量方法给出样品中组分的浓度。先进的色谱仪具有内存的电子积分和数据处理能力，并可通过网络系统将检测器给出的大量信息输入中心计算机，以进行面积测量和一系列数据处理。

7.8 实验技术

7.8.1 样品的采集

色谱分离分析的全过程包括 4 个方面的内容：样品采集、样品制备、色谱分析、数据处理等。样品处理一般包括样品采集和样品制备。

在色谱分离分析的全过程中，样品采集和样品制备是一个既耗费大量时间、又极易引进误差的环节，样品处理的好坏直接影响色谱分析的最终结果。因而，不论是样品采集还是样品制备，均应给予足够的重视。

用于气相色谱分析的样品主要有气体（含蒸汽）样品、液体（含乳液）样品、固体（含气体悬浮物、液体悬浮物）样品，其采集方法主要有直接采集、富集采集和化学反应采集法等。实际应用时，应根据色谱分析的目的、样品的组成、组分的浓度、样品的理化性质等确定合适的采集方法。

7.8.1.1 气体样品的采集

气体样品采集大致可分为直接采集法和富集采集法。

直接采集法：用于气体样品直接采集的采样容器主要有刚性容器和塑性容器。刚性容器主要由玻璃或金属合金材料制成，如玻璃采样瓶、气密性玻璃注射器、不锈钢采样瓶等。玻璃采样瓶的体积一般为 1～5L，附带聚四氟乙烯管瓶盖。塑性容器主要由高分子合成材料制成的气体袋，如聚酯袋、聚四氟乙烯袋和铝箔加固的塑性气体袋等。塑性气体采样袋的体积一般为 2～100L。

富集采集法：气体样品中欲测组分的浓度往往很低，在进行色谱分析之前往往要进行富集。在直接采集欲测组分浓度很低的气体样品时，需要在现场采集体积很大的样品，回实验室进行富集，很不方便。为此研究了很多的气体样品的浓缩采集方法，主要有固体吸附法、溶剂吸收法、冷阱收集法等。

（1）固体吸附法

该采样法可有两种方式：一是将这些吸附材料制成吸附管，使用采样泵将空气样品以一已知的流量通过此吸附管，空气样品中挥发性有机污染物就被吸附管捕集浓缩，然后将吸附管加热解吸（或者通过溶剂解吸的方式，诸如二硫化碳、二氯甲烷等溶剂解吸）出这些被浓缩的挥发性有机污染物，通过色谱中的载气将它们送入色谱的分析测定系统中。此方法通常叫做吸附-热解吸（或者叫做吸附-溶剂解吸）方法。还有一种是将吸附材料制成带状的固体吸附采样器，通过扩散和渗透的方式将空气中挥发性有机污染物吸附浓缩（不是通过采样泵的动态采集方式），然后经热解吸或者溶剂解吸将浓缩的挥发性有机污染物提取出来，再送入色谱进行分析测定。此方法叫做扩散采样法或者叫做被动采样法。

固体吸附方法的核心材料是吸附剂，通常使用的吸附剂主要有活性炭、石墨化炭黑、多孔聚合物和多孔硅球等，其中活性炭和多孔聚合物在色谱分析样品制备中使用得最多。

（2）溶剂吸收法

系指利用吸收液能选择性吸收气体或者蒸汽中的某些组分的特性，进行分离、浓缩的采集方法。当气体样品通过吸收液时，由于气体样品中的某些分子与吸收液界面上的分子发生化学反应或者发生溶解作用，使某些气体样品分子被分离、浓缩。然后再通过适当的方法从吸收液中分离出来或者直接进行色谱分析。常用的吸收液有水、水溶液和有机溶剂等。

（3）冷阱收集法

也称低温收集法，系指利用低温冷却冷凝作用，选择性地分离、浓缩气体样品中某些组分的方法。冷阱收集设备主要由冷却管、冷却剂和保温瓶所组成，通过便携式采样泵将气体样品收集于冷阱中。冷却剂的选用主要取决于目标组分的物化性质（如冷凝点），常用的冷却剂有液氮、液氩、冰、冰盐水、干冰混合冷却剂等。

气体样品采集过程的控制因素主要包括采集流速控制、采集时间控制、样品采集体积控制等。

7.8.1.2 液体样品的采集

液体样品的采集，主要采集水样（包括环境水样、饮用水水样、高纯水水样、废水水样以及废水处理后的水样）、油样（包括各种石油样品、植物油样品、废油样品）、饮料样品、各种溶剂样品等。液体样品采集大致可分为直接采集法和富集采集法。

（1）直接采集

采集液体样品用的容器应为棕色的玻璃采样瓶；采集液体样品时，要注意样品中不能有气泡，样品一定要把采样瓶完全充满，直至刚刚溢出为止，然后盖上瓶塞，瓶内不能留有气泡，再用聚四氟乙烯薄膜包紧，以保护瓶塞密封好采样瓶。

把密封好的样品贮于4℃左右的低温箱中保存，以备下一步制备色谱分析用的样品。所采集的液体样品应尽快处理和分析，所得的测试结果比较可靠，保存时间一般不宜超过5d。

（2）富集采集

对于样品中目标组分含量很低的液体样品，例如：环境水样、饮用水水样、高纯水水样、废水处理后的水样、高纯有机液体等样品中的微量目标组分的检测，就需要先行富集之后，才能进行色谱分析；常用的富集方法可归纳为两大类。

① 吸附采集　液体样品中的微量组分采集可采用吸附剂吸附富集的方法，选用适当的吸附剂制成吸附柱，让一定量的液体样品流过吸附柱，然后用适当的溶剂洗脱，收集含有目

标组分的洗脱液，浓缩后即可进行色谱分析。

② 分离浓缩　采集液体样品中的微量目标组分时，首先可根据样品的物化性能，选用蒸馏分离、液-液萃取分离、膜分离、柱色谱或其他手段进行处理，经浓缩后即可进行色谱分析。

7.8.1.3　固体样品的采集

固体样品采集，除了采集人工合成的固体材料、食品和各种固体产品之外，土壤、砂子、岩石、金属、矿物、生物体等也属采集对象。固体物品均匀性一般较差，采集固体样品时，特别要注意取样的代表性。因此，取样时要适当多取一些，然后再用缩分的方法采集。原始样品的颗粒较细时，可直接进行缩分；原始样品的颗粒较粗时，需先将原始样品粉碎后再进行缩分。采集样品时不能直接用手接触样品，如必须用手采样时，则应戴上干净白布手套后才能采集。固体样品一般使用玻璃样品瓶采集并密闭，再用铝箔包装，然后贮存于避光、低温、干燥处。

7.8.2　样品的制备

样品的制备应包括将样品中待测组分与样品基体和干扰组分分离、富集和转化成气相色谱仪可分析的形态。

根据色谱分析样品类型，其样品制备方法不同。气体样品常常可以采取直接进样，或用吸附浓缩/热脱附法的方法；固体样品的制备方法主要有索氏提取、微波辅助提取、超声波辅助提取、超临界流体萃取和加速溶剂萃取等方法；液体样品的制备方法主要有液-液萃取、固相萃取、固相微萃取、液膜萃取、吹扫捕集、液相微萃取等。

简单介绍几种常用的样品制备方法。

(1) 吸附浓缩/热脱附法

热脱附又称热解析，其原理是：先用吸附管（内装活性炭 TENAX GC 等吸附剂）吸附空气中的有机挥发物，然后将吸附管放到热解析进样器上瞬间加热至高温，将挥发性组分脱附并随载气引入 GC 分析（见图 7-19）。

(2) 固相萃取技术

固相萃取技术利用固体吸附剂，将液体样品中的目标化合物吸附，再用洗脱液洗脱或加热解吸，达到分离和富集目标化合物的目的。固相微萃取（SPME）是一种适用于 GC 的样品制备技术，其基本原理是将含水样品中的分析物直接吸附到一根带有涂层的熔融石

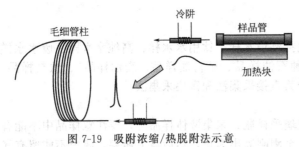

图 7-19　吸附浓缩/热脱附法示意

英纤维上，然后解吸分析物（见图 7-20）。

(3) 微波辅助萃取

该方法由匈牙利学者 Ganzler K 等提出，具有设备简单、适用范围广、萃取效率高、重现性好、节省时间、节省试剂、污染小等特点，具有良好的发展前景。

在微波场中，由于不同物质的介电常数不同，吸收微波能的程度各不相同，其产生的热能及传递给周围环境的热能也不同，这种差异使得萃取体系中的某些组分或基体物质的某些区域受热不均衡，一类物质（如水、乙醇、某些酸、碱、盐类）可以将微波转化为热能，这类物质能吸收微波，提升自身及周围物质的温度；另一类物质（如烷烃、聚乙烯等非极性分子结构物质）在微波透过时很少吸收微波能量；第三类物质（金属类）可以反射微波，物质与微波的不同作用产生的受热不均衡性，可以导致被萃取物从基体或体系中分离出来。

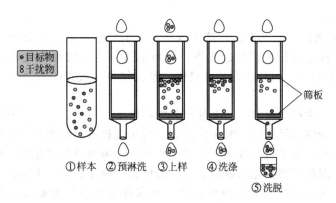

①样本　②预淋洗　③上样　④洗涤

⑤洗脱

图 7-20　固相萃取示意

微波辅助萃取最早采用的装置是普通家用微波炉，现在已有专用的微波辅助萃取样品前处理商品化装置。如图 7-21 所示。

7.8.3　分离操作条件的选择

在实际分析工作中，色谱分析工作者总希望用较短的柱子和用较短的时间能得到较满意的分离分析结果，为此，需选择较适宜的色谱分析条件。

色谱分析条件包括分离条件和操作条件。分离条件是指色谱柱类型和柱温的选择，操作条件是指载气及其流速、进样条件及检测器温度的选择。

图 7-21　微波辅助萃取装置

7.8.3.1　载气种类及其流速的选择

（1）载气种类的选择

载气的选择首先要考虑使用何种检测器。如果使用热导池检测器，选用氢或氦作载气，能提高灵敏度。而使用氢火焰离子化检测器则选用氮气作载气。然后再考虑所选的载气要有利于提高柱效能的分析速度。例如选用摩尔质量大的载气（如 N_2）可以使组分在气相中的扩散系数 D_g 减小，提高柱效能。

① 常用载气的种类　作为气相色谱载气的气体，要求要化学稳定性好、纯度高、价格便宜并易取得、能适合于所用的检测器。常用的载气有氢气、氮气、氩气、氦气、二氧化碳气等。其中氢气和氮气价格便宜，性质良好，是用作载气的良好气体。

氢气：由于它具有分子量小、分子半径大、热导率大、黏度小等特点，因此在使用 TCD 时常采用它作载气。在 FID 中它是必用的燃气。氢气的来源目前除氢气高压钢瓶外，还可以采用电解水的氢气发生器，氢气易燃易爆，使用时，应特别注意安全。

氮气：由于它的扩散系数小，柱效比较高，致使除 TCD 外，在其他形式的检测器中，多采用氮气作载气。它之所以在 TCD 中用得较少，主要因为氮气热导率小，灵敏度低，但在分析 H_2 时，必须采用 N_2 作载气，否则无法用 TCD 解决 H_2 的分析问题。

氦气：从色谱载气性能上看，与氢气性质接近，且具有安全性高的优秀特点。但由于价格较高，使用较少。

② 选择载气种类的原则　选择何种气体作载气，首先要考虑使用何种检测器。使用热导池检测器时，选用氢或氦作载气，能提高灵敏度，还能延长热敏元件钨丝的寿命。氢火焰离子化检测器宜用氮气作载气，也可用氢气；电子捕获检测器常用高纯度氮气；火焰光度检

测器常用氮气和氢气。

③ 载气纯度的选择　原则上讲，选择气体纯度时，主要取决于分析对象、色谱柱中填充物、检测器。在满足分析要求的前提下，尽可能选用纯度较高的气体。这样不但会提高（保持）仪器的高灵敏度，而且会延长色谱柱、整台仪器（气路控制部件，气体过滤器）的寿命。

实践证明，作为中高档仪器，长期使用较低纯度的气体气源，一旦要求分析低浓度的样品时，要想恢复仪器的高灵敏度有时十分困难。对于低档仪器，作常量或半微量分析，选用高纯度的气体，不但增加了运行成本，为了纯化气体还需要增加净化器，这样增加了气路的复杂性，更容易出现漏气或其他问题而影响仪器的正常操作。因此不推荐对这样的色谱载气进行纯化。另外，为了某些特殊的分析目的，要求特意在载气中加入某些"不纯物"，如：分析极性化合物添加适量的水蒸气，操作火焰光度检测器时，为了提高分析硫化物的灵敏度，而添加微量硫。操作氦离子化检测器要氖的含量必须在 $5\sim25\mu g/mL$，否则会在分析氢、氮和氩气时产生负峰或"W"形峰等。

④ 气体纯度低的不良影响　若使用不合要求的低纯度气体，可能带来以下不良影响。

a. 样品失真或消失，水蒸气使氯硅样品水解；

b. 色谱柱失效，H_2O、CO_2 使分子筛柱失去活性，水蒸气使聚酯类固定液分解，O_2 使 PEG 断链；

c. 有时某些气体杂质和固定液相互作用而产生假峰；

d. 对柱保留特性的影响，如 H_2O 对聚乙二醇等亲水性固定液的保留指数会有所增加，载气中氧含量过高时，无论是极性或是非极性固定液柱的保留特性，都会产生变化，使用时间越长，影响越大；

e. 对检测器的影响如下。

TCD：信噪比减小，无法调零，线性变窄，文献中的校正因子不能使用，氧含量过大，使元件在高温时加速老化，减少寿命。

FID：CH_4 等有机杂质，会使基流激增，噪声加大，不能进行微量分析。

ECD：载气中的氧和水对检测器的正常工作影响最大，在不同的供电工作方式中，脉冲供电比直流电压供电影响大，固定基流脉冲调制式供电比脉冲供电影响大。这就是为什么目前诸多在操作固定基流脉冲调制式 ECD 时，在载气纯度低时必须把载气纯度选择开关从"标准氮"拨到"一般氮"位置的原因。在此情况下操作，不但灵敏度变低，而且线性亦变窄了。实践证明：在操作 ECD 时，载气中的水含量低于 $0.02\mu g/mL$，氧低于 $1\mu g/mL$ 时可达到较理想的性能。值得指出的是，由于仪器的调节气路系统被污染而造成的对载气的二次污染，致使 ECD 基频大幅度增加，使信噪比减小。

FPD 和 NPD 等常用检测器，由于它们属于选择性检测器，操作时要根据分析要求，特别注意被测敏感物质中杂质的去除。

（2）载气流速的选择

由范氏方程可以看出，分子扩散项与载气流速成反比，而传质阻力项与流速成正比，所以必然有一最佳流速使板高 H 最小，柱效能最高。

最佳流速一般通过实验来选择。其方法是：选择好色谱柱和柱温后，固定其他实验条件，依次改变载气流速，将一定量待测组分纯物质注入色谱仪。出峰后，分别测出在不同载气流速下，该组分的保留时间和峰宽度。利用上述公式，计算出不同流速下的塔板数 n 值，并由 $H=L/n$ 求出相应的塔板高度。以载气流速 u 为横坐标，板高 H 为纵坐标，绘制出 H-u 曲线，如图 7-22 所示。

曲线最低点处对应的塔板高度最小，相应的载气流速为最佳载气流速。使用最佳流速虽然柱效高，但分析速度慢，因此实际工作中，为了加快分析速度，同时又不明显增加塔板高度的情况下，建议采用比 u 最佳稍大的流速进行测定。对一般色谱柱（内径 3～4mm），常用流速为 20～100mL/min。

7.8.3.2 色谱柱及使用条件的选择

在气相色谱分析中，分离过程是在色谱柱内完成。组分能否在色谱柱中完全分离，很大程度上取决于色谱柱的选择是否合适。

（1）气-固色谱柱的选择

气-固色谱采用的固定相为固体，因此气-固色谱柱的选择也就是固体固定相的选择。

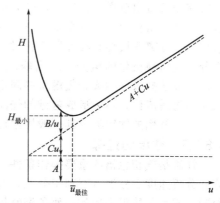

图 7-22　塔板高度 H 与载气流速 u 的关系

固体固定相一般采用固体吸附剂，主要有强极性硅胶、中等极性氧化铝、非极性活性炭及特殊作用的分子筛，主要用于惰性气体和 H_2、O_2、N_2、CO、CO_2、CH_4 等一般气体及低沸点有机化合物的分析。

固体吸附剂的吸附容量大，热稳定性好，无流失现象，且价格便宜。其缺点是其吸附等温线不成线性，进样量稍大就得不到对称峰；重现性差、柱效低、吸附活性中心易中毒等。由于在高温下常具有催化活性，因而不适宜分析高沸点和有活性组分的试样。由于吸附剂的种类少，应用范围有限；吸附剂在使用前需要进行活化处理，然后再装入柱中制成填充柱再使用。一些常用的吸附剂及其一般用途均可从有关手册中查得。

（2）气-液色谱柱的选择

气-液色谱填充柱中所用的填料是液体固定相。由惰性的固体支撑物和其表面上涂渍的高沸点有机物液膜所构成的。通常把惰性的固体支撑物称为"载体"，把涂渍的高沸点有机物称为"固定液"。因此，气-液色谱柱的选择主要就是载体和固定液的选择。

载体：载体（担体）应是一种化学惰性、多孔性的颗粒，它的作用是提供一个大的惰性表面，用于承担固定液，使固定液以薄膜状态分布在其表面上。

对载体有以下几点要求：①表面应是化学惰性的，即表面没有吸附性或吸附性很弱，更不能与被测物质起化学反应；②多孔性，即表面积较大，使固定液与试样的接触面较大；③热稳定性好，有一定的机械强度，不易破碎；④对载体粒度的要求，一般希望均匀、细小，这样有利于提高柱效。气-液色谱中所用载体可分为硅藻土型和非硅藻土型两类。常用的是硅藻土型载体，它又可分为红色载体和白色载体两种。在分析这些试样时，载体需加以钝化处理，以改进载体孔隙结构，屏蔽活性中心，提高柱效率。处理方法可用酸洗、碱洗、硅烷化等。

固定液：固定液应该符合以下要求：①挥发性小，在操作温度下有较低蒸气压，以免流失；②稳定性好，在操作温度下不发生分解，在操作温度下呈液体状态；③对试样各组分有适当的溶解能力，否则被载气带走而起不到分配作用；④具有高的选择性，即对沸点相同或相近的不同物质有尽可能高的分离能力；⑤化学稳定性好，不与被测物质起化学反应。

固定液的分离特征是选择固定液的基础。固定液的选择，一般根据"相似相溶"原理进行，即固定液的性质和被测组分有某些相似性时，其溶解度就大。如果组分与固定液分子性质（极性）相似，固定液和被测组分两种分子间的作用力就强，被测组分在固定液中的溶解度就大，分配系数就大，也就是说，被测组分在固定液中溶解度或分配系数的大小与被测组分和固定液两种分子之间相互作用的大小有关。

其一般规律如下：①分离非极性物质，一般选用非极性固定液，这时试样中各组分按沸点次序先后流出色谱柱，沸点低的先出峰，沸点高的后出峰；②分离极性物质，选用极性固定液，这时试样中各组分主要按极性顺序分离，极性小的先流出色谱柱，极性大的后流出色谱柱；③分离非极性和极性混合物时，一般选用极性固定液，这时非极性组分先出峰，极性组分（或易被极化的组分）后出峰；④对于能形成氢键的试样，如醇、酚、胺和水等的分离。一般选择极性的或是氢键型的固定液，这时试样中各组分按与固定液分子形成氢键的能力大小先后流出，不易形成氢键的先流出，最易形成氢键的最后流出。

一些常用的固定液及其一般用途均可从有关手册中查得。

7.8.3.3 柱温的选择

柱温是气相色谱的重要操作条件，柱温直接影响色谱柱的使用寿命、柱的选择性、柱效能和分析速度。柱温低有利于分配，有利于组分的分离；但柱温过低，被测组分可能在柱中冷凝，或者传质阻力增加，使色谱峰扩张，甚至拖尾。柱温高，虽利于传质，但分配系数变小，不利于分离。一般通过实验选择最佳柱温。原则是：使物质既分离完全，又不使峰形扩张、拖尾。柱温一般选各组分沸点平均温度或稍低些。

当被分析组分的沸点范围很宽时，用同一柱温往往造成低沸点组分分离不好，而高沸点组分峰形扁平，此时采用程序升温的办法就能使高沸点及低沸点组分都获得满意的结果。在选择柱温时，还必须注意：柱温不能高于固定液最高使用温度，否则会造成固定液大量挥发或流失。同时，柱温至少必须高于固定液的熔点，这样才能使固定液有效地发挥作用。

7.8.3.4 汽化室温度选择

合适的汽化室温度既能保证样品迅速且完全汽化，又不引起样品分解。一般汽化室温度比柱温高30～70℃或比样品组分中最高沸点高30～50℃，就可以满足分析要求。温度是否合适，可通过实验来检查。检查方法是：重复进样时，若出峰数目变化，重现性差，则说明汽化室温度过高；若峰形不规则，出现平头峰或宽峰，则说明汽化室温度太低；若峰形正常，峰数不变，峰形重现性好，则说明汽化室温度合适。

7.8.3.5 进样量与进样技术

在进行气相色谱分析时，进样量要适当。若进样量过大，所得到的色谱峰峰形不对称程度增加，峰变宽，分离度变小，保留值发生变化，峰高峰面积与进样量不呈线性关系，无法定量。若进样量太小，又会因检测器灵敏度不够，不能检出。色谱柱最大允许进样量可以通过实验确定。方法是：其他实验条件不变，仅逐渐加大进样量，直至所出峰的半峰宽变宽或保留值改变时，此进样量就是最大允许进样量。对于内径3～4mm，柱长2m，固定液用量为15%～20%的色谱柱，液体进样量为0.1～10μL；氢火焰离子化检测器小于1μL。

进样时，要求速度快，这样可以使样品在汽化室汽化后随载气以浓缩状态进入柱内，而不被载气所稀释，因而峰的原始宽度就窄，有利于分离。反之，若进样缓慢，样品汽化后被载气稀释，使峰形变宽，并且不对称，既不利于分离，也不利于定量。

为了使进样有较好的重现性，在进样时要注意以下操作要点。

①用注射器取样时，应先用丙酮或乙醚抽洗5～6次后，再用被测试液抽洗5～6次，然后缓慢抽取一定量试液（稍多于需要量）。此时若有空气带入注射器内，可将针头朝上，待气泡排除后，再排去过量的试液，并用滤纸或擦镜纸吸去针杆处所沾的试液（千万勿吸去针头内的试液）。

②取样后就立即进样。进样时要求注射器垂直于进样口，左手扶着针头防弯曲，右手拿注射器，迅速刺穿硅橡胶垫圈，平稳、敏捷地推进针筒（针头尖尽可能刺深一些，且深度一定，针头不能碰着汽化室内壁），用右手食指平衡、轻巧、迅速地将样品注入，完成后立即拔出。

③进样时要求操作稳当、连贯、迅速。进针位置及速度、针尖停留和拔出速度都会影

响进样的重现性。一般进样相对误差为 2%～5%。

7.9 应用实例

实验 7-1 归一化法定量测定苯系物中各组分的含量

【实验目的】

1. 了解气相色谱仪的主要结构组成和应用。
2. 掌握仪器基本操作和调试程序，熟悉气路运行过程。
3. 熟悉热导池检测器的原理和应用。
4. 掌握气相色谱中利用保留值定性和归一化法定量的分析方法。
5. 学会校正因子的测定方法。

【实验原理】

在混合物样品得到分离之后，利用已知物保留值对各色谱峰进行定性是色谱法中最常用的一种定性方法。它的依据是在相同的色谱操作条件下，同一种物质应具有相同的保留值，当用已知物的保留时间（保留体积、保留距离）与未知物组分的保留时间进行对照时，若两者的保留时间完全相同，则认为它们可能是相同的化合物。这个方法是以各组分的色谱峰必须分离为单独峰为前提的，同时还需要有作为对照用的标准物质。

归一化法是色谱分析中一种简便的定量方法。当样品中所有组分都能得到良好的分离并都能被检测而得到色谱峰时，则可利用校正归一化法定量计算样品中各组分的百分含量，计算公式如下：

$$P_i = \frac{A_i f_i}{A_1 f_1 + A_2 f_2 + \cdots + A_n f_n} \times 100\% \tag{7-37}$$

式中，P_i 是 i 组分的百分含量；A_1、A_2、$\cdots$、A_n 是各组分的峰面积；f_1、f_2、$\cdots$、f_n 是各组分的相对校正因子（或绝对校正因子）。式(7-37) 中的峰面积 A 可用峰高 h 代替。绝对校正因子是指在一定操作条件下，进样量（W）与峰面积（A）或峰高（h）成正比，即 $f = W/A$，比例因子 f 称为绝对校正因子，因直接受操作条件的影响，不易测准，因此在定量分析中常采用相对校正因子，即指某组分与标准物质二者的绝对校正因子之比，此比值不受实验条件的影响，只与检测器类型有关。

【仪器与试剂】

仪器：气相色谱仪；色谱柱：7%DNP（60～80 目，$\phi 3mm \times 2.5m$）；热导池检测器；微量注射器（$1\mu L$、$5\mu L$）。

试剂：正己烷、苯、甲苯标准样；正己烷、苯、甲苯混合物未知样。

【操作步骤】

（1）打开载气，确保载气流经热导池检测器，调节流速大约为 30mL/min。

（2）打开色谱仪的电源开关，待自检结束后，打开加热电源开关，将汽化室、柱箱、检测器的温度分别设定为 120℃、80℃、100℃。

（3）打开计算机和色谱工作站，进入色谱工作站操作界面，选择色谱通道，单击快捷菜单上的绿色按钮，进入谱图采集状态。

（4）当实际温度达到设定值后，通过仪器上的控制面板设定热导池检测器桥电流为 100mA，然后打开热导池检测器开关，通上桥电流，观察基线是否稳定，通过调零旋钮调整基线位置。

（5）在选定的载气流速下，用 $5\mu L$ 微量注射器注入 $2\mu L$ 未知样品，进样的同时按下快捷菜单上的绿色按钮，开始采集谱图，当谱图采集结束后，按下快捷菜单上的红色按钮，停止谱图采集，记录各色谱峰保留时间和峰面积。重复操作三次。

（6）用 1μL 的微量进样器分别注入 0.5μL 正己烷、苯、甲苯，记录各自的保留时间（目的是利用保留时间定性未知组分）。

（7）用 5μL 微量注射器注入 2μL 正己烷、苯、甲苯标准溶液，记录保留时间和峰面积，重复操作三次（目的是计算校正因子）。

（8）实验结束后，首先按起桥电流的红色按钮，断掉桥电流。然后将柱温、检测器、注样器的温度设定为 50℃，待温度降至设定温度后，关闭各部分电源开关，最后关闭载气。

【数据记录及处理】
1. 详细记录实验条件和特殊的实验现象。
2. 列表整理定性、定量原始数据及计算结果。
3. 试用苯为标准物质，利用相对校正因子计算正己烷、苯和甲苯的含量。

【注意事项】
1. 先通载气，确保载气通过热导池检测器后，再打开热导桥流。
2. 当使用双气路色谱仪时，两路的载气流速应保持相同。
3. 定量分析数据应重复 3 次。
4. 热导池系统使用氢气作载气时，必须置毛细管系统稳压阀处于关闭状态。

【思考题】
1. 保留值有几种表示方法？利用保留值定性有哪些局限性？如何解决？
2. 校正因子有几种表示方法？它们之间有什么关系？
3. 实验条件不稳定对定性和定量结果会产生哪些影响？
4. 本实验用的归一化法在什么情况下才能应用？

实验 7-2　苯系物的气相色谱分析——内标法定量

【实验目的】
1. 掌握色谱定量分析原理，了解校正因子的意义、用途和测量方法。
2. 熟悉内标法定量的基本原理及其方法。
3. 理解校正因子的定义与计算原理。
4. 巩固气相色谱基本操作。

【实验原理】
（1）气相色谱定量分析依据是被分析组分的质量 m_i 与检测器的响应信号 A_i 或 h_i 成正比，即：

$$m_i = f_i A_i \quad \text{或} \quad m_i = f_i h_i$$

式中，f_i 为绝对校正因子（比例系数），即单位面积对应的物质量：

$$f_i = m_i / A_i$$

相对校正因子 f_i'，即组分的绝对校正因子与标准物质的绝对校正因子之比。

$$f_i' = \frac{f_i}{f_s} = \frac{m_i/A_i}{m_s/A_s} = \frac{m_i}{m_s} \times \frac{A_s}{A_i}$$

因此要求出组分的含量，必须准确测量峰面积 A_s、A_i 或峰高 h_s、h_i，准确求出校正因子 f'，然后根据已知的 m_s、A_s、A_i 或 h_s、h_i，计算其含量 m_i。

（2）如果 m_s 未知，$f_i' = \dfrac{f_i}{f_s} = \dfrac{m_i/A_i}{m_s/A_s} = \dfrac{m_i}{m_s} \times \dfrac{A_s}{A_i}$ 或 $f_i' = \dfrac{f_i}{f_s} = \dfrac{m_i/h_i}{m_s/h_s} = \dfrac{m_i}{m_s} \times \dfrac{h_s}{h_i}$，根据已知组成比例（$m_i/m_s$ 已知）的样品，测定 f_i'。对于同一对象，在同一条件下，f_i' 一致，故

而可以通过测定未知样品的峰高 h_s 和 h_i，测定未知样品中 m_i/m_s 值。

（3）再根据归一化法，计算待测物质的含量或者比例：

$$c_i = \frac{m_i}{m_1 + m_2 + \cdots + m_n} \times 100\% = \frac{f_i' A_i}{\sum\limits_{i=1}^{n}(f_i' A_i)} \times 100\%$$

【仪器与试剂】

仪器：气相色谱仪；色谱柱（2m×4mm，不锈钢柱）；载体：101 白色载体。

固定液：15%DNP（邻苯二甲酸二壬酯）。温度：柱箱 100℃，检测器 130℃、汽化室 130℃；衰减 8；量程 5。

试剂：苯、甲苯、正己烷等。

【操作步骤】

启动氢气发生器，载气流速以 30mL/min 通过色谱仪后，启动色谱仪主机电源，设定好色谱条件，待仪器稳定后（基线平直），以甲苯为内标物，注射（苯、甲苯、二甲苯）混合样，记录各峰高、峰面积，计算样品成分。

（1）校正因子的测定：将标样（苯、甲苯、二甲苯=1∶1∶1.5）用微量注射器进样，进样 3 次，从色谱图中求出各峰高，按下式分别求出苯、二甲苯的质量校正因子：

$$f_{苯}' = \frac{m_{苯} \times h_{甲苯}}{m_{甲苯} \times h_{苯}}$$

式中，$m_{苯}$ 为苯的质量，g；$m_{甲苯}$ 为甲苯的质量，g；$h_{苯}$、$h_{甲苯}$ 分别是苯、甲苯的峰高。

同样求法计算 $f_{二甲苯}$。

（2）样品测定：用微量注射器吸取相同量的样品进样，从色谱图中求出的峰高，按下式求样品中苯和二甲苯的含量：

$$苯(\%) = \frac{f_{苯}' \times h_{苯} \times m_{甲苯}}{h_{甲苯} \times m_{样品}} \times 100\%$$

式中，$f_{苯}'$ 为上式求得的质量校正因子；$m_{样品}$ 为样品的质量，g；同样方法计算二甲苯的含量。

由苯%＋甲苯%＋二甲苯%＝100%，得到甲苯的比例，进而求出苯、二甲苯的比例。

【数据记录及处理】

（1）记录标准样品色谱图上的峰高、峰面积，分别计算出苯的质量校正因子

$$f_{苯}' = \frac{m_{苯} \times h_{甲苯}}{m_{甲苯} \times h_{苯}}$$

（2）记录标准样品色谱图上的峰高、峰面积，分别计算出二甲苯的质量校正因子

$$f_{二甲苯}' = \frac{m_{二甲苯} \times h_{甲苯}}{m_{甲苯} \times h_{二甲苯}}$$

（3）根据未知样品色谱上的峰高、峰面积，分别计算出的苯、二甲苯的质量校正因子，求出苯、二甲苯的含量。

【思考题】

1. 比较峰高定量法和峰面积定量法的偏差和优缺点。

2. 讨论内标法的优缺点。

实验 7-3　气相色谱法测白酒中甲醇的含量——外标法定量

【实验目的】

1. 掌握气相色谱法检测白酒中甲醇含量的原理及方法。

2. 复习气相色谱仪的原理及操作方法。

3. 了解外标法定量的原理。

4. 了解程序升温的原理。

【实验原理】

根据甲醇等被测组分在气、液两相中具有不同的分配系数，于毛细管色谱柱中经气、液两相作用，先后从色谱柱中流出，在氢火焰中电离检测。

用保留时间定性、用外标法定量。所谓的外标法就是应用欲测组分的纯物质来制作标准曲线。用欲测组分的纯物质加稀释剂（对液体试样用溶剂稀释，气体试样用载气或空气稀释）配制成不同质量分数的标准溶液，取固定量标准溶液进样分析，从所得色谱图上测得相应信号（峰面积或峰高），然后绘制响应信号（纵坐标）对质量分数（横坐标）标准曲线。分析时，取和绘制的标准曲线时同样量的试样（固定量进样），测得该试样的响应信号，由标准曲线即可查出其质量分数。

用外标法进行定量具有不使用校正因子，操作简单，计算方便等优点，但是这种方法结果的准确度主要取决于进样量的重现性和操作条件的稳定性。

【仪器与试剂】

仪器：气相色谱仪；氢火焰离子化检测器；毛细管柱（聚乙二醇固定液，0.25mm×30m，0.5μm）；微量进样针。

试剂：60%乙醇溶液；0.1g/100mL 甲醇标准储备溶液。

【操作步骤】

(1) 按仪器使用规则，打开机器。

(2) 设置色谱条件：调整氢气的压力为 60~80MPa，空气的压力为 50MPa，载气为高纯氮气（≥99.999%），压力为 400~600MPa，柱温初始温度为 50℃，保持 1min，然后以 20℃/min 程序升温至 150℃，检测器温度 200℃，进样口温度 190℃。

(3) 溶液的配制：取甲醇标品 0.1g（0.0001g），用 60%乙醇水溶液定容于 100mL 容量瓶中，摇匀，得到 1mg/mL 的标准储备液。取标准储备液 0.2mL、0.4mL、0.6mL、0.8mL、1.0mL，用 60%乙醇水溶液定容于 100mL 容量瓶中，得到浓度为 2.0μg/mL、4.0μg/mL、6.0μg/mL、8.0μg/mL、10.0μg/mL 的标准溶液。

(4) 标准曲线的制作：按上述色谱条件，将标准溶液分别注入气相色谱仪，得到色谱图。

(5) 样品的测定：按上述色谱条件将白酒试样注入气相色谱仪 1μL。根据保留时间确定甲醇峰的位置，并记录甲醇峰的峰面积。连续进样三次，计算平均值。

【数据记录及处理】

(1) 标准曲线：

浓度/(μg/mL)	2.0	4.0	6.0	8.0	10.0
峰面积					

保留时间 $t_R =$

线性方程：

相关系数：

(2) 样品中甲醇含量的测定

① 定性：

② 定量：

【思考题】

1. 外标法测未知样含量有何特点？

2. 为什么要进行程序升温？

3. 试比较归一化法、内标法、外标法的使用范围，各自的优缺点。

7.10 本章小结

7.10.1 方法特点

（1）分析速度快，一般样品分析时间是几分钟到十几分钟，快速分离时，1s 内可分出 7 个组分。

（2）分离效能高，毛细管色谱柱每米总柱效可达到 10^6 理论塔板数。

（3）选择性高，可以对空间异构体、光学异构体进行有效分离，用手性色谱柱可以分离旋光异构体。

（4）灵敏度高，使用高灵敏度的氢火焰离子化检测器和碱离子化检测器，某些物质的灵敏度可以达到 $10^{-13} \sim 10^{-12} g/s$，检出限可达到 $10^{-12} g/L$。

（5）定量精密度好，相对标准偏差（RSD）优于 1%。

（6）用样量少。

（7）应用范围广，适用于气体和可挥发性物质的分离，但不能直接用于热稳定性差、蒸气压低或离子型化合物的分离，这类物质需要通过柱前、柱内、柱后氢化、脱氢或氢解、催化、热解等衍生化反应转化为挥发性物质方可应用。

（8）易与其他仪器联用，将气相色谱仪的高效分离能力与其他仪器的高灵敏度检测、高鉴别分子结构的能力结合，如气相色谱-质谱联用、气相色谱-红外联用，使之成为复杂有机混合物定性、定量和结构分析的有效工具。

7.10.2 重点掌握

7.10.2.1 理论要点

（1）基本术语　固定相；流动相；色谱图；基线；基线噪声；色谱峰；峰高；峰面积；峰宽；半峰宽；保留值；保留时间；调整保留时间；死时间；保留体积；调整保留体积；死体积；载气平均流速；分配系数；载体；固定液；保留指数；相对质量校正因子、相对摩尔校正因子、相对体积校正因子、相对响应值、内标物、基线漂移、尾吹、隔垫吹扫。

（2）基本理论　气相色谱分离原理；塔板理论；速率理论；各检测器检测原理。

（3）基本公式　检测器的灵敏度；检测器的检测限；分离度；理论塔板数；有效理论塔板数；柱长；塔板高度；范第姆特方程。

7.10.2.2 实操技能

（1）样品前处理方法。

（2）气相色谱仪的操作使用。

（3）高压钢瓶的操作使用。

（4）数据处理及定性、定量方法。

7.11 思考及练习题

（1）简述气相色谱仪的分析流程。

（2）气相色谱仪的基本设备包括哪几部分？各有什么作用？

（3）检测器的性能指标灵敏度与检测限有何区别？

(4) 怎样选择载气？载气为什么要净化？如何进行净化处理？

(5) 硅藻土载体在使用前为什么需经化学处理？常有哪些处理方法？简述其作用。

(6) 对色谱固定液有何要求？固定液有哪些分类法？

(7) 什么叫程序升温？哪些样品适宜用程序升温分析？

(8) 下列色谱操作条件，如改变其中一个条件，色谱峰形将会发生怎样的变化？（　　　）

A. 柱长增加一倍 　　　　　　　　　　B. 固定相颗粒变粗

C. 载气流速增加 　　　　　　　　　　D. 柱温降低

(9) 填充柱气相色谱仪与毛细管气相色谱仪流程与结构有何差异？

(10) 试设计下列试样测定的色谱分析操作条件：

A. 乙醇中微量水的测定 　　　　　　　B. 超纯氮中微量氧的测定

C. 蔬菜中有机磷农药的测定 　　　　　D. 微量苯、甲苯、二甲苯异构体的测定

(11) 在气相色谱法中，调整保留值实际上反映了哪些部分分子间的相互作用（　　　）。

A. 组分与载气 　　B. 组分与固定相 　　C. 组分与组分 　　D. 载气与固定相

(12) 在气相色谱法中，实验室之间能通用的定性参数是（　　　）。

A. 保留时间 　　　B. 调整保留时间 　　C. 相对保留值 　　D. 调整保留体积

(13) 在气相色谱法中，可以利用文献记载的保留数据定性，目前最有参考价值的是（　　　）。

A. 调整保留体积 　　　　　　　　　　B. 相对保留值

C. 保留指数 　　　　　　　　　　　　D. 相对保留值和保留指数

(14) 试指出下列说法中，哪一个不正确？气相色谱法常用的载气是（　　　）。

A. 氮气 　　　　　B. 氢气 　　　　　　C. 氧气 　　　　　　D. 氦气

(15) 用色谱法进行定量分析时，要求混合物中每一个组分都出峰的是（　　　）。

A. 外标法 　　　　B. 内标法 　　　　　C. 归一化法 　　　　D. 内加法

(16) 衡量色谱柱柱效能的指标是（　　　）。

A. 分离度 　　　　B. 容量因子 　　　　C. 塔板数 　　　　　D. 分配系数

(17) 指出下列参数改变会引起相对保留值的增加是（　　　）。

A. 柱长增加 　　　B. 相比率增加 　　　C. 降低柱温 　　　　D. 流动相速度降低

(18) 在气相色谱检测器中通用型检测器是（　　　）。

A. 氢火焰离子化检测器 　　　　　　　B. 热导池检测器

C. 示差折光检测器 　　　　　　　　　D. 火焰光度检测器

(19) 在气液色谱中，色谱柱的使用上限温度取决于（　　　）。

A. 样品中沸点最高组分的沸点 　　　　B. 样品中各组分沸点的平均值

C. 固定液的沸点 　　　　　　　　　　D. 固定液的最高使用温度

(20) 在气液色谱中，首先流出色谱柱的组分是（　　　）。

A. 吸附能力小的 　　B. 吸附能力大的 　　C. 溶解能力大的 　　D. 挥发性大的

(21) 色谱分析中其特征与被测物浓度成正比的是（　　　）。

A. 保留时间 　　　B. 保留体积 　　　　C. 相对保留值 　　　D. 峰面积

(22) 对某一组分来说，在一定的柱长下，色谱峰的宽或窄主要决定于组分在色谱柱中的（　　　）。

A. 保留值 　　　　B. 扩散速度 　　　　C. 分配比 　　　　　D. 理论塔板数

(23) 在气-液色谱法中，为了改变色谱柱的选择性，可进行如下哪种操作（　　　）。

A. 改变载气的种类 　　　　　　　　　B. 改变载气的速度

C. 改变柱长 　　　　　　　　　　　　D. 改变固定液的种类

（24）在以下四种色谱分离的过程中，柱效较高，ΔK（分配系数）较大，两组分完全分离是（　　）。

A.　　　　　B.　　　　　C.　　　　　D.

（25）在以下四种色谱分离的过程中，柱效较低，ΔK 较大，但分离的不好是（　　）。

A.　　　　　B.　　　　　C.　　　　　D.

（26）载体填充的均匀程度主要影响（　　）。

A. 涡流扩散　　　B. 分子扩散　　　C. 气相传质阻力　　　D. 液相传质阻力

（27）有一试样含甲酸、乙酸、丙酸及少量水、苯等物质，试样 1.055g，以环己酮作为内标，称取环己酮 0.1907g 加到试样中，混合均匀后进样，得如下数据：

化合物	甲酸	乙酸	环己酮	丙酸
峰面积/cm^2	214	278	250	47.3
相对校正因子 f'	0.74	1.00	1.28	1.36

求甲酸、乙酸、丙酸的质量分数。

（28）一柱长为 50.0cm，从色谱图上获得庚烷的保留时间为 59s，半峰宽为 4.9s，计算该柱的理论塔板为多少？塔板高度又为多少？

（29）测得石油裂解气的色谱图（前面四个组分为经过衰减 1/4 而得到），经测定各组分的 f 值，并从色谱图上量出各组分峰面积：

出峰次序	空气	甲烷	二氧化碳	乙烯	乙烷	丙烯	丙烷
峰面积	34	214	4.5	278	77	250	47.3
校正因子 f	0.84	0.74	1.00	1.00	1.05	1.28	1.36

用归一化法定量，求各组分的质量分数各为多少？

（30）组分 A 和 B 通过某色谱柱的保留时间分别为 16min 和 24min，而非保留组分只需要 2.0min 洗出，组分 A 和 B 的峰宽分别为 1.6min 和 2.4min，计算：A 和 B 的分配比；B 对 A 的相对保留值；A 和 B 两组分的分离度；该色谱柱的理论塔板数和有效塔板数各为多少？

（31）在一色谱柱上分离 A 和 B，其保留时间分别为 14.6min 和 14.8min，该柱对 A、B 来说都视作 4100 块理论塔板，问在此柱上 A、B 的分离度为多少？假定二者的保留时间仍保持不变，而分离度要求达到 1.0（按峰的基线宽度计算）则需要多少理论塔板数？

参 考 文 献

[1] 陈燕舞. 涂料分析与检测. 北京：化学工业出版社，2009.
[2] 詹益兴. 实用色谱法. 北京：科学技术文献出版社，2008.
[3] 吴烈钧. 气相色谱检测技术. 北京：化学工业出版社，2000.
[4] 吴方迪. 色谱仪器维护与故障排除. 北京：化学工业出版社，2000.
[5] 黄一石. 仪器分析. 北京：化学工业出版社，2002.
[6] 董慧茹. 仪器分析. 北京：化学工业出版社，2000.
[7] 朱明华. 仪器分析. 北京：高等教育出版社，2000.
[8] 陈培荣，邓勃. 现代仪器分析实验与技术. 北京：清华大学出版社，1999.
[9] 李浩春. 分析化学手册：第五分册. 北京：化学工业出版社，1999.

8 高效液相色谱法

8.1 概述

8.1.1 方法定义

高效液相色谱法（high performance liquid chromatography，HPLC）亦称高压液相色谱法（high pressure liquid chromatography）或高速液相色谱法（high speed liquid chromatography），是在经典的液相色谱（柱色谱、薄层色谱）的基础上引入气相色谱理论，在技术上采用高压输送流动相、高效固定相和高灵敏度检测器的一种色谱分析方法。

8.1.2 发展历程

自 1906 年俄国植物学家茨维特（Tswett）首次提出色谱法（chromatography）概念以来，经历了整整一个世纪的发展，到今天色谱法已经成为最重要的分离分析科学。

20 世纪 30 年代后，相继出现了纸色谱、离子交换色谱和薄层色谱等液相色谱技术。

20 世纪 50 年代，色谱法有了很大的发展。1952 年，英国学者马丁（Martin）等人创立了气相色谱法，并建立气相色谱法理论。由于对现代色谱法的形成和发展做出了重大贡献，马丁（Martin）等人获 1952 年诺贝尔化学奖。但液相色谱的发展却一直停滞不前，原因是因流动相依靠自身的重力穿过色谱柱，柱效差（固定相颗粒不能太小），分离时间很长，缺乏自动灵敏的检测器。

20 世纪 60 年代，由于气相色谱对高沸点有机物分析的局限性，为了分离蛋白质、核酸等不易汽化的大分子物质，气相色谱的理论和方法被重新引入经典液相色谱。

60 年代中后期，随着气相色谱理论和实践的发展，以及机械、光学、电子等技术上的进步，液相色谱又开始活跃。

60 年代末，科克兰（Kirkland）和荷瓦斯（Horvath）等人开发了世界上第一台高效液相色谱仪，开启了高效液相色谱的时代。高效液相色谱法使用粒径更细的固定相填充色谱柱，提高色谱柱的塔板数，以高压驱动流动相，使得经典液相色谱需要数日乃至数月完成的分离工作得以在几个小时甚至几十分钟内完成。

1971 年，科克兰等人出版了《液相色谱的现代实践》一书，标志着高效液相色谱法正式建立。

1975 年后，微处理机技术用于液相色谱，进一步提高了仪器的自动化水平和分析精度。

1990 年后，生物工程和生命科学在国际和国内的迅速发展，为高效液相色谱技术提出了更多、更新的分离、纯化、制备的课题，如人类基因级计划，蛋白质组学有 HPLC 作预分离等。

今天，高效液相色谱法已发展成为分离分析的重要工具，并广泛应用于各个领域中。

8.1.3 最新技术及发展趋势

20 世纪 90 年代以来，HPLC 的新技术和新方法研究主要体现在以下几个方面。

（1）新型固定相的研制

① 耐高压、高交联度的球形微粒聚合物固定相，如 Afeyan 等研制的具有流通孔（600～800nm）及扩散孔（80～150μm）的流通粒子（粒径 10～50μm），其用作灌注色谱固定相，特别适用于制备色谱。

② 为完全消除硅醇基的吸附效应，研制了具有立体阻碍或静电屏蔽效应的新型单齿和双齿硅胶键和固定相。

③ 制备了具有大的流通孔尺寸/骨架尺寸比值的整体色谱柱，实现了快速分析。Hjerten 制备了聚丙烯酰胺整体柱；Minakuchi 等制备了连续整体硅胶柱。

（2）新型流动相的使用

用 123～220℃超热水作为流动相的 HPLC，其利用超热水具有较低的介电常数来增强其洗脱强度，超热水被称作对环境友好的"绿色流动相"。

（3）新型检测器的扩展应用和 HPLC 仪器自动化程度的迅速提高

蒸发光散射检测器，由于具有以质量为检测对象的通用性质，迅速扩展了在多肽、蛋白质、核酸等生物大分子分析中的应用。计算机功能的扩展，大大提高了 HPLC 的自动控制、智能化的数据和图谱处理水平。

（4）全新分析方法涌现

使用"并列整体载体结构"的微芯片制作技术，并采用电渗泵，扩展了纳米液相色谱的使用；使用 1.0μm 填料的熔融硅毛细管柱，实现了超高压液相色谱技术；用于大分子分离的剪切驱动流路液相色谱（shear-driver flow LC）已经出现。

尽管全球毛细管电泳市场份额并不大，但是由于毛细管电泳已广泛应用于蛋白质组学、代谢组学以及中药指纹图谱等领域，因此其未来应用将更为广阔，不能忽视。离子色谱仪器正逐渐向多个领域发展，尤其是向生命科学领域，并取得重要应用。微型化、毛细管离子色谱、联用色谱由于更能适应市场需求，发展尤为迅猛。近年来，高效液相色谱仪朝着两极化发展，制备色谱朝着大型化、工业化方向发展，而分析型液相则朝着便携化、芯片化发展，同时多维分离和联用技术也受到重视，成为新的趋势。

8.2 分析对象及应用领域

8.2.1 分析对象

高效液相色谱法适于分析高沸点、不易挥发、受热不稳定易分解、分子量大、不同极性的有机化合物；生物活性物质和多种天然产物；合成的和天然的高分子化合物，它们涉及石油化工产品、食品、合成药物、生物化工产品及环境污染物等，约占全部有机化合物的80％。其余的有机化合物，包括永久性气体、易挥发低沸点及中等分子量的化合物，只能用气相色谱法进行分析。

8.2.2 应用领域

高效液相色谱法可广泛应用于高碳数脂肪族或芳香族的醇、醛、酮、醚、酸、酯等化工原料的分析检测；食品中的各种营养成分、食品添加剂、防腐剂以及农药残留、激素等的分析检测；生物制品中氨基酸、多肽、蛋白质及核苷酸、核酸的分析；人工合成药物的纯化及成分的定性定量分析，中草药有效成分的分离、制备及纯度测定；大气、水、土壤和农产品中存在的多环芳烃、多氯联苯、有机氯农药、有机磷农药、氨基甲酸酯农药、除草剂、酚类、胺类、黄曲霉毒素、亚硝胺等的分析检测等。

8.3 仪器的基本组成部件和作用

高效液相色谱仪由溶剂传输系统、进样系统、分离系统、信号检测系统和数据处理系统

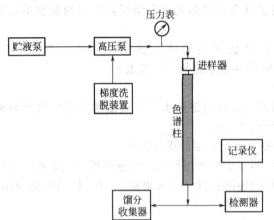

图 8-1 高效液相色谱仪结构组成

组成。其中溶剂传输系统中的高压泵、样品分离系统中的色谱柱和信号检测系统中的检测器是高效液相色谱仪的关键部件，有的仪器还配有梯度洗脱装置、在线真空脱气机、自动进样器、柱温控制器等。现代高效液相色谱仪都配有微机控制系统，进行自动化仪器控制和数据处理。其组成结构如图 8-1 所示。制备型高效液相色谱仪还配备有自动馏分收集装置。

8.3.1 溶剂传输系统

溶剂传输系统一般由贮液瓶、脱气装置、高压泵、梯度洗脱装置和连接管路等组成。

溶剂传输系统的作用是不断地向仪器提供具有连续、稳定、精确流量的流动相。

8.3.1.1 贮液瓶

用于盛放溶剂即流动相的试剂瓶，见光易分解的流动相应盛放在棕色贮液瓶中。

8.3.1.2 脱气装置

流动相脱气的目的：①使泵的输液更准确，提高保留时间和峰面积的重现性；②提高检测器的性能，稳定基线，增加信噪比；③保护色谱柱，防止填料氧化，减少死体积。

流动相的脱气方式主要有超声波脱气、氦气脱气和在线真空脱气。在线真空脱气装置的原理示意见图 8-2。

由图 8-2 可以看出，流动相经高压泵泵出后流经脱气机真空腔，由于真空腔内的输液管为半透膜管（只允许气体透过，液体不能透过），溶解在流动相中的气体如

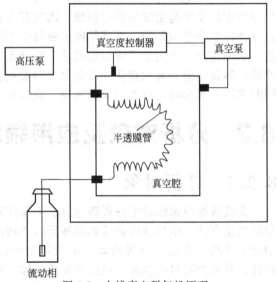

图 8-2 在线真空脱气机原理

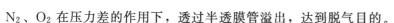

N_2、O_2在压力差的作用下，透过半透膜管溢出，达到脱气目的。

8.3.1.3 高压泵

高压泵是高效液相色谱仪的重要部件之一。因此应具备如下性能：①流量稳定，其 *RSD* 应<0.5%，这对定性定量的准确性至关重要；②流量范围宽，分析型应在 0.1~10mL/min 范围内连续可调，制备型应能达到 100mL/min；③输出压力高，一般应能达到（150~300）× 10^5Pa，压力波动小；④密封性能好，耐腐蚀；⑤死体积小，适于梯度洗脱，易于清洗。

高压泵的种类很多，按输液性质可分为恒压泵和恒流泵。恒流泵按结构又可分为螺旋注射泵、柱塞往复泵和隔膜往复泵。恒压泵受柱阻影响，流量不稳定，螺旋泵缸体太大，这两种泵已被淘汰。目前应用最多的是柱塞往复泵，如图 8-3 所示。

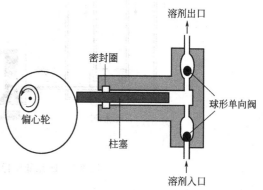

图 8-3 柱塞往复泵结构示意

柱塞往复泵的液缸容积小（可至 0.1mL），因此易于清洗和更换流动相，特别适合于再循环和梯度洗脱；改变电机转速能方便地调节流量，流量不受柱阻影响；泵压可达 $400kgf/cm^2$（$1kgf/cm^2 = 98.0665kPa$）。其主要缺点是输出的脉冲性较大，现多采用脉冲阻尼器或双泵系统来克服。

8.3.1.4 梯度洗脱装置

梯度洗脱分为高压梯度洗脱和低压梯度洗脱两种。

（1）高压梯度洗脱

也称泵后（高压）混合。一般采用二元泵（即两台泵）分别按比例（即洗脱程序）将溶剂 A 和溶剂 B 预先加压，再送入混合器混合，然后以一定的流量输出，如图 8-4 所示。其优点是精度高，缺点是需要用两台单泵，仪器成本高。

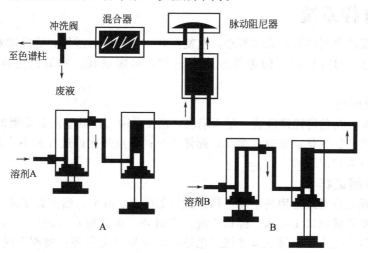

图 8-4 二元泵高压梯度洗脱装置结构示意

（2）低压梯度洗脱

也称泵前（低压）混合。是指在常压下预先按梯度洗脱程序将溶剂混合后，再用泵加压输出。图 8-5 所示为四元低压梯度洗脱装置结构示意。如图所示，流动相（四相又称四元）经在线真空脱气机脱气后，按比例在常压下预先混合，再经四元泵加压输出。其主要优点是只需要一个单元泵，成本低，使用方便。

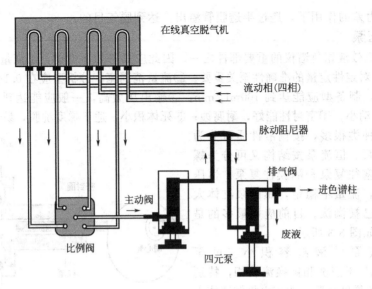

图 8-5　四元低压梯度洗脱装置结构示意

知识链接：**梯度洗脱**

　　梯度洗脱相当于气相色谱的程序升温。HPLC 有等浓度洗脱和梯度洗脱两种：等浓度洗脱是指在同一分析周期内流动相组成保持恒定。适于组分数目少，性质差别不大的样品分析；梯度洗脱是指在一个分析周期内程序地改变流动相的组成，即程序地改变流动相的极性、离子强度等。用于分析组分数目多、性质差异较大的复杂样品。采用梯度洗脱可以缩短分析时间，提高分离度，改善峰形，提高检测灵敏度，但常常引起基线漂移和降低重现性。

8.3.2　进样系统

　　进样系统要求密封性好，死体积小，重复性好，保证中心进样，进样时对色谱系统的压力、流量影响小。HPLC 常用的进样方式有三种：隔膜进样、六通阀进样和自动进样器进样。

8.3.2.1　隔膜进样

　　与 GC 相似，在色谱柱顶端装一耐压隔膜，用 $1\sim100\mu L$ 微量注射器吸取一定量样品穿过隔膜注入色谱柱。其优点是操作简单，死体积小；缺点是允许进样量小，重现性差，只能用于低压系统（<10MPa）。

8.3.2.2　六通阀进样

　　六通阀进样是目前最常用的手动进样方式。如图 8-6 所示，当阀处于采样（a）状态时，用微量注射器将样液由口 1 注入，经口 2 流入定量环，多余的样液经口 5 由口 6 排出废液。此时流动相从口 4 流入，直接从口 3 流进色谱柱，不经过定量环；将阀顺时针旋转 60°，进入进样（b）状态时，流动相由口 4 流入，经口 5、2、3 将定量环内的样液带入色谱柱，完成进样。

　　定量环（一般体积为 $20\mu L$）的作用是控制进样体积，更换不同体积的定量环，可调整进样量。由于定量环内充满流动相，为了确保进样的准确度和重复性，通常采用两种方式进样。①满体积进样：即进样体积不小于定量环体积的 3～4 倍，这样才能完全置换定量环内的流动相，进样量即为定量环体积。②半体积进样：即进样量不大于定量环体积的 50%，此时样液完全留在定量环内，进样量即为实际进样体积，但这种方法要求每次进样体积相同且非常准确。

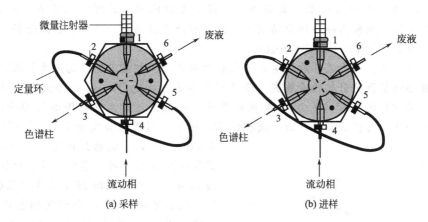

图 8-6　六通阀采用与进样示意

8.3.2.3　自动进样器进样

自动进样器由微机控制，操作者只需将分析的样品按一定次序放在样品架（盘）上，编辑并运行进样程序，自动进样器便自动取样、进样和清洗等动作，适于大批量样品的分析。有的自动进样器可自动进行柱前衍生化。

8.3.3　分离系统

分离是色谱分析的手段和核心，承担分离任务的是色谱柱。HPLC 常用的色谱柱为柱长 10～30cm、内径为 4～5mm、内部充填有固定相的不锈钢色谱柱，如图 8-7 所示。

图 8-7　HPLC 色谱柱

色谱柱由柱管、压帽、卡套（密封环）、筛板（滤片）、接头、螺丝等组成。色谱柱按用途可分为分析型色谱柱和制备型色谱柱，分析型色谱柱一般内径 2～5mm（常用 4.6mm），柱长 10～30cm；制备型色谱柱一般内径 20～40mm，柱长 10～30cm。HPLC 对色谱柱的要求是柱效高、选择性好，分析速度快。

知识链接 I：HPLC的速率理论

高效液相色谱分析中组分的分离过程与气相色谱组分的分离过程类似，也符合速率理论方程式（即范第姆特方程式）：

$$H = A + B/u + Cu$$

式中，A 为涡流扩散项；B/u 为分子扩散项；Cu 为传质阻力项。从速率方程中看出，影响柱效的因素有如下几种。

（1）涡流扩散（eddy diffusion）

由于色谱柱内填充剂的几何结构不同，分子在色谱柱中的流速不同而引起的峰展宽。涡

流扩散项 $A=2\lambda d_p$，d_p 为填料直径；λ 为填充不规则因子，填充越不均匀，λ 越大。HPLC 常用填料粒度一般为 $3\sim10\mu m$，最好 $3\sim5\mu m$，粒度分布 $RSD\leqslant5\%$。但粒度太小难于填充均匀（λ 大），且会使柱压过高。大而均匀（球形或近球形）的颗粒容易填充规则均匀，λ 越小。总的来说，应采用细而均匀的载体，这样有助于提高柱效。毛细管无填料，$A=0$。

（2）分子扩散（molecular diffusion）

又称纵向扩散。由于进样后溶质分子在柱内沿着流动相前进的方向产生扩散，存在浓度梯度，导致轴向扩散而引起的峰展宽。分子扩散项 $B/u=2\gamma D_m/u$。u 为流动相线速度，分子在柱内的滞留时间越长（u 小），展宽越严重。在低流速时，它对峰形的影响较大。D_m 为分子在流动相中的扩散系数，由于液相的 D_m 很小，通常仅为气相的 $10^{-5}\sim10^{-4}$，因此

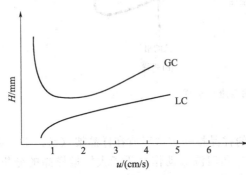

图 8-8　气相色谱与液相色谱的 H-u 比较

在 HPLC 中，当流动线速度大于 $0.5cm/s$ 时，扩散项 B/u 分子可以忽略不计。比较气相色谱的 H-u 和液相色判断 H-u 曲线（见图 8-8）可见，液相色谱的 H 远小于气相色谱的 H，这表明 HPLC 的色谱柱效比 GC 更高。因此 HPLC 色谱柱的长度远小于 GC 色谱柱。一般仅为 $150mm$。而且，在 HPLC 中当 u 达到一定值后，随 u 的增加，H 增加的很慢。这说明在 HPLC 色谱分离中，使用较高的流动相线速度，色谱柱效无明显损失，有利于实现快速分离。

（3）传质阻抗（mass transfer resistance）

由于溶质分子在流动相、静态流动相和固定相中的传质过程而导致的峰展宽。溶质分子在流动相和固定相中的扩散、分配、转移的过程并不是瞬间达到平衡，实际传质速度是有限的，这一时间上的滞后使色谱柱总是在非平衡状态下工作，从而产生峰展宽。在 HPLC 中，传质阻抗是峰展宽的主要因素。

知识链接Ⅱ: 柱外效应

速率理论研究的是柱内峰展宽的因素，实际上在柱外还存在引起色谱峰展宽的因素，即柱外扩散，也叫柱外效应。由于色谱柱外的某些因素造成额外的谱带展宽，使柱的实际分离效率未能达到其固有水平，这种现象叫柱外效应。造成柱外效应的主要因素有：进样器死体积、低劣的进样技术、柱前后连接管体积、检测器死体积等。

8.3.4　检测系统

检测器是 HPLC 的关键部件之一，其作用是将经色谱柱分离出来的组分的量转变为电信号。目前 HPLC 应用最多的是紫外检测器、荧光检测器和示差检测器。

8.3.4.1　紫外检测器

紫外检测器是 HPLC 中应用最广泛的检测器，当检测波长范围包括可见光时，又称为紫外-可见检测器，适用于对紫外-可见光有吸收的样品检测。其特点是：①灵敏度高、噪声低、线性范围宽，最低检出浓度达 $10^{-12}g/mL$；②对流速和温度均不敏感，可用于梯度洗脱；③属浓度型检测器，即检测器的响应值与流动相中的组分浓度成正比，服从朗伯-比耳定律；④不破坏样品，能与其他检测器串联，可用于样品制备。弱点是只能检测对紫外-可见光有吸收的样品，对无吸收的物质无响应；流动相的选择有一定限制，要求选用的流动相

在检测波长处无紫外吸收。

紫外检测器分为固定波长检测器、可变波长检测器和二极管阵列检测器（或波长扫描检测器）。

固定波长检测器常用汞灯的 254nm 或 280nm 为测量波长，检测在此波长下有吸收的有机物。可变波长紫外检测器（简称 VWD），如图 8-9 所示，实际是一台紫外-可见分光光度计。

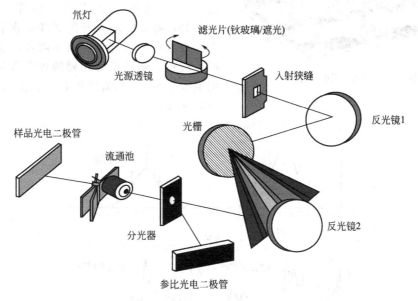

图 8-9 VWD 光路示意

二极管阵列检测器（简称 DAD）是目前高效液相色谱性能最好的检测器，如图 8-10 所示。它与 VWD 不同之处在于：①VWD 的检测波长范围为 190~600nm，DAD 的检测波长范围为 190~900nm；②VWD 的样品流通池位于光栅之后，而 DAD 的样品流通池位于光栅之前；③VWD 的光栅可转动（以便切换波长），而 DAD 的光栅固定；④在某一时刻，VWD 仅可得到某一波长下样品的吸光度值，而 DAD 可以得到样品的吸收光谱；⑤VWD 必须将各个时刻所得到吸光度值描点作图才能得到所需的色谱图，而 DAD 可以很方便地提取所需检测波长下的色谱图。

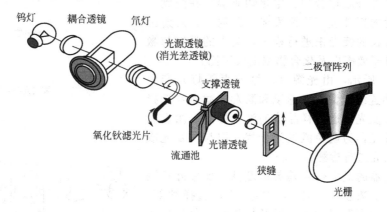

图 8-10 DAD 光路示意

由于 DAD 采用上千个二极管采集扫描数据，因此，通过 DAD 检测可以得到：①各波

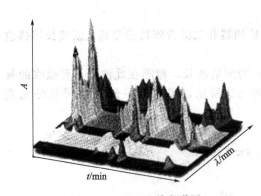

图 8-11　DAD 三维色谱图

长下的样品色谱图；②各时刻样品的吸收光谱曲线；③三维立体色谱图（见图 8-11）；④可进行色谱峰纯度检测（见图 8-12）。

峰纯度检测原理：在色谱峰上取 5 个具有代表性的时间点（时刻），比较这 5 个时刻的吸收光谱曲线的吻合程度，若色谱峰为纯物质，则在 5 点处的吸收光谱曲线完全吻合，如图 8-12（a峰）所示；若色谱峰中含有杂物，则在 5 点处的吸收光谱曲线不吻合，如图 8-12（b峰）所示。吻合程度用峰纯度匹配值表示，匹配值大于 960（其值因化学工作站不同而异）一般为纯峰。

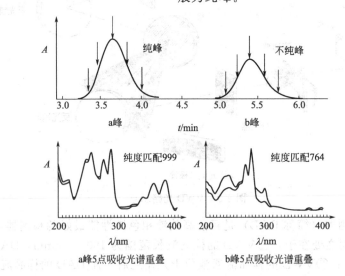

图 8-12　DAD 峰纯度检测

8.3.4.2　荧光检测器（FLD）

FLD 是一种灵敏度高且选择性好的检测器，它是利用某些有机化合物（如具有对称共轭结构的有机芳香族化合物、生化物质等）在受到一定波长和强度的紫外线（称激发光）照射后，发射出较激发光波长长的荧光来进行检测，荧光的强度与激发光强度、量子效率以及化合物浓度成正比。

如图 8-13 所示，由光源（氙灯或卤钨灯）产生 250nm 以上强连续光谱，经透镜和激发光滤光片选择特定波长的激发光，通过样品流通池，样品受激发后向四周发射荧光，为避免激发光干扰，取与激发光成直角方向的荧光进行检测。

荧光检测器的最大优点是灵敏度高，比紫外检测器高出 1～3 个数量级，达 10^{-13} g/mL；选择性好，某些物质虽本身不发出荧光，但经化学衍生化技术生成荧光衍生物，再进行检测；样品用量少，可用于梯度洗脱。特别适用于痕量分析，在环境监测、药物分

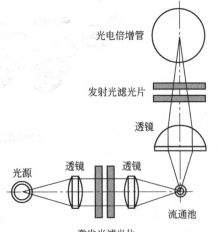

图 8-13　荧光检验器光谱

析、生化分析中有着广泛的用途。

8.3.4.3 示差检测器（RID）

RID 是一种通用型检测器，它是基于连续测定柱后流出液折射率的变化来测定样品的浓度。溶液的折射率是纯溶剂（流动相）和纯溶质（待测组分）的折射率乘以各物质的浓度之和。溶有组分的流动相和纯流动相之间折射率之差，表示组分在流动相中的浓度。因此，只要组分折射率与流动相折射率不同，就能进行检测。无紫外吸收、不发射荧光的物质，如糖类、脂肪烷烃类等都能检测。

示差检测器的灵敏度低于紫外检测器，检出限为 $10^{-7} \sim 10^{-6}$ g/mL。因液体折射率随温度、压力变化，所以 RID 应在恒温、恒流下操作。该检测器不能用于梯度洗脱。

除上述介绍的检测器外，用于 HPLC 的检测器还有红外检测器（IRD）、电导检测器和质谱检测器等。表 8-1 列出 HPLC 常用的检测器及其性能。

表 8-1　高效液相色谱常用的检测器及其性能

检测器	类型	最高灵敏度/(g/mL)	温度影响	流速影响	梯度洗脱
紫外(VWD)	选择	5×10^{-10}	低	无	可以
荧光(FLD)	选择	5×10^{-12}	低	无	可以
示差(RID)	通用	5×10^{-7}	有	有	不可
红外(IRD)	选择	10^{-7} 级	低	无	不可
电导	选择	10^{-9} 级	有	有	不可
质谱	通用	10^{-8} 级	无	无	可以

8.4　分析流程

高效液相色谱仪工作流程见图 8-14。采用高压泵将贮液瓶中的流动相泵出，经在线真空脱气机（仅限低压混合）脱气后，流动相经过进样器并将由进样器引入的待测样品带入色谱柱，将经色谱柱分离后的样品组分依次流出色谱柱，经检测器检测后流入废液瓶，检测信号被记录仪记录下来得到色谱图。

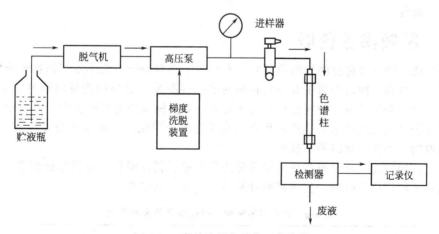

图 8-14　高效液相色谱仪工作流程

8.5　仪器类型及生产厂家

按分离原理的不同，高效液相色谱法分为四类。

8.5.1　液-固吸附色谱

液-固吸附色谱是指流动相为液体，固定相为固体吸附剂的色谱方法。分离的实质是利用组分在吸附剂（固定相）上的吸附能力以及被流动相洗脱难易程度的不同而获得分离，分离过程是一个吸附与解吸附的平衡过程。常用的吸附剂为硅胶或氧化铝，粒度 $5\sim10\mu m$。适用于非离子型化合物的分离，尤其是异构体以及具有不同极性取代基化合物间的分离。具有不同官能团的化合物在液-固吸附色谱中的保留顺序为：烷基＜卤素（F＜Cl＜Br＜I）＜醚＜硝基化合物＜腈＜叔胺＜酯＜酮＜醛＜醇＜酚＜伯胺＜酰胺＜羧酸＜碳胺。

8.5.2　液-液分配色谱

液-液分配色谱即指流动相和固定相均为液体，固定相被涂渍在惰性载体表面。分离原理与液-液萃取相似，是根据被分离组分在流动相和固定相中的溶解度不同，即分配系数不同而实现分离，分离过程是一个反复分配平衡的过程。液-液分配色谱按固定相和流动相的极性不同，分为正相色谱（NPC）和反相色谱（RPC）。

正相色谱：固定相的极性大于流动相的极性称为正相色谱。用于分离中等极性和极性较强的化合物，如酚类、胺类、羰基类及氨基酸类等。

反相色谱：固定相的极性小于流动相的极性称为反相色谱。用于分离非极性和弱极性化合物。如烷烃、芳烃、稠环化合物等。反相色谱在高效液相色谱中应用最为广泛，约占 HPLC 应用的 80%。

8.5.3　离子交换色谱

固定相为带电荷基团的离子交换树脂或离子交换键合相。分离原理是离子交换树脂上可电离的离子与流动相中具有相同电荷的离子及待测组分的离子进行可逆交换，根据各离子与离子交换基团具有不同的电荷吸引力而分离。固定相基团带正电荷的时候，其与流动相或样品组分交换的离子为阴离子；固定相基团带负电荷的时候，其交换的离子为阳离子。离子交换色谱主要用于可电离化合物的分离，例如氨基酸的分离、多肽的分离、核苷酸、核苷和各种碱基的分离等。

8.5.4　凝胶渗透色谱

凝胶渗透色谱（又称空间排阻色谱）是利用分子筛对分子量大小不同的各组分排阻能力的差异而实现分离。固定相为带有一定孔径的多孔性凝胶，流动相为可以溶解样品的溶剂。分离原理：样品中分子量小的组分可以进入孔穴，即受固定相的排阻力大，在柱中滞留时间长；相反分子量大的组分因不能进入孔穴而直接随流动相流出。常用于分离高分子化合物，如组织提取物、多肽、蛋白质、核酸等。

另外，按照用途，高效液相色谱仪可分为分析型、制备型和制备兼分析型等。表 8-2 列出了目前高效液相色谱仪的一些主要型号及生产厂家，仅供参考。

表 8-2　常用高效液相色谱仪型号及生产厂家

仪器型号	生产厂家	仪器特点
LC-20A/LC-10A	日本岛津(Shimadzu)	双泵分析型,自动进样器
Prominenece UFLC		超快速液相色谱仪
Agilent 1200	美国安捷伦(Agilent)	双泵分析型,自动进样器
Agilent 1290		超高效液相色谱仪
ACQUITY UPLC H-Class	美国沃特斯(Waters)	超高效液相色谱仪
		四元溶剂混合、高分离度、高灵敏度和高通量制备型

续表

仪器型号	生产厂家	仪器特点
Waters 4000		四元制备泵、配有自动馏分收集仪
P230	大连依利特	双泵分析型，高压恒流泵，紫外检测器
P230P		双泵半制备型，高压恒流泵，紫外检测器
LC2900	上海天普	紫外检测器

8.6 仪器操作使用

本节将以分析食品中人工合成色素为例，介绍 Agilent 1200 高效液相色谱仪和岛津 LC-20AT 高效液相色谱仪分析样品的操作步骤、仪器使用操作方法及操作注意事项。

8.6.1 Agilent 1200 高效液相色谱仪的操作使用

8.6.1.1 Agilent 1200 HPLC 仪器简介

Agilent 1200 HPLC 仪器由流动相（A、B、C、D 四相）及其托盘、在线真空脱气机、四元泵、自动进样器、柱温箱、色谱柱、检测器（二极管阵列检测器、荧光检测器、示差检测器）和计算机（化学工作站）组成，如图 8-15 所示。

8.6.1.2 Agilent 1200 HPLC 仪器分析样品操作步骤

（1）开机前的准备工作

① 配制流动相　A 相：0.02mol/L 乙酸铵溶液。称取 1.54g 乙酸铵（分析纯），溶于 1000mL 超纯水中，经 0.45μm 滤膜（水膜）过滤后装入流动相瓶；B 相：甲醇（色谱纯），直接装入流动相瓶。将 A、B 两相分别放在 A 通道和 B 通道。

② 试样准备　将配制好的标准溶液和处理后的样液经 0.45μm 滤膜过滤后，分别装入样品瓶（体积以 0.5~1.0mL 为宜），置于自动进样器样品盘中，记录所放位置。

③ 将安捷伦 Zorbax-XDB-C$_{18}$ 柱 （5μm，250mm×4.6mm）连接到管路中。安装色谱柱时，柱箭头方向应与流动相的流向一致，并确保不漏液。

（2）开机

① 打开计算机至待机状态。

图 8-15　Agilent 1200 HPLC 仪器

② 顺次打开在线真空脱气机、四元泵、自动进样器、柱温箱、检测器（DAD）开关，仪器自检。

③ 双击计算机桌面上的 Instrument 1 Online 图标，进入化学工作站功能界面，选择 Method and Run Control 操作界面。

（3）流动相管路排气

① 逆时针打开 Purge 阀 2~3 圈，启动泵开关，将流速设为 3mL/min，分别将 A 相和 B 相流路中的气泡赶尽（2~3min）；

② 将流速减至 1mL/min 后，关闭 Purge 阀。

（4）建立色素分析方法

根据给定的分析参数建立色素分析方法，操作步骤如下：

① 在 Method and Run Control 界面，点击菜单 Method，选择 Edit Entire Method 进入方法参数设置界面，选择需要编辑的选项。

② 设置自动进样器参数：选择进样方式为 Injection with Needle Wash（进样加洗针），Wash Vial 输入 21（洗针瓶放在样品盘中的位置），设置后点击 OK。

注意：若进行柱前衍生化，则选择进样方式为 Use Injector Program（使用进样程序），编辑衍生化程序。

③ 设置四元泵参数：设置流速（Flow）为 1mL/min，信号采集时间（Stop Time）为 15min，后运行时间（PostTime）为 1min。设置后，单击 OK。

④ 设置柱温箱参数：选择 Not controlled，单击 OK。

⑤ 设置检测器参数：二极管阵列检测器（DAD）参数设置界面如图 8-16 所示。

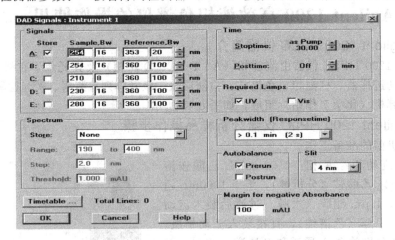

图 8-16　二极管阵列检测器参数设置界面

选择 A 通道，设置检测波长（Sample，Bw）为 254nm/16nm；参比波长（Reference，Bw）为 353nm/20nm，选择 UV（紫外）和 Vis（可见）灯，波长扫描范围（Spectrum Range）为 190～800nm。点击 Timetable 进入可变波长编程界面，点击 Insert 插入行，选择 A 通道，在 Time 输入 7.00（min）、检测波长（Sample，Bw）输入 620nm/16nm，参比波长（Reference，Bw）输入 780nm/16nm，设置后点击 OK。

⑥ 设置数据分析参数：忽略。

⑦ 保存方法：点击 Method 菜单中 Save Method as，将设置的分析参数另存为"色素分析"方法文件，保存在指定文件夹中。

（5）编辑序列 Sequence 输入样品信息

在 Method and Run Control 界面，点击菜单 Sequence，选择 Sequence table，依次输入样品瓶号（Loction）、样品名（Sample Name）、选择 Method Name 为"色素分析"、进样次数（Inj/Location）、样品类型（Sample Type）、数据文件名（Data File）及进样体积（Inj Volume），设置后点击 Save Sequence as 保存序列。

（6）调出监控信号

从 View 菜单选择 Online Signals，调出信号显示窗口。待信号基线平稳（基线走平）后，点击信号窗口 Balance 作基线调零。

（7）运行 Sequence 采集样品数据

点击运行 Sequence 图标，输入操作者姓名（Operator Name）、数据文件保存路径（Path）后，点击运行序列（Run Sequence），仪器开始按编辑的程序采集数据。

（8）关机程序

① 清洗管路：数据采集结束后，关闭泵开关，将 A 相（乙酸铵）换成超纯水（电阻率 18.2MΩ），重启泵开关，以水＋甲醇（80＋20）冲洗管路及色谱柱至少 20min，待压力平稳、基线走平，再用 80％甲醇冲洗 20min。

② 关机：停泵，关闭联机软件。依次关闭检测器（DAD）、柱温箱、自动进样器、四元泵、在线真空脱气机电源开关。

（9）数据分析

① 在计算机桌面双击 Instrument 1 Offine 图标，进入化学工作站 Data Analysis 界面。

② 调出数据文件：从文件 file 菜单中选择 Load Signal，打开色素标准品第 1 个浓度的数据文件。

③ 色谱图优化：从 Graphics 菜单中选择 Signal Operation，选择 Auto scale，改变时间范围 Time Range，单击 OK 优化谱图显示。

④ 色谱图积分：从 Integration 菜单中选择 Integration Events，进入色谱图积分窗口：设置最小峰面积 Area Reject（或最小峰高 Height Reject）值，点击图标 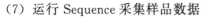 进行积分；点击图标 进入积分功能参数设置，可进行基线连接、积分求和及积分区域设置等。积分完毕，点击图标 保存积分结果。

⑤ 色谱峰定性：调出各单色素数据文件，进行图谱优化积分，根据单色素的保留时间定性标准混合色谱图中的色谱峰和试样中各组分的色谱峰。

⑥ 建立一级校正表（标准工作曲线）：从 Calibration 菜单中选择 New Calibration Table，输入第 1 个标准溶液的浓度值 Amount，单击 OK，进入校正表编辑画面：在表中输入各色谱峰的色素名称，完成一级校正。

⑦ 建立多级校正表：调出混合色素标准品第 2 个浓度的数据文件，进行谱图优化、积分。从 Calibration 菜单中选择 Add Level，输入第 2 个标准溶液的浓度值 Amount，单击 OK，完成校正表二级校正。相同方法，依次完成校正表三级、四级校正。

⑧ 设置校正参数：在 Calibration 菜单中选择 Calibration Settings，在 Use Sample Data 栏中选择 From Data File，输入量浓度单位 Amount Units 为 μg/mL，确认校正曲线类型 Type 为 Linear，原点 Origin 设为 Ignore，权重 Weight 设为 Equal，设置后点击 OK。

（10）未知样品定量

① 从 File 菜单中选择 Load Signal，调出未知样品数据文件，进行谱图优化、积分。

② 设定报告格式：在 Report 菜单中选择 Specify Report，选择 Calculate 方式为外标法 ESTD，Based On 设为 Area，Report Style 选 Short，点击 OK。

③ 打印报告：在 Report 菜单中选择 Print Report，打印未知样品检测报告。

8.6.1.3　Agilent 1200 HPLC 仪器使用操作注意事项

（1）流动相上机前须经 0.45μm 过滤膜过滤；纯缓冲盐溶液有效期应不超过 7 天，有机相溶液有效期不应超过 1 个月；工作中要防止流动相用完，应预先设置好流动相量的预警值；更换或添加流动相，应先停泵再进行。

（2）打开 Purge 阀排气时，流速可设定为 3～5mL/min。但排气完毕，一定要先将流速降至 1mL/min 并激活，才能关闭 Purge 阀，否则因泵压过大损坏泵。

（3）及时更换单向阀内滤芯。一般在 Purge 阀处于排气状态，泵压超过 5psi 就应更换。

（4）应定期检查溶剂瓶中的溶剂过滤器是否堵塞，堵塞后的处理方法：将过滤头从组件中取下，在 35％硝酸溶液中浸泡 1h，然后用重蒸水冲洗干净。

（5）若仪器在运行过程中自动停机（各部件显示灯呈红色），大多数情况下是色谱柱没有拧紧，漏液所致。应将仪器关闭，重新连接色谱柱，并用吸水纸将漏液感应器部位的水吸干，重新开机。

（6）每次使用完毕，应用含 20％～30％甲醇或乙腈水溶液冲洗管路至少 20min；若流动相为缓冲盐，应先用超纯水冲洗管路 20～30min（除去盐类），再用甲醇或乙腈冲洗 20min（防止管路、色谱柱和流通池内微生物生长）。

（7）色谱柱用完后，柱内应充满溶剂，两端封死（如乙腈、甲醇适于反相色谱柱，正相色谱柱用相应的有机相）。

8.6.2 岛津 LC-20AT 高效液相色谱仪器的使用

8.6.2.1 岛津 LC-20AT HPLC 仪器简介

岛津 LC-20AT HPLC 仪器由流动相（A 相、B 相、洗针瓶）及其托盘、自动进样器、A 泵、B 泵、检测器（二极管阵列检测器 SPA）、系统控制器、柱温箱、色谱柱和计算机（化学工作站）组成，如图 8-17 所示。

图 8-17 岛津 LC-20AT HPLC 仪器

8.6.2.2 岛津 LC-20AT HPLC 仪器分析样品操作步骤

（1）开机前的准备工作

操作与 Agilent 1200 HPLC 相同。不同的是流动相上机前需超声脱气 15min。

（2）开机

① 打开计算机至待机状态。

② 顺次打开自动进样器、系统控制器、检测器（PDA）、A 泵、B 泵和柱温箱开关，仪器自检。

③ 在计算机界面双击 LC solution 联机软件，在弹出的界面上点击 Analysis1，进入软件工作界面。

（3）管路排气泡

① 流动相 逆时针转 90°打开 A 泵和 B 泵排气阀，按下面板上的 Purge 键，对 A、B 两相管路排气泡，排气持续 3min，排气完毕，顺时针关紧排气阀。

② 自动进样器（洗针）排气泡 按下自动进样器面板 Purge 键，对自动进样器（洗针管路）排气泡，排气持续 25min 后自动停止。

（4）系统配置

在软件实时窗口点击系统配置，选择用于仪器分析模块（第一次安装或更换检测器时配置，通常跳过不操作）。

（5）建立混合色素分析方法

根据给定的分析参数建立混合色素分析方法，操作步骤如下。

① 在软件实时窗口点击数据采集进入如图 8-18 所示的界面。

② 在仪器参数视图栏，选择高级，设置方法参数。

a. 点击数据采集，设置数据采集时间为 15min，并应用于所有数据采集。

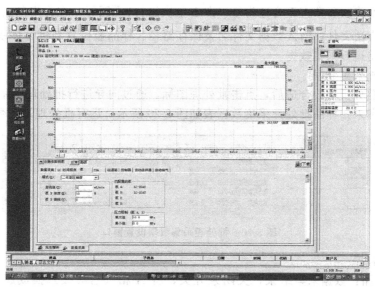

图 8-18 数据采集窗口界面

b. 点击 LC 时间程序，按图 8-19 编辑梯度洗脱程序。

	时间	单元	操作	值
1	0.10	Pumps	B.Conc	10
2	3.00	Pumps	B.Conc	30
3	5.00	Pumps	B.Conc	50
4	7.00	Pumps	B.Conc	70
5	10.00	Pumps	B.Conc	10
6	15.00	Controller	Stop	

图 8-19 梯度洗脱程序编辑窗口

c. 点击 泵 ，设置模式为"二元高压梯度"，总流速为 1mL/min，泵 B 浓度（%）为 10.0%，泵最大限压为 20MPa。

d. 点击检测器 PDA，灯选择"D2&W"，波长范围 190～800nm，点击应用于数据分析参数。

e. 点击柱温箱，设置柱箱温度为 35℃。

f. 控制器、自动进样器和自动排气设置忽略（默认值）。

③ 保存方法。点击菜单"方法"，将设置的参数另存为"色素分析"方法文件，保存在指定文件夹。

④ 点击"下载"，将方法参数传递给仪器，若泵未运行，点击图标 ，启动泵。

（6）显示监控信号

点击"绘图"，信号窗口即显示检测器信号，若当前窗口显示的是非检测波长信号，可在信号显示界面右击鼠标，在弹出的窗口中选择属性，输入色素检测波长 254nm（或 620nm），确认后信号窗口即显示该波长信号。待基线平稳（基线走平）后，点击 图标作基线调零。

（7）单次运行采集数据

在采集批处理样品前，需先单次运行采集样品数据，以确认设置的仪器分析参数适合样品分析，否则要修改参数直至合适为止。点击单次运行 图标，在弹出的窗口中，输入样品名称，选择方法文件，输入数据文件名及保存路径、样品瓶位置和进样体积（10μL），确认后仪器即开始运行采集数据。

（8）批处理采集数据

在确认仪器分析参数合适后，点击批处理图标，通过向导进行批处理样品信息登记，混合色素标准品和未知样品批处理采集数据表如图 8-20 所示。运行批处理采集数据。

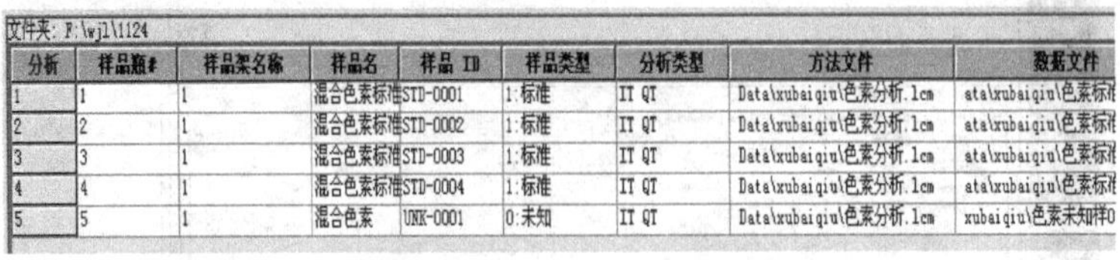

分析	样品题#	样品架名称	样品名	样品 ID	样品类型	分析类型	方法文件	数据文件
1	1	1	混合色素标准品	STD-0001	1.标准	IT QT	Data\xubaiqiu\色素分析.1cm	ata\xubaiqiu\色素标准
2	2	1	混合色素标准品	STD-0002	1.标准	IT QT	Data\xubaiqiu\色素分析.1cm	ata\xubaiqiu\色素标准
3	3	1	混合色素标准品	STD-0003	1.标准	IT QT	Data\xubaiqiu\色素分析.1cm	ata\xubaiqiu\色素标准
4	4	1	混合色素标准品	STD-0004	1.标准	IT QT	Data\xubaiqiu\色素分析.1cm	ata\xubaiqiu\色素标准
5	5	1	混合色素	UNK-0001	0.未知	IT QT	Data\xubaiqiu\色素分析.1cm	xubaiqiu\色素未知样0

图 8-20　批处理采集数据设置窗口

（9）关机程序

① 清洗管路：数据采集结束，关闭泵开关，将 A 相（乙酸铵）换成超纯水（电阻率 18.2MΩ），重启泵开关，以水＋甲醇（80＋20）冲洗管路及色谱柱至少 20min，待压力平稳、基线走平。

② 关机：停泵，关闭联机软件。依次关闭自动进样器、系统控制器、检测器（PDA）、A 泵、B 泵和柱温箱开关。

（10）数据分析

① 点击 图标，进入数据分析 Data Analysis 界面。

② 打开数据文件：点击文件菜单，打开混合色素标准品第 1 个浓度的数据文件。

③ 设置数据分析参数：从"方法"菜单中选择"数据分析参数"。在积分窗口，设置最小峰面积、计量方式等积分参数，对色谱图进行积分处理，点击"高级"对图谱进行优化积分处理；在识别窗口，设置峰识别时间；在定量窗口，设置定量方法为外标法，计量单位为 μg/mL，定量依据选"面积"，校准级别为 5，曲线类型为"线性"等参数；在多色谱图窗口，选择显示波长 254nm 和波长 620nm 色谱峰，设置后点击应用、确定；将数据分析参数应用到方法保存。

④ 色谱峰定性：调出各单色素数据文件，根据单色素的保留时间定性标准混合色谱图中的色谱峰和试样中各组分的色谱峰。

⑤ 设置校正参数：点击校准 Calibration 进入校准窗口，利用"向导"设置校正参数步骤：设置积分参数，对色谱图进行积分；选择需要定量的色谱峰（在 254nm 信号窗口选择柠檬黄、苋菜红、胭脂红和日落黄，在 620nm 信号窗口选择亮蓝）；定量方式同数据分析参数设置；在化合物组分表中输入各色谱峰所代表的色素名称、浓度（由小到大依次填写），点击"完成"；点击"视图"确认编辑的参数；将设置的校正参数保存到方法文件中，关闭窗口。

⑥ 制作校准曲线

点击"校准"图标，双击方法文件名，显示校正曲线窗口，点击 图标显示数据文件，将相应浓度的数据文件拖到校准曲线相应级别，即显示校准曲线，如图 8-21 所示。

（11）未知样品定量

打开未知样品数据文件，进行图谱优化积分。点击左下角 图标，将校准的方法文件拖放到未知样品色谱图，在化合物表视图栏中点击"结果"，即显示未知样品的检测结果。

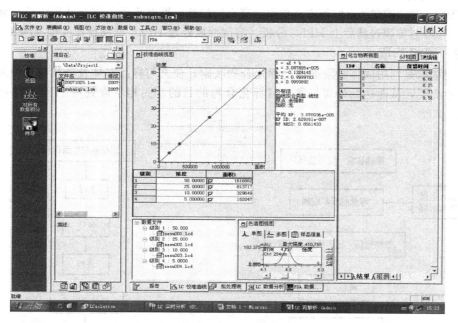

图 8-21　校准曲线制作窗口

（12）设置报告格式，打印未知样品检测报告略。

8.6.2.3　岛津 LC-20AT HPLC 仪器使用操作注意事项

① 流动相上机前除经 $0.45\mu m$ 滤膜过滤外，还需超声脱气 15min；工作中防止流动相被用完；更换或添加流动相，应先停泵再操作。

② 工作中注意 A 泵和 B 泵的压力变化，压力不能超过泵的最大承受压力（$<20MPa$）。若仪器在运行过程中因泵压过高自动停机，应将柱流量（流速）降下来，再重新启动泵开关。

③ 每次使用完毕，应用含 20%～30% 甲醇或乙腈水溶液冲洗管路至少 20min；若流动相为缓冲盐，应先用超纯水冲洗管路 20～30min（除去盐类），再用甲醇或乙腈冲洗 20min。

8.7　分析方法

高效液相色谱定性、定量分析方法同气相色谱法，详见第 7 章。

8.8　实验技术

8.8.1　样品预处理技术

与气相色谱法中的样品预处理一样，液相色谱法样品预处理的目的是去除基体中干扰杂质，将待测组分从样品中提取并转化成可检测的形式，以提高检测灵敏度和准确度，改善定性定量分析的重现性。用于液相色谱样品预处理的方法很多，如溶剂萃取、浓缩、稀释、固相萃取、固相微萃取、超临界流体萃取及衍生化技术等。目前在液相色谱中应用较多的是溶剂萃取、固相萃取、固相微萃取和衍生化反应。

8.8.1.1 溶剂萃取

称取一定量的固体或液体样品，加入适量的溶剂（选择对待测组分溶解性高的溶剂）溶解，用加热振荡、超声或微波萃取等方法提取，离心后过滤，根据需要再进行减压浓缩或稀释，最后用 $0.45\mu m$ 过滤膜过滤后上 HPLC 分析。溶剂萃取处理 HPLC 样品操作流程见图 8-22。

8.8.1.2 固相萃取

固相萃取是利用固体吸附剂将目标化合物吸附，使之与样品基体及干扰物质分离，然后用洗脱液洗脱，从而达到分离与富集目标化合物的目的。固相萃取处理 HPLC 样品操作流程见图 8-23。

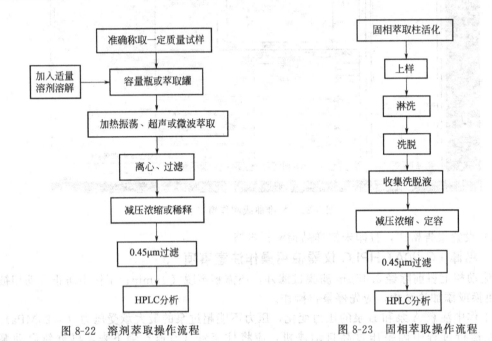

图 8-22　溶剂萃取操作流程　　　　图 8-23　固相萃取操作流程

8.8.1.3 固相微萃取

固相微萃取（solid phase micro-extraction，SPME）是在固相萃取的基础上发展起来的一种新的萃取分离技术，主要用于气相色谱分析和液相色谱分析的样品制备。与溶剂萃取和固相萃取相比，固相微萃取具有操作简单、分析时间短、样品用量少、无需使用溶剂，特别适合现场分析等优点，目前广泛应用于环境、食品、制药、生物等领域。

固相微萃取装置类似于色谱微量注射器，主要由手柄和萃取头两部分组成。萃取头是一根长约 1cm、涂有不同固相层的熔融石英纤维，石英纤维一端连接不锈钢滤芯，外面套有细不锈钢针管（保护石英纤维不被折断），萃取头在不锈钢针管内可伸缩或进出；手柄用于安装和固定萃取头。用于 GC 分析和 HPLC 分析的商品化 SPME 装置在结构上略有差异，如图 8-24 所示。

固相微萃取主要是通过萃取头熔融石英纤维上的固相涂层（吸附剂）对样品中有机分子进行萃取和富集，选择合适的吸附剂使目标化合物吸附在涂层上，而干扰物和溶剂不被吸附是固相微萃取的关键。选择吸附剂的一般原则是：极性物质选择极性吸附剂，非极性物质选择非极性吸附剂。

固相微萃取操作步骤如下。

（1）萃取头活化

萃取头在使用前必须用适当的溶剂（HPLC 分析）或热解吸（GC 分析）方法活化萃取柱，

目的是除去吸附剂中可能存在的杂质，同时湿润吸附剂，提高回收率和重现性。GC 分析用萃取头活化方法为：将萃取头插入 GC 进样口，然后将石英纤维头推出，于 250℃ 左右活化 1h，再将石英纤维头缩回拨出；HPLC 分析用萃取头活化方法为：将萃取头插入固相微萃取-HPLC 接口解吸池，将石英纤维头推出，用流动相洗脱 20min，再将石英纤维头缩回取出。

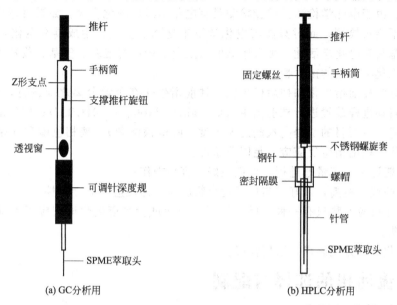

(a) GC分析用   (b) HPLC分析用

图 8-24 固相微萃取（SPME）装置结构示意

（2）萃取过程

将萃取不锈钢针头插入样品瓶内，按下手柄推杆至具有吸附涂层的萃取纤维暴露在样品中进行萃取。一段时间后，将推杆松开，让萃取纤维头（SPME 萃取头）缩回不锈钢针管内，再拔出萃取头完成萃取过程。如图 8-25 所示。

（3）解吸过程

将已完成萃取过程的萃取头插入分析仪器的进样口。当 SPME 用于 GC 分析时，将萃取头插入 GC 进样口进行热解吸；当 SPME 用于 HPLC 分析时，将萃取头插入 HPLC 进样口进行溶剂洗脱。待测物质解吸后，进入色谱柱分离和检测器检测。

由于 SPME 萃取过程并不是 100％ 完全萃取分析物，也不需要达到所谓的热力学平衡，所以要想获得重现性好的分析结果，就必须严格控制操作条件，如萃取纤维头性质（极性、膜厚等）、萃取时间、萃取温度等。

图 8-25 SPME 萃取样品

8.8.1.4 衍生化反应

液相色谱中常用的柱前衍生化反应有紫外衍生化反应、荧光衍生化反应和电化学衍生化反应。

（1）紫外衍生化反应

液相色谱使用最多的是紫外检测器，为了使一些没有紫外吸收或紫外吸收很弱的化合物能被紫外检测器检测，往往通过衍生化反应，在这些化合物的分子中引入有强紫外吸收的基团，从而达到被检测的目的。

（2）荧光衍生化反应

液相色谱中的荧光检测器的灵敏度要比紫外检测器的灵敏度高出几个数量级，但是液相色谱能分析的对象多数没有荧光，主要依靠荧光衍生化反应使目标化合物能产生荧光生色团，达到检测目的。

（3）电化学衍生化反应

液相色谱中的电化学检测器灵敏度高、选择性强，为临床、生化、食品等样品分析提供了新的途径。由于电化学检测器只能检测具有电化学活性的化合物，如果目标化合物没有电化学活性就不能被检测，此时只能与电化学衍生化试剂反应，生成具有电化学活性的衍生物。例如硝基具有电化学活性，带有硝基的衍生化试剂可与羟基、氨基、羧基和羰基化合物反应，生成电化学活性的衍生物。

衍生化分为柱前衍生化和柱后衍生化。柱前衍生化在色谱分离之前进行，可人工操作，也可由仪器自动进样装置进行柱前衍生（如 Agilent 1100、1200HPLC）；柱后衍生化在色谱分离之后进行，主要目的是提高检测的灵敏度（降低检测限）。液相色谱和气相色谱大多采用柱前衍生化。柱前衍生反应应满足以下条件：

① 反应能迅速、定量地进行，重现性好，容易操作；

② 反应的选择性高，最好只与目标化合物反应，即反应要有专一性；

③ 衍生化反应产物只有一种，反应的副产物和过量的衍生化试剂应不干扰目标化合物的分离与检测；

④ 衍生化试剂方便易得，通用性好。

8.8.2 流动相的选择与配制

8.8.2.1 对流动相的要求

液相色谱流动相选择应考虑以下几个方面因素。

（1）流动相对样品具有一定的溶解能力。保证样品组分在分离分析过程中不沉淀，延长泵的使用寿命，保护色谱柱。

（2）具有一定惰性。不与样品组分发生化学反应（特殊情况除外），不改变填料（固定相）的性质。

（3）必须与检测器相匹配。如使用 UV 检测器时，所用流动相在检测波长下应没有吸收或吸收很小；当使用示差折光检测器时，应选择折射率与样品差别较大的溶剂作流动相，以提高灵敏度。

（4）黏度低（小于 $2mPa \cdot s$）。黏度高的溶剂会影响溶质的扩散、传质，降低柱效；还会使柱压增加，使分离时间延长。

（5）低毒性。

8.8.2.2 常用流动相的选择

与气相色谱相比，高效液相色谱中的流动相对样品组分的分离都起着至关重要的作用。选择合适的流动相是完成液相色谱分析的最关键因素，不同类型的液相色谱所选用的流动相是不相同的。

（1）液-固吸附色谱的流动相

液-固吸附色谱中的流动相常称为洗脱剂，它的选择比固定相更为重要。对不同极性的样品应选择不同极性的洗脱剂，极性大的样品用极性大的洗脱剂，极性小的样品用极性小的洗脱剂。流动相的极性强度常用洗脱剂的强度参数 ε^0 表示，ε^0 越大，表示洗脱剂的极性越大。表 8-3 列出以氧化铝为固定相时，一些常用洗脱剂洗脱能力。

在液-固吸附色谱中，经常选择二元混合溶剂作为流动相。一般以一种极性强的溶剂和一种极性弱的溶剂按一定比例混合来获得所需极性的流动相。

表 8-3　以氧化铝为固定相常用洗脱剂的洗脱能力

溶剂	ε^0	溶剂	ε^0	溶剂	ε^0
氟代烷烃	−0.25	甲苯	0.29	乙酸乙酯	0.58
正戊烷	0.00	苯	0.32	乙腈	0.65
异辛烷	0.01	氯仿	0.42	吡啶	0.71
正庚烷	0.04	二氯甲烷	0.42	二甲亚砜	0.75
环己烷	0.04	二氯乙烷	0.44	异丙醇	0.82
四氯化碳	0.18	四氢呋喃	0.45	乙醇	0.88
二甲苯	0.26	丙酮	0.56	甲醇	0.95

（2）液-液分配色谱的流动相

液-液分配色谱使用溶剂作流动相。溶剂洗脱组分的能力与溶剂的极性有关，溶剂极性增大，洗脱强度增大。常用溶剂的极性大小顺序为：水＞甲酰胺＞乙腈＞甲醇＞乙醇＞丙醇＞丙酮＞二氧六环＞四氢呋喃＞正丁醇＞乙酸乙酯＞乙醚＞异丙醚＞二氯甲烷＞氯仿＞溴乙烷＞苯＞四氯化碳＞二硫化碳＞环己烷＞己烷＞煤油。

在正相色谱中，洗脱剂采用低极性的溶剂如正己烷、苯、氯仿等，根据样品组分的性质，常选择极性较强的溶剂，如醚、酯、酮、醇、酸等作调节剂；在反相色谱中，常以水为流动相的主体，加入不同配比的有机溶剂，如甲醇、乙腈、二氧六环、四氢呋喃等作调节剂。

在正相分配色谱中，固定相载体上涂渍的是极性固定液，流动相是非极性溶剂。它用来分离极性较强的水溶性样品，组分中非极性组分先洗脱出来，极性组分后洗脱出来；在反相分配色谱中，固定相载体上涂渍的是极性较弱或非极性固定液，流动相使用极性较强的溶剂。用于分离油溶性样品，其洗脱顺序是极性组分先被洗脱，非极性组分后被洗脱。

（3）离子交换色谱的流动相

离子交换色谱主要在含水介质中进行，缓冲液常用作离子交换色谱的流动相。组分的保留值除与组分离子与树脂上的离子交换基团作用强弱有关外，还受流动相的 pH 和离子强度的影响。pH 可改变化合物的解离程度，进而影响其与固定相的作用力，对于阳离子交换柱，随流动相的 pH 增大，保留值减小；对于阴离子交换柱，随流动相的 pH 增大，保留值增大。增加流动相的盐浓度，组分的保留值随之降低。

（4）凝胶渗透色谱的流动相

凝胶渗透色谱所用的流动相与凝胶相似，以便浸润凝胶并防止其吸附作用的产生。对于软质凝胶，所选流动相必须能溶胀凝胶；对于一些扩散系数相当低的大分子而言，流动相溶剂自身的黏度大小也是十分重要的因素，黏度过高将使扩散作用受到一定制约，从而影响分辨率。一般地，分离高分子有机化合物，主要采用四氢呋喃、甲苯、间甲苯酚、N,N-二甲苯酰胺等作流动相；分离生物样品则主要采用水、盐缓冲溶液、乙醇以及丙酮等作流动相。

（5）梯度洗脱流动相的选择

两种或两种以上溶剂（流动相）组成的梯度洗脱可按任意比例混合，即有多种洗脱曲线：线性梯度、凹形梯度、凸形梯度和阶梯形梯度。线性梯度最常用，尤其适合于在反相柱上进行梯度洗脱。在进行梯度洗脱时，由于多种溶剂混合，而且组成不断变化，因此要注意以下几点。

① 溶剂的互溶性。不相混溶的溶剂不能用作梯度洗脱的流动相。有些溶剂在一定比例内混溶，超出范围后就不互溶，使用时更要引起注意。当有机溶剂和缓冲液混合时，还可能析出盐的晶体，尤其使用磷酸盐时需特别小心。

② 混合溶剂的黏度常随组成变化而变化，表现为柱压的剧烈波动。例如甲醇和水黏度都较小，当二者以相近比例混合时，黏度增大很多，此时的柱压大约是甲醇或水为流动相时的两倍。因此要注意防止梯度洗脱过程中压力超过输液泵或色谱柱能承受的最大压力。

8.8.2.3 流动相的配制

（1）溶剂选择

配制水系流动相要求使用超纯水（电阻率 $\geqslant 18M\Omega$）、去离子水及重蒸水中含有有机杂质，吸光度较高影响分析结果。有机系流动相要求使用色谱纯（HPLC 级）有机溶剂。图 8-26 为 HPLC 常用有机相分析纯与色谱纯吸光度比较。图中虚线为色谱纯吸收曲线，实线为分析纯吸收曲线，可以看出：分析纯有机溶剂较色谱纯有较大的吸光度。

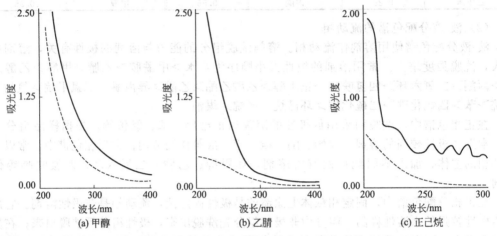

图 8-26 有机溶剂分析纯与色谱纯吸光度比较

图 8-27 PALL 超纯水机

（2）过滤

配制好的流动相需经 $0.45\mu m$ 滤膜过滤，以除去微粒杂质。水系流动相用水系膜过滤，有机相用有机系膜过滤。

（3）脱气

流动相在上机之前须经脱气，以除去溶解在流动相中的气体。

（4）贮存

流动相一般贮存于玻璃、聚四氟乙烯或不锈钢容器内，不能贮存在塑料容器中。因许多有机溶剂如甲醇、乙酸等可浸出塑料表面的增塑剂，导致溶剂受污染。缓冲盐类流动相存放时间长，易长霉，应现配现用，或置 4℃ 以下冰箱保存（3d 内使用），用前应重新过滤。

流动相的配制常用仪器设备如图 8-27～图 8-29 所示。

图 8-28 流动相过滤装置

图 8-29 流动相贮液瓶

8.8.2.4 常用固定相的选择

(1) 液-固吸附色谱的固定相

液-固吸附色谱的固定相为固体吸附剂。常用的有硅胶、氧化铝、分子筛和活性炭等全多孔型或薄壳型固体吸附剂，目前应用较多的是直径为 $5\sim10\mu m$ 的全多孔型硅胶微粒，其特点是颗粒小，传质距离短，柱效高。

(2) 液-液分配色谱的固定相

液-液分配色谱的固定相由两部分组成，一部分是惰性载体，另一部分是涂渍在载体上的固定液。固定液的选择应遵循：极性样品选择极性固定液，非极性样品选择非极性固定液。液-液分配色谱常用的固定液有强极性 β,β'-氧二丙腈、中等极性聚乙二醇和非极性角鲨烷等，这些固定液具有分离重现性好、样品容量大、分离样品范围广等优点。缺点是固定液易被流动相洗脱而导致柱效能下降，目前已被化学键合相所代替。

化学键合相是借助于化学反应将有机分子通过化学键的形式结合到载体表面。目前应用最多的载体是硅胶，根据与硅胶表面的硅醇基（$\equiv$Si—OH）键合反应不同，键合固定相分为硅氧碳键型（$\equiv$Si—O—C）、硅氧硅碳键型（$\equiv$Si—O—Si—C）、硅碳键型（$\equiv$Si—C）以及硅氮键型（$\equiv$Si—N）。在硅胶表面利用硅烷化得到$\equiv$Si—O—Si—C 键型（C_{18} 烷基键合相）的反应为：

硅胶表面
O—Si—OH
O—Si—OH
O—Si—OH
O—Si—OH
$+ C_{18}H_{37}SiCl_3 \longrightarrow$
硅胶表面
O—Si—O
O—Si—O—Si—$C_{18}H_{37}$
O—Si—O

化学键合相具有以下特点：

① 固定相不易流失，柱的稳定性和寿命较高；

② 能耐各种溶剂冲洗，可用于梯度洗脱；

③ 表面较为均一，没有液坑，传质快，柱效高；

④ 能键合不同基团，以满足分离选择性的需要，因而应用非常广泛。例如键合氰基、氨基等极性基团用于正相色谱；键合离子交换基团用于离子交换色谱；键合 C_2、C_4、C_6、C_8、C_{18} 烷基和苯基等非极性基团用于反相色谱等。

液-液色谱的色谱柱通常分为正相柱和反相柱。正相柱大多为硅胶柱，或是在硅胶表面键合—CN、—NH_2 等官能团的键合相硅胶柱；反相柱主要为 C_{18} 柱，即以硅胶为基质，在其表面键合非极性的十八烷基官能团（ODS）。其他常用的反相柱还有 C_8、C_4、C_2 和苯基柱等。

(3) 离子交换色谱的固定相

离子交换色谱的固定相有两种类型：①离子交换树脂，即以薄壳玻璃珠作为载体，在其表面涂渍约 1% 的离子交换树脂；②离子交换键合相，是以薄壳型或全多孔微粒硅胶为载体，表面经化学反应键合上各种离子交换基团。若键合上磺酸基（—SO_3H 强酸性）、羧基（—COOH 弱酸性）就是阳离子交换树脂；若键合上季铵基（—NR_3Cl 强碱性）或氨基（—NH_2 弱碱性）就是阴离子交换树脂。

(4) 凝胶渗透色谱的固定相

凝胶渗透色谱的固定相即为凝胶。所谓凝胶是指含有大量液体（通常是水）的柔软并富有弹性的物质，是一种经过交联而具有立体多孔网状结构的多聚体。分为软质、半硬质和硬质三种类型。

① 软质凝胶　如葡萄糖凝胶、琼脂糖凝胶等。具有较小的交联结构，属均匀凝胶。此类凝胶不适于高柱压和大流速洗脱。

② 半硬质凝胶　如苯乙烯-二乙烯苯交联共聚凝胶，是目前应用最多的凝胶。特点是能耐较高压力，适用于非极性有机溶剂，但不适于丙酮、乙醇等极性溶剂。

③ 硬质凝胶　如多孔硅胶、多孔玻璃微球等。此类凝胶化学惰性、稳定性及机械强度均好，耐高温，使用寿命长，流动相性质影响小，可在较高流速下使用。

8.8.3　色谱柱的选择与使用

8.8.3.1　色谱柱的选择

液相色谱的色谱柱通常分为正相柱和反相柱。正相柱大多为硅胶柱，或是在硅胶表面键合—CN、—NH$_2$ 等官能团的键合相硅胶柱；反相柱主要为 C$_{18}$ 柱，即以硅胶为基质，在其表面键合非极性的十八烷基官能团（ODS）。其他常用的反相柱还有 C$_8$、C$_4$、C$_2$ 和苯基柱等，另外还有离子交换柱、凝胶渗透 GPC 柱等，应根据样品的性质和分离方式选择合适的色谱柱。

8.8.3.2　色谱柱的使用

① 色谱柱的安装。色谱柱安装前要确认柱接头及管路是否相匹配，应尽量使用与色谱柱接口相匹配的螺帽和锥形接头，避免因不匹配造成漏液；为了减少死体积，连接管路尽可能使用内径较小、长度较短的管线；安装时柱箭头方向要与流动相的流向一致；对分析较复杂的样品建议使用保护柱。

② 色谱柱 pH 的适用范围。色谱柱在使用时要注意流动相的 pH 对色谱柱的影响，一般的色谱柱都有一定的 pH 适用范围，使用时流动相 pH 应与色谱柱相匹配。如 C$_{18}$ 柱的 pH 适用范围为 2～8，若使用的流动相 pH<2 时，会导致键合相水解；若 pH>8 时，硅胶易溶解。

③ 色谱柱的平衡。在样品分析之前，至少使用 20 倍柱体积的流动相，使色谱柱充分平衡，以获得稳定的基线。注意：不应使用纯水作为流动相冲洗 C$_{18}$ 色谱柱，以免柱性能损坏（常添加 5% 的有机溶剂冲洗色谱柱，同时可以达到对缓冲盐清洗的作用，还可以使色谱柱更容易平衡）。正相色谱柱比反相色谱柱需要更长的平衡时间。

④ 柱效能测试。对于新购的色谱柱，在使用前最好进行柱效能测试，并将测试结果保存，作为今后评价柱效能变化的参考。在做柱效能测试时应按照色谱柱出厂报告中的条件进行，这样测得的结果才有可比性。

⑤ 色谱柱的再生。长期使用的色谱柱，因吸附杂质而致柱效下降（理论塔板数减低），此时应对色谱柱进行再生处理。再生方法：用相当于 20 倍柱体积的溶剂按下列顺序冲洗柱，正相色谱柱（极性固定相）：正庚烷→氯仿→乙酸乙酯→丙酮→乙醇→水；反相色谱柱（非极性固定相）：水→乙腈→氯仿（或异丙醇）→乙腈→水。

⑥ 色谱柱的保存。每次分析结束，应用洗脱能力强的洗脱液冲洗色谱柱至基线平衡。如 ODS 柱应用甲醇冲洗；如果使用缓冲盐作流动相，应先用超纯水冲洗色谱柱 30min 以上（除去缓冲盐），再用 100% 甲醇冲洗 20min 保护柱；如色谱柱长期不用，应将色谱柱卸下，将柱两端接头密封后置稳定的环境中保存。

色谱柱内充满甲醇（或乙腈）并拧紧柱接头，可以防止微生物生长和使溶剂挥发；禁止将缓冲溶液留在柱内静置过夜或更长时间。

8.9 应用实例

实验 8-1 HPLC 法测定果汁饮料中的人工合成色素

【实验目的】

1. 学习高效液相色谱仪的使用操作方法。
2. 了解 HPLC 法测定果汁饮料中人工合成色素的原理和方法。
3. 学习样品预处理技术。
4. 掌握 HPLC 定性及定量方法。

【实验原理】

我国目前允许添加在饮料中的人工合成色素主要包括柠檬黄、日落黄、胭脂红、苋菜红和亮蓝等,但添加量应控制在《食品添加剂使用标准》(GB 2760—2011)规定内。

参照国家标准 GB/T 5009.35—2003《食品中合成着色剂的测定》测定果汁饮料中的人工合成色素。

果汁饮料中的人工合成色素用聚酰胺吸附法提取,用乙醇-氨水-水混合溶液解吸,制成水溶液,经 $0.45\mu m$ 滤膜(水膜)过滤,用反相 HPLC 分析,以标准品的保留时间定性,外标法定量。

【仪器和试剂】

(1) 仪器

① 高效液相色谱仪,带二极管阵列检测器。

② G_3 垂融漏斗。

③ 抽滤装置。

(2) 试剂

① 甲醇:色谱纯。

② 乙酸铵溶液 (0.02mol/L):称取 1.54g 乙酸铵(分析纯),加超纯水至 1000mL,溶解,经 $0.45\mu m$ 滤膜(水膜)过滤。

③ 聚酰胺粉(尼龙 6):过 200 目筛。

④ 氨水溶液:量取氨水 2mL,加水至 100mL,混匀。

⑤ 甲醇-甲酸(6+4)溶液:量取甲醇 60mL,甲酸 40mL,混匀。

⑥ 柠檬酸溶液:称取 20g 柠檬酸 ($C_6H_8O_7 \cdot H_2O$),加水至 100mL,溶解混匀。

⑦ 无水乙醇-氨水-水(7+2+1)溶液:量取无水乙醇 70mL、氨水 20mL 和水 10mL,混匀。

⑧ 合成色素标准储备液:准确称取按其纯度折算为 100% 质量的柠檬黄、日落黄、苋菜红、胭脂红、亮蓝各 0.100g,用超纯水溶解并转移至 100mL 容量瓶中,定容后混匀,配成浓度为 1.00mg/mL 标准储备液。

⑨ 合成色素标准使用液:临用时将标准储备液加水稀释 20 倍,经 $0.45\mu m$ 滤膜过滤,配成浓度为 $50.0\mu g/mL$ 标准使用液(单标使用液)。

⑩ 混合标准使用液:准确吸取各单标储备液适量,配成各组分浓度为 $2.5\mu g/mL$、$5.0\mu g/mL$、$10.0\mu g/mL$、$20.0\mu g/mL$、$40.0\mu g/mL$ 的混合标准使用液。

【实验步骤】

(1) 样品预处理

称取 20.0~40.0g 试样,置于 100mL 烧杯中,含 CO_2 试样应加热驱除 CO_2。

（2）色素提取

试样溶液加柠檬酸溶液调 pH 到 6，加热至 60℃，将 1g 聚酰胺粉加少许水调成粥状，倒入试样溶液中，搅拌片刻，以 G_3 垂融漏斗抽滤，用 60℃pH＝4（用柠檬酸溶液调节）的水洗涤 3～5 次，然后用甲醇-甲酸混合溶液洗涤 3～5 次，再用水洗至中性，用乙醇-氨水-水混合溶液解吸 3～5 次，每次 5mL（至解吸液呈无色），收集解吸液，加乙酸中和，蒸发至近干，用超纯水溶解，定容至 5mL。经 $0.45\mu m$ 滤膜过滤，进高效液相色谱仪测定。

（3）高效液相色谱操作条件

① 色谱柱：Zorbax-XDB-C_{18}柱，$5\mu m$，250mm×4.6mm（i. d）。

② 流动相：0.02mol/L 乙酸铵溶液（A 相）；甲醇（色谱纯，B 相）。

③ 梯度洗脱程序：见表 8-4。

④ 流速：1.0mL/min。

⑤ 进样体积：$10\mu L$。

⑥ 二极管阵列检测器（DAD）：可变波长检测（0～7min，254nm；7～12min，620nm）。

表 8-4　5 种混合色素梯度洗脱程序

时间/min	0	3.0	5.0	7.0	10.0	15.0
A 相/%	90	70	50	30	90	90
B 相/%	10	30	50	70	10	10

（4）HPLC 测定

① 单标使用液、混合系列标准使用液的测定：按液相色谱操作条件建立分析方法，待仪器稳定（基线平稳）后，测定单标使用液，由低到高浓度测定混合系列标准使用液。5 种混合色素标准品色谱图见图 8-30。

② 样品测定：在测定标准品相同的色谱条件下，待仪器稳定后，对预处理好的试样溶液进样测定。

（5）定性

根据组分在色谱图上的出峰时间（保留时间）与标准组分（单标）的保留时间比较定性。

（6）数据记录与处理

利用色谱化学工作站对采集的色谱图进行积分求峰面积（或峰高），以浓度为横坐标，峰面积（或峰高）为纵坐标建立标准系列工作曲线；也可按表 8-5 记录组分的保留时间、峰面积（或峰高），手工（或用 Excel）绘制标准工作曲线。

表 8-5　果汁饮料中的人工合成色素分析数据记录

峰　号	1	2	3	4	5
组分名称					
保留时间 t_R/min					
峰面积或峰高 2.5μg/mL 标准溶液					
5.0μg/mL 标准溶液					
峰面积或峰高 10.0μg/mL 标准溶液					
20.0μg/mL 标准溶液					
40.0μg/mL 标准溶液					
试样溶液					

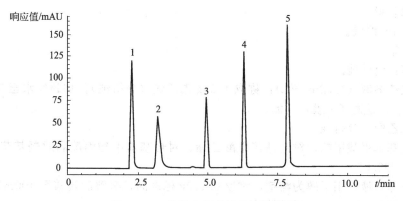

图 8-30　5 种混合色素标准品色谱图
1—柠檬黄；2—苋菜红；3—胭脂红；4—日落黄；5—亮蓝

【结果计算】

根据测得的样品峰面积或峰高，在工作曲线上查出对应的被测组分的浓度，按下式计算试样中被测组分的含量。

$$X = \frac{cV}{m}$$

式中　X——试样中色素的含量，mg/kg；

　　　c——从标准工作曲线中查得的试样溶液中色素的浓度，$\mu g/mL$；

　　　V——试样溶液的体积，mL；

　　　m——试样质量，g。

【思考题】

1. 试样中的色素为何要在酸性条件下用聚酰胺粉提取？

2. 为何要采用可变波长检测 5 种混合色素？

3. 流动相及试样为什么都要过滤和脱气才能进入色谱仪，不过滤和脱气对实验有何影响？

实验 8-2　HPLC 法测定化妆品中防腐剂对羟基苯甲酸酯的含量

【实验目的】

1. 掌握高效液相色谱仪的使用操作方法。

2. 熟悉 HPLC 法测定化妆品中对羟基苯甲酸酯的原理和方法。

3. 掌握 HPLC 定性及定量方法。

【实验原理】

对羟基苯甲酸酯类化合物是化妆品中常用的防腐剂，主要包括对羟基苯甲酸甲酯、对羟基苯甲酸乙酯、对羟基苯甲酸丙酯和对羟基苯甲酸丁酯等。

参照《化妆品卫生规范》测定化妆品中防腐剂对羟基苯甲酸酯的含量。

以甲醇提取防腐剂，用反相 HPLC 法进行分析，以标准品的保留时间和紫外吸收光谱图定性，外标法定量。

【仪器与试剂】

（1）仪器

① 高效液相色谱仪，带紫外检测器。

② 超声波清洗器。

③ 抽滤装置。

④ 0.45μm 滤膜。

（2）试剂

① 甲醇：色谱纯。

② 乙酸铵溶液（0.02mol/L）：称取 1.54g 乙酸铵（分析纯），加超纯水至 1000mL，溶解，经 0.45μm 滤膜（水膜）过滤。

③ 无水乙醇：分析纯。

④ 对羟基苯甲酸甲酯、对羟基苯甲酸乙酯、对羟基苯甲酸丙酯和对羟基苯甲酸丁酯标准品：纯度≥99.0%。

⑤ 标准储备液：用甲醇为溶剂，称取 0.100g 标准品，溶解后转移至 100mL 容量瓶中，定容。配成浓度为 1mg/mL 标准储备液。

⑥ 混合标准储备液：配成各组分浓度均为 200μg/mL 混合标准储备液，于 4℃冰箱中保存。

⑦ 混合系列标准使用液：将混合标准储备液用甲醇依次稀释成 10.0μg/mL、20.0μg/mL、40.0μg/mL、60.0μg/mL、80.0μg/mL、100.0μg/mL。临用前配制。

【操作步骤】

（1）样品预处理

准确称取约 1.00g 样品于 10mL 具刻度离心管中，必要时，水浴去除乙醇等挥发性有机溶剂。加甲醇至 10mL，振摇，超声提取 15min，离心，经 0.45μm 滤膜过滤，滤液作为待测样液。

（2）液相色谱操作条件

① 色谱柱：XDB-C_{18}柱，5μm，250mm×4.6mm（i.d.）。

② 流动相：甲醇＋0.02mol/L 乙酸铵溶液（体积比 60∶40）。

③ 流速：1.0mL/min。

④ 柱温：35℃。

⑤ 进样体积：10μL。

⑥ 检测波长：254nm。

（3）HPLC 测定

① 混合系列标准使用液的测定：按液相色谱操作条件建立分析方法，待仪器稳定（基线平稳）后，由低到高浓度测定混合系列标准使用液。4 种对羟基苯甲酸酯混合标准品色谱图如图 8-31 所示。

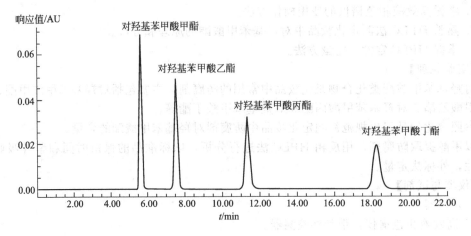

图 8-31　4 种对羟基苯甲酸酯标准品色谱图

② 样品测定：在测定标准品相同的色谱条件下，待仪器稳定后，对预处理好的试样溶液进样采集数据。

（4）定性

根据试样组分在色谱图上的出峰时间（保留时间）与标准组分出峰时间（保留时间）比较定性。

【数据记录与处理】

利用色谱化学工作站对采集的色谱图进行积分求峰面积（或峰高），以浓度为横坐标，峰面积（或峰高）为纵坐标建立标准系列工作曲线；也可按表 8-6 记录组分的保留时间、峰面积（或峰高），手工绘制（或用 Excel）标准工作曲线。

表 8-6 化妆品中对羟基苯甲酸酯类分析数据记录

峰　　号	1	2	3	4
组分名称				
保留时间 t_R/min				
峰面积或峰高 10.0μg/mL 标准溶液				
20.0μg/mL 标准溶液				
40.0μg/mL 标准溶液				
60.0μg/mL 标准溶液				
80.0μg/mL 标准溶液				
100.0μg/mL 标准溶液				
试样溶液				

【结果计算】

根据测得的试样溶液峰面积或峰高，在工作曲线上查出对应的被测组分的浓度，按下式计算试样中被测组分的含量。

$$X = \frac{cV}{m}$$

式中，X 为试样中被测组分的含量，μg/g；c 为从标准工作曲线中查得的试样溶液中被测组分的浓度，μg/mL；V 为试样溶液的体积，mL；m 为试样质量，g。

【思考题】

实验中采用了反相高效液相色谱法，为什么？试说明理由。

实验 8-3　HPLC 法测定磺胺嘧啶片中磺胺嘧啶的含量

【实验目的】

1. 掌握高效液相色谱仪的使用操作。

2. 了解 HPLC 法测定磺胺嘧啶含量的原理和方法。

3. 掌握外标法定量方法。

【实验原理】

参照《中国药典（2010 版）》测定磺胺嘧啶片中磺胺嘧啶的含量。

试样经溶解、流动相提取后，采用 0.45μm 滤膜过滤，用反相 HPLC 分离，根据对照品的保留时间定性，单点比较法定量。

【仪器和试剂】

1. 仪器

① 高效液相色谱仪，带紫外检测器。

② 超声波清洗器。

③ 超纯水机。

④ 针头过滤器（配 $0.45\mu m$ 有机微孔滤膜）。

2. 试剂

① 乙腈：色谱纯。

② 乙酸铵溶液（0.3%）：称取 3g 乙酸铵（分析纯），加超纯水至 1000mL，溶解，经 $0.45\mu m$ 滤膜（水膜）过滤。

③ 氢氧化钠溶液（0.1mol/L）：称取 4g 氢氧化钠，加水至 1000mL，溶解。

④ 磺胺嘧啶对照品：纯度≥97%。

⑤ 标准储备液：准确称取磺胺嘧啶对照品 25mg，置于 50mL 容量瓶中，加 0.1mol/L 氢氧化钠溶液 2.5mL 溶解后，用流动相稀释至刻度，摇匀。储备液浓度为 $500\mu g/mL$，于 $-18℃$ 冰箱内保存。

⑥ 标准使用液：准确吸取上述标准储备液 10mL 于 50mL 容量瓶中，用流动相定容，配成浓度为 $100\mu g/mL$ 标准使用液。临用前配制。

【实验步骤】

1. 样品预处理

取本品 10 片，准确称取，研细。准确称取适量（约相当于磺胺嘧啶 0.1g），置 100mL 容量瓶中，加 0.1mol/L 氢氧化钠溶液 10mL，振摇，使磺胺嘧啶溶解，加流动相至刻度，摇匀，过滤。

精密量取滤液 5mL，置 50mL 容量瓶中，加流动相稀释至刻度，摇匀，用 $0.45\mu m$ 水膜过滤，供 HPLC 分析。

2. 色谱操作条件

① 色谱柱：YWG-C_{18}柱，$5\mu m$，250mm×4.6mm (i. d.)。

② 流动相：A 液：B 液＝20∶80，A 液为 0.3%乙酸铵溶液，B 液为乙腈。

③ 流速：1.0mL/min。

④ 进样体积：$10\mu L$。

⑤ 检测器：紫外检测器，260nm。

3. HPLC 测定

（1）标准使用液的测定：按液相色谱操作条件建立分析方法，待仪器稳定（基线平稳）后测定。

（2）样品测定：在测定标准品相同的色谱条件下，待仪器稳定后，对预处理好的样品溶液进样采集数据。

4. 定性

根据试样溶液在色谱图上的主峰保留时间与标准使用液主峰保留时间比较定性。

5. 数据记录与处理

利用色谱化学工作站对采集的色谱图进行积分求峰面积（或峰高），单点比较法定量（见表 8-7）。

表 8-7 磺胺嘧啶药物分析数据记录

峰 号		1	2	3	4
组分名称					
保留时间 t_R					
峰面积或峰高	$100\mu g/mL$ 标准使用液				
	试样				

【结果计算】

根据测得的对照品、试样的峰面积或峰高，按下式计算试样中磺胺嘧啶的含量：

$$X = \frac{c_s A_i V_1 \times \dfrac{V_2}{V_3}}{A_s m}$$

式中，X 为试样中磺胺嘧啶的含量，$\mu g/g$；c_s 为标准使用液的浓度，$\mu g/mL$；A_s 为标准使用液的峰面积；A_i 为被测组分（磺胺嘧啶）的峰面积；V_1 为待测试样溶液的体积，mL；V_2 为试样提取液的总体积，mL；V_3 为稀释时量取试样提取液的体积，mL；m 为试样质量，g。

【思考题】

1. 单点比较法与工作曲线外标法定量有何区别？

2. 常用的样品过滤膜有几种，如何选择？

8.10　本章小结

8.10.1　方法特点

高效液相色谱法具有以下特点。

(1) 高压：流动相为液体，黏度比气体大，色谱柱内填料（固定相）颗粒细小，当流动相通过色谱柱时会受到很大的阻力，一般 1m 长的色谱柱的压降为 $75 \times 10^5 Pa$。所以，高效液相色谱流动相需采用高压泵输送，压力达 $150 \sim 350 MPa$。

(2) 高速：流动相通过柱子的流速可达 $3 \sim 10 mL/min$，制备液相可达 $10 \sim 15 mL/min$，分离速度加快，可在几分钟到几十分钟内完成一个复杂样品的分离与分析。

(3) 高效：使用颗粒细小、均匀的高效固定相。色谱柱的理论塔板数可达 10^4 块/m，在一根色谱柱上可有效分离含 100 种成分的复杂样品。

(4) 高灵敏度：采用高灵敏度检测器，如紫外检测器的灵敏度可达 $5 \times 10^{-10} g/mL$，荧光检测器可达 $5 \times 10^{-12} g/mL$。

高效液相色谱与气相色谱比较具有以下优点。

(1) 应用范围广。约 80% 的有机化合物可采用高效液相色谱法分析，尤其是高沸点、热稳定性差、摩尔质量大、强极性的有机化合物。而气相色谱法只能分析气体和中低沸点的有机化合物（通常相对分子质量小于 400），即被分析的样品能瞬间汽化且不分解，这类化合物仅占有机化合物总量的 20%。

(2) 高效液相色谱法的流动相是不同极性的液体，除运载作用外，还与组分之间产生作用力，使高效液相色谱增加了一个控制和改进分离条件的参数。由于可供选择的流动相种类繁多，而且还可以通过任意配比来改变流动相的极性和浓度，可实现各种难分离组分的分离。而气相色谱法的流动相是惰性气体，与样品组分之间几乎没有作用力，仅起运载作用。

(3) 高效液相色谱法可在室温下进行分离与分析，分离组分容易回改再分析，如结构定性、纯品制备等。而气相色谱法一般都是在较高温度下进行分离和测定的，分离测定后的组分大部分被破坏，不能再回收分析。

(4) 高效液相色谱检测器的灵敏度不及气相色谱。

8.10.2　重点掌握

8.10.2.1　理论要点

(1) 基本概念　反向液相色谱、正相液相色谱、梯度洗脱、高压梯度洗脱、低压梯度洗脱。

（2）基本原理　HPLC 的速率理论、检测器的工作原理和适用范围、流动相和固定相的性质与作用。

8.10.2.2　实操技能

（1）能根据样品的性质选择合适的流动相和固定相。

（2）熟练掌握高效液相色谱仪的使用操作方法。

（3）能用保留时间进行样品定性。

（4）能用外标法定量分析样品。

（5）掌握高效液相色谱的样品前处理技术。

8.11　思考及练习题

1. 解释下列名词术语

等梯度洗脱　梯度洗脱　正相色谱　反相色谱　化学键合固定相

2. 在液相色谱定量分析中，不要求混合物中每一个组分都出峰的定量方式是（　　　）。

A. 外标法　　　　　　B. 内标法　　　　　　C. 归一化法　　　　　　D. 面积百分比法

3. 用液相色谱法分析糖类化合物，应选用下列哪一种检测器（　　　）。

A. 紫外检测器　　　　　　　　　　　B. 示差检测器

C. 荧光检测器　　　　　　　　　　　D. 电化学检测器

4. 在液相色谱中，梯度洗脱适于分离（　　　）。

A. 同分异构体　　　　　　　　　　　B. 极性范围宽的混合物

C. 沸点相差大的混合物　　　　　　　D. 生物大分子物质

5. 在液相色谱法中，按分离原理分类，液液色谱法属于（　　　）。

A. 吸附色谱　　　　　　　　　　　　B. 分配色谱

C. 离子色谱法　　　　　　　　　　　D. 凝胶色谱法

6. 液相色谱流动相过滤必须使用何种粒径的过滤膜（　　　）。

A. 6μm　　　　　B. 4.5μm　　　　　C. 5.5μm　　　　　D. 5μm

7. 下列用于高效液相色谱的检测器，（　　　）不能用于梯度洗脱。

A. 紫外检测器　　　　　　　　　　　B. 荧光检测器

C. 示差折光检测器　　　　　　　　　D. 蒸发光散射检测器

8. 在液相色谱法中，提高柱效最有效的途径是（　　　）。

A. 提高柱温　　　　　　　　　　　　B. 降低板高

C. 降低流动相流速　　　　　　　　　D. 减小填料粒度

9. 在液相色谱中，不会显著影响分离效果的是（　　　）。

A. 改变固定相种类　　　　　　　　　B. 改变流动相流速

C. 改变流动相配比　　　　　　　　　D. 改变流动相种类

10. 用 ODS 柱分离人工合成混合色素时，以 0.02mol/L 乙酸铵-甲醇为流动相，若想使某一色素尽快出峰，较好的方法是（　　　）。

A. 增加流动相中乙酸铵的比例　　　　B. 增加流动相中甲醇的比例

C. 增加流动相流速　　　　　　　　　D. 提高进样量

11. 在高效液相色谱中，对流动相的配制有何要求？流动相在上机前为何要进行过滤、脱气处理？

12. 简述高效液相色谱分析样品操作步骤和操作注意事项。

13. 采用反相高效液相色谱法 C_{18} ODS 色谱柱分离测定 A、B 两组分，其色谱峰保留时间分别为 $t_{RA} = 923s$，$t_{RB} = 978s$，$t_0 = 53s$，半峰宽（峰宽）分别为 $W_{1/2A} = 20s$（$W_A = 34s$），$W_{1/2B} = 25s$（$W_B = 43s$）。求：（1）A、B 两色谱峰各自的理论塔板数和有效塔板数。（2）A、B 两色谱峰的分离度。

参 考 文 献

[1] 丁明洁. 仪器分析. 北京：化学工业出版社，2008.
[2] 郭英凯. 仪器分析. 北京：化学工业出版社，2006.
[3] 俞英. 仪器分析实验. 北京：化学工业出版社，2008.
[4] 夏立娅. 仪器分析. 北京：中国计量出版社，2008.
[5] 曾元儿. 仪器分析. 北京：科学出版社，2010.
[6] 许柏球. 仪器分析. 北京：中国轻工业出版社，2011.

9 气、液相色谱-质谱联用法

9.1 概述

气相色谱-质谱联用法（gas chromatography-mass spectrometry，GC-MS），简称气质联用法，是将 GC 和 MS 通过接口连接起来，GC 将复杂混合物分离为单组分后进入 MS（作为 GC 的检测器）进行分析检测的方法。气质联用仪是分析仪器中较早实现联用技术的仪器，在所有联用技术中，GC-MS 应用最广泛也最为有效。目前从事有机物分析的实验室几乎都把 GC-MS 作为主要的定性确认手段之一，并用其进行定量分析。

GC-MS 在药品、食品检测、工业品检测、环境分析、火灾调查、炸药成分研究、生物样品中药物与代谢产物定性定量分析及未知样品成分的确定等领域起着越来越重要的作用，是分离和检测复杂化合物的最有力工具之一。

液相色谱-质谱联用法（liquid chromatography-mass spectrometry，LC-MS），简称液质联用，它是以液相色谱作为分离系统，质谱为检测系统的一种分析方法。样品首先通过液相色谱进行分离，再经接口（对 LC-MS 来说，接口即离子化源）将组分电离为各种不同质荷比（m/z）的分子离子和碎片离子，带有样品信息的离子碎片被加速进入质量分析器，不同的离子在质量分析器中被分离并按质荷比大小依次抵达检测器，经记录即得到按不同质荷比排列的质谱图，再利用质谱图进行定性、定量分析。

LC-MS 主要用于极性化合物、热不稳定性化合物、不挥发性化合物和生物大分子化合物（如蛋白质、核酸和多聚物等）的分析。LC-MS 具有分析范围广，几乎可以检测所有的化合物，分离能力强、定性分析结果可靠、高灵敏度、检测限低、快速、自动化程度高等优点。

目前，LC-MS 作为已经比较成熟的技术，在生化分析、天然产物分析、药物分析、食品分析、材料分析和环境分析等众多领域得到了广泛的应用。

知识链接：质谱法

质谱法是在高真空系统中通过将样品转化为运动的气态离子并按质荷比（质量与电荷的比值，m/z）大小记录下来，以确定样品相对分子质量及分子结构的分析方法。按质荷比大小依次排列而被记录下来的图谱称为质谱。质谱法分为无机质谱和有机质谱。例如 ICP-MS 就属于无机质谱，GC-MS、LC-MS 都属于有机质谱范畴。

9.2　GC-MS 的基本组成部件及作用

GC-MS 由气相色谱、接口和质谱仪 3 部分组成，质谱仪又包括离子源和质谱检测器。其具体结构如图 9-1 所示，其中气相色谱所起的作用与单独的气相色谱仪器没有什么不同，用于分离样品中各组分。

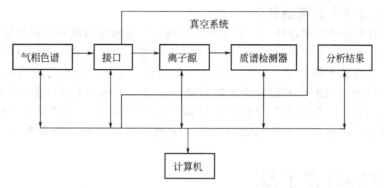

图 9-1　气质联用仪组成框图

9.2.1　GC-MS 的接口

接口是联用仪中关键的装置，它充当了色谱和质谱之间适配器的作用。目前，气质联用仪的接口主要分为直接导入型接口（direct coupling）、开口分流型接口（open-split coupling）和喷射式分子分离器接口等几种。其中，市售气质联用仪中大多采用直接导入型接口。

9.2.1.1　直接导入型接口

图 9-2 为直接导入型接口的工作原理，即内径为 0.25～0.32mm 的毛细管色谱柱通过一根金属导管直接引入质谱仪的离子源。毛细管柱沿箭头方向插入金属导管（金属导管外有控温装置，可用于加热和控温），直至有 1～2mm 的色谱柱伸出金属导管，进入质谱仪的离子源入口。毛细管柱中流出的载气和待测物一起进入离子源的作用场。由于载气氦气是惰性气体，不发生电离，而待测物却会形成带电离子。待测物带电离子在电场作用下加速向质量分析器运动，而载气却由于不受电场影响，被真空泵抽走。接口的实际作用是支撑插入毛细管，使其准确定位。另一个作用是保持温度，使色谱柱流出物始终不产生冷凝。这种方式是迄今为止最常用的一种技术。

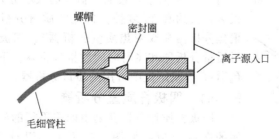

图 9-2　直接导入型接口工作原理

使用这种接口的载气限于氦气或氢气。当气相色谱仪出口的载气流量高于 2mL/min 时，质谱仪的检测灵敏度会下降。一般使用这种接口，气相色谱仪的流量为 0.7～1.0mL/

min，色谱柱的最大流速受质谱仪真空泵流量的限制。最高工作温度和最高柱温接近。这种连接方法，接口组件结构简单，容易维护，传输率大（100%）。

9.2.1.2　开口分流型接口

色谱柱洗脱物的一部分被送入质谱仪，这样的接口称为分流型接口。在多种分流型接口中，开口分流型接口最为常用。该接口是放空一部分色谱流出物，让另一部分进入质谱仪，通过不断流入清洗氦气，将多余流出物带走。此法样品利用率低。

9.2.1.3　喷射式分子分离器接口

常用的喷射式分子分离器接口工作原理是根据气体在喷射过程中不同质量的分子都以超音速的同样速度运动，不同质量的分子具有不同的动量。动量大的分子，易保持沿喷射方向运动，而动量小的易于偏离喷射方向，被真空泵抽走。分子量较小的载气在喷射过程中偏离接收口，分子量较大的待测物得到浓缩后进入接收口。喷射式分子分离器具有体积小、热解和记忆效应较小，待测物在分离器中停留时间短等优点。这种接口适用于各种流量的气相色谱柱，从填充柱到大孔径毛细管柱。主要的缺点是对易挥发的化合物的传输率不够高。

9.2.2　GC-MS 离子源

离子源的作用是提供能量将试样电离，形成不同质荷比的离子束。GC-MS 的常用离子源种类有以下两种。

9.2.2.1　电子轰击离子源（EI）

EI 是最常用的一种离子源，在外电场作用下，用铼或钨丝产生的热电子流（8～100eV）去轰击样品，产生各种离子。

9.2.2.2　化学电离源（CI）

它是将反应气体（如甲烷）预先电离，生成分子离子（$\cdot CH_4^+$），然后再与反应气体作用，生成高度活性的二级离子 CH_5^+，CH_5^+ 再与样品反应：

$$CH_5^+ + RH \longrightarrow \underset{(M+1)}{RH_2^+} + CH_4$$

化学电离源生成的（M+1）离子比较明显，（M+1）失去两个 H，产生明显的（M−1）分子离子峰。

EI 和 CI 源主要用于气相色谱-质谱联用仪，适用于易汽化的有机物样品的分析。

9.2.3　质量分析器

质量分析器的作用是将离子室产生的离子，按照质荷比的大小分开。质量分析器的种类很多，大约有 20 多种。常见的质量分析器有磁分析器（如单聚焦分析器和双聚焦质量分析器）、四极杆质量分析器、离子阱质量分析器和飞行时间质量分析器。下面重点介绍后三种在色谱-质谱联用仪中常用的质量分析器。

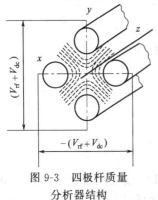

图 9-3　四极杆质量分析器结构

9.2.3.1　四极杆质量分析器

四极杆质量分析器是由四根平行的棒状金属或表面镀有金属的电极组成，如图 9-3 所示。相对两根电极间加有电压 $(V_{rf}+V_{dc})$，另外两根间加有 $-(V_{rf}+V_{dc})$。其中 V_{rf} 为射频电压；V_{dc} 为直流电压。4 个棒状电极形成一个四极电场。离子进入电场后，沿 z 轴向出口方向运动，但由于受射频电场的作用，这些离子会在四极杆的横截面（x-y 平面）振动。一些离子在沿 z 轴方向运动时，以振幅不变的方式通过四极杆，进入检测器；而另一些离子，它们的运动也沿 z 轴方向，但振幅随时间逐渐增大，最后碰撞在四极杆上而无法通过四极杆进入检测器。利用电压和频率扫描，可以检测不同质荷比的离子。

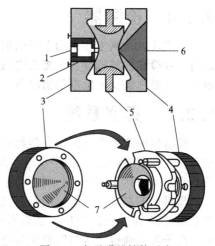

9.2.3.2 离子阱质量分析器

离子阱的结构如图 9-4 所示，由环状电极和上、下两个端电极形成一个室腔（阱）。直流电压和高频电压加在环形电极和端电极之间。在适当的条件下，由离子源注入的特定 m/z 的离子的轨道振幅保持一定大小，并可长时间停留在阱内，反之，不满足条件的不稳定态离子振幅很快增长，撞击到电极而消失。质量扫描方式和四极杆质量分析器相似，即在恒定的直流交流比下扫描高频电压，以得到质谱图。

图 9-4　离子阱的结构示意
1—离子束注入；2—离子闸门；3,4—端电极；
5—环形电极；6—至电子倍增管；7—双曲线

离子阱的特点是结构小巧，质量轻、灵敏度高，而且还有多级质谱功能。

9.2.3.3 飞行时间质量分析器

飞行时间质量分析器（time of flight analyzer，TOF）的主要部分是一个离子漂移管。图 9-5 是这种分析器的原理。

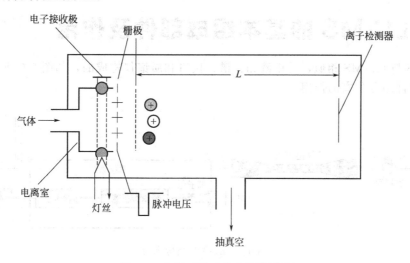

图 9-5　飞行时间质量分析器原理

在离子进入漂移管前，首先被电场加速，使所有离子获得基本一致的动能，然后离子进入真空漂移管，在漂移管中做无场漂移，最终到达检测极。离子在漂移管中飞行的时间与离子质量的平方根成正比。即离子的质量越大，达到接收器所用的时间越长；质量越小，所用时间越短，根据这一原理，可以把不同质量的离子分开。适当增加漂移管的长度可以增加分辨率。

飞行时间质量分析器的特点是质量范围宽，扫描速度快，既不需要电场，也不需要磁场。但是，长时间以来一直存在分辨率低这一缺点。目前，利用激光脉冲电离方式，采用离子延迟引出技术和离子反射技术，可以提高其分辨率。

9.2.4 检测器

质谱仪的检测主要采用电子倍增器或光电倍增管。提高倍增器或光电倍增管电压,可以提高信号检测的灵敏度。但提高电压的同时,会降低电子倍增器或光电倍增管的使用寿命。因此,一般在满足灵敏度的情况下,尽可能采用低的电压。

9.2.5 真空系统

质谱仪的离子源、质量分析器和检测器必须在高真空状态下工作,以减少本底的干扰,避免发生不必要的离子-分子反应。离子源的真空度应达 $10^{-4} \sim 10^{-3}$ Pa,质量分析器和检测器的真空度应达 $10^{-5} \sim 10^{-4}$ Pa 以上。

质谱仪的高真空系统一般是由机械泵和涡轮分子泵串联组成的。机械泵作为前级泵将真空系统抽到 $10^{-2} \sim 10^{-1}$ Pa,然后再由涡轮分子泵继续抽到高真空。在与色谱联用的质谱仪中,离子源是通过"接口"直接与色谱仪连接,色谱的流动相可能会有一部分或全部进入离子源。为此,与色谱联用的质谱仪的离子源所使用的高真空泵的抽速应足够大,以保证色谱的流动相进入离子源后能及时、迅速地被抽走,保证离子源的高真空度。

气质联用仪中的主要技术问题除了接口和真空系统外,对质谱仪的扫描速度要求也比单独质谱仪高。因为气相色谱峰很窄,有的仅几秒时间。一个完整的色谱峰通常需要至少六个以上的数据点。所以质谱仪必须有较高的扫描速度,才能在很短的时间内完成多次全质量范围的质量扫描,另一方面,还要求质谱仪能很快地在不同的质量数之间来回转换,以满足选择离子检测的需要。

9.3 LC-MS 的基本组成部件及作用

LC-MS 与 GC-MS 相似,是由液相色谱、接口和质谱仪构成的,如图 9-6 所示。液相色谱起到将试样组分分离的作用。

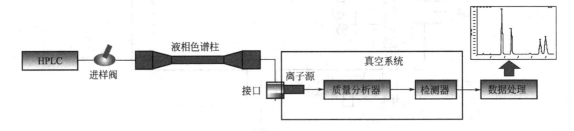

图 9-6 LC-MS 结构示意

目前,LC-MS 主要采用大气压离子化(atmospheric pressure ionization,API)接口技术。对于 LC-MS 来说,API 既是离子化技术,也是接口技术。API 包括电喷雾离子化(electrospray ionization,ESI)和大气压化学离子化(atmospheric pressure chemical ionization,APCI)等。

9.3.1 电喷雾电离源

电喷雾电离(electrospray ionization,ESI)是近年来常用的一种电离方式,它主要应用于液相色谱-质谱联用仪。它的主要部件是一个两层套管组成的电喷雾喷嘴。喷嘴内层是液相色谱流出物,外层是雾化气,雾化气常采用大流量的氮气,其作用是使喷出的液体分散成微滴。另外，在喷嘴的斜前方还有一个辅助气喷嘴，辅助气的作用是使微滴的溶剂快速蒸发。在微滴蒸发过程中，表面电荷密度逐渐增大，当增大到某个临界值时，离子就可以从表面蒸发出来。离子产生后，借助于喷嘴与锥体之间的电压，穿过取样孔进入分析器（见图9-7）。

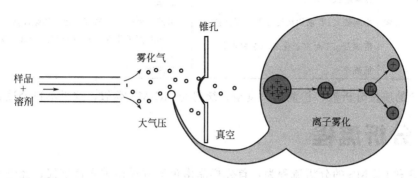

图 9-7　电喷雾电离原理

加到喷嘴上的电压可以是正或者负。通过调节极性，可以得到正或负离子的质谱。电喷雾电离是一种软电离方式，即便是分子量大、稳定性差的化合物，也不会在电离过程中发生分解，它适合分析极性强的大分子有机化合物，如蛋白质、肽、糖。

9.3.2　大气压化学电离源（APCI）

APCI 离子源与 ESI 基本相同，不同之处是在 APCI 离子源中载带样品毛细管出口的下方放置一个针状放电电极，如图 9-8 所示，通过此电极高压放电，使空气中的中性分子电离，产生 H_3O^+、N^{2+}、O^{2+} 和 O^+ 等，溶剂分子也会电离产生离子，这些离子与被测物分子发生离子-分子反应，使被测物离子化。APCI 主要适用于中等极性和非极性化合物的离子化，主要产生单电荷离子。用 APCI 时，主要产生准分子离子，很少产生碎片离子。

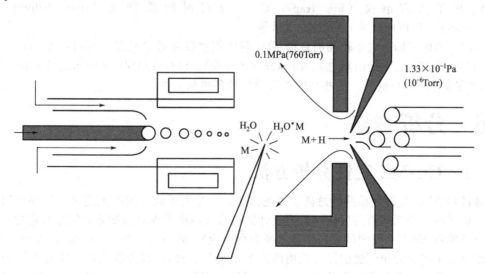

图 9-8　APCI 结构示意

ESI 和 APCI 它们各有优缺点，在研究分析中应根据分析对象的实际情况选择合适的接口。表 9-1 从不同方面对 ESI 和 APCI 进行了比较。

表 9-1 ESI 和 APCI 的比较

比较类别	ESI	APCI
可分析对象	中等极性到强极性的分子,生物大分子	中等极性和非极性的小分子
不能分析对象	极端非极性样品	非挥发性样品,热稳定性差的样品;带有多个电荷的大分子
基质和流动相的影响	影响较大;要求用浓度较低的缓冲盐	可使用稍高浓度的挥发性强的缓冲盐
溶剂的影响	溶剂及 pH 对离子化效率影响非常大	溶剂对离子化效率影响非常大;pH 对离子化效率有一定影响
流速的要求	低流速	高流速

LC-MS 的质量分析器、检测器、真空系统等与 GC-MS 类似,这里不再赘述。

9.4 分析流程

GC-MS 和 LC-MS 的分析流程为:首先样品由色谱进样口进入色谱仪,经色谱柱分离出的各个组分依次通过接口进入质谱仪的离子源进行离子化,然后带电的离子在进样系统的作用下进入质量分析器,按照其质核比（m/z,式中 m 为离子的质量数;z 为离子携带的电荷数）的大小被分离。计算机系统将每次扫描所得质谱峰的离子流全部加和,以总离子流（TIC）色谱图输出。或对选定的某个或数个特征质量峰进行单离子或多离子检测,输出单一或数个特征质谱峰的离子流图（该图称为质量碎片色谱图,也称选择离子色谱图）。最后根据 TIC 上色谱峰的保留时间和质谱图特征离子,和标准谱库进行比较后对化合物进行定性分析,定性确认后,根据选择离子色谱图上相应色谱峰的峰面积进行定量分析。

9.5 色谱-质谱联用仪器类型及生产厂家

GC-MS 的主要类型是气相色谱-单四极杆质谱联用仪和气相色谱-三重四极杆质谱联用仪。LC-MS 的主要类型有三重四极杆质谱仪（triple stage quadrupole mass spectrometer,TSQ）、离子阱质谱仪（ion traps,IT）、飞行时间质谱仪（time-of-flight mass spectrometer,TOF）以及 LC-质谱/质谱等。

目前,国内市场占有率较高的色谱-质谱联用仪主要系进口品牌,包括:Agilent（安捷伦）、Thermo Fisher（美国热电）、Bruker（布鲁克）、SHIMADZU（岛津）、Perkin Elmer（珀金埃尔默）、Waters 等。这些品牌的仪器型号多达几十种。

9.6 分析方法

9.6.1 GC-MS 定性分析方法

通过 GC-MS 可得到样品的总离子流色谱图,在总离子流色谱图上还可以得到任何一个组分的质谱图,得到质谱图后,可以通过计算机检索标准谱库对未知化合物进行定性,常用的标准谱库有 NIST（美国国家科学技术研究所出版）、Wiley/NBS（JohnWiley&Sons&Inc 约翰威立父子出版公司创建的综合性网络出版及服务平台）,以及鉴定特点类化合物的专业谱库,如毒物库、农药库、香精香料库。如果匹配度比较好,如 90 以上（最好接近 100）,那么可以认定这个化合物就是目标化合物。但是检索结果的匹配度只能表示可能性的大小,不是绝对正确的,最好的方法就是根据初步判断的结果,与目标化合物标准品的保留时间进行进一步确认。

知识链接：总离子流色谱图

在 GC-MS 分析中，样品连续进入离子源并被连续电离，质量分析器每扫描一次（比如 1s），检测器就得到一个完整的质谱图并送入计算机存储。样品浓度随时间变化，得到的质谱图也随时间变化。一个组分从色谱柱开始流出到完全流出假设需要 10s，计算机就会得到这个组分不同浓度下的 10 个质谱图。同时，计算机还可以把每个质谱图的所有离子相加得到总离子流强度。这些随时间变化的总离子流强度所描绘的曲线就是总离子流色谱图。它的外形和一般色谱仪得到的色谱图是一样的。

9.6.2 LC-MS 定性分析方法

LC-MS 中常用的 ESI、APCI 为软电离源，谱图中只有准分子离子，碎片少，只能提供未知化合物的分子量信息，结构信息很少，很难用来对未知化合物进行定性分析。LC-MS/MS 可通过待测物与对照标准物质的色谱保留时间和多级反应质谱图进行定性。对于未知化合物，可通过使用串联质谱仪，获取其准确分子质量数、分子离子和子离子等信息，来推测化合物的结构。

9.6.3 定量分析方法

根据 GC-MS 或 LC-MS 得到样品的总离子流色谱图或质量碎片色谱图上的色谱峰峰面积与相应组分含量的线性关系，采用色谱分析法中的归一化法、外标法、内标法等进行定量分析（详见气相色谱法相关章节）。

色谱-质谱联用技术可以在色谱峰不完全分离的情况下，用选择离子扫描方式得到的质量碎片，对其中的化合物分别定量，这种情况下，单纯用色谱是没办法准确定量的。

知识链接 I：全扫描(SCAN)方式

全扫描方式是质谱中最常用的一种扫描方式，扫描的质量范围宽，得到的是化合物的全谱，可以用来进行谱库检索。一般在做未知物的解析时，通常采用全扫描方式。

知识链接 II：选择离子监测(SIM)方式

选择离子监测方式是跳跃式地扫描某几个选定的质量，不是连续扫描某一个质量范围，得到的不是化合物的全谱。不能用于定性分析。SIM 主要用于目标化合物明确的情况下进行定量分析。

SIM 的优点是比 SCAN 有更高的灵敏度，峰形较好，信噪比高，适用于定量分析的要求。缺点是不能进行未知物鉴定。

9.7 应用实例

实验 9-1 气-质联用方法测定玩具中邻苯二甲酸酯增塑剂

【实验目的】

1. 了解邻苯二甲酸酯增塑剂的气质联用分析方法。

2. 掌握定性和定量分析方法。

3. 了解索氏抽提的方法。

【实验原理】

用二氯甲烷在索氏抽提器中对试样中的邻苯二甲酸酯进行提取，对提取液定容后，用气质联用仪测定，采用总离子流色谱图（TIC）进行定性，选择离子检测（SIM）进行定量。

【仪器与试剂】

（1）仪器

气质联用仪，索氏抽提器，旋转蒸发器。

（2）试剂

① 二氯甲烷：色谱纯。

② 邻苯二甲酸酯标准品：纯度均不低于 95%。

③ 标准储备溶液：分别准确称取适量的邻苯二甲酸酯标准品，用二氯甲烷配制成 DBP、BBP、DEHP、DNOP 浓度为 5g/L，DINP、DIDP 浓度为 50g/L 的混合标准储备溶液。

④ 标准工作溶液：采用逐级稀释的方法配制 DBP、BBP、DEHP、DNOP 浓度为 0.5～10mg/L，DINP、DIDP 浓度为 5～100mg/L。

⑤ 有机系微孔滤膜：孔径 0.45μm。

【实验步骤】

（1）样品制备

取约 10g 样品，将其破碎为粒径 5mm 以下，混匀。准确称取 1g（精确至 1mg）试样两份（供平行测定用）。

（2）提取

将试样置于 150mL 索氏抽提器的纸筒中，在 150mL 圆底烧瓶中加入 120mL 二氯甲烷，60～80℃进行 6h 提取，1h 内回流次数不小于 4 次。冷却后，用旋转蒸发器 50℃旋转蒸发，直到剩下约 10mL，用二氯甲烷定容至 25mL，样液经有机微孔滤膜过滤后，供 GC-MS 测定。

（3）气质联用仪操作条件

① 色谱柱：30m×0.25mm（内径）×0.25μm（膜厚），DB-5MS 石英毛细管柱或相当者。

② 色谱柱温度：180℃（0.5min）$\xrightarrow{20℃/min}$ 280℃（7min）。

③ 载气：氦气，纯度≥99.999%；流速 1.0mL/min。

④ 进样口温度：300℃。

⑤ 进样方式：分流进样，分流比 20∶1；进样量：1μL。

⑥ 色谱-质谱接口温度：280℃。

⑦ 离子源，EI 源，离子源温度 230℃。

⑧ 质量分析器：四极杆质量分析器，温度 150℃。

⑨ 电离能量：70eV。

⑩ 测定方式：总离子流色谱图（TIC）定性，质量扫描范围：$m/z = 50\sim500$，选择离子监测（SIM）定量，参见表 9-2。图 9-9 为标准物质的总离子流色谱图，图 9-10～图 9-13 分别为各目标物的选择离子色谱图。

表 9-2　6 种邻苯二甲酸酯的保留时间和特征离子

序号	名称	选择离子 m/z	丰度比
1	DBP	149,150,223,205	100∶9∶5∶4

序号	名称	选择离子 m/z	丰度比
2	BBP	<u>149</u>,091,*206*,238	100∶72∶23∶3
3	DEHP	<u>149</u>,*167*,279,150	100∶50∶32∶10
4	DNOP	149,<u>279</u>,*150*,261	100∶18∶10∶3
5	DINP	149,*127*,<u>293</u>,167	100∶14∶9∶6
6	DIDP	149,*141*,<u>307</u>,150	100∶21∶16∶10

注：选择离子中的数字带下划线的为第一定量离子，斜体的为第二定量离子。

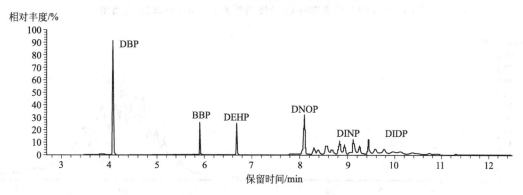

图 9-9　邻苯二甲酸酯（6 种）标准物的 GC-MS 总离子流色谱图

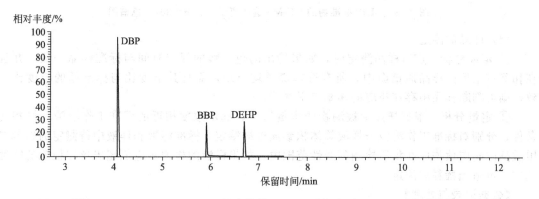

图 9-10　DBP、BBP、DEHP 标准物的 GC-MS 选择离子 （$m/z=149$）色谱图

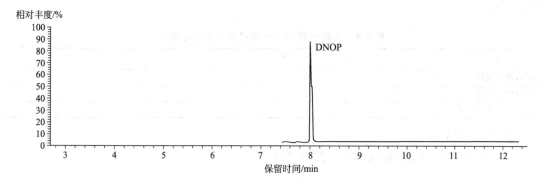

图 9-11　DNOP 标准物的 GC-MS 选择离子 （$m/z=279$）色谱图

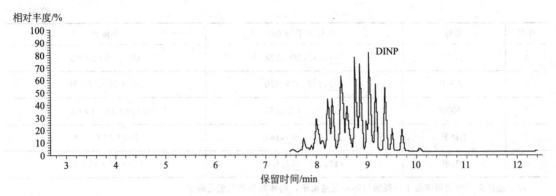

图 9-12　DINP 标准物的 GC-MS 选择离子（$m/z=293$）色谱图

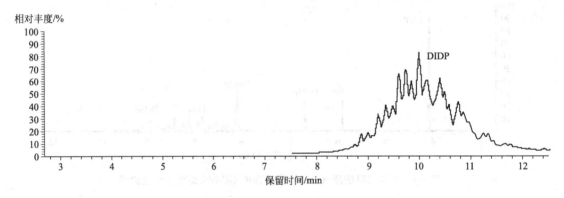

图 9-13　DIDP 标准物的 GC-MS 选择离子（$m/z=307$）色谱图

（4）样品的测定

① 定性分析　进行样品测定时，如果检出的色谱峰的保留时间与标准样品一致，并且在扣除背景后的样品质谱图中，所有选择离子均出现，而且其丰度比与标准品的丰度比一致，则可判断样品中存在相应的邻苯二甲酸酯。

② 定量分析　根据样液中被测物的含量情况，选定浓度相近的标准工作溶液，按相同条件，分别对标准工作溶液与样液等体积参插进样测定。标准溶液和样液中待测定的邻苯二甲酸酯的响应值均应在仪器检测的线性范围内，如果样液的检测响应值超出仪器检测的线性范围，可适当稀释后测定。

【数据记录与处理】

利用色谱工作站对采集的色谱图进行积分求峰面积（或峰高），以浓度为横坐标，记录见表 9-3。

表 9-3　玩具中邻苯二甲酸酯类分析数据记录

峰号	1	2	3	4	5	6
样品中峰面积						
空白中峰面积						
标准溶液中峰面积						

【结果计算】

样品中每种邻苯二甲酸酯的含量按下式计算：

$$X_i = \frac{c_{i,s}(A_i - A_{i,b})V}{A_{i,s}m}$$

式中 X_i——样品中任一种邻苯二甲酸酯 i 的含量，mg/kg；

$c_{i,s}$——标准工作溶液中任一种邻苯二甲酸酯 i 的浓度，mg/L；

A_i——样液中任一种邻苯二甲酸酯 i 的峰面积或峰面积之和；

$A_{i,b}$——空白中任一种邻苯二甲酸酯 i 的峰面积或峰面积之和；

V——样液定容体积，mL；

$A_{i,s}$——标准工作溶液中任一种邻苯二甲酸酯 i 的峰面积或峰面积之和；

m——样品质量，g。

计算结果表示到个位数，保留 3 位有效数字。

实验 9-2　动物源性食品中的 β-受体激动剂残留检测方法 LC-MS/MS 法（GB/T 21313—2007）

本方法适用于猪肉、猪肝、猪肾等动物源性食品以及猪尿中克伦特罗、沙丁胺醇、妥布特罗、拖布它林、非诺特罗、福莫特罗、莱克多巴胺、异丙喘宁 8 种 β-受体激动剂类残留量的高效液相色谱-质谱/质谱测定。

【实验目的】

1. 了解动物源性食品中的 β-受体激动剂残留的 LC-MS/MS 分析方法。

2. 掌握液质联用的定性和定量分析方法。

【实验原理】

试样中 β-受体激动剂残留经酶解后，再用高氯酸溶液提取，经过滤和离心后，上清液用 HLB 和 MCX 混合阳离子固相萃取柱净化，液相色谱-串联质谱仪测定，外标峰面积法定量。

【仪器和试剂】

（1）仪器：WATERS QUATTRO PREMIER XE 型液质联用仪，配 ESI 离子源和 WATERS ACQUITY UPLC 型超高效液相色谱仪。

（2）试剂：甲醇、甲酸（均为色谱纯），氨水、氢氧化钠、乙酸、乙酸钠（NaAc·4H₂O）（均为分析纯）。

（3）试剂溶液的配制：乙酸-乙酸钠缓冲溶液（pH5.2）：称取 43.0g NaAc·4H₂O 和 25.2g 乙酸，加水溶解并定容到 100mL；0.1% 甲酸水溶液；5% 甲醇氨溶液；量取 5mL 氨水，用甲醇定容至 100mL；20% 甲醇水溶液；0.1mol/L 高氯酸；β-葡萄醛酸甘肽酶/芳基磺酸酯酶溶液（30U/mL）。

（4）材料：HLB 固相萃取柱（500mg，6mL）；MCX 固相萃取柱（60mg，3mL）。

（5）标准品：克伦特罗、沙丁胺醇、妥布特罗、拖布它林、非诺特罗、福莫特罗、莱克多巴胺、异丙喘宁。纯度均大于等于 99%。

【实验步骤】

（1）提取

准确称取 10.0g 样品，加入 15mL pH 为 5.2 的乙酸-乙酸钠缓冲溶液，1000r/min 匀浆 1min，再加入 β-葡萄醛酸甘肽酶/芳基磺酸酯酶溶液 100μL，于 37℃ 振荡酶解过夜。取出冷却后，用高氯酸调 pH 至 1.0，超声振荡 20min，取出置于 80℃ 水浴中加热 30min。放入冷冻离心机中，10℃ 10000r/min 离心 10min。洗出上清液。残渣再用 10mL 0.1mol/L 高氯酸溶液提取一次，10000r/min 离心 10min，合并上清液。用 1mol/L 氢氧化钠溶液调 pH 至 4.0，待净化。

（2）净化

HLB 固相萃取柱使用前用 6mL 甲醇、6mL 水活化。将待净化液以 2～3mL/min 的速度过柱，弃去滤液，用 2mL 5％甲醇淋洗，小柱抽干，再用 6mL 甲醇洗脱。洗脱液用氮气吹至近干，用 3mL 0.1mmol/L 高氯酸溶液溶解残渣，供 MCX 柱净化。

　　MCX 柱使用前用 3mL 5％甲醇氨、3mL 水、3mL 0.1mmol/L 高氯酸（pH4.0）溶液活化，将上一步制得的溶液过柱，弃去滤液，依次用 1mL 甲醇、1mL 2％甲醇水溶液淋洗，最后用 7mL 5％甲醇氨洗脱，洗脱液用氮气吹至近干，用甲醇-0.1％甲酸水（10＋90）定容至 1.0mL，涡旋混合 1min，用于 LC-MS/MS 测定。

　　（3）液相色谱-串联质谱仪参数

　　色谱柱：ACQUITY UPLCBEH C_{18} 柱，100mm×2.1mm，1.7μm。

　　流动相：A，0.1％甲酸水；B，甲醇；梯度洗脱见表 9-4。

表 9-4　流动相梯度洗脱程序

时间/min	A/％	B/％	时间/min	A/％	B/％
0	95	5	11.1	95	5
11	40	60	15	95	5

　　流速：300μL/min。

　　柱温：40℃。

　　进样量：10μL。

　　离子化模式：电喷雾电离正离子模式（ESI$^+$）。

　　质谱扫描方式：多反应离子监测（MRM）。

　　其他质谱参数：毛细管电压 3.3kV；锥孔电压 60V；射频透镜 1 电压 40V；射频透镜 2 电压 0.5V；源温度 100℃；脱溶剂气温度 350℃；脱溶剂气流量 580L/h；电子倍增电压 650V；碰撞室电压 0.28Pa；多级反应监测参数见表 9-5。

表 9-5　多级反应监测参数

化合物	母离子	子离子	碰撞能量/eV
异丙喘宁	211.8	193.7[①]	12
		151.7	16
特布他林	226.0	151.7[①]	16
		169.8	12
沙丁胺醇	240.1	147.8[①]	18
		221.9	12
非诺特罗	304.1	134.8[①]	18
		107.0	18
莱克多巴胺	302.1	163.7[①]	16
		284.2	12
克伦特罗	277.1	202.9[①]	16
		259.0	10
福莫特罗	345.1	149.0[①]	14
		327.1	18
妥布特罗	227.9	153.8[①]	16
		171.8	12

① 定量离子。

9.8 本章小结

9.8.1 方法特点

色谱-质谱联用能够充分发挥色谱高分离效率和质谱法定性专属性的能力，因而解决问题能力更强，具有更大的优势，其特点如下。

(1) 色谱作为进样系统，将待测样品进行分离后直接导入质谱进行检测，既满足了质谱分析对样品单一性的要求，还省去了样品制备、转移的繁琐过程。不仅避免了样品受污染，还能有效地控制进样量，也减少了质谱仪器的污染，极大地提高了对混合物的分离、定性、定量分析效率。

(2) 质谱作为检测器，检测的是离子质量，获得化合物的质谱图，解决了色谱定性的局限性，既是一种通用型检测器，也是有选择性的检测器。因为质谱法的多种电离方式可使各种样品分子得到有效的电离，所有离子经质量分析器分离后均可以被检测，有广泛适用性。而且质谱的多种扫描方式和质量分析技术，可以有选择性地只检测所需要的目标化合物的特征离子，而不检测不需要的质量离子，如此专一的选择性，不仅能排除基质和杂质峰的干扰，还极大地提高了检测灵敏度。

(3) 色谱-质谱联用可获得更多信息。色谱-质谱联用可得到质量、保留时间、强度三维信息。化合物的质谱特征加上色谱保留时间双重定性信息，和单一信息定性分析相比，专属性更强，定性更可靠。质谱特征相似的同分异构体，靠质谱图难以区分，而利用色谱保留时间就不难鉴别了。

(4) 色谱-质谱联用技术的发展促进了分析技术的计算机化，计算机化不仅改善并提高了仪器的性能，还极大地提高了工作效率。数据采集、谱库检索、定性和定量分析等都可由计算机控制完成，缩短了各种新方法开发的时间和样品运行时间，实现了高通量、高效率分析的目标。

9.8.2 重点掌握

9.8.2.1 理论要点
(1) 重要概念 质谱法、接口、总离子流色谱图、离子碎片色谱图。
(2) 基本原理 离子源、质量分析器的工作原理。

9.8.2.2 实操技能
(1) 色谱-质谱联用仪的使用操作方法。
(2) 色谱-质谱联用法的定性和定量方法。

9.9 思考及练习题

(1) 试述质谱仪的结构及各部件的作用。

(2) 试述磁质谱仪的工作原理。

(3) 比较电子轰击电离源、化学电离源、场致电离源的工作原理及特点。

(4) 质量分析器有哪些主要类型？它们的工作原理是什么？各有何特点？

(5) 有机化合物在电子轰击下会产生哪些主要类型的离子？其相应的离子峰在谱图解析中各起什么作用？

(6) 简述液相色谱-三重四极杆质谱联用仪的基本原理。

(7) 在液质联用技术中对接口有哪些要求？

(8) 液相色谱与质谱联用后有什么突出的优点？

(9) 液相色谱-串联质谱分析时，优化分析条件主要考虑哪些方面？

(10) 测定复杂基质样品中多组分的含量，为什么需要用 MRM 技术？

参 考 文 献

[1] 盛龙生，苏焕华，郭丹滨. 色谱质谱联用技术. 北京：化学工业出版社，2012.
[2] 汪正范，杨树民等. 色谱联用技术. 北京：化学工业出版社，2007.
[3] 黄一石等. 仪器分析. 第3版. 北京：化学工业出版社，2013.
[4] 许柏球，丁兴华，彭姗姗. 北京：中国轻工业出版社，2011.
[5] 中华人民共和国国家标准 GB/T 22048—2008. 玩具及儿童用品聚氯乙烯塑料中邻苯二甲酸酯增塑剂的测定，2008.
[6] 盛龙生. 液相色谱质谱联用技术在食品和药品分析中的应用. 北京：化学工业出版社，2008.
[7] 陈家华等. 现代食品分析新技术. 北京：化学工业出版社，2013.
[8] 许柏球等. 仪器分析. 北京：中国轻工业出版社，2013.
[9] 尹华等. 仪器分析. 北京：人民卫生出版社，2012.
[10] 孙凤霞编著. 仪器分析. 北京：化学工业出版社，2011
[11] http://baike.baidu.com/view/995854.htm. 百度百科.
[12] GB/T 21313—2007 动物源性食品中 β-受体激动剂残留检测方法. 液相色谱-质谱/质谱法.

10 电位分析法

10.1 概述

电化学分析（electrochemical analysis），是仪器分析的一个分支。它是根据溶液中物质的电化学性质及其变化规律，建立在以电位、电导、电流和电量等电学量与被测物质某些量之间的计量关系的基础之上，对组分进行定性和定量的仪器分析方法。根据测定电学量的不同，电化学分析方法又可分为电位分析法、库仑分析法、伏安分析法等。本章主要介绍电位分析法。

用指示电极和参比电极与试液组成化学电池，在零电流条件下测定电池的电动势，根据电动势或电动势的变化来确定被测物的组成和含量的方法即为电位分析法。

电位分析法主要有两种方式进行，即直接电位法和电位滴定法。直接电位法利用指示电极选择性地把待测离子的活度（或浓度）转化为电极电位进行测量，根据能斯特方程式，求出待测离子的活度（或浓度），这是 20 世纪 60 年代初才发展起来的一种应用广泛的快速分析方法。电位滴定法利用指示电极在滴定过程中电位的变化及化学计量点附近电位的突跃来确定滴定终点的分析方法。电位滴定法与一般的滴定分析法的根本差别在于确定终点的方法不同。

知识链接：活度及活度系数

在水溶液或熔融状态下能够导电的化合物称为电解质，电解质的水溶液称为电解质溶液。电解质可以分为强电解质和弱电解质两类。强电解质在水溶液中完全电离成离子，如 $NaCl$、$NaOH$、HCl 等；弱电解质在水溶液中只有部分分子电离成离子，如 HAc、$NH_3 \cdot H_2O$、H_2S 等。在强电解质溶液中，实际上可起作用的离子浓度称为有效浓度，又称活度，用 a 表示，活度 a 与实际浓度 c 的关系为：

$$a = \gamma c \tag{10-1}$$

式中，γ 是浓度的校准项，称为活度系数。

不同浓度下强电解质的活度系数能在化学手册中查到，从而对溶液进行活度校准。当浓度小于 $10^{-4}\,mol/L$ 时，活度系数可视为 1。

离子的活度系数，不只决定于该离子的浓度和电荷，还受溶液中其他离子的浓度和电荷的影响，即离子强度 I 的影响。离子强度 I 反映了离子间作用力的强弱，I 值越大，离子间作用力越强，活度系数就越小；反之，I 值越小，离子间作用力越弱，活度系数就越大。

10.2　分析对象及应用领域

电位分析法测定速度快，可用于许多阴离子、阳离子、有机物离子的测定，尤其是一些其他方法难测定的碱金属、碱土金属离子、一价阴离子及气体的测定。因为测定的是离子活度，所以还可用于化学平衡常数、动力学、电化学理论的研究及热力学常数的测定。电位分析法还因为信号易传递、易于实现自动化和连续化以及仪器简单、价格便宜等特点，在环境监测与控制、工业自动控制和在线分析领域有着重要的地位。随着电极制造技术的不断进步，电极的微型化使得微区、血液、细胞的活体分析成为可能。

10.3　仪器基本组成部分及作用

电位分析仪主要由化学电池和电位计组成（见图 10-1），构成电池的两个电极分别是指示电极和参比电极。其中电极电位随被测物质活度变化的电极称为指示电极，而另一个电极，其电位不受试液组成变化的影响，具有较恒定的数值，并能够提供测量电位参考，称为参比电极。电解质溶液由被测试样及其他组分组成。将指示电极和参比电极一起浸入试液中，组成电池体系。在通过电路的电流接近零的条件下测量指示电极的电位，从而求得待测离子的浓度。下面重点介绍电极的结构及作用。

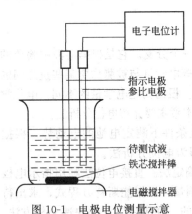

图 10-1　电极电位测量示意

10.3.1　指示电极

能指示被测离子活度变化的电极，称为指示电极（indicator electrode）。电极按其组成体系及作用机理不同，可以分为四类：①金属-金属离子电极，由金属与该金属离子溶液组成的电极体系，其电极电位决定于金属离子的活度，构成这类电极的金属有银、铜、镉、锌和铅等；②金属-金属难溶盐电极，由金属及其难溶盐（或配离子）所组成的电极体系，如银-氯化银电极等；③零类电极，由惰性金属材料（如铂、金等）作为电极，能指示同时存在于溶液中的氧化态和还原态活度的比值，以及用于一些有气体参与的电极反应，这类电极本身不参与电极反应，仅作为传递电子的场所，同时起传导电流的作用；④膜电极，亦即离子选择性电极，具有敏感膜且能产生膜电位的电极，能指示溶液中某种离子的活度。这几类电极均可用作指示电极，其中用得最多的则是离子选择性电极，本节主要介绍离子选择性电极。

根据国际 IUPAC 推荐的定义："离子选择性电极（ion selective electrode）是电化学敏感体，它的电势与溶液中给定离子活度的对数成线性关系，这种装置不同于包含氧化还原反应的体系"。按照国际 IUPAC 1976 年倡议，离子选择性电极可分类如下：

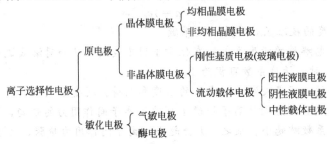

10.3.1.1　原电极

原电极是指活性膜直接与试液接触的离子选择性电极，它分为晶体膜电极和非晶体膜电极。

（1）晶体膜电极

晶体膜电极又分为均相膜电极和非均相膜电极。常见晶体膜电极的品种和性能见表10-1所示。

表 10-1　常见晶体膜电极的品种和性能

电极名称	膜材料	线性响应浓度范围/(mol/L)	适用 pH 范围	可测离子	主要干扰离子
F^-	LaF_3+EuF_2	$5\times10^{-7}\sim1\times10^{-1}$	$5\sim6.5$	F^-	OH^-
Cl^-	$Ag_2S+AgCl$	$5\times10^{-5}\sim1\times10^{-1}$	$2\sim12$	Cl^-、Ag^+	Br^-、I^-、S^{2-}、CN^-
Br^-	$Ag_2S+AgBr$	$5\times10^{-6}\sim1\times10^{-1}$	$2\sim12$	Br^-、Ag^+	I^-、CN^-、S^{2-}
I^-	Ag_2S+AgI	$1\times10^{-7}\sim1\times10^{-1}$	$2\sim11$	I^-、Ag^+	CN^-、S^{2-}
S^{2-}	Ag_2S	$1\times10^{-7}\sim1\times10^{-1}$	$2\sim12$	S^{2-}、Ag^+	Hg^{2+}
Cu^{2+}	Ag_2S+CuS	$5\times10^{-7}\sim1\times10^{-1}$	$2\sim10$	Cu^{2+}	Hg^{2+}、Fe^{3+}、Ag^+
Cd^{2+}	Ag_2S+CdS	$5\times10^{-7}\sim1\times10^{-1}$	$3\sim10$	Cd^{2+}	Hg^{2+}、Fe^{3+}、Ag^+、Cu^{2+}
Pb^{2+}	Ag_2S+PbS	$5\times10^{-7}\sim1\times10^{-1}$	$3\sim6$	Pb^{2+}	Hg^{2+}、Fe^{3+}、Ag^+、Cu^{2+}、Cd^{2+}

① 均相膜电极　均相膜电极分为单晶膜电极和多晶膜电极两种。

a. 单晶膜电极：单晶膜电极最典型的是氟离子选择性电极，电极膜是用纯 LaF_3 单晶或掺杂少量的 EuF_2 和 CaF_2（增加导电性）的切片制成。氟离子选择性电极的结构如图 10-2 所示，把 LaF_3 晶体封固在硬塑料管的一端，封固必须严密，密封的好坏直接影响电极的质量和寿命。常用黏结剂为环氧树脂或硅橡胶型黏结剂等。电极内部溶液通常用 $0.1mol/L$ $NaF+0.1mol/L$ $NaCl$ 溶液，并以 Ag-$AgCl$ 作内参比电极。测量时，以饱和甘汞电极为外参比电极，组成一个电池，测定其电动势。氟离子电极的电位与溶液中 F^- 活度符合能斯特方程式，在 $5\times10^{-7}\sim$

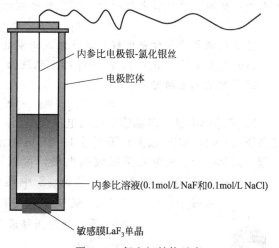

内参比电极银-氯化银丝

电极腔体

内参比溶液(0.1mol/L NaF和0.1mol/L NaCl)

敏感膜LaF_3单晶

图 10-2　氟电极结构示意

$1\times10^{-1}mol/L$ F^- 溶液中呈很好的线性关系。电极具有很高的选择性。卤素离子、硝酸根离子、硫酸根离子、磷酸根离子等均不干扰测定。唯一的干扰就是 OH^-，当 $[OH^-]\geqslant$ $[F^-]$ 时干扰变得显著，这是由于氢氧根离子半径和电荷与氟离子类似的缘故。这个干扰可以借助调节 pH 来消除。某些能与 F^- 形成稳定配合物或难溶盐的离子（如 Al^{3+}、Ca^{2+}、Fe^{3+}、Th^{4+} 等）降低游离 F 浓度，使测定结果出现偏差。在实际测定时，所加"TISAB"溶液含有柠檬酸钠、硝酸钠以及 EDTA 等，并调节 pH 为 5～6，以消除干扰。

氟离子选择性电极具有力学性能好，电位比较稳定，重现性好，选择性强等优点. 它是离子选择性电极中迄今为止最好的一种电极，水质分析中将它列为标准方法。

知识链接 I： 能斯特方程

能斯特是德国卓越的物理化学家，1888年，他得出了电极电位与溶液浓度的关系式，即能斯特方程。电极电位的大小，不但取决于电极的本质，而且与溶液和离子的浓度、温度等因素有关，对于一个电极来说，其电极反应可以写成：

$$M^{n+} + ne^- \rightleftharpoons M$$

能斯特从理论上推导出电极电位的计算公式为：

$$\varphi = \varphi^{\ominus} + \frac{RT}{nF}\ln\frac{a_{Ox}}{a_{Red}} \tag{10-2}$$

式中，φ 为平衡时的电极电位，V；$\varphi^{\ominus}$ 为标准电极电位，V；a_{Ox}、a_{Red} 分别为电极反应和氧化态和还原态的活度；R 为标准气体常数，8.3145J/(mol·L)；F 为法拉第常数 96185C/mol；T 为热力学温度，K；n 为电极反应中的电子得失数。

在 25℃时，如以浓度代替活度，则上式可写成：

$$\varphi = \varphi^{\ominus} + \frac{0.059}{n}\lg\frac{a_{Ox}}{a_{Red}} \tag{10-3}$$

知识链接 II： 氟离子电极响应机理

LaF_3 的晶格中有 F^- 可以进入的空穴，当氟电极插入含 F^- 的溶液中时，F^- 在晶体膜表面进行交换，产生膜电极电位。25℃时电极电位为：

$$\varphi_{F^-} = K - 0.0592\lg a_{F^-}$$

当氟电极与饱和甘汞电极和试样组成测量电池时，

$$Ag|AgCl, Cl^-(a_{Cl^-}), F^-(a_{F^-})\,|\,试液(a_{F^-}=x)\,\|\,Cl^-(a_{Cl^-})饱和, Hg_2Cl_2\,|\,Hg$$

25℃时电池电动势为：

$$E = \varphi_{Hg} - \varphi_{F^-} = K + 0.0592\lg a_{F^-}$$

b. 多晶膜电极：多晶膜电极的电极膜是由一种难溶盐的粉末或几种难溶盐的混合粉末，经高压（1×10^3MPa 以上）压制成 1~2mm 的薄片，经表面抛光而成敏感膜。一般有 3 种类型：以单一 Ag_2S 粉末压制成的电极，可以测定 Ag^+ 或 S^{2-} 的活（浓）度；用卤化银（$AgCl$、$AgBr$、AgI）沉淀分散在 Ag_2S 中压制成的电极，可以测定 Cl^-、Br^-、I^-、CN^-、SCN^- 等；用 Ag_2S 与另一金属硫化物（如 CuS、CdS、PbS 等）混合压制成膜，可以测定响应的离子（如 Cu^{2+}、Cd^{2+}、Pb^{2+} 等）。

图 10-3　pH 玻璃电极
结构示意

高阻玻璃

内充液

内参比电极

敏感玻璃球膜

目前，以 Ag_2S 为基质的压膜电极多不使用内参比溶液，而是在电极内填充环氧树脂，以使电极成为全固态结构，以银丝直接和 Ag_2S 膜片相连。这种电极可以在任意方向倒置使用，且清除了压力和温度对含有内部溶液的电极所加的限制，适宜于生产过程的监控检测。

② 非均相晶膜电极　将一种电极活性物质或电极活性物质的混合物与一种惰性基体，如硅橡胶或聚氯乙烯混合，经冷压、热压或热铸等方法制成一个非均相晶膜电极。它可以改善晶体的导电性能和力学性能。非均相晶膜电极的响应机理与均相晶膜电极

相同。

（2）非晶体膜电极

① 刚性基质的非晶膜电极 测定溶液酸碱度的 pH 玻璃电极是这类电极的典型代表，它是最早的一种离子选择性电极，结构如图 10-3 所示，它的主要部分是一玻璃泡，泡的下半部是由特殊成分的玻璃制成的薄膜，膜厚约 $50\mu m$。在玻璃泡中装有 pH 一定的缓冲溶液（通常为 0.1mol/L HCl 溶液），其中插入一支银-氯化银电极作为内参比电极。

知识链接Ⅲ：pH玻璃电极的响应机理

pH 玻璃电极中内参比电极的电位是恒定的，与被测溶液的 pH 无关。玻璃电极用于测量溶液的 pH 是基于产生于玻璃膜两边的电位差 $\Delta\varphi_M$，如图 10-4 所示。

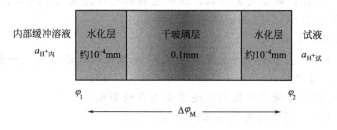

图 10-4　膜电位示意

$$\Delta\varphi_M = \varphi_2 - \varphi_1 = 0.059 \lg \frac{a_{H^+试}}{a_{H^+内}} (25℃) \tag{10-4}$$

由于内部缓冲溶液的 H^+ 活度是一定的，所以 $a_{H^+内}$ 为一常数，则

$$\Delta\varphi_M = K + 0.059 \lg a_{H^+试} = K - 0.059 pH_试 \tag{10-5}$$

K 为常数，它是由玻璃电极本身决定的，从式（10-5）可以看出玻璃电极的膜电位 $\Delta\varphi_M$ 在一定温度下与试液的 pH 成直线关系。

实践证明，玻璃膜浸泡在水中才能显示 pH 电极的作用，未吸湿的玻璃膜不能响应 pH 的变化，玻璃电极浸泡在溶液中，玻璃膜表面形成很薄的一层水化层，即硅胶层。由于硅酸盐结构对 2 价、3 价等高价离子的结合力较强，因此离子交换作用只发生在 1 价碱金属离子（主要是 Na^+）与 H^+ 之间。交换反应式如下：

$$H^+ + M^+Gl^- \rightleftharpoons M^+ + H^+Gl^-$$

（M^+，代表 1 价碱金属离子，Gl^- 代表硅酸根离子）

这一反应强烈地向右进行，水化层表面的电位几乎全被 H^+ 所占。水化层内部 H^+ 逐渐减少，而 M^+ 相应增加，玻璃膜中部为干玻璃层，电位全被 M^+ 所占。当水化层与溶液接触时，水化层中 H^+ 与溶液中的 H^+ 发生交换而在内外水化层表面建立如下平衡：

$$H^+_{玻璃} \rightleftharpoons H^+_{溶液}$$

由于溶液中 H^+ 浓度不同，会有额外的 H^+ 由溶液进入水化层或由水化层转入溶液，因此改变了固-液两相界面的电荷分布，从而产生了电位差。

理论上，当 $a_{H^+试} = a_{H^+内}$ 时，$\Delta\varphi_M$ 应为 0，但实际上并不等于 0，仍有一个小的电位差存在，这个电位差叫做不对称电位（$\Delta\varphi_{不对称}$）。它是由膜内外两个表面的情况（如含钠量和张力等）不完全相同而产生的，$\Delta\varphi_{不对称}$ 的数值为 $1\sim30mV$，对于不同的玻璃电极，这个数值不完全相同，但对同一支玻璃电极，一定条件下 $\Delta\varphi_{不对称}$ 是个常数。

用钠玻璃制成的玻璃电极，如"221"型玻璃电极，在 pH＝1～9 范围内，电极响应正常，在 pH<1 的溶液中，pH 读数偏高，但不严重，常在 0.1pH 单位以内，由此引入的误差叫做"酸差"。在 pH 超过 10 或 Na+ 浓度高的溶液中，pH 读数偏低，由此引入的误差叫做"碱差"或"钠差"。造成酸差的原因尚不明确。造成碱差的原因，是由于水溶液中 H+ 浓度较小，在电极与溶液界面间进行离子交换的不但有 H+ 而且有 Na+，不管是 H+ 还是 Na+，交换产生的电位差全部反映在电极电位上，所以从电极电位反映出来的 H+ 活度增加了，因而 pH 比应有的值降低了。

若采用锂玻璃制成的 pH 玻璃电极，如上海电光器件厂生产的"231"型玻璃电极，其使用范围为 pH＝1～13，钠差大大降低。这种电极称为锂玻璃电极或高 pH 电极。但这种电极的机械强度较差，在 pH>13 时也有明显的碱差。

pH 玻璃电极的优点如下。

① 测定结果准确，在 pH＝1～9 范围内使用玻璃电极效果最好。一般配合精密酸度计测定误差为±0.01pH 单位。

② 测定 pH 时不受溶液中氧化剂或还原剂存在的影响。

③ 可用于有色的、浑浊的或胶态溶液的 pH 测定。

pH 玻璃电极的缺点如下。

① 容易破碎。

② 玻璃性质会起变化，须不时以已知 pH 的缓冲溶液核对。

③ 玻璃电极在长期使用或储存中会老化，老化的电极就不能再使用。一般使用期为1 年。

② 流动载体电极　这类电极又称液膜电极或离子交换膜电极。其敏感膜是液体，它是由电活性物质金属配位剂（即载体）溶在与水不相混溶的有机溶剂中，并渗透在惰性微孔膜（如陶瓷、PVC）支持体重。此种液态膜与前述固态膜不同，交换离子可自由流动，能穿透薄膜进行离子交换，由于离子交换，产生了电荷分布不均匀，形成双电层，产生了膜电位。液膜电极分为正电荷流动载体电极、负电荷流动载体电极和中性流动载体电极 3 种，这里不再详述。

10.3.1.2　敏化电极

这类电极是以原电极为基础装配而成的。它是通过某种界面的敏化反应将试液中被测物质转化成能被原电极响应的离子。这类电极包括气敏电极、酶电极、细菌电极及生物电极等。

（1）气敏电极

气敏电极是对某气体敏感的电极，其结构是一个化学电池复合体。例如氨气敏电极是以 pH 玻璃电极为指示电极，Ag-AgCl 电极为参比电极组成的复合体，如图10-5 所示。一支平底的 pH 玻璃电极和 Ag-AgCl 参比电极一起插入电极管的内充液中（实际就是一个测 pH 的工作电池），内充液为 0.1mol/L NH₄Cl 溶液，管底用一层极薄的透气聚偏氟乙烯膜将内充液与试液隔开。这种膜只允许 NH₃ 气透过而不允许溶液中离子通过。

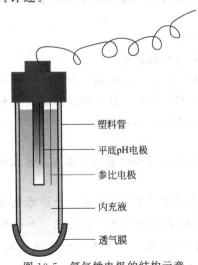

塑料管
平底pH电极
参比电极
内充液
透气膜

图 10-5　氨气敏电极的结构示意

用氨气敏电极测定试液中氨时，要向试液中加强碱，使试液产生 NH_3 气，通过透气膜扩散并溶于内充液中，建立以下平衡：

$$NH_3 + H_2O \rightleftharpoons NH_4^+ + OH^-$$

NH_3、NH_4^+ 和 OH^- 之间存在平衡关系，

$$\frac{[NH_4^+][OH^-]}{[NH_3]} = K \qquad (10\text{-}6)$$

内充液中存在足够量的 NH_4Cl，所以，$[NH_4^+]$ 可认为是不变的，因此 $[OH^-] = [NH_3]K'$。由此可见，pH 玻璃电极指示内充液中 $[OH^-]$ 的变化，直接反映 $[NH_3]$ 的变化。其电位与 $[NH_3]$ 的关系符合能斯特方程式。

已制成的气敏电极，除氨电极以外，还有二氧化碳、二氧化氮、二氧化硫、硫化氢、氢化氰等电极。

（2）酶电极

这类电极是将离子选择性电极与某些特异性酶相结合而组成的复膜电极，其结构如图 10-6 所示。这种酶能将被测物转变为适宜于电极测定的物质，例如，尿素酶电极是把尿素酶固定在氨气敏电极上，利用尿素酶的催化作用，将尿素分解为 NH_3：

$$CO(NH_2)_2 + H_2O \longrightarrow 2NH_3 + CO_2$$

生成的氨用氨气敏电极测定，即可间接测定尿素的含量。

酶电极具有选择性强、催化效率高等特点，但酶的活性受到许多条件限制，电极寿命短，所以至今尚无商品电极出售。

自 1976 年 IUPAC 推荐离子选择电极的分类方法以来，电极品种又有了很大发展，如离子敏感场效应管和修饰电极等。

离子选择性电极的膜电位（E_M）与溶液中离子活度的关系符合能斯特方程。

$$E_M = K_{ISE} \pm \frac{0.059}{n_i} \lg a_i \quad (25℃) \qquad (10\text{-}7)$$

式中　K_{ISE}——离子选择性电极常数；
　　　a_i——i 离子的活度；
　　　n_i——i 离子的电荷数。

式中右边第二项对阳离子取"＋"号，对阴离子取"－"号。

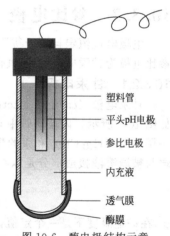

图 10-6　酶电极结构示意

塑料管
平头pH电极
参比电极
内充液
透气膜
酶膜

知识链接Ⅴ： 选择性系数

离子选择性电极是否有使用价值，很重要的一条就是选择性是否好，理想的电极是只对特定的一种离子产生电位响应，其他共存离子不干扰。但实际上不容易做到，例如用玻璃电极测定溶液 pH 时，在 pH>10 以后，Na^+ 也有响应，即 Na^+ 有干扰。共存离子的干扰程度，即电极的选择性，可用选择性系数（K_{ij}）来表示，i 代表待测离子，j 代表共存干扰离子，还以测定 H^+ 时，Na^+ 为干扰离子为例，则

$$K_{H^+,Na^+} = \frac{a_{H^+}}{a_{Na^+}} \qquad (10\text{-}8)$$

并规定 K_{H^+,Na^+} 的含义为引起玻璃电极具有相同电位变化时所需 H^+ 的活度与 Na^+ 的活度

之比。这意味着 Na^+ 的活度为 $\dfrac{a_{H^+}}{K_{H^+,Na^+}}$ 时，引起的电位变化与 H^+ 的活度为 a_{H^+} 时引起的电位变化相同。这样就可以把 Na^+ 对膜电位的贡献同 H^+ 一样进行处理，把膜电位公式改为：

$$E_M = K_{ISE} \pm 0.059 \lg(a_{H^+} + K_{H^+,Na^+} a_{Na^+}) \quad (25℃) \tag{10-9}$$

将式(10-8)推广，得：

$$K_{ij} = \dfrac{a_i}{(a_j)^{n_i/n_j}} \tag{10-10}$$

式中，n_i、n_j 分别为 i 离子和 j 离子的电荷数。

式(10-11)可适用于各种离子选择性电极：

$$E_M = K_{ISE} \pm \dfrac{0.059}{n_i} \lg[a_i + K_{ij}(a_j)^{n_i/n_j}] \quad (25℃) \tag{10-11}$$

K_{ij} 是一个实验数据，它随着溶液中离子活度和测量方法不同而不同，通常仅用它估计测量误差和电极的适用范围，显然，K_{ij} 越小，对测定 i 离子选择性越好。例如：在 pH= 1～9 范围内，pH 玻璃电极对 Na^+ 的选择性系数 $K_{H^+,Na^+} = 10^{-11}$，说明该电极对 H^+ 的响应比对 Na^+ 的响应灵敏 10^{11} 倍，此时 Na^+ 对测定 pH 没有干扰。

在一些文献中，还常用 K_{ij} 的倒数来描述电极的选择性，这个物理量称为"选择比"。

10.3.2　参比电极

电极电位恒定且不受待测离子影响的电极称为参比电极（reference electrode）。常用的参比电极为甘汞电极和银-氯化银电极。

10.3.2.1　甘汞电极

甘汞电极（calomel electrode）是由金属汞和 Hg_2Cl_2 及 KCl 溶液组成的电极。其构造如图 10-7 所示，内玻璃管中封接一根铂丝，铂丝插入纯汞中（厚度为 0.5～1.0cm），下置一层甘汞（Hg_2Cl_2）和汞的糊状物，外玻璃管中装入 KCl 溶液，即构成甘汞电极。电极下端与被测溶液接触部分是以石棉线或玻璃砂芯等多孔物质组成的通道。电极反应为：

$$Hg_2Cl_2 + 2e^- \rightleftharpoons 2Hg + 2Cl^-$$

$$\varphi_{甘汞} = \varphi^{\ominus} - 0.059 \lg a_{Cl^-} \quad (25℃) \tag{10-12}$$

$\varphi^{\ominus}$ 在一定温度下是一个定值，所以甘汞电极的电位主要决定于 Cl^- 的活度。当 Cl^- 活度一定时，$\varphi_{甘汞}$ 也就一定，与被测溶液的 pH 无关。在 25℃时，不同浓度 KCl 溶液的甘汞电极的电位（以标准氢电极作参比）见表 10-2。

表 10-2　甘汞电极的电极电位（25℃）

名称	KCl 浓度	电极电位/V
0.1mol/L 甘汞电极	0.1mol/L	+0.3365
标准甘汞电极	1.0mol/L	+0.2828
饱和甘汞电极	饱和溶液	+0.2438

10.3.2.2　银-氯化银电极

在银丝表面镀上一层氯化银，浸于一定浓度的 KCl 溶液中，即构成银-氯化银电极（silver- silver chloride electrode），如图 10-8 所示。电极反应为：

$$AgCl + e^- \rightleftharpoons Ag + Cl^-$$

$$\varphi_{Ag-AgCl} = \varphi^{\ominus} - 0.059 \lg a_{Cl^-} \quad (25℃) \tag{10-13}$$

不同浓度 KCl 溶液的银-氯化银电极的电位（以标准氢电极作参比）见表 10-3。

表 10-3　银-氯化银电极的电极电位（25℃）

名称	KCl 浓度	电极电位/V
0.1mol/L Ag-AgCl 电极	0.1mol/L	+0.2880
标准 Ag-AgCl 电极	1.0mol/L	+0.2223
饱和 Ag-AgCl 电极	饱和溶液	+0.2000

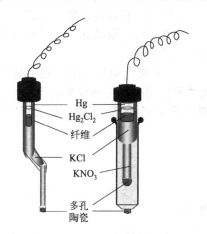

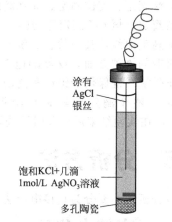

图 10-7　甘汞电极结构示意　　　　图 10-8　银-氯化银电极结构示意

银-氯化银电极常在 pH 玻璃电极和其他各种离子选择性电极中用作内参比电极。银-氯化银电极在高达 275℃ 左右的温度下仍可使用。

10.4　仪器类型及生产厂家

电位分析法对所用测量仪器的要求是输入阻抗大、精密度高和稳定性好。仪器的输入阻抗应与电极内阻相匹配，前者至少应大于后者 1000 倍以上，才能保证测量电位与电池的电动势充分接近，从而减少电位测量误差，提高仪器测量精度，降低测定的相对误差。常用的电位分析仪器有酸度计、离子计和电位滴定计等，主要生产厂家有上海仪电科学仪器股份有限公司、成都瑞驰分析控制仪器有限公司、江苏江分电分析仪器有限公司、成都世纪方舟科技有限公司、日本岛津公司、瑞士万通公司等，这里就其中常用的有代表性的几款仪器分别作介绍。

10.4.1　酸度计

pHS-3C 型酸度计是精密数字显示的 pH 计，适用于 pH、离子选择性电极及其他金属电极电位的测定，若结合适当的电极和滴定管、搅拌装置，也可以进行电位滴定的操作；若配上适当的记录式电子电位差计，可以自动记录电极电位。

PXJ-1C 型精密毫伏·pH·离子活度计是一种以发光二极管显示数字的二次仪表，能与各种离子选择性电极配用，精密地测量电极在溶液中产生的电池电动势。仪器不仅可直读溶液中离子活度的负对数值，亦可作精密酸度计和高输入阻抗的精密毫伏计使用。仪器不仅设有溶液温度补偿、电极斜率校正、定位调节等旋钮，同时还备有记录输出，输出信号的大小可以调节，可与记录仪联用，以供连续记录。

在仪器的维护方面，酸度计的电极插座必须保持干燥清洁，仪器不使用时，将短路接头插入电极插座，防止灰尘及水汽进入；仪器所使用的电源应有良好的接地。用标准缓冲溶液校准仪器时，要保证缓冲溶液的可靠性，否则会导致测量结果产生误差。

10.4.2 电位滴定仪

ZDJ-4A 型自动电位滴定仪是根据"终点电位补偿"的原理设计的，主要由指示电极、参比电极、搅拌系统和滴定系统组成。其中搅拌系统采用 PWM 调制技术，软件调速；滴定系统采用耐酸碱腐蚀的聚四氟乙烯材料制成。根据选用不同电极可进行酸碱滴定、氧化还原滴定、沉淀滴定、配位滴定、非水滴定等多种滴定和 pH 测量。具有预设终点滴定、空白滴定、手动滴定、恒 pH 滴定等功能。采用微处理技术，软件控制，液晶显示。可在计算机上即时显示滴定曲线及其一阶、二阶导数图谱，方便谱图对比分析。

在仪器的维护方面，仪器的电源插座必须保持清洁、干燥，切勿与酸、碱、盐溶液接触，防止受潮，确保仪器绝缘和高输入阻抗性能；仪器不使用时，短路接头须插入测量电极的插座内；整个滴定管经常用蒸馏水清洗，特别是会产生沉淀或结晶的滴定剂（如 $AgNO_3$），在实验结束后应及时清洗，以免磨损阀门。

10.5 分析方法

电位分析法主要分为直接电位法和电位滴定法两种。

10.5.1 直接电位法

直接电位法包括浓度直读法、标准曲线法、标准加入法和格兰作图法。

10.5.1.1 浓度直读法

前面所述直读式酸度计测定溶液 pH 就是这种方法，其他如 pNa 计上直接读出 pNa 值也属于浓度直读法。直读法需进行"定位"，实质上也是标准曲线法，只不过它是单点校正或二点校正。

10.5.1.2 标准曲线法

配制一系列已知浓度的标准溶液，加入一定量惰性电解质（TISAB），保持各溶液离子强度一定。插入离子选择性电极和参比电极，测出各溶液的电动势 E，以测得的 E 和相对应的浓度 c 绘制 E-$\lg c$ 标准曲线。试液也按相同条件加入一定量的惰性电解质，保持与标准溶液大致相同的离子强度，测出其电动势 E，即可从标准曲线上查出其浓度。

对于离子选择性电极所使用的标准曲线，不如分光光度法稳定。这是由于受温度、搅拌等因素的影响所致。这些影响常表现为标准曲线的平移。因此，实际工作中，选定 $1\sim2$ 个标准，确定曲线平移的位置，即可应用。

对于要求精度不高的少数样品分析，也可用一个标样（浓度尽可能接近试液的浓度），进行比较测试后通过下式算得。

$$\lg c_x = \lg c_s + \frac{E_x - E_s}{S} \tag{10-14}$$

式中，c_x、c_s 为待测液和标准液的浓度；E_x、E_s 为待测液和标准液的电动势；S 为电极的斜率，可通过两份浓度不同的标准液在相同条件下测定求得。

10.5.1.3 标准加入法

此法不需要知道溶液的离子强度，也不需要作标准曲线，只要测两次电动势即可求出被测离子的浓度。因而对一个复杂的试样，采用此法是十分方便而有效的。

方法原理是：先在试液（浓度为 c_x 体积为 V_x）中测得电动势为 E_1，然后加入浓度为 c_s 体积为 V_s 的标准溶液（c_s 比 c_x 约大 100 倍，V_s 比 V_x 约小 1/100），再测其电动势为 E_2。

$$E_1 = K + S \lg r c_s$$

式中，r 为离子活度系数。

$$S = \frac{0.059}{n} \qquad (25℃)$$

$$E_2 = K + S' \lg r'(c_s + \Delta c)$$

式中，r' 为加入标准溶液后，溶液离子活度系数；Δc 为加入标准溶液后试液浓度的增量；

$$\Delta c = \frac{c_s V_s}{V_x + V_s}$$

因为 $$V_s \ll V_x$$

所以 $$\Delta c = \frac{c_s V_s}{V_x}$$

$$\Delta E = E_2 - E_1 = S \lg \frac{r'(c_x + \Delta c)}{r c_x}$$

因为加入的体积 V_s 很小，不会影响溶液的总离子强度，所以 $r = r'$

$$\Delta E = S \lg \frac{c_x + \Delta c}{c_x} \tag{10-15}$$

$$c_x = \Delta c (10^{\frac{\Delta E}{S}} - 1)^{-1} \tag{10-16}$$

式中，S、Δc、ΔE 都可求得，所以 c_x 即可算出。

10.5.1.4 格兰(Gran)作图法

在标准加入法中，如果多次加入标准溶液，利用图解法求出待测离子的浓度，称为格兰作图法。

设样品中被测离子浓度为 c_x，体积为 V_x，向样品中加入浓度为 c_s、体积为 V_s 的标准溶液，则

$$E = K + S \lg \frac{c_x V_x + c_s V_s}{V_x + V_s}$$

式中，S 对阳离子取 "+" 号；对阴离子取 "-" 号。

将上式重排后，得 $$\frac{E - K}{S} = \lg \frac{c_x V_x + c_s V_s}{V_x + V_s}$$

$$\frac{c_x V_x + c_s V_s}{V_x + V_s} = 10^{\frac{E-K}{S}} = \frac{10^{E/S}}{10^{E/S}} = \frac{10^{E/S}}{K'}$$

所以 $(V_x + V_s) 10^{E/S} = K'(c_x V_x + c_s V_s)$（对阳离子）；$(V_x + V_s) 10^{-E/S} = K'(c_x V_x + c_s V_s)$（对阴离子）。

在每次加入标准溶液后测量 E 值，计算出 $(V_x + V_s) 10^{E/S}$ 值（对阳离子），在普通坐标纸上以 V_s 它为纵坐标，以 V_s 为横坐标作图得一直线（见图 10-9）。其延长线与横坐标交点得 $V_s = V_e$（为负值），此点纵坐标为零，即 $(V_x + V_s) 10^{E/S} = 0$，

因此 $c_x V_x + c_s V_s = 0$，$c_x = -\dfrac{c_s V_e}{V_x}$

说明通过格兰作图求得 V_e 后，即可求得待测离

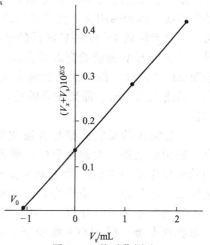

图 10-9 格氏作图法

子的浓度。

格兰作图法具有简便、准确和灵敏度高的特点，但计算 $(V_x+V_s)10^{-E/S}$ 稍麻烦些。现在市场上可以购买到格兰作图纸，是一种半对数坐标纸，可以避免数学计算，直接用 E 作纵坐标，V_s 作横坐标作图，并将所得直线延长与横坐标相交于 V_e 点，然后按 $c_x=-\dfrac{c_s V_e}{V_x}$ 计算得到 c_x。

10.5.2 电位滴定法

前面 4 种方法讨论的是直接电位法，是在试液中待测离子浓度不变的情况下，通过指示电极电位的测量求得待测离子的浓度。电位滴定法（potentiometric titration）则是在用标准溶液滴定待测离子的过程中，用指示电极的电位变化代替指示剂的颜色变化指示滴定终点的到达，是把电位测定与滴定分析互相结合起来的一种测试方法。它虽然没有指示剂确定终点那样方便，但它可以用在浑浊、有色溶液、非水溶液以及找不到合适指示剂的滴定分析中。另外，电位滴定的一个很大用途是可以连续滴定和自动滴定。

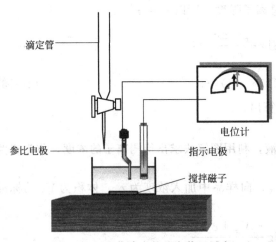

图 10-10　电位滴定的基本装置示意

进行电位滴定时，在被测溶液中插入一个指示电极和一个参比电极，组成一个工作电池。随着滴定剂的加入，由于发生化学反应，被测离子的浓度不断发生变化，因而指示电极的电位相应地发生变化，在化学计量点附近离子浓度发生突跃，引起指示电极电位发生突跃。因此测量工作电池电动势的变化，就可确定滴定终点。电位滴定的基本装置如图 10-10 所示。

绘制工作电池电动势 E 对滴定剂体积 V 的滴定曲线（见图 10-11），从滴定曲线的转折点确定滴定终点。如果只是为了找终点，那么只需准确测量和记录化学计量点前后 $1\sim2mL$ 内电动势的变化即可。但应注意，在化学计量点附近，每加 0.1mL 或 0.2mL 滴定剂就需测量一次电动势，根据测得的数据画出 E-V 曲线，从曲线的拐点，画一条垂直线与体积轴相交，交点就是终点时滴定剂的体积。拐点的位置可用下述方法确定：作两条与坐标轴成 45° 的 E-V 曲线的平行切线，并在两条切线间做一条与两切线等距离的平行线，该线与 E-V 曲线的交点即为拐点，见图 10-11(a)。如果滴定曲线的突跃不明显，则可绘制 $\Delta E/\Delta V$ 对 V 的一次微分滴定曲线，曲线上将出现极大值，极大值指示的就是滴定终点，见图 10-11(b)。需要注意的是，与 $\Delta E/\Delta V$ 相应的 V，是相邻两次加入滴定剂体积的平均值。

电位滴定的反应类型与普通化学分析法完全相同，滴定时，应根据不同的反应选择合适的指示电极。酸碱滴定中一般都用 pH 玻璃电极作指示电极，氧化还原滴定中通常采用铂电极作指示电极。为了响应灵敏，铂电极应保持清洁、光亮，如有沾污，使用前先用洗液浸泡片刻，洗涤干净，必要时可用氧化焰灼烧。沉淀滴定根据不同的沉淀反应选用不同的指示电极，如以 $AgNO_3$ 溶液滴定卤素离子，可用银电极，也可用相应的卤素离子选择性电极。用 EDTA 配位滴定时，可用 Hg 电极。关于参比电极一般多采用饱和甘汞电极。

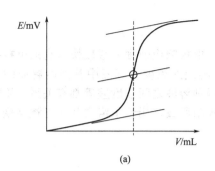 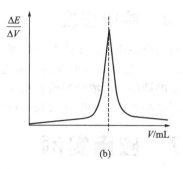

图 10-11　电位滴定曲线

10.6　实验技术

10.6.1　离子强度调节

离子选择性电极响应的是离子的活度，因此，要用离子选择性电极测定溶液中被测离子浓度的条件是：在使用标准溶液校准电极和用此电极测定样品这两个步骤中，必须保持溶液中离子活度系数不变。由于活度系数是离子强度的函数，因此也就是要求保持溶液的离子强度不变。最常用的方法是在标准和样品溶液中加入相同量的惰性电解质，称为离子强度调节剂，有时将离子强度调节剂、pH 缓冲溶液和消除干扰的掩蔽配合剂等事先混合在一起，这种混合溶液称为总离子强度调节缓冲剂（total ionic strength adjustment buffer，TISAB）。此时溶液中离子活度系数可以作为一个常数处理，令其为 K，则

$$E_M = K_{ISE} \pm \frac{0.059}{n_i} \lg r_i c_i = K \pm \frac{0.059}{n_i} \lg c_i \quad (25℃) \quad (10-17)$$

当溶液中离子强度足够大且保持恒定时，电极的膜电位与溶液中被测离子的浓度呈线性关系。

10.6.2　电极的清洁

电极表面的沾污或物理性质的变化，影响电极的稳定性。电极的良好清洗，浸泡处理，固体电极的表面抛光等都能改善这种情况。

玻璃电极的清洗方法：电极上若沾有油污，可用 5%～10% 的氨水或丙酮清洗；沾有无机盐类可用 0.1mol/L HCl 溶液清洗；Ca^{2+}、Mg^{2+} 等积垢可用 EDTA 溶液溶解；在含胶质溶液或含蛋白质溶液（如血液、牛奶）中测定后，可用 1mol/L HCl 溶液清洗。清洗电极不可用脱水性溶剂（如铬酸洗液、无水乙醇或浓硫酸等），以防破坏电极的功能。

10.6.3　温度和 pH 的选择

每类选择性电极均有一定的使用温度范围，温度的变化，不仅影响测定的电位值，而且超过某一温度范围，电极往往会失去正常的响应性能。电极允许使用的温度范围与膜的类型有关，一般使用温度下限为 −5℃ 左右，上限为 80～100℃。有些液膜电极只能用到 50℃ 左右。

离子选择性电极的 pH 范围与电极类型和所测溶液浓度有关。大多数电极在接近中性的介质中进行测量，而且有较宽的 pH 范围。如氯电极适用的 pH 范围为 2～11，硝酸根电极对于 0.1mol/L NO_3^- 适用的 pH 为 2.5～10.0，而对 10^{-3} mol/L NO_3^- 适用的 pH 为 3.5～8.5。

10.6.4 响应速度

电极响应的速度对于连续监测是十分重要的。电极响应速度一般较快，有的电极甚至低于1min，一般也在数分钟以内。响应速度与测量溶液的浓度、试液中其他电解质的存在情况、测量的顺序（由浓到稀或者相反）以及前后两种溶液之间浓度差等都有关系。测定浓溶液后再测稀溶液，平衡时间较长，可能是膜表面吸附所致，用纯水清洗几次可逐渐恢复。

10.7 应用实例

实验 10-1 水溶液 pH 的测定

【实验目的】

1. 理解用玻璃电极测量溶液 pH 的基本原理。

2. 掌握酸度计的使用方法。

3. 掌握用双标准 pH 缓冲溶液法测定 pH 的实验技术。

【实验原理】

以玻璃电极作指示电极、以饱和 Ag-AgCl 或饱和甘汞电极作参比电极，用电位法测量溶液的 pH，常采用相对方法，即选用 pH 已经确定的标准缓冲溶液进行比较，而得到待测溶液的 pH。为此，pH 通常被定义为其溶液所测电动势与标准溶液的电动势之差的函数，其关系式为

$$pH_x = pH_s + [(E_x - E_s)F] / (RT\ln10)$$

式中，pH_x 和 pH_s 分别为待测溶液和标准溶液的 pH；E_x 和 E_s 分别为其相应的电动势。该式常称为 pH 的实用定义。

【仪器和试剂】

(1) 仪器

酸度计；分析天平；pH 复合电极；温度计；烧杯；玻璃棒；容量瓶。

(2) 试剂

① 邻苯二甲酸氢钾标准 pH 缓冲溶液（pH＝4.008，25℃） 称取先在 110～130℃ 干燥 2～3h 的邻苯二甲酸氢钾（$KHC_8H_4O_4$）10.12g，溶于水，并在容量瓶中稀释至 1L。

② 磷酸氢二钠与磷酸二氢钾标准 pH 缓冲溶液（pH＝6.865，25℃） 分别称取先在 110～130℃ 干燥 2～3h 的磷酸二氢钾（KH_2PO_4）3.388g 和磷酸氢二钠（Na_2HPO_4）3.533g，溶于水，并在容量瓶中稀释至 1L。

③ 硼砂标准 pH 缓冲溶液（pH＝9.180，25℃） 为了使晶体具有一定的组成，应称取与饱和 NaBr（或 NaCl 加蔗糖）溶液（室温）共同放置在干燥器中平衡两昼夜的硼砂（$Na_2B_4O_7 \cdot 10H_2O$）3.80g，用新煮沸并冷却的蒸馏水（不含 CO_2）溶解，并在容量瓶中稀释至 1L。

【实验步骤】

(1) 开机前准备

① 电极梗旋入电极梗插座，调节电极夹到适当位置。

② 复合电极夹在电极夹上，拉下电极前端的电极套，注意切勿与杯底、杯壁相碰。

③ 用蒸馏水清洗电极，清洗后用滤纸吸干。

(2) 开机

① 电源线插入电源插座。

② 按下电源开关，电源接通后预热 30min，接着进行校正。

（3）校正

酸度计使用前，先要校正。

① 在测量电极插座处拔去短路插头。

② 在测量电极插座处插上复合电极。

③ 把选择开关旋钮调到 pH 挡。

④ 调节温度补偿旋钮，使旋钮白线对准溶液温度值。

⑤ 把斜率调节旋钮顺时针旋到底（即调到 100％ 位置）。

⑥ 把清洗过的电极插入 pH＝6.86 的缓冲溶液中。

⑦ 调节定位调节旋钮，使仪器显示读数与该缓冲溶液当时温度下的 pH 相一致（如用混合磷酸盐定位，温度为 10℃时，pH＝6.92）。

⑧ 用蒸馏水清洗电极，再插入 pH＝4.00（或 pH＝9.18）的标准缓冲溶液中，调节斜率旋钮使仪器显示读数与该缓冲液中当时温度下的 pH 一致。

⑨ 重复⑥～⑧步骤，直到显示读数与该标准缓冲溶液的 pH 相差至多不超过 0.05 pH 单位，表明仪器和玻璃电极的响应特性均良好。往往要反复测量、反复调节几次，才能使测量系统达到最佳状态。

（4）测量待测液

经标定过的仪器，即可用来测量被测溶液，被测溶液与标定溶液温度相同与否，测量步骤也有所不同。

① 用蒸馏水清洗电极头部，用被测溶液润洗一次。

② 用温度计测出被测溶液的温度值。

③ 调节"温度"调节旋钮，使白线对准被测溶液的温度值。

④ 把电极插入被测溶液中，用玻璃棒小心搅拌溶液，待读数稳定时记下 pH。

（5）测量结束后，电极清洗干净后及时将保护套套上，套内应放少量补充液，以保持电极球泡的湿润。

【数据记录及处理】

试液 pH 的测定原始数据记录表

未知水样	测量次数		
	1	2	3
1			
2			
3			

【注意事项】

1. pH 复合玻璃电极在使用前先放入蒸馏水或 0.1mol/L HCl 溶液中浸泡 24h 以上。

2. 测定时 pH 复合玻璃电极的球泡应全部浸入溶液中，搅拌时要小心避免碰坏。

3. 必须注意玻璃电极的内电极与球泡之间、参比电极的内电极和陶瓷芯之间不得有气泡，以防断路。

4. 测定某水样的 pH 时，为减少空气和水样中二氧化碳的溶入或挥发，在测水样之前，不应提前打开水样瓶。

5. pH 复合电极表面受到污染时，需进行处理。如果吸附着无机盐结垢，可用温稀盐酸溶解；对钙、镁等难溶性结垢，可用 EDTA（乙二胺四乙酸二钠）溶液溶解；沾有油污时，可由丙酮清洗电极。按上述方法处理后，应在蒸馏水中浸泡一昼夜再使用。注意忌用无水乙醇、脱水性洗涤剂处理电极。

6. 标准 pH 缓冲溶液要在聚乙烯瓶或硬质玻璃瓶中密闭保存。当发现有浑浊、发霉或沉淀现象时不能继续使用。

7. 校正工作结束后，对使用频繁的酸度计一般在 48h 内仪器不需再次定标。如遇到下列情况之一，酸度计则需要重新标定：

① 溶液温度与定标温度有较大的差异时；

② 电极在空气中暴露过久，如 0.5h 以上时；

③ 定位或斜率调节器被误动；

④ 测量过酸（pH<2）或过碱（pH>12）的溶液后；

⑤ 换过电极后；

⑥ 当所测溶液的 pH 不在两点定标时所选溶液的中间，且距 pH7 又较远时。

【思考题】

1. 测定样品溶液的 pH 时，如何选择校正酸度计的标准缓冲溶液？

2. 在什么情况下要使用温度旋钮，应如何操作？

3. pH 复合玻璃电极应如何保养？

实验 10-2 离子选择性电极法测定水中的含氟量

【目的要求】

1. 掌握离子选择性电极的工作原理。

2. 理解总离子强度调节缓冲剂的意义和作用。

3. 掌握用标准曲线法和标准加入法测定水中微量氟的方法。

【实验原理】

本项目中用到的酸度计是用于测量电池的电动势，工作时功能键选择在"mV"挡。氟离子选择性电极作为指示电极，饱和甘汞电极作为参比电极，与试液一起组成电化学电池。

测定时控制测定体系的离子强度为一定值，电池的电动势 E 随溶液中 F^- 的活度变化而变化，遵守能斯特公式，服从以下关系式：

$$E = K + 0.059 \lg a_{F^-}$$

在 25℃时，当溶液的总离子强度较大且为定值时，上式可表示为：

$$E = K' + 0.059 \lg c_{F^-}$$

式中，c_{F^-} 为溶液中 F^- 的浓度。

当测定游离的 F^- 浓度时，某些高价阳离子（如 Fe^{3+}、Al^{3+} 和 Si^{4+}）及 H^+ 能与 F^- 配合而产生干扰，所产生的干扰程度取决于配位离子的种类和浓度、氟化物的浓度及溶液的 pH 等因素。通常加入总离子强度调节剂以保持溶液的总离子强度，配合干扰离子，以保持溶液适当的 pH，就可以测定 F^- 的浓度了。

水样的测定采用的分别是标准曲线法和标准加入法。用标准曲线法进行定量分析时，插入离子选择性电极和参比电极，测出各溶液的电动势 E，以测得的 E 和相对应的浓度 c 绘制 E-$\lg c$ 标准曲线。试液也按相同条件测出其电动势 E，即可从标准曲线上查出其浓度。

标准加入法的原理是：先在试液（浓度为 c_x 体积为 V_x）中测得电动势为 E_1，然后加入浓度为 c_s 体积为 V_s 的标准溶液（c_s 比 c_x 约大 100 倍，V_s 比 V_x 约小 1/100），再测其电动势为 E_2。计算 $\Delta E = E_2 - E_1$；从标准曲线上计算电极的响应斜率 S；按下式计算水样中 F^- 的浓度 c_x；

$$c_x = \Delta c (10^{\frac{\Delta E}{S}} - 1)^{-1}$$

式中，Δc 为加入标准溶液后试液浓度的增量；S 为标准曲线的斜率。

【仪器和试剂】

(1) 仪器　酸度计；氟离子选择性电极；饱和甘汞电极；电磁搅拌器；干燥器；移液管；容量瓶；聚乙烯杯等。

(2) 试剂

① 总离子强度调节缓冲剂（TISAB）：称取 58.8g 二水柠檬酸钠和 85g 硝酸钠，加水溶解，调节 pH 至 5～6，转入 1000mL 容量瓶中，稀释至标线并摇匀，即 0.2mol/L 柠檬酸钠－1mol/L 硝酸钠总离子强度调节缓冲溶液。

② 100.0μg/mL 的氟化物标准储备液：将基准氟化钠 NaF 于 105～110℃干燥 2h 或者于 500～650℃干燥约 4min，于干燥器内冷却后，称取 0.2210g，加水溶解，转入 1000mL 容量瓶中，稀释至标线并摇匀，贮存在聚乙烯瓶中。

③ 10.0μg/mL 的氟化物标准工作溶液：用无刻度吸管吸取氟化钠标准储备液 10.00mL，注入 100mL 容量瓶中，稀释至标线并摇匀。

【实验步骤】

(1) 仪器的连接　将氟电极和甘汞电极正确连接到酸度仪上，开启仪器开关，预热 30min。或者按测定仪器及电极的使用说明书进行仪器的准备。

(2) 清洗电极　取去离子水 50～60mL 至 100mL 烧杯中，放入搅拌磁子，插入氟电极和饱和甘汞电极。开启搅拌器，2～3min 后，若读数大于 200mV，则更换去离子水，继续清洗，直至读数小于 200mV。

(3) 用移液管分别吸取 1.00mL、3.00mL、5.00mL、10.00mL、20.00mL 氟化物标准工作溶液，置于 50mL 容量瓶中，加入 10.0mL 总离子强度调节缓冲溶液，用水稀释至标线，摇匀。分别注入 100mL 聚乙烯杯中，各放入一只塑料搅拌棒，以浓度由低到高为顺序，分别依次插入电极，连续搅拌溶液，待电位稳定后，在继续搅拌时读取电位值 E_s，并列表记录。在每一次测量之前都要用滤纸吸干。

(4) 移取水样 20.00mL 置于 100mL 聚乙烯杯中，加入 TISAB 10.0mL、去离子水 20.0mL，在杯中放入一只塑料搅拌棒，插入电极，连续搅拌溶液，待电位稳定后，再继续搅拌时读取电位值 E_x，并列表记录。在每一次测量之前都要用滤纸吸干。

(5) 移取水样 20.00mL（V_x），置于 100mL 聚乙烯烧杯中，加入 TISAB 10.0mL、去离子水 20.0mL，按上述方法读取稳定的电位值 E_1。再加入氟化物标准工作溶液 1.00mL（V_s），同样测量出稳定的电位值 E_2。

【数据记录及处理】

(1) 数据记录

标准系列溶液的配制与测定原始数据记录表

标准溶液	1	2	3	4	5
c_{F^-}/(μg/mL)					
E_s/mV					

水样的测定原始数据记录表

测量次数	标准曲线法	标准加入法	
	E_x	E_1	E_2
1			

续表

测量次数	标准曲线法	标准加入法	
	E_x	E_1	E_2
2			
3			

(2) 标准曲线的绘制

根据测定所得的电位值,在坐标纸上绘制 E(mV)- $\lg c_{F^-}$ 校准曲线,以 E 为纵坐标,以 $\lg c_{F^-}$ 为横坐标。

(3) 水样中含氟量的确定

根据上述"水样的测定(1)"中所测得的电位值 E_x,从标准曲线上查得相应的氟离子含量。

(4) 一次标准溶液加入法结果的计算

根据上述"水样的测定(2)"中所测得的电位值 E,计算 $\Delta E = E_2 - E_1$;从标准曲线上计算电极的响应斜率 S;按下式计算水样中 F^- 的浓度 c_x

$$c_x = [c_s V_s / (V_s + V_x)](10^{-\Delta E/S} - 1)^{-1}$$

式中,c_s 和 V_s 分别为标准溶液的浓度和体积;c_x 和 V_x 分别为试液的浓度和体积。

【注意事项】

1. 氟离子选择性电极在使用前用去离子水反复清洗,至空白电势值小于 -200mV 方可使用,这样可缩短电极响应时间并改善线性关系;电极响应膜切勿用手指或尖硬的东西碰划,以免沾上油污或损坏,影响测定;使用后立即用去离子水反复冲洗,以延长电极的使用寿命。

2. 如果试液中氟化物含量低,则应从测定值中扣除空白实验值。空白实验:用水代替试液,按试液测量的条件和步骤进行空白实验值的测定。

3. 温度影响电极的电位和样品的离解,在测定前应使试液达到室温,使之和标准溶液的温度相同(温差不得超过1℃),可通过调节仪器的温度补偿装置,使试液与标准溶液的温度一致。

4. 电极用后应用水充分冲洗干净,并用滤纸吸去水分,放在空气中或者放在稀的氟化物标准溶液中。如果短时间不再使用,应洗净、吸去水分,套上保护电极敏感部位的保护帽。电极使用前应充分冲洗并去掉水分。

5. 本方法适用于测定地面水、地下水和工业废水中的氟化物,水样有颜色、浑浊不影响测定。如果水样含有氟硼酸盐或者污染严重,则应先进行蒸馏。

6. 一次标准溶液加入法所加入标准溶液的浓度应比试液浓度高 $10 \sim 100$ 倍,加入的体积为试液的 $1/100 \sim 1/10$,以使体系的 TISAB 浓度变化不大。

【思考题】

1. 氟离子选择性电极在使用时应注意哪些问题?

2. 实验中为什么要使用聚乙烯塑料烧杯?

3. 总离子强度调节缓冲溶液(TISAB)在测量中起哪些作用?

4. 本实验中与电极响应的是氟离子的活度还是浓度?为什么?

实验 10-3 硫酸铜电解液中氯离子的电位滴定

【实验目的】

1. 学习电位滴定的基本操作。

2. 掌握电位滴定数据处理的方法。

【实验原理】

用电解法精炼铜时，硫酸铜电解液中的氯离子浓度不能过大，需要经常加以测定。由于硫酸铜溶液本身具有很深的蓝色，无法用指示剂来标定滴定终点，所以不能用普通容量法进行滴定。因为测定的是氯离子，采用银电极作为指示电极（使用前用金相砂纸擦去表面氧化物），采用饱和硫酸亚汞电极作参比电极，以避免饱和甘汞电极中的氯离子渗入试液，影响测量的准确度。饱和硫酸亚汞电极的电位为 +0.620V。

用电位滴定法测定氯离子时，以硝酸银为滴定剂，反应式如下：

$$Ag^+ + Cl^- \longrightarrow AgCl \downarrow$$

滴定过程中，氯离子和银离子的浓度发生变化，在化学计量点附近发生电位突跃，指示滴定终点。

指示电极的电位可以根据能斯特公式计算。化学计量点前，Ag 电极的电位取决于的 Cl^- 浓度：

$$E = E_{AgCl/Ag}^{\ominus} - 0.059 \lg a_{Cl^-}$$

化学计量点时，$[Ag^+] = [Cl^-]$，可由 $K_{sp(AgCl)}$ 求出 $[Ag^+]$，由此计算出 Ag 电极的电位。

化学计量点后，Ag 电极的电位决定于 $[Ag^+]$ 的浓度，其电位由下式计算：

$$E = E_{Ag^+/Ag}^{\ominus} + 0.059 \lg a_{Ag^+}$$

在化学计量点前后，Ag 电极的电位有明显的突跃变化。

根据电位滴定的数据，绘制电位（E）对滴定剂体积（V）的滴定曲线，由电位滴定曲线上的转折点来确定滴定终点，根据滴定终点所消耗的硝酸银溶液的体积，计算试液中的 Cl^- 含量。

【仪器和试剂】

(1) 仪器

电位滴定仪；银电极；饱和硫酸亚汞电极；电磁搅拌器；滴定管；铁架台；烧杯；标签；移液管；量筒等。

(2) 试剂

① 硝酸银标准溶液（0.05mol/L）：准确称取分析纯硝酸银 8.500g，用水溶解后稀释至 1L。

② 硫酸铜电解液：实验室采用含有氯离子的硫酸铜溶液代替，称取 1.2～1.4g NaCl 溶于 2000mL 硫酸铜溶液中即为硫酸铜电解液。

【实验步骤】

(1) 将银离子选择性电极及饱和硫酸亚汞电极装在滴定台的夹子上。

(2) 银电极接仪器正极，甘汞电极接仪器负极，将滴定装置的控制开关放在手动，将自动电位滴定仪的选择开关放在测量挡，滴定选择开关放在"—"的位置。

(3) 准确吸取硫酸铜电解液 25.00mL，置于 150mL 烧杯中，加水约 25mL，放入磁搅拌子，置于电磁搅拌器上。将银电极和饱和硫酸亚汞电极清洗干净后浸入试液中，按下读数开关，读取初始电位，一边搅拌，一边按动滴定装置的滴定开始键。

(4) 每加入一定体积的硝酸银溶液，记录一次电位值，读数时停止搅拌。开始滴定时，每次可加 1.00mL；当达到化学计量点附近时（化学计量点前后约 0.5mL），每次加 0.1mL；过了化学计量点后，每次仍加 1.00mL，一直滴定到 8.00mL。

(5) 实验结束，将仪器复原，洗净电极，擦干，干燥保存。

【数据记录及处理】

根据手动电位滴定的数据，绘制电位（E）对滴定剂体积（V）的滴定曲线，确定终点体积。根据滴定终点所消耗的硝酸银溶液的体积，计算试液中的 Cl^- 含量。

电位滴定原始数据记录表

V/mL	0	1.00	2.00	3.00	3.05	4.00	4.10	4.20	4.30
E/mV									
V/mL	4.40	4.50	4.60	4.70	4.80	5.00	6.00	7.00	8.00
E/mV									

【注意事项】

1. 安装电极时勿使电极与搅拌子相碰撞，以免开启搅拌时打坏电极。

2. 在近终点时，控制使滴定液体积要小并且每次应相等。

【思考题】

1. 用硝酸银溶液滴定氯离子时，是否可以用碘化银膜电极作指示电极？说明理由。

2. 与化学分析中的容量滴定法相比，电位滴定法有何特点？

10.8　本章小结

10.8.1　方法特点

电位分析法作为电化学分析的一种方法，具有以下特点。

(1) 应用范围广，可用于许多阴离子、阳离子、有机物离子的测定，尤其是一些其他方法较难测定的碱金属、碱土金属离子、一价阴离子及气体的测定。因为测定的是离子的活度，所以可以用于化学平衡、动力学、电化学理论的研究及热力学常数的测定。

(2) 测定速度快，测定的离子浓度范围宽。

(3) 可以制作成传感器，用于工业生产流程或环境监测的自动检测；可以微型化，做成微电极，用于微区、血液、活体、细胞等对象的分析。

10.8.2　重点掌握

10.8.2.1　理论要点

(1) 重要概念　活度、活度系数、选择性系数、电极电位。

(2) 基本原理　离子选择性电极的响应原理、电位分析法原理、电位滴定法原理能斯特方程。

(3) 基本公式　能斯特方程　$E_M = K_{ISE} \pm \dfrac{0.059}{n_i} \lg a_i$　（25℃）

10.8.2.2　实操技能

(1) 能够正确选择和使用指示电极和参比电极。

(2) 能够正确进行标准曲线法、标准加入法进行定量操作及数据处理。

(3) 能够正确运用电位滴定法进行分析，并正确判断滴定终点的体积和终点电位。

(4) 正确使用常见精密酸度计和电位滴定计，基本具备维护这些电化学仪器的能力。

10.9　思考及练习题

说明：本章习题除指明者外，均不考虑离子强度的影响，温度为 25℃。

(1) 导致 pH 玻璃电极产生不对称电位的主要因素是什么？

(2) 用离子选择性电极标准加入法进行定量分析时，对加入的标准溶液有哪些要求？

（3）离子选择性电极的电位选择性系数有什么意义？

（4）用氟离子选择性电极的标准曲线法测定试液中 F^- 浓度时，对较复杂的试液需要加入总离子强度调节缓冲溶液，其作用是什么？

（5）简述氟离子选择性电极的基本结构。

（6）用氟离子选择性电极测定某一含 F^- 的样品溶液 50.0mL，测得其电位为 86.5mV。加入 5.00×10^{-2} mol/L 氟标准溶液 0.50mL 后，测得其电位为 68.0mV。已知该电极的实际斜率为 59.0mV/pF，试求样品溶液中 F^- 的浓度为多少。

（7）设溶液中 pBr＝3，pCl＝1。如用溴离子选择性电极测定 Br^- 活度，将产生多大误差？已知电极的选择性系数 $K_{Br^-,Cl^-} = 6 \times 10^{-3}$。

（8）考虑离子强度的影响，计算全固态溴化银晶体膜电极在 0.01mol/L 溴化钙试液中的电极电位，测量时与饱和甘汞电极组成电池体系，何者作为正极？

（9）用 pH 玻璃电极测定 pH＝5 的溶液，其电极电位为 ＋0.0435V；测定另一未知试液时，电极电位则为 ＋0.0145V。电极的响应斜率为 58.0mV/pH，计算未知液的 pH。

（10）硫化银膜电极以银丝为内参比电极，0.01mol/L 硝酸银为内参比溶液，计算它在 1×10^{-4} mol/L S^{2-} 强碱性溶液中的电极电位。

（11）氟电极的内参比电极为银-氯化银，内参比溶液为 0.1mol/L 氯化钠与 1×10^{-3} mol/L 氟化钠，计算它在 1×10^{-5} mol/L F^-，pH＝10 的试液中的电位。

（12）同上题，计算氟电极在 1×10^{-5} mol/L NaF，pH＝3.50 的试液中的电位。

（13）当试液中二价响应离子的活度增加 1 倍时，该离子电极电位变化的理论值为多少？

（14）晶体膜氯电极对 CrO_4^{2-} 的电位选择性系数为 2×10^{-3}，当氯电极用于测定 pH 为 6 的 0.01mol/L 铬酸钾溶液中的 5×10^{-4} mol/L 氯离子时，估计方法的相对误差有多大？

（15）玻璃膜钠离子选择性电极对氢离子的电位选择性系数为 1×10^{2}，当钠电极用于测定 1×10^{-5} mol/L 钠离子时，要满足测定的相对误差小于 1%，则应控制试液的 pH 大于多少？

（16）用氟离子选择性电极测定水样中的氟，取水样 25.00mL，加离子强度调节缓冲液 25mL，测得其电位值为 ＋0.1372V（对 SCE）；再加入 1.00×10^{-3} mol/L 标准氟溶液 1.00mL，测得其电位值为 ＋0.1170V（对 SCE），氟电极的响应斜率为 58.0mV/pF，考虑稀释效应的影响，精确计算水样中 F^- 的浓度。

（17）有两支性能完全相同的氟电极，分别插入体积为 25mL 的含氟试液和体积为 50mL 的空白溶液中（两溶液中均含有相同浓度的离子强度调节缓冲液），两溶液间用盐桥连接，测量此电池的电动势，向空白溶液中滴加浓度为 1×10^{-4} mol/L 的氟离子标准溶液，直至电池电动势为零，所需标准溶液的体积为 5.27mL，计算试液中的含氟量（以 mg/L 表示）。

（18）某 pH 计的标度每改变一个 pH 单位，相当于电位的改变为 60mV。今欲用响应斜率为 50mV/pH 的玻璃电极测定 pH 为 5.00 的溶液，采用 pH 为 2.00 的标准溶液来定位，测定结果的绝对误差为多大？

（19）用 0.1mol/L 硝酸银溶液电位滴定 5×10^{-3} mol/L 碘化钾溶液，以全固态晶体膜碘电极为指示电极，饱和甘汞电极为参比电极，碘电极的响应斜率为 60.0mV/pI，试计算滴定开始时及化学计量点时电池的电动势，并指出何者为正极？何者为负极？

（20）将 pH 玻璃电极与饱和甘汞电极（SCE）置于 pH4.004 的标准缓冲溶液中，测得其电池电动势为 0.209V，电池结构如下：

玻璃电极|标准缓冲溶液(pH4.004)‖SCE

当分别以两种待测液代替标准缓冲溶液后，测得其电池电动势分别为 0.312V、-0.017V，试计算每种溶液的 pH。

参 考 文 献

[1] 陈培榕，李景虹，邓勃. 现代仪器分析实验与技术. 北京：清华大学出版社，2006.

[2] 甘黎明. 仪器分析实验. 北京：中国石化出版社，2007.

[3] 魏培海，曹国庆. 仪器分析. 北京：高等教育出版社，2007.

[4] 黄一石. 第 3 版. 仪器分析. 北京：化学工业出版社，2004.

[5] 郭英凯. 仪器分析. 北京：化学工业出版社，2006.

[6] 刘珍. 化验员读本. 第 4 版. 北京：化学工业出版社，2005.